농작업 안전보건기사

실기 | 한권으로 끝내기

시대에듀

농작업안전보건기사
실기 한권으로 끝내기

Always **with you**

사람의 인연은 길에서 우연하게 만나거나 함께 살아가는 것만을 의미하지는 않습니다.
책을 펴내는 출판사와 그 책을 읽는 독자의 만남도 소중한 인연입니다.
시대에듀는 항상 독자의 마음을 헤아리기 위해 노력하고 있습니다. 늘 독자와 함께하겠습니다.

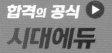

PREFACE
머리말

국내의 안전보건 분야는 과거에 비하여 많은 발전을 이루었지만, 이는 산업체에 국한되어 왔다. 이에 따라 산업체가 포진된 도심지가 아닌 교외 지역에는 안전보건 전문가가 부족한 실정이다. 농업 현장의 재해 발생률이 전체 산업 평균에 비하여 높은 만큼, 산업체에 포진되어 있는 안전보건 전문가를 농업 현장에 맞게 양성해야 하는 필요성을 느낀다.

본 교재는 농작업에서 발생하는 안전보건 문제를 실무적으로 풀어나갈 역량을 갖출 수 있도록 구성하였을 뿐만 아니라, 최근 출제경향과 출제기준에 맞추어 내용을 상세하게 기술하였다.

본 교재를 통하여 마지막 관문인 실기시험에 합격하여 농작업안전보건기사로서 농업 현장에서 안전보건 관리 실무를 적용할 수 있는 전문가가 되길 바란다.

본 교재가 농업인의 안전보건 수준을 높일 수 있는 초석이 되길 바라며, 교재가 나오기까지 많은 조언과 도움을 주신 시대에듀 회장님과 임직원분들에게 진심으로 감사의 말씀을 드린다.

편저자 김홍관, 박지영, 심용섭

수행직무

농작업 안전보건교육 계획의 수립 · 실시 · 평가 · 개선 등의 업무를 수행하고, 농작업과 관련한 위험요인을 예측 · 확인하고 대책을 제시한다. 농작업과 관련한 유해요인의 관리와 농작업 근골격계 질환 등 건강을 관리하고, 농촌에서의 안전생활을 지도하며, 농작업 관련한 보호장구류 관리 업무를 수행한다.

시험일정

구 분	필기원서접수 (인터넷)	필기시험	필기합격 (예정자)발표	실기원서접수	실기시험	최종 합격자 발표일
제3회	6.18~6.21	7.5~7.27	8.7	9.10~9.13	10.19~11.8	12.11

※ 상기 시험일정은 시행처의 사정에 따라 변경될 수 있으니, http://www.q-net.or.kr에서 확인하시기 바랍니다.

시험요강

① 시행처 : 한국산업인력공단
② 시험과목
　㉠ 필기 : 1. 농작업과 안전보건교육　2. 농작업 안전관리　3. 농작업 보건관리　4. 농작업 안전생활
　㉡ 실기 : 농작업안전보건 실무
③ 검정방법
　㉠ 필기 : 객관식 4지 택일형, 과목당 20문항(과목당 30분)
　㉡ 실기 : 필답형(1시간 30분)
④ 합격기준
　㉠ 필기 : 100점을 만점으로 하여 과목당 40점 이상, 전 과목 평균 60점 이상
　㉡ 실기 : 100점을 만점으로 하여 60점 이상

출제기준(실기)

실기과목명	주요항목	세부항목
농작업 안전보건 실무	농작업 안전보건교육	• 농작업 안전보건 교육계획 수립하기 • 농작업 안전보건 교육운영하기 • 농작업 안전보건교육 평가 · 개선하기
	농기자재 안전관리	• 농업기계 안전관리하기 • 농업기계별 안전지침 제시하기 • 기타 농자재 안전관리하기
	농작업 손상관리	• 재해조사 • 재해통계 및 안전점검 • 사고유형별 안전관리
	농작업 유해요인 관리	• 화학적 유해요인(농약 등) 평가 · 관리하기 • 물리적 유해요인 평가 · 관리하기 • 생물학적 유해요인 평가 · 관리하기 • 근골격계 유해요인 평가 · 관리하기
	농업인 질환관리	• 농작업 근골격계 질환 관리 • 농약중독 관리하기 • 스트레스 관리하기 • 감염성 질환 관리하기 • 호흡기계 질환 관리하기 • 피부 질환, 뇌심혈관 질환, 온열 관련 질환, 농업인 직업성 암, 　과로 등 기타 건강장해 관리하기
	농촌생활 안전관리	• 전기 · 화재 안전 생활지도하기 • 추위 · 더위 · 자외선으로부터 안전 생활지도하기 • 곤충 · 동식물 안전 생활지도하기 • 일반생활 및 환경 안전관리하기 • 농촌재난대비 대응하기
	농작업 보호장구류 관리	• 농작업 보호장구류 선정하기 • 농작업 보호장구류 사용 지도하기 • 농작업 보호장구류 유지관리 지도하기

출제기준(필기)

필기과목명	주요항목	세부항목
농작업과 안전보건교육	농작업 안전보건	• 농작업 안전보건 이해 • 농작업 재해현황 • 농작업 안전보건 특성
	농작업 안전보건교육	• 농작업 안전보건교육 이론 • 농작업 안전보건교육 실무
	농작업 안전보건 관련법	• 농업인 안전보건 관련법 • 농기자재 안전보건 관련법
농작업 안전관리	안전관리 이론	• 안전관리 개요 • 안전관리 점검 · 계획
	농업인 안전관리	• 사고 원인조사 및 대책수립 • 재해유형별 안전관리
	농기자재 안전관리	• 농업기계 안전관리 • 농업기계별 안전지침 • 기타 농자재 안전관리
농작업 보건관리	농작업 환경의 건강 유해요인	• 유해요인의 평가 • 화학적 유해요인 • 물리적 유해요인 • 생물학적 유해요인 • 근골격계 유해요인
	농작업 관련 주요 질환	• 근골격계 질환 관리 • 농약중독 관리 • 감염성 질환 관리 • 호흡기계 질환 관리 • 기타 직업성 질환
농작업 안전생활	농촌생활 안전관리	• 농작업 시설 전기 · 화재안전 • 온열 · 한랭 · 자외선 안전 • 기타 농촌생활 안전
	농작업자 개인보호구	• 농작업자 개인보호구 선정 및 사용, 유지관리
	농업인 건강관리	• 스트레스 관리 • 기타 건강관리
	응급처치	• 응급상황별 대응방법

구성 및 특징

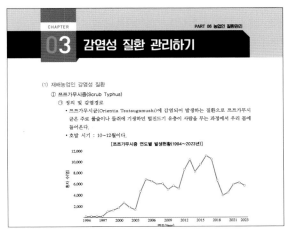

핵심이론

출제기준을 완벽 분석하여 필수적으로 학습해야 하는 핵심이론을 정리하였습니다. 중요한 내용은 그림 및 도표를 통해 좀 더 쉽게 이해할 수 있도록 하였습니다.

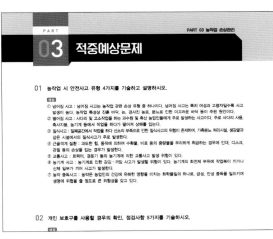

적중예상문제

꼭 풀어봐야 할 핵심문제만을 엄선하여 단원별로 수록하였습니다. 적중예상문제를 통해 핵심이론에서 학습한 중요 개념과 내용을 한 번 더 확인할 수 있습니다.

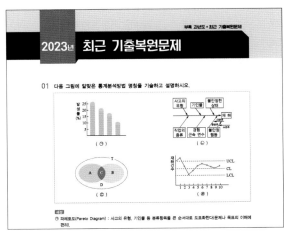

최근 기출복원문제

최근에 출제된 기출문제를 복원하여 가장 최신의 출제경향을 파악하고 새롭게 출제된 문제의 유형을 익혀 처음 보는 문제들도 모두 맞힐 수 있도록 하였습니다.

농작업안전보건기사 목 차

PART 01 농작업 안전보건교육
CHAPTER 01 농작업 안전보건 교육계획 수립 003
CHAPTER 02 농작업 안전보건교육 제공하기 008
CHAPTER 03 농작업 안전보건인식 제고하기 011
CHAPTER 04 농작업 사고조사 교육하기 013
CHAPTER 05 농작업 응급조치 교육하기 023
CHAPTER 06 농작업 안전보건교육 평가, 개선하기 028
적중예상문제

PART 02 농기자재 안전관리
CHAPTER 01 농기계 안전관리하기 039
CHAPTER 02 농기계 외 기타 농기자재
안전관리하기 058
CHAPTER 03 농약기자재 안전관리하기 063
적중예상문제

PART 03 농작업 손상관리
CHAPTER 01 재해조사 079
CHAPTER 02 재해통계 및 안전점검 085
CHAPTER 03 사고유형별 안전관리 097
적중예상문제

PART 04 농작업 유해요인 관리
CHAPTER 01 농작업 유해요인 예측 111
CHAPTER 02 농작업 유해요인 확인 120
CHAPTER 03 농작업 유해요인 평가 127
CHAPTER 04 농작업 유해요인 대책방안 134
적중예상문제

PART 05 농작업 근골격계 질환관리
CHAPTER 01 농작업 근골격계 부담작업 사전조사 147
CHAPTER 02 농작업 근골격계 질환 유해요인 확인 155
CHAPTER 03 인간공학적 평가하기 159
CHAPTER 04 농작업 근골격계 부담작업
개선대책 제시하기 168
적중예상문제

PART 06 농업인 질환관리
CHAPTER 01 농약중독 관리 179
CHAPTER 02 스트레스 관리하기 189
CHAPTER 03 감염성 질환 관리하기 195
CHAPTER 04 호흡기계 질환 관리하기 211
CHAPTER 05 기타 건강장해 관리하기 215
적중예상문제

PART 07 농촌생활 안전관리
CHAPTER 01 감전 · 화재 안전생활 지도하기 235
CHAPTER 02 추위 · 더위 · 자외선으로부터
안전생활 지도하기 247
CHAPTER 03 곤충 · 동식물 안전생활 지도하기 253
CHAPTER 04 일반생활 및 환경안전 관리하기 257
CHAPTER 05 농촌 재난대비 대응하기 259
적중예상문제

PART 08 농작업 보호장구류 관리
CHAPTER 01 농작업 보호장구류 선정하기 269
CHAPTER 02 농작업 보호장구류 사용 지도하기 272
CHAPTER 03 농작업 보호장구류 유지관리 지도하기 288
적중예상문제

부 록 과년도+최근 기출복원문제
2018년 과년도 기출복원문제 301
2019년 과년도 기출복원문제 307
2020년 과년도 기출복원문제 312
2021년 과년도 기출복원문제 320
2022년 과년도 기출복원문제 329
2023년 최근 기출복원문제 337

PART **01**

농작업과
안전보건교육

CHAPTER 01   농작업 안전보건 교육계획 수립

CHAPTER 02   농작업 안전보건교육 제공하기

CHAPTER 03   농작업 안전보건인식 제고하기

CHAPTER 04   농작업 사고조사 교육하기

CHAPTER 05   농작업 응급조치 교육하기

CHAPTER 06   농작업 안전보건교육 평가, 개선하기

농작업 안전보건 교육계획 수립

고용노동부에서는 산업안전 및 보건에 관한 기준의 확립을 위해 산업안전보건법을 제·개정하여 모든 사업 또는 사업장에 적용하고 있다. 산업안전보건법은 많은 작업자를 고용하고 있는 대규모 사업장이나 산업전반에서 적용되고 있으나 농작업 특성상 대부분이 자영업이고 소작농인 농작업에서는 법의 적용이 제한적이다. 국내에 마련되어 있는 기존의 산업안전보건법의 기준을 통해 안전보건관리를 이해하고, 이를 농작업 관련법과 제도에 맞춰 적용하는 것이 중요하다.

(1) 안전보건교육 관련 법령, 기준, 지침 확인

① 산업안전보건법 제29조(근로자에 대한 안전보건교육)

① 사업주는 소속 근로자에게 고용노동부령으로 정하는 바에 따라 정기적으로 안전보건교육을 하여야 한다.
② 사업주는 근로자를 채용할 때와 작업내용을 변경할 때에는 그 근로자에게 고용노동부령으로 정하는 바에 따라 해당 작업에 필요한 안전보건교육을 하여야 한다. 다만 안전보건교육을 이수한 건설 일용근로자를 채용하는 경우에는 그러하지 아니하다.
③ 사업주는 근로자를 유해하거나 위험한 작업에 채용하거나 그 작업으로 작업내용을 변경할 때에는 제②항에 따른 안전보건교육 외에 고용노동부령으로 정하는 바에 따라 유해하거나 위험한 작업에 필요한 안전보건교육을 추가로 하여야 한다.
④ 사업주는 제①항부터 제③항까지의 규정에 따른 안전보건교육을 규정에 따라 고용노동부장관에게 등록한 안전보건교육기관에 위탁할 수 있다.

② 산업안전·보건교육(산업안전보건법 시행규칙 별표 4)

교육과정	교육대상		교육시간
정기교육	사무직 종사 근로자		매분기 3시간 이상
	사무직 종사 근로자 외의 근로자	판매업무에 직접 종사하는 근로자	매분기 3시간 이상
		판매업무에 직접 종사하는 근로자 외의 근로자	매분기 6시간 이상
	관리감독자의 지위에 있는 사람		연간 16시간 이상
채용 시의 교육	일용근로자		1시간 이상
	일용근로자를 제외한 근로자		8시간 이상
작업내용 변경 시의 교육	일용근로자		1시간 이상
	일용근로자를 제외한 근로자		2시간 이상

교육과정	교육대상	교육시간
특별교육	별표 5 제1호 라목 각 호(제40호는 제외한다)의 어느 하나에 해당하는 작업에 종사하는 일용근로자	2시간 이상
	별표 5 제1호 라목 제40호(타워크레인을 사용하는 작업 시 신호업무를 하는 작업)의 타워크레인 신호작업에 종사하는 일용근로자	8시간 이상
	별표 5 제1호 라목 각 호의 어느 하나에 해당하는 작업에 종사하는 일용근로자를 제외한 근로자	• 16시간 이상(최초 작업에 종사하기 전 4시간 이상 실시하고 12시간은 3개월 이내에서 분할하여 실시가능) • 단기간 작업 또는 간헐적 작업인 경우에는 2시간 이상
건설업 기초안전·보건교육	건설 일용근로자	4시간 이상

(2) 농업인, 농작업의 특성을 고려한 안전보건교육의 계획 수립

① 농작업 안전보건교육의 특수성

㉠ 교육목표가 실천성이 강조되는 농업인의 행동변화에 역점을 둔다.

㉡ 교육내용은 특수한 장기교육을 제외하고는 당면한 과제의 해결과 신기술·정보 등 실용도가 높은 내용이 강조된다.

㉢ 남녀노소, 기술수준과 요구의 차이 등 교육대상자의 사회, 경제적 특성이 다양하다.

㉣ 교육대상자의 다양성, 교육내용의 전문성과 실용성, 농업의 취약성 등으로 인하여 농업인 교육 담당자에게 높은 수준의 교수능력을 요구한다.

㉤ 농촌성인교육으로서 농업인의 참여증진과 구체적 경험획득을 위한 실증적 교육이 중요하다.

㉥ 농업인의 장기출타 집합교육이 어려워 단기핵심기술교육 및 수시 영농단계별 현장교육이 요구된다.

② 농업인 안전보건교육 계획 수립의 5가지 고려사항

㉠ 교육에 필요한 정보를 수집한다. 이때 농작업 안전보건교육 관련 조직이나 기관이 설정하고 있는 지침 및 기준을 반드시 확인하도록 한다. 농작업 보건교육의 경우 직접적으로 관련된 법은 거의 없기 때문에 관련 부처 및 기관의 지침을 참고로 삼아야 한다.

㉡ 현장의 의견을 반영한다. 현장의 의견을 반영할 경우 교육 담당자가 미처 생각하지 못했던 좋은 아이디어를 얻을 수 있다.

㉢ 교육 시행체계와 관련하여 시행한다. 안전보건 교육을 담당하는 다른 기관들의 기능에 따라서 각 종류의 안전보건 교육을 분담 실시하도록 하며, 이와 같은 시행체계의 범위를 벗어나지 않도록 한다. 다른 기관에서 실시하는 교육과 유기적인 관련을 갖게 해야 한다.

㉣ 정부 법, 규정 이외의 교육도 고려한다. 정부에서 법 혹은 규정으로 정하고 있는 안전보건교육은 어디까지나 기초적인 최소한도의 교육이므로, 지역 또는 작업장의 실태를 감안하여 필요한 교육사항을 추가하거나 교육시간을 충분히 활용해야 한다.

㉫ 확정된 계획에는 교육의 종류 및 교육대상, 교육의 과목 및 교육내용, 교육시간 및 시기, 교육장소, 교육방법, 교육담당자 및 강사 등의 내용이 명시되어야 한다.

　　　㉬ 교육의 효과를 고려한다. 사람 측면에서의 안전보건의 수준 향상을 도모할 뿐만 아니라 물적 측면에서의 재해 예방 및 보건에 만전을 기할 수 있어야 한다. 안전보건 교육의 효과를 고려하여 지도안을 작성하고 교재를 준비하며, 강사를 섭외해야 한다.

　③ 안전보건교육의 우선순위 결정

　　　㉠ 많은 사람에게 영향을 미치는 문제를 우선 선정

　　　㉡ 심각한 영향을 미치는 문제를 우선 선정

　　　㉢ 문제를 해결하기 위한 효과적인 교육방법의 실현 가능성 고려

　　　㉣ 효율성을 높이기 위해 경제적 측면 및 인력에 대한 고려

　　　㉤ 교육내용에 대한 교육 대상자의 관심과 자발성 고려

　④ 안전보건교육의 목표 결정

　　　㉠ 안전보건 교육의 목표는 '무엇을, 누가, 어디서, 언제, 얼마만큼 한다'라는 형식으로 표현해야 한다.

　　　㉡ 목표 진술 시 실현 가능성, 관찰 가능성, 측정 가능성, 논리성, 상위 체계와의 관련성 등을 고려해야 한다.

　⑤ 안전보건교육의 시행 및 평가 계획

　　　㉠ 일회적이 아닌 연간, 월간, 주간 계획을 수립하는 것이 바람직함

　　　㉡ 교수방법, 담당인력, 시기, 필요 자원에 대한 내용 포함

　　　㉢ 교육 대상자의 생활에 적절한 시기 및 시간 계획

　　　㉣ 농업인의 경우 반드시 교육이 필요한 시기에 일손이 바쁠 경우 방송이나 팸플릿, 벽보판, 포스터 등의 보건교육방법을 활용

　　　㉤ 평가의 목적, 내용, 범주, 방법, 시기 등을 계획

　⑥ 안전보건교육 계획 시 고려할 사항

　　　㉠ 교육 목표

　　　㉡ 교육 및 훈련의 범위

　　　㉢ 교육 보조 자료의 준비 및 사용 지침

　　　㉣ 교육훈련의 의무와 책임 설정

　　　㉤ 교육 대상자 범위 결정

　　　㉥ 교육 과정 결정

　　　㉦ 교육 방법의 결정

　　　㉧ 교육 보조 재료 및 강사, 조교의 편성

　　　㉨ 교육 진행 사항

　　　㉩ 소요 예산 산정

⑦ 농작업 안전보건교육 계획서 : 농작업 안전보건교육 계획서는 농작업 안전보건교육 계획 수립 및 준비에 대한 사항을 고려해 작성하여야 한다. 농작업 안전보건 계획서에는 다음과 같은 사항이 포함되어야 한다.

　　㉠ 프로그램명
　　㉡ 목 적
　　㉢ 일 시
　　㉣ 장 소
　　㉤ 시 간
　　㉥ 학습내용
　　㉦ 강 사
　　㉧ 교육방법

〈트랙터 안전운전 교육 프로그램 계획서〉

• 목적 : 트랙터를 안전하게 다루는 방법을 알고, 실제 농작업 시 사고 없이 트랙터를 운전하고 보관할 수 있다.
• 일시 : 1월 21일~22일
• 장소 : ○○군 농업기술센터 제2교육장, 농기계
• 대상자 : 트랙터를 보유하고 있는 모든 ○○군 농업인

	시 간	학습내용	강 사	교육방법	비 고
21일	10시~12시	트랙터 안전사용을 위한 주의사항	○○○	강 의	
	1시~2시 30분	트랙터 안전사고 예방대책	△△△	강의, 토의	
	3시~4시	트랙터 사고사례	●●●	사진제시 및 사례발표	
22일	10시~12시	트랙터 정비·보관 요령	◇◇◇	실 습	
	1시~3시	트랙터 정비·수리 요청	□□□	실 습	

[트랙터 안전운전 교육 프로그램 계획서 작성 예시]

(출처 : 농촌진흥청 농작업 안전보건관리 기본서)

〈농업인 근골격계 질환 예방 프로그램 계획서〉

• 목적 : 근골격계 질환의 증상에 대해 이해하고, 작업환경 개선 및 운동 프로그램을 통해 이를 예방할 수 있다.
• 일시 : 3월 21일~22일
• 장소 : ○○마을회관
• 대상자 : ○○마을 농업인

	시 간	학습내용	강 사	교육방법	비 고
21일	10시~12시	근골격계 질환의 원인 및 증상	○○○	강의, 사례 발표	
	1시~2시 30분	근골격계 질환의 예방방법과 작업환경 개선	△△△	강의, 토의	
22일	10시~11시	근골격계 질환 자가평가	□□□	실 습	
	11시~12시	근골격계 질환 예방을 위한 운동	◇◇◇	실 습	

[농업인 근골격계 질환 예방 프로그램 계획서 작성 예시]

(출처 : 농촌진흥청 농작업 안전보건관리 기본서)

(3) 농업인 안전보건교육 참여율 향상을 위한 방안

① 안전전문가는 산업체가 집결되어 있는 도시에서 주로 활동하고 있다. 그러므로 농업인의 근무 환경 특성상 시간적, 지리적으로 전문 강사가 자주 방문하여 교육을 진행하기에는 한계가 있다.

② 국내에서는 농작업 안전에 관련하여 다양한 교육 프로그램이 진행되고 있다. 참여형 농작업 개선활동, 농작업 안전모델 시범사업, 농작업 개선활동, 온라인을 통한 다양한 농작업 안전 프로그램이 제공된다. 대표적으로 온라인을 통한 안전보건교육은 장소, 시간에 구애받지 않고 교육을 제공할 수 있어 농업인의 참여율을 높여 나갈 수 있는 좋은 방법이 되고 있다.

③ 농업인안전365(http://farmer.rda.go.kr/)를 통해 안전보건 기본교육, 작목별 안전교육, 재해예방 및 사고사례 영상 등 농업인의 안전보건 정보를 제공하고 있으며 시간, 장소에 구애받지 않고 교육을 제공할 수 있다.

[농업인 안전보건 기본교육 영상자료]

농작업 안전보건교육 제공하기

(1) 안전보건교육의 연간 계획에 따른 교육 실시

① 안전보건교육 계획 수립

안전보건교육을 효과적으로 실시하기 위해서 교육을 실시하고자 하는 목적, 주제, 대상자, 예산 등에 대하여 사전에 충분히 정보와 자료 등을 수집하여야 한다. 또한 안전보건교육은 연간, 월별 교육으로 계획되어야 하며 상황, 목적, 대상자 등을 고려하여 수립하여야 한다.

② 연간 안전보건교육 계획표

월 별	교육내용	목 적	대 상
1월	겨울철 농가 소방안전교육	화재예방	○○○, ○○○, ○○○
2월	넘어짐 사고 예방 교육	안전사고예방	
3월	근골격계 질환 교육	건강증진	
4월	스트레스 관리	건강증진	
5월	농기계 안전작업 교육	안전사고 예방	
6월	농기계 안전운행 교육	안전사고 예방	
7월	여름철 온열질환 교육	건강증진	
8월	장마철 전기안전 교육	안전사고 예방	
9월	전기관련 안전강화 교육	안전사고 예방	
10월	스트레칭 교육	건강증진	
11월	화재안전 교육	화재예방	
12월	응급처치 교육	응급상황 대응	

[2021년 ○○○ 농가 안전보건교육 계획(예시)]

(2) 농업인 안전보건교육에 필요한 매체 활용

① **교육매체** : 교육목표를 달성하기 위하여 교수자와 학습자 사이의 커뮤니케이션을 도와주는 다양한 형태의 매개 수단을 말한다.

② **교육매체의 분류**

㉠ 실물, 모형 : 그림이나 사진에 비하여 이해하기 쉽다. 또한 학습자의 흥미를 유발할 수 있으며, 구조 등을 상세히 전달하여 이해도를 높여 교육의 효과를 높일 수 있다.

㉡ 인쇄물 : 팸플릿, 홍보책자, 매뉴얼, 설문지 등 문자가 중심이 되는 매체이다. 가장 보편적인 교육 시 사용되나, 읽기 쉽고 알기 쉽게 만드는 것이 중요하다. 너무 많은 내용을 담고 있으면 내용 전달에 어려움이 있다는 단점이 있다.

ⓒ 게시판 : 게시판에 부착하여 공유 또는 설명용 도판을 이용하여 게시하는 매체이다. 모든 사람이 쉽게 볼 수 있는 장소에 게시하여 사용하며, 사용 목적에 따라서 형태나 크기가 결정된다.

ⓔ 슬라이드 : 사진이나 그림이 있는 투영 필름을 프레임에 한 개씩 끼워 영사하는 매체이다.

ⓜ 동영상 : 움직이는 영상을 통해서 현장감을 제공한다. 학습동기유발 및 이해도를 높일 수 있다는 장점이 있다.

ⓗ 포스터 : 단순한 내용에 관하여 인지시킬 때 사용한다. 이동이 간편하여 언제, 어디서든 쉽게 교육할 수 있다는 장점이 있으나 제작시간에 긴 시간이 소요되며, 청각적인 요소가 없다는 것이 단점이다.

③ 교육매체의 특성

교육매체	장 점	단 점
실물, 모형	실제와 가깝게 묘사할 수 있으므로 적극적인 학습이 가능하다.	모형물이 공간을 많이 차지하며 이동에 불편함이 있다.
인쇄물	이동이 간편하여 편리하게 다양하고 많은 내용을 교육시킬 수 있다.	내용 전달에 어려움이 있을 수 있다.
게시판	다양한 정보를 교육 대상자에게 전달할 수 있다.	간략한 메시지만을 전달할 수 있다.
슬라이드	제작이나 개선, 교육 자료를 저장하고 배치하는 데 용이하며 현실감 있는 교육이 가능하다.	교육 자료의 색상이 변색되거나 정적인 슬라이드를 설명해 줄 해설집 등의 자료가 필요하다.
동영상	영화 등의 매체는 대상자의 높은 집중력을 이끌어 낼 수 있다. 또한 생생한 현장을 직접 볼 수 있으므로 교육 내용에 대한 높은 이해도를 갖출 수 있게 된다.	비용이 많이 들며 기술적인 능력이 필요하다.
포스터	수시로 사용이 가능하고 이동이 간편하다.	포스터를 읽는 사람에게만 제한적으로 정보가 제공된다.

(3) 농업인의 안전보건수준에 적합한 교육 실시

① **교육방법 및 전략** : 농작업 안전보건 교육에서 사용되어지는 교육방법으로는 집합교육과 비집합교육으로 구분할 수 있다.

② **집합교육** : 집합교육은 학습자가 일정한 시간, 장소에 모여 교육을 받을 때 쓰이는 교육방법이다. 집합교육의 종류로는 강의법, 토의법, 사례연구, 위험예지훈련, 체험교육이 있다.

ⓐ 강의법 : 교수 위주의 주입식 수업이 되기 쉽기 때문에 학습자의 주의를 환기시키고 필요 이상의 해설을 피하며, 학습자가 적극적으로 사고하고 참여하도록 유도해야 한다.

ⓑ 토의법 : 토의법은 서로의 의견을 교환하고 집단 내에서 함께 생각하며 문제를 해결할 수 있도록 도와주는 방법이다.

ⓒ 사례연구 : 특정 사례에 대하여 여러 사람이 전개 과정, 특성, 문제점과 원인 및 대책을 검토하고 분석하는 교육방법을 말한다. 여러 사람에게 경험, 분석적인 사고 능력과 문제 해결능력을 발전시켜 준다는 특징이 있다.

ⓓ 위험예지훈련 : 위험예지훈련은 직업상황 중 잠재위험요인과 그것이 일으키는 현상을 작업환경이나 작업상황을 직접 작업을 하게 하거나 삽화를 이용하여 서로 대화하고, 서로 생각하여 위험요인을 지적, 확인하여 행동하기 이전에 해결하는 훈련을 말한다.

③ 비집합교육 : 비집합교육은 학습자들이 특정한 장소에 모이지 않고, 각자 학습하도록 하는 방법이다. 비집합교육의 종류로는 정기간행물(잡지), 포스터, 리플릿, 인터넷 메일, 온라인 콘텐츠, SNS 채널 등이 있다.

④ 집단교육 : 강의법, 토의법, 시범/시연, 문제해결법, 견학, 역할극, 모의 실험극 등으로 이루어진다.

    ㉠ 시범 : 실제에 근접한 사례를 통해 관찰, 학습하게 하는 방법이다. 학습자의 흥미와 동기 유발에 효율적이며 배운 내용을 실제 적용해 보기 쉬운 장점이 있다.

    ㉡ 모의 실험극 : 실제와 유사한 환경과 상황을 제공하여 실제 발생할 수 있는 상황을 위험부담 없이 학습이 가능하다는 장점이 있다. 상황을 연출하여 학습하여 현장에서 발생할 수 있는 문제에 대해 대처할 수 있는 능력을 갖출 수 있다.

      • 교육 대상자 수는 15~20명 정도가 효과적이며, 대상자가 많을 경우 50명 내외로 한다.

      • 대상자들이 유사한 성격과 문제를 가지는 집단으로 구성해야 교육 효과가 좋다.

      • 1회성 교육이 아닌 5~10회 정도의 교육을 계획해야 한다.

      • 교육내용은 충분한 시간을 갖고 계획하고 검토하며, 동일하게 반복교육을 하여야 한다.

      • 평가에 교수자뿐만 아니라 학습자도 참여시키는 것이 좋다.

⑤ 개별교육 : 면접, 상담, 전화상담, 병실교육 등으로 이루어진다.

    ㉠ 면접 : 면접은 두 사람이 언어를 바탕으로 기술적으로 만들어진 대면관계에서 실시된다. 면접자는 인격을 존중하여야 하며, 신뢰, 경청, 의사소통능력을 갖추어 면접을 진행하여야 한다.

    ㉡ 상담 : 상담이란 개인의 태도와 행위를 변화시키는 데 도움을 줄 목적으로 피상담자와의 직접 접촉으로 흉금을 털어놓을 만한 원만한 대인관계가 성립됨으로써 자아구조를 이완시켜 이전에는 받아들일 수 없었던 지식, 긍정적 태도, 행위 등을 받아들여 변화하는 과정이다.

    ㉢ 전화 상담 : 전화 상담은 직접 접촉에 의한 상담에 비해 시간과 비용에 있어 경제적이며, 직접 접촉에 따르는 피상담자의 부담감을 덜어 줄 수 있다. 그러나 피상담자에 대한 전체적인 파악이 어려우며, 상담이 필요한 대상자에게 전화가 없는 경우가 적지 않다.

CHAPTER 03 농작업 안전보건의식 제고하기

(1) 농업인의 안전보건인식 제고를 위한 활동계획 및 활동 수행

① **안전보건인식 제고를 위한 교육활동** : 농업인의 안전보건인식 제고를 위해서 안전교육을 실시하여야 하며 안전교육은 정신, 행동, 설비, 환경을 안전하게 하는 방향으로 진행되어야 한다.

　㉠ 인간 정신의 안전화 : 안전 의식을 일깨워야 한다.

　㉡ 인간 행동의 안전화 : 작업의 과정이나 과정 중의 행동들이 능숙하고 안전하게 해야 한다.

　㉢ 설비의 안전화 : 작업을 하기 위해 다루는 도구나 설비들은 안전하게 유지할 수 있게 해야 한다.

　㉣ 환경의 안전화 : 작업을 하는 주위 환경을 쾌적하게 유지할 수 있게 하여야 한다.
　　안전교육을 통해 농작업을 하는 데 있어서 정신적, 행동적, 환경적으로 안전하게 작업할 수 있도록 체득시켜 나가야 하는 것이 핵심이다.

② **안전보건인식 제고를 위한 교육 목표 설정**

　㉠ 안전 지식 교육 : 안전 지식 교육은 안전의식의 향상, 안전의 책임감 주입, 기능 및 태도 교육에 필요한 기초지식을 주입, 안전규정 숙지 등을 통해 안전의식을 갖는 것을 목표로 한다.

　㉡ 안전 기능 교육 : 교육 대상자가 스스로 행함으로써 할 수 있는 상태가 되도록 한다. 안전 기능 교육은 교육 대상자가 요령을 체득하여 작업하는 데 있어서 안전에 대한 숙련성이 증가하는 것을 목표로 한다.

　㉢ 안전 태도 교육 : 안전 기능을 실제적으로 수행할 수 있도록 목표하는 교육이다.

③ **학습내용 구성** : 학습내용 선정은 학습목표에서부터 시작하며, 핵심주제와 초점은 학습목표에 연계되어야 한다.

　㉠ 중요한 개념과 핵심 포인트를 빠뜨리지 않는다.

　㉡ 주의를 기울일 필요가 없는 부분은 강조하지 않는다.

　㉢ 한번 제시한 내용은 반복하지 않는다.

④ **교수전략 선정** : 무엇을 가르칠 것인지, 어떻게 가르칠 것인지를 결정한다. 교수전략을 선정하기 위해서 학습목표, 교수자, 학습자, 상황 등 다양한 요소들을 고려해 선정한다.

⑤ **개발** : 교육 프로그램을 실제로 실행하기 위해서 필요한 제반사항을 준비한다.

　㉠ 준비사항 : 학습자용 교재나 학습 활동에 필요한 각종 물품, 프레젠테이션, 각종 설비

ⓛ 교재선정을 위한 고려사항

형 식	교재의 체제, 오자나 탈자 유무, 적절한 가격
교육과정	학습 목표, 교육과정, 교육과정의 구성
학습자	학습자의 요구, 학습자 수준에 맞는 목표 확인
교수법	교수법 이론기초, 교수법 제시 여부

⑥ 실행 : 교육 실행을 위해서 고려해야 할 사항으로는 접근성, 시설, 색상, 조명, 온도, 환풍, 소음, 음향상태, 전기시설 등이 있다. 교육 프로그램을 운영하는 중 지속적인 점검이 필요하며 확인해야 할 사항은 다음과 같다.

ⓐ 모든 강사와 다른 스태프들은 참석하여 준비하고 있어야 한다.

ⓑ 강의실은 강의에 맞게 배치되어야 한다.

ⓒ 장비는 항상 작동되게 하여야 한다.

ⓓ 정확한 유인물과 그 밖에 지원은 이용 가능해야 한다.

ⓔ 평가자료는 계획된 대로 수거되어야 한다.

ⓕ 강사와 발표자는 정해진 스케줄을 따라야 한다.

ⓖ 학습자들의 관심과 문제는 제때에 정중하게 설명한다.

(2) 농업인의 안전보건인식 변화 수준 평가

① 인지적 영역 평가

ⓐ 질문지법 : 읽을 수 있고 질문에 대한 지식이 있는 사람을 대상으로 사용할 수 있는 간접적 측정 방법이다. 고령자에게는 적절하지 않을 수 있으며, 질문 문항의 타당도와 신뢰도를 고려하여야 한다.

ⓑ 구두 질문법 : 교육내용에 대한 직접적인 질문을 통해 측정하는 방법으로 학습자의 이해 정도를 교수자가 즉각적으로 알 수 있다. 학습자 또한 알고 있는 지식이 옳았는지를 즉시 알 수 있다. 그러나 집단이 큰 경우에 모든 개인이 질문에 반응할 수 없다는 한계가 있다.

② 정의적 영역 평가

ⓐ 자기보고법 : 자신이 행동 목록표나 특정 양식에 따라 자기보고를 하거나 자기감시를 하는 방법이다. 이 방법은 학습자가 행동을 한 후 자신의 행동을 기록하는 방법으로 정의 적인 영역을 측정할 수 있다. 학습자의 동기를 유발하는 데 유용하다.

ⓑ 관찰법 : 학습자의 학습활동을 관찰하여 학습자의 변화를 평가하는 방법이다. 정의적인 영역을 평가하는 데 효과적이지만, 관찰자의 과거경험, 기억, 인상, 선입견이 작용하지 않도록 주의하여야 한다.

③ 심동적 영역 평가

ⓐ 실기시험 : 학습자에게 학습한 기술 또는 운동능력 등을 직접적으로 활용할 수 있는 실습 기회를 제공하여 그 정도를 측정하는 방법이다.

ⓑ 관찰법 : 정의적 영역뿐만 아니라 운동기술 영역을 평가하기에도 적절한 방법이다. 학습 목표에 부합하는 기준을 설정하여 이를 토대로 학습자의 기술 또는 운동능력 정도를 관찰하여 측정할 수 있다.

농작업 사고조사 교육하기

(1) 농작업으로 인한 사고사례에 대한 정보 수집

① 표본통계 기반 재해현황 이해

ㄱ 농업인의 업무상 손상 및 질병조사(국가승인통계, 농촌진흥청) : 농업인의 농업활동 관련 질병현황을 파악하기 위해 농촌진흥청에서 전체 농업인의 대표 표본 농가를 대상으로 방문면접조사를 통해 생산하고 있는 조사통계이다.

ㄴ 유관기관에서의 조사통계(국가승인통계, 보건복지부) : 유관기관에서의 일부 표본 대상의 조사 통계를 통해 농업인의 건강 및 업무상 재해 현황을 대략적으로 파악할 수 있다. 전체 농업인을 대표하는 표본을 대상으로 조사한 것이 아니므로 농업인 전체를 대표할 수 없다는 한계가 있다.

※ 유관기관 조사통계 종류 : 지역사회건강조사, 국민건강영양조사, 근로환경조사

② 보상통계 기반 재해현황 이해

ㄱ 산업재해통계(국가승인통계, 고용노동부) : 산업재해보상보험법 적용사업장에서 발생한 산업재해자 보고 현황에 기초하여 고용노동부에서 생산하고 있는 보고통계이다.

ㄴ 농작업 관련 재해보험통계(정책보험통계) : 농어업인의 안전보험 및 안전재해예방에 관한 법률(약칭 : 농업인안전보험법)에 기반하여, 농림축산식품부에서 재해통계를 생산하고 있다. 농작업 재해 정책보험에는 농업인의 전체가 가입되어 있지는 않으나, 현재의 통계 중 가장 많은 수의 농업인을 대상으로 하는 통계라는 점에서 신뢰도가 크다.

ㄷ 건강의료보험 자료 : 보건복지부에서 보유하고 있는 건강의료보험 자료는 농업인을 포함한 전체 국민의 건강 현황을 파악할 수 있는 자료이다. 본 자료는 일반적인 건강 자료로서 업무관련성을 파악할 수 없으며, 농업인을 판별할 수 있는 정보가 미흡하다.

③ 기타 보고통계 기반 재해현황 이해

ㄱ 사고발생현황 통계 중 농업기계 사고(국가승인통계, 행정안전부) : '사고발생현황 통계'는 전국에서 발생하는 중앙부처 및 지자체 소관 사고발생현황 23종에 대한 자료를 합산하여 생산하는 보고통계이다.

• 농업기계 관련 사고 발생 현황(행정안전부)

구 분	2012	2013	2014	2015	2016	2017	2018	2019	2020
발생건수(건)	2,076	1,547	1,486	1,519	1,460	1,459	1,057	1,121	1,269
사망・부상(명)	2,043	1,549	1,369	1,341	1,411	1,396	978	904	745
사망(명)	140	135	87	100	114	105	86	83	78

ⓛ 경찰접수 교통사고 현황 통계 중 농업기계 관련 교통사고(국가승인통계, 경찰청) : 도로
교통법 제2조에 규정하는 도로에서 차의 교통으로 인하여 발생한, 경찰에 신고·접수된,
인적 피해를 수반한 교통사고에 대해 1년 단위로 공표된다.
- 농업기계 관련 교통사고 현황(경찰청)

구 분	2012	2013	2014	2015	2016	2017	2018	2019	2020
사고(건)	407	463	428	500	443	450	398	444	367
부상(명)	429	465	454	563	506	491	431	511	417
사망(명)	83	99	75	65	73	65	60	63	43

(2) 농작업으로 인한 사고의 원인 분석

① 농작업으로 인하여 발생하는 상해의 종류

순 번	분 류	내 용
1	긁힘/찰과상	긁힌 상처. 넘어지거나 긁히는 등의 마찰에 의하여 피부 표면에 생기는 외상
2	찔림(자상)	날카롭고 뾰족한 것에 피부가 찔려 발생되는 손상
3	타박상/멍	외부의 충격이나 둔탁한 힘(구타, 넘어짐) 등에 의해 연부 조직과 근육 등에 손상을 입어 피부 속 출혈(멍)과 부종이 보이는 경우
4	삠/접질림(염좌)	관절을 지지해주는 인대나 근육(주로 인대)이 외부 충격 등에 의해서 늘어나거나 일부 찢어지는 경우
5	베임(열상/개방상)	날카롭고 뾰족한 것에 피부가 잘리거나 찢어진 손상
6	신체 절단	뼈, 근육, 신경, 피부 모두의 연속성이 끊어진 것
7	골 절	뼈의 연속성이 끊어진 것(부러짐)
8	탈 구	관절의 연결이 어긋난 것, 어깨가 빠졌다 등으로 표현
9	근육/인대 파열	근육/인대가 완전히 끊어진 것으로 근육/인대 파열이라고 함(근육/인대가 늘어나거나 일부 끊어지는 것은 염좌)
10	허리/목 디스크 파열	사고 손상으로 허리 또는 목 척추의 디스크가 파열된 경우(만성적인 사용으로 서서히 발생한 허리/목 척추 디스크는 업무상 질병에 해당함)
11	일시적인 의식상실(뇌진탕 등)	머리를 땅에 부딪힌 경우, 시설·기계에 머리를 부딪힌 경우 등 머리 손상으로 일시적인 의식상실(기절, 뇌진탕 등)
12	중독/질식	음식, 약물, 가스 등에 의한 중독이나 질식된 상해
13	동물에 물림(교상)	소, 말 등 키우는 동물의 이빨에 물린 경우, 또는 벌에 쏘인 경우, 농작업 중 뱀에 물린 경우 등
14	일시적/영구적 청력상실	단일 사고로 인해 일시적으로 또는 조사 당시까지 뿐만 아니라 앞으로도 청력이 완전히 소실되거나 예전보다 청력이 뚜렷이 감소된 경우
15	일시적/영구적 시력상실	단일 사고로 인해 일시적으로 또는 조사 당시까지 뿐만 아니라 앞으로도 시력이 완전히 소실되거나 예전보다 시력이 뚜렷이 감소된 경우
16	화 상	화재 또는 고온물 접촉으로 인한 상해
17	동 상	저온물 접촉으로 생긴 상해

(출처 : 농촌진흥청 농작업 안전보건관리 기본서)

② 안전사고 발생 메커니즘

　㉠ H.W. Heinrich의 안전사고 발생 메커니즘(도미노 이론)

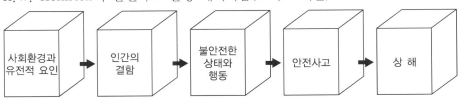

(출처 : 안전사고 분류체계에 관한 연구 – 서울과학기술대 권영국 교수)

하인리히의 안전사고 메커니즘은 다음과 같은 5가지 단계로 구성되어 있다.

- 1단계 : 사회환경과 유전적 요인
- 2단계 : 인간의 결함
- 3단계 : 불안전한 상태와 행동
- 4단계 : 안전사고
- 5단계 : 상해(재해)

5가지 단계 중 3단계인 불안전한 상태와 행동을 관리하여 배제한다면 안전사고와 상해로 이어지지 않으므로 이를 관리하는 것이 안전사고 관리의 핵심이다.

※ 불안전한 행동 : 작업자의 부주의, 실수, 안전조치 미이행 등
※ 불안전한 상태 : 설비 결함, 방호장치 결함, 작업환경의 결함

　㉡ Frank E. Bird, Jr의 신도미노 이론

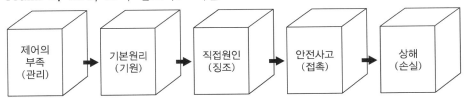

(출처 : 안전사고 분류체계에 관한 연구 – 서울과학기술대 권영국 교수)

- 1단계 : 통제의 부족(관리의 결함), 재해발생의 근원적인 요인
- 2단계 : 기본원인(기원), 개인적 또는 과업과 관련된 요인
- 3단계 : 직접원인(불안전한 행동 및 불안전한 상태)
- 4단계 : 안전사고(접촉)
- 5단계 : 상해(손해)

③ 안전사고 원인분석 및 개선기법
  ㉠ 3E 기법
    • Engineering(공학적 대책) : 기술적으로 환경이나 설비 등을 개선하는 것을 말한다.
    • Education(교육적 대책) : 안전교육, 안전훈련을 통한 안전인식 등의 개선을 말한다.
    • Enforcement(규제적 대책) : 안전매뉴얼, 안전규칙을 통해 규제하는 것을 말한다.

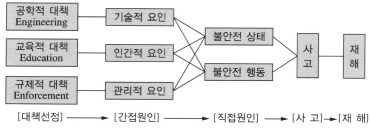

(출처 : 안전사고 분류체계에 관한 연구 – 서울과학기술대 권영국 교수)

  ㉡ 4M 기법
    • 4M 항목별 유해·위험요인

인적(Man) 요인	• 근로자 특성의 불안전 행동(여성, 고령자, 외국인, 비정규직) • 작업 자세, 동작의 결함 • 작업정보의 부적절 등
기계적(Machine) 요인	• 기계·설비 설계상의 결함 • 방호장치의 불량 • 본질 안전화(Intrinsically Safe)의 부족 • 사용 유틸리티(전기, 압축공기 등의 결함) • 설비를 이용한 운반 수단의 결함
물질적(Media) 요인	• 작업공간의 불량 • 방호장치의 불량 • 가스, 증기, 분진, 퓸, 미스트 발생 • 물질안전보건자료의 미비 등
관리적(Management) 요인	• 관리·감독 및 지도의 결여 • 교육, 훈련의 미흡 • 규정, 지침, 매뉴얼 등 미작성 • 수칙 및 각종 표지판 미게시 등

(출처 : 권혁면, 「산업안전」, 한국방송통신대학교출판문화원, 2021)

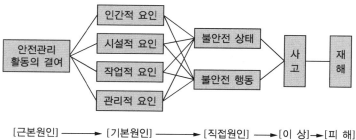

(출처 : 안전사고 분류체계에 관한 연구 – 서울과학기술대 권영국 교수)

(3) 농작업 사고예방 대책 제시

① 재해조사 실시

　㉠ 재해조사의 목적 : 재해 조사의 가장 중요한 목적은 재해를 발생시킨 원인을 규명하고, 그 원인에 대한 대처 방안이나 개선안을 제시하여 같거나 유사한 종류의 사고의 재발을 예방하는 것이다. 재해조사는 재발방지 대책을 수립하는 데 목적이 있다. 재해의 원인조사는 재해·사고예방 대책을 수립하는 데 가장 중요한 단계이다.

　㉡ 재해조사 방법

　　• 재해발생 후 가능한 한 빠른 시간 내에 행한다.

　　• 현장의 물리적 흔적(물적 증거)을 수집하며, 재해현장의 상황은 사진 등으로 기록하여 보존한다.

　　• 피해자, 목격자 등 많은 사람들에게서 사고 시의 상황을 듣는다.

　　• 재해에 관계가 있다고 판단되는 기계, 장치, 작업공정, 작업방법, 작업행동, 작업환경 등 모든 것을 철저하게 조사한다.

　㉢ 조사 시 유의사항

　　• 피해자에 대한 구급 조치를 우선으로 한다.

　　• 조사는 신속하게 행하고 긴급 조치하여, 2차 재해를 방지를 도모한다.

　　• 2차 재해의 예방과 위험성에 대해 보호구를 착용한다.

　　• 조사는 될 수 있는 대로 2명 이상이 한 조가 되어 실시한다.

　　• 객관적 입장에서 조사할 것이며, 어떠한 편견을 가지고 조사해서는 안 된다.

　　• 목격자 등이 증언하는 사실 이외의 추측의 말은 참고만 한다.

　　• 책임 추궁보다 재발방지를 우선하는 기본 태도를 갖는다.

　　• 중대재해나 조사하는 사람이 직접 처리하기 어려운 재해는 전문가에게 조사를 의뢰한다.

② 재해발생 시 조치 순서

　㉠ 재해발생

　㉡ 긴급처리

　　• 재해를 발생시킨 기계 등의 정지

　　• 재해자의 응급처치

　　• 관계자 등에게 사고사실 전달

　　• 2차 재해 유발방지

　　• 현장보존

　㉢ 재해조사(위험 요인의 파악) : 누가, 언제, 어디서(장소), 무엇을(작업내용), 어떻게, 어떠한 환경에서 재해가 발생하였는가?

　㉣ 원인분석

　㉤ 대책수립

ⓗ 대책실시 계획

ⓢ 실 시

ⓞ 평 가

③ 재해조사표 작성

   ⓐ 산업재해조사표 : 산업안전보건법 시행규칙 제73조(산업재해 발생 보고 등)에 의하여 산업재해로 사망자가 발생하거나 3일 이상의 휴업이 필요한 부상을 입거나 질병에 걸린 사람이 발생한 경우에는 산업안전보건법 제57조(산업재해 발생 은폐 금지 및 보고 등) 제3항에 따라 산업재해가 발생한 날부터 1개월 이내에 산업재해조사표를 작성하여 관할 지방고용노동관서의 장에게 제출(전자문서로 제출하는 것을 포함한다)해야 한다.

> **더 알아보기**   **산업안전보건법에서 규정한 중대재해(시행규칙 제3조)**
>
> • 사망자가 1명 이상 발생한 재해
> • 3개월 이상의 요양이 필요한 부상자가 동시에 2명 이상 발생한 재해
> • 부상자 또는 직업성 질병자가 동시에 10명 이상 발생한 재해

   ⓑ 농작업재해 조사표 : 농작업 재해는 재해자의 농업관련 특성, 토지·기상 등 자연환경조건, 농작업 상황 등 농업환경과 관련된 특수한 요인들이 영향을 미치므로, 이를 고려하여 타 산업의 재해조사표와는 다른 별도의 조사표를 사용하도록 한다.

[농업인의 업무상 손상 조사표]

농업인 업무상 손상 원인 조사

조사번호 : _____

1. 일반적 특성

지 역		
성 명		(전화 – –)
성 별		남성/여성
연령(재해 당시)		세, (세)
재해 당시 농업	종 류	논농사, 밭농사, 과수원, 시설, 축산, 기타( )
	작 목	
	규 모	평, m², 두
신체적 제한	정 도	전혀 없음 ↔ 조금 제한 ↔ 중간 제한 ↔ 많은 제한
	종 류	골절/관절 부상, 관절염/류머티즘, 심장질환, 호흡문제/폐질환, 뇌졸중, 당뇨병, 고혈압, 허리/목의 문제, 암, 시력문제, 청력문제, 치매, 우울/불안, 정신지체, 노령, 기타( )

2. 재해 내용

일 시	년 월 일, 오전/후 시 분
재해 당시 날씨	맑음, 비, 눈, 안개, 바람, 흐림, 폭염, 한파, 우박
재해 발생 장소	논, 밭, 과수원, 시설, 축사, 집(마당), 농로, 공공도로, 창고/저장고, 출입로, 기타 ( )
재해 발생 상황	농작업 준비 중, 작업 중, 작업 후 정리 중, 농작업 관련 이동 중, 생산물 가공/포장/운반 중, 농기계 관련 점검/정비/장착 중, 시설관련 유지/보수 중
재해 발생 종류	떨어짐, 넘어짐, 깔림, 부딪힘/접촉, 맞음, 끼임, 농기계 교통사고, 무너짐, 과도한 힘/동작, 농약노출, 이상온도/기압, 유해/위험물질, 소음, 유해광선, 산소결핍, 화재, 폭발, 전류접촉
농기계·구 종류	경운기, 예초기, 관리기, 트랙터, 건조기, 이앙기, 콤바인, SS기, 동력식 분무기, 비료 살포기, 농업용 난방기, 동력 운반차, 손수레, 기계톱, 낫, 사다리, 가위, 칼, 일반톱, 호미, 괭이, 작두, 기타( )
동일 작업 숙련도	매우 미숙 ↔ 미숙 ↔ 보통 ↔ 능숙 ↔ 매우 능숙
동일 작업 빈도	약 회/년간, 약 일/년간
동일 재해 경험	있음/없음, 회
상해를 입힌 농기계의 부위	핸들(손잡이), 벨트, 바퀴, 트레일러, 작업기, 절단날, 체인, 탈곡장치, 의자, 기타( )
손상 부위와 종류	부위 : 종류 : 골절/삐임/요통/절단/베임/찔림/찰과상/타박상/파열/화상/동상/중독/질식/피부병/기타( )
치료 종류 및 기간	통원/입원 치료, 약 개월, 주일, 일
농작업 중단 기간	약 개월, 주일, 일

3. 재해 경위
–

4. 재해 원인

환경 요인	① 급경사	② 급커브
	③ 좁은 도로	④ 진출입로 없음
	⑤ 협소한 공간	⑥ 지면이 고르지 못함
	⑦ 비포장 도로	⑧ 미끄러운 바닥
	⑨ 진흙	⑩ 어두움
	⑪ 눈/비 등 악천후	⑫ 시야 미확보
	⑬ 돌이 (많이)있음	⑭ 날카로운 물체(못, 유리)가 있음
	⑮ 잡초(풀)가 무성함	⑯ 가해물체 보이지 않음
	⑰ 정리정돈 불량	⑱ 작업대(거치대) 없음
	⑲ 안전시설 미설치/미흡	⑳ 기타( )
기계 요인	① 기계 고장(미작동)	② 기계 오작동
	③ 기계 작동 미비/성능 저하(노후)	④ 조작에 과도한 힘 요구
	⑤ 농기구/농기계의 과도한 중량	⑥ 등화장치 미부착
	⑦ 안전벨트 없음	⑧ 안전장치(커버) 없음
	⑨ 안전장치 손상	⑩ 비상정지 장치 없음
	⑪ 예측 불가능 움직임(요동)	⑫ 시야 확보 불가능
	⑬ 정비가 어려움	⑭ 날카로운 면
	⑮ 부적절한 기계 설계	⑯ 회전체 노출
	⑰ 미끄러운 발판(바닥)	⑱ 정기적 점검(유지보수) 미비
	⑲ 경고표시 및 사용방법 안내표시 미비	⑳ 기타( )
인적 요인	① 개인보호구 미착용(안전화, 마스크 등)	② 작업자 부주의
	③ 운전(조작) 미숙	④ 기계 오조작
	⑤ 안전장치(안전벨트) 미사용	⑥ 신체적 제한
	⑦ 피로누적(장시간 작업)	⑧ 음주
	⑨ 복장 불량	⑩ 작업화 불량(고무신, 슬리퍼)
	⑪ 고령 작업자	⑫ 즉각적인 상황대처능력 부족
	⑬ 무리한 작업시도 및 수행	⑭ 사전 작업환경 미확인
	⑮ 안전작업 절차 무시	⑯ 위험상황 인지 부족
	⑰ 급하게 작업 수행(높은 작업 밀도)	⑱ 작업방법 착오(잘못 수행)
	⑲ 조작에 필요한 힘 발휘 못함(근력 저하)	⑳ 기타( )

(출처 : 농촌진흥청 농작업 안전보건관리 기본서)

④ 농작업 안전 시스템 구성(동종재해 예방)

재해 조사를 통해 재해 발생원인 등을 규명한 이후 이를 기반으로 동종재해 예방 대책을 세운다. 농작업 사고는 한 가지 요인에 의해 발생하지 않고 여러 가지 복합적인 요인들에 의해 발생하기 때문에 예방대책 또한 한 부분만을 개선해서는 예방을 기대하기가 어렵다. 관련된 재해발생 요인들에 대하여 다각적으로 이중, 삼중의 안전시스템을 구축해야 효과적으로 사고를 예방할 수 있다.

○ 농작업 안전 시스템의 구성

구 분	내 용
디자인 시스템	• 농작업 안전성 확보를 위한 법적 기준, 가이드라인 등 • 농작업 설비, 기계, 도구 등의 안전장치 디자인 등
정비·보수와 감독 시스템	• 안전한 디자인이 유지되도록 꾸준한 정비·보수 • 안전장치나 조치들의 준수에 대한 정기적 감독 등
경보(알람) 시스템	위험을 사전에 인식할 수 있도록 기계나 표식 등에 의해 지원(예 : 밀폐공간의 산소농도 알람, 화재경보 등)
훈련 및 작업절차 시스템	• 안전작업 방법, 절차의 매뉴얼 • 교육 훈련 및 준수
인간요인 시스템	농업인이 작업수행을 위한 적정한 컨디션을 유지하도록 하기 위한 제반 요인
응급구조 시스템	발생된 재해의 신속한 의학적 조치, 의료 시스템 등

(출처 : 농촌진흥청 농작업 안전보건관리 기본서)

⑤ 사고 유형별 안전관리

○ 넘어짐(전도) 사고 : 넘어짐(전도) 사고는 농작업 관련 손상 중 주로 발생하는 손상 유형 중의 하나이다. 특히 여성과 고령자일수록 사고 발생이 높고, 고령의 여성 농업인의 손상 유형 1순위를 차지하고 있으며, 작목별로는 시설재배 농업인에게서 더 많이 발생하는 것으로 보고되었다.

원 인	• 울퉁불퉁하거나 경사로 인하여 위험한 농로 • 진흙, 물이 고인 미끄러운 바닥 • 작업장에 있는 장해물 • 농기구 등의 작업환경의 정리 미흡 • 급하게 작업
예방방안	• 이동통로가 미끄러운 경우에 마찰력이 높은 바닥재를 사용하거나 미끄럼 방지 안전 제품 등을 사용하여 미끄럼 방지 사고를 예방함 • 작업장 정리정돈을 하여 농기구가 작업 중 보행에 문제가 생기지 않도록 함 • 바닥이 패이거나 구멍이 생겨 물이 고이거나 걸려 넘어질 위험이 있는 곳은 즉시 복구하거나 안전표지를 설치하여 위험성을 알림 • 미끄럼 방지 기능이 있는 작업화를 착용함 • 급하게 작업하지 않으며 중량물을 취급할 경우에는 시야에 방해되지 않도록 함

○ 떨어짐 사고 : 떨어짐 사고는 높은 곳에서 추락하는 사고로 과수원 및 축산 농업인에게서 많이 발생하는 경향이 있다.

원 인	• 사다리의 불안전한 사용으로 사다리에서 떨어짐 • 축사지붕을 정비하다가 떨어짐 • 취약한 지반으로 인하여 농로, 도로 옆 경사지 등으로 추락함 • 경운기 등 농기계 작업 중에 떨어짐
예방방안	• 사다리 사용 시 안전지침을 마련하여 사용하며, 견고한 지반에 설치함 • 개인보호구 및 바닥의 미끄럼 방지 처리 유의 • 밟히지 않는 올바른 작업복 착용을 할 수 있도록 함 • 지붕에서 작업 시 개인보호구를 착용하며, 지면에서 2m 이상 높이에서는 사다리가 아닌 고소작업대를 사용함 • 최소 폭 30cm 이상의 작업발판과 안전망이나 안전난간을 설치하고 작업함 • 농기계 이동, 작업 시 안전수칙을 준수하여 경운기 등의 농기계를 사용할 때 안전하게 작업할 수 있도록 함 • 농로, 도로 등에 추락의 위험이 있는 곳에는 가드레일 등을 설치함

ⓒ 질식 사고 : 질식 사고는 사망으로 이어질 가능성이 매우 높은 사고이다. 주로 밀폐된 공간에서 발생하는 사고로 농작업 환경에서는 가축 분뇨 처리시설, 대형 곡물 저장고, 유해화학물질 등의 저장소 등에서 질식 사고가 발생할 수 있다.

원 인	• 산소 농도의 저하 • 환기의 미실시 • 황화수소 등의 유해가스에 의한 질식
예방방안	• 밀폐공간작업을 주로 하는 근로자를 대상으로 안전보건교육을 실시함(특별안전보건교육으로 6개월에 1회 이상 실시할 수 있도록 함) • 밀폐공간 출입구에 '관계자 외 출입금지', '밀폐공간 주의' 등의 표지판을 부착하여 관련자가 아닌 사람이 출입하지 않도록 함 • 공기호흡기, 송기마스크, 환기팬 등을 구비함 • 가스농도측정기를 통해 밀폐공간에서 작업하기 전 가스농도를 측정한 후 작업함 • 작업 전, 작업 중에도 환기를 계속해 적정공기를 유지할 수 있도록 함 ※ 적정공기 농도 : 산소(18% 이상 23.5% 미만), 황화수소(10ppm 미만), 일산화탄소(30ppm 미만), 이산화탄소(1.5% 미만)

ⓓ 기타 사고 : 중량물로 인한 근골격계 질환, 농약중독, 가축, 야생동물, 농기계ㆍ기구에 의한 사고 등이 있다.

예방방안	• 과도한 힘이나 무리한 동작을 하지 않음 • 작업 전, 중, 후로 스트레칭을 실시하고 작업 중에 충분한 휴식시간을 가질 수 있도록 함 • 회전하는 농기계에 끼이지 않도록 올바르게 작업복을 착용함 • 농기구는 목적 외의 용도로 사용하지 않으며, 취급 전에 사용설명서를 읽고 사용함

CHAPTER

05 농작업 응급조치 교육하기

(1) 응급상황에 맞는 처치 및 적합한 장비 사용

① 심폐소생술(CPR ; Cardiopulmonary Resuscitation)

갑작스럽게 심장이 멈춘 사람에게 인공호흡과 인공순환을 유지하여 장기(뇌, 심장)가 기능을 유지하게 하는 것이다. 심정지 환자가 사망에 이르는 것을 방지하고 소생시키는 응급처치이다.

㉠ 심정지 : 갑자기 심장이 멎는 상태를 심정지 또는 심장마비라고 한다. 원인에 관계없이 심장의 박동이 정지되어 발생하는 상태로 크게 심근경색 등을 유발하는 관상동맥질환에 의해 발생하는 심장성 심정지와, 심부전을 유발하는 질환·출혈 등 순환혈액량의 감소를 초래하는 질환 등에 의해 심폐정지가 발생하는 비심장성 심정지로 나눌 수 있다.

㉡ 심정지 환자의 생존기간

• 0~4분 : 심폐소생술이 시행되면 완전 회복의 기회가 높다.

• 4~6분 : 뇌손상 가능성이 높다.

• 6~10분 : 뇌손상이 확실하다.

• 10분 이상 : 10분 이상 방치되면 사망한다.

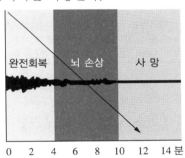

(출처 : 농촌진흥청 농작업 안전보건관리 기본서)

㉢ 생존사슬 : 심정지 환자를 소생시키기 위해서는 5개의 응급처치가 연속적으로 시행되어야 하며, 이 과정을 생존사슬이라 한다.

• 심정지 예방과 조기발견 : 일단 심정지가 발생되면 사망의 가능성이 매우 높기 때문에 누구나 심정지의 위험성을 인지하고 예방하기 위한 노력을 하여야 한다.

• 신속한 신고 : 심정지를 인지한 목격자는 신속하게 119에 신고한다.

• 신속한 심폐소생술 : 목격자는 신속하게 심폐소생술을 실시한다.

• 신속한 제세동 : 현장 주변에 자동심장충격기(자동제세동기)를 이용하여 현장에서 심장충격(제세동) 처치를 신속하게 실시한다.

• 효과적 전문소생술 및 심정지 후 치료 : 심정지 환자가 의료기관에 도착한 뒤에는 의료진에 의한 효과적인 전문소생술이 시행되어야 하며, 환자의 심장박동이 회복된 뒤에는 통합적인 치료가 실시되어야 한다.

| 심정지 예방과 조기 발견 | 신속한 신고 | 신속한 심폐소생술 | 신속한 제세동 | 효과적 전문소생술 및 심정지 후 치료 |

(출처 : 농촌진흥청 농작업 안전보건관리 기본서)

ⓔ 심폐소생술 시행방법

반응의 확인 및 119 신고 → 호흡확인 및 가슴압박 30회 시행 → 기도 유지 → 인공호흡 2회 시행 → 가슴압박과 인공호흡 반복

※ 인공호흡은 실시하지 않아도 무방함

ⓜ 자동제세동기(AED ; Automated External Defibrillator)

개 요	자동으로 환자의 심전도를 판독하여 제세동의 시행 여부를 결정하는 장비로 현장에서 누구나 사용하도록 자동화되어 있으며, 공공장소에 대부분 비치되어 있다.
사용법	전원켜기 → 패드 부착 → 심장리듬 분석 → 제세동 시작 → 심폐소생술 시작
주의사항	• 무의식, 무호흡, 무맥박이 확인된 환자에게만 분석을 시작 • 분석버튼을 누르기 전까지는 심폐소생술을 시행 • 패드를 붙일 곳에 습기, 털을 제거한 후 가운데서 바깥쪽으로 단단히 부착 • 패드 사이 거리는 최소한 3~5cm 이상 떨어뜨려 위치

② 기도폐쇄

㉠ 기도폐쇄에는 해부학적 폐쇄와 물리적인 폐쇄가 있다. 해부학적 폐쇄는 혀나 부풀어 오른 조직과 후두에 의해 기도가 차단될 때 발생한다. 물리적인 폐쇄는 음식물이나 구토물, 혈액, 점액 등의 이물질에 의해서 기도가 차단되는 것을 말하며, 주로 소아나 고령자에서 많이 발생한다.

㉡ 기도폐쇄 처치 방법

하임리히법 (Heimlich Maneuver)	• 환자를 뒤에서 안는다. • 환자의 상복부(검상돌기와 배꼽 사이)에 주먹 쥔 손을 둔다. • 다른 손으로 주먹을 감싼다. • 복부를 후상방으로 강하게 밀쳐 올린다. • 한번으로 나오지 않으면 반복해서 시행한다.
가슴 압박법 (Chest Thrust)	• 임산부이거나 복부비만인 사람에게는 하임리히법이 불가능하다. • 비슷한 자세에서 손을 환자의 상복부가 아닌 흉부(유두선 중앙)에 둔다. • 압박을 후상방이 아닌 후방으로만 주는 가슴 압박법을 시행하여 이물질의 배출을 유도한다.

③ 저혈당

　㉠ 저혈당은 사람에 따라 저혈당 증상이 나타나는 혈당은 일정하지 않으나 대체로 혈액 내 포도당의 수치가 비정상적으로 낮은 상태(70mg/dL 이하)를 의미한다.

　㉡ 저혈당은 특히 뇌의 정상 활동에 필요한 에너지가 공급되지 않으므로 위험하다. 뇌기능에 충분한 만큼의 포도당이 존재하지 않을 경우 의식상실이나 경련을 일으킬 수 있다.

　㉢ 저혈당 응급처치 : 저혈당 증상이 나타나면 빠른 당분 섭취를 위해 사탕이나 초콜릿 등을 즉시 섭취하고 이후 탄수화물을 섭취하는데, 순서는 다음과 같다.

　　• 기도유지 및 호흡 여부를 확인한다.

　　• 혈당측정기로 혈당을 측정한다.

　　• 환자의 식사 여부를 확인한다.

　　• 환자의 의식 여부를 확인한다.

　　※ 의식이 있는 경우 : 설탕, 꿀, 과일 시럽, 초콜릿 등을 섭취

　　　의식이 없는 경우 : 먹이지 않고 신속히 병원으로 이송

④ **외상** : 외부의 힘에 의하여 신체의 조직이나 기능에 장애가 되는 것을 외상이라 하며, 청년 및 중년층의 사망원인 중 가장 많은 원인이다.

　㉠ 골절 : 골격의 연속성이 비정상적으로 소실된 상태이다. 응급조치 방법은 다음과 같다.

　　• 119에 도움을 요청하여 처치한다.

　　• 부목을 고정한다.

　　• 부목을 고정하였을 경우 골절 부위가 심장보다 높게 위치한다.

　㉡ 탈구 : 관절의 손상에 의해서 양측 골단면의 접촉상태에 균형이 깨진 상태이다. 응급조치 방법은 다음과 같다.

　　• 119 구급대에 도움을 요청하여 병원을 방문하여 치료한다. 탈구를 바로 잡으려고 해서는 안 된다.

　　• 탈구된 부위의 감각, 맥박, 운동 기능을 확인, 맥박이 만져지지 않으면 즉시 병원에 방문한다.

　　• 부상 부위를 편하게 유지하고, 냉찜질을 하여 통증을 감소시키고 부종을 방지한다.

　㉢ 염좌 : 골격계를 지지하는 인대 일부가 늘어나거나 파열되어 관절에 부분 또는 일시적인 전위를 일으키는 손상이다. 응급조치 방법은 다음과 같다.

　　• 손상이 발생할 시 더 이상의 추가 손상 방지 및 손상 범위 최소화를 위해 RICE(안-냉-압-올)을 시행한다.

　　　– Rest(안정) : 다친 부위를 쉬게 하며 움직이지 않도록 함

　　　– Ice(냉찜질) : 즉시 얼음찜질을 해 주고, 피부가 마비되는 20~30초 후 얼음주머니를 치우는 것이 효과적이며 혈관을 수축시켜 부종과 염증을 줄이고, 통증과 근육 경련을 줄임

　　　– Compression(압박) : 압박 붕대를 감아서 운동을 제한하고 부종을 억제

　　　– Elevation(올림) : 다친 부위를 심장보다 높게 올려 줌

ⓔ 개방성 상처

• 증 상

찰과상	보통 미끄러지거나 넘어지는 것이 원인으로 피부나 점막이 심하게 마찰되던가 몹시 긁힘으로써 생긴 상처
절 상	종이에 베이거나 수술 시 절개 부위와 비슷한 상처로, 보통 가장자리가 매끄럽고 상처의 깊이, 위치, 크기에 따라 출혈량 다름
열 상	칼이나 날카로운 물건의 끝으로 입는 상처
자 상	못, 바늘, 철사 등에 찔리거나, 조직을 뚫고 지나간 상처
결출상	살이 찢겨져 떨어진 상태로 늘어진 살점이 상처 부위에 붙어 있기도 하고 완전히 떨어져 나가기도 하는 상처
절단상	발가락, 손, 발, 팔, 다리 등 신체 사지의 일부분이 잘려 나간 경우

(출처 : 농촌진흥청 농작업 안전보건관리 기본서)

• 응급처치 방법

찰과상	• 상처 부위를 만지기 전에 손을 깨끗이 씻는다. • 상처가 더러우면 흐르는 깨끗한 물로 씻거나 알코올 솜으로 닦는다. • 상처에 민간요법(된장, 담뱃가루, 지혈제 등)은 상처를 더욱 오염시켜 염증유발 및 이후 치료가 어려워지므로 사용하지 않는다. • 주의 : 파상풍 예방주사를 접종했는지 확인 후 미접종 시 병원에 방문한다.
절 상	• 찰과상의 치료와 유사하다. • 가벼운 베임은 괜찮으나 깊은 절상의 경우 신경조직과 혈관에 손상을 입힐 수 있으므로 상처 봉합을 위해 병원에 방문한다.
열 상	• 거즈나 손수건으로 한참 동안 압박한 후 피가 멎고 상처가 원상태로 회복 가능할 것 같으면 가정에서 치료한다. • 복합열상과 같이 심한 상처, 과다출혈, 상처를 낸 물체가 더럽거나 이물질이 깊이 박혀 있는 경우 병원에 방문한다. • 주의 : 파상풍 예방주사를 접종했는지 확인한 후 미접종 시 병원에 방문한다.
자 상	• 열상의 치료와 유사하다. • 상처 부위를 드러내고 상처 주위의 옷을 벗기거나 잘라낸다. • 상처 부위의 물체를 덮고 있는 옷은 벗기다가 물체가 움직일 수 있기 때문에 그대로 둔다. • 직접 압박을 해서 지혈한다(물체가 날카로운 경우 물체나 상처 주위 압박 금지). • 물체를 사이에 두고 거즈를 대고 물체 위를 직접 누르지 않는다.
결출상	• 상처 부위에 살이 떨어지지 않고 붙어 있다면 제자리에 잘 펴 놓는다. • 떨어진 상처를 잘 유지하여 병원에 방문한다.
절단상	• 절단된 부위를 깨끗한 물로 씻어 이물질을 제거하되 문지르지 않는다. • 절단된 부위를 거즈 등의 청결한 천으로 두툼하게 대어 직접 압박을 통한 지혈을 하고 절단 부위를 심장보다 높게 올린다. • 4~6시간 이내에 접합수술이 가능하도록 절단 부위를 잘 보관하여 신속하게 병원으로 이송한다. • 쇼크에 대비한다. • 피부와 연결되어 있는 부분(힘줄, 몸에 간신히 붙어 있는 부분)은 절단하지 않아야 한다. • 절단된 부분은 깨끗한 물로 씻어서 소독된 마른 거즈나 깨끗한 천에 싸서 젖지 않도록 비닐 주머니에 넣어 봉한 후 얼음 위에 보관한다. • 동상이 생긴 피부는 접합을 할 수 없으므로 얼음 속에 묻거나 얼음에 직접 닿지 않게 한다.

(출처 : 농촌진흥청 농작업 안전보건관리 기본서)

ㅁ 농약중독 응급처치

피부에 묻었을 경우	• 농약이 묻은 부위는 비누를 사용하여 꼼꼼히 적어도 10분 이상 깨끗하게 닦아낸다. • 알칼리와 만나면 분해되는 농약이 많기 때문에 보통 쓰는 비누를 사용하면 된다. • 옷에 묻었을 경우 즉시 옷을 벗고 갈아입는다. • 농약이 옷에 묻으면 피부에 침투할 수 있으므로 방수가 안 되는 옷에 농약이 묻었을 때는 속옷까지 전부 벗어서 피부를 비누로 씻는다.
눈에 들어갔을 경우	• 깨끗한 물로 눈을 헹구어 낸다. • 적어도 15분 이상 계속해서 씻어낸다. • 눈을 손으로 비비지 말고 병원을 방문하여 치료를 받는다.
입에 들어갔을 경우	• 입에 묻었거나 입안으로 들어갔으면 즉시 물로 양치를 한다. • 물을 마시고 토해낸다. • 토하게 한 후 흡착제를 먹는다.
들이마셨을 경우	• 일단 들이마신 농약을 토해낸다. • 옷을 헐겁게 하고 심호흡을 시킨다. • 중독자가 움직이지 않도록 하며, 보온에도 주의한다. • 숨을 쉬지 않을 경우에는 인공호흡을 한다.

(2) 응급상황에 적절한 대응이 가능한 기관 파악

응급상황에 적절한 대응이 가능한 기관을 파악한다.

① 119(소방서) : 응급환자 발생 신고를 접수하여 신속한 출동과 환자 이송을 담당한다.

② 정전상황 : 한국전력

③ 산재발생 : 고용노동부 관할 지방노동관서

④ 화학물질유출 : 환경부, 화학물질안전원

⑤ 기타 : 유관 경찰서, 농기계·기구 제조·공급업체 등

CHAPTER

06 농작업 안전보건교육 평가, 개선하기

(1) 농업인 안전보건인식 평가 절차 수립

농작업 안전보건교육의 평가는 과정평가, 영향평가, 결과평가의 세 가지로 구분한다.

① **과정평가** : 농작업 안전보건교육 프로그램이 성공적으로 개발, 운영되었는지를 평가한다.

② **영향평가** : 농작업 안전보건교육 프로그램이 지식, 태도, 행동에 미치는 단기적인 영향에 초점을 둔 평가를 의미한다.

③ **결과평가** : 긴 시간을 두고 교육 프로그램을 통해 교육 요구를 발생시킨 사회적 문제가 해결이 되었는지 평가한다. 사망률, 유병률, 발생률, 생존율, 생존기간 등을 조사하여 비용-효과 분석 등을 실시하여 교육의 효능을 평가한다.

(2) 농작업 안전보건교육 평가 기준 작성

① **사후조사 평가모델** : 안전보건교육 프로그램을 실시하기 이전에 조사를 할 수 없거나 사전조사 가 프로그램을 진행하는 데 좋지 않은 영향을 줄 것으로 예상되는 경우에 일단 프로그램을 시행한 이후, 실험군에 대한 정보 A와 대조군에 대한 정보 B를 동시 수집하여 A와 B의 차이를 관찰하여 교육 프로그램의 효과를 평가한다.

② **사전사후 조사 평가모형** : 대조군을 설정하지 않고 실험군만을 대상으로 하여 안전보건교육 프로그램을 투입한 이전의 정보 A와 투입한 이후의 정보 B를 수집하여 프로그램을 평가하도록 설계한 모형이다.

③ **실험군 및 대조군 사전사후 조사 평가모형** : 안전보건교육 프로그램에 참여한 집단과 프로그램 에 참여하지 않은 집단에 대한 정보를 프로그램 실시 전후로 각각 수집하여, 프로그램 실시로 인해 변화된 내용과 얼마나 변화되었는지를 평가한다.

(3) 농작업 안전보건인식 평가

① **질문지법** : 일반적인 지필 시험의 형태로 농작업 안전보건에 대한 지적 영역을 측정하는 방법이다.

② **서술형 및 논술형 검사** : 서술형 및 논술형 검사는 문제 해결력, 창의력, 비판력, 조직력, 정보 수집력, 분석력 등을 평가할 수 있다.

③ **구술시험** : 구술시험은 농작업 안전보건교육의 내용이나 주제에 대하여 발표하도록 하여 평가하는 방법이다.

④ **면접법** : 면접법은 평가자와 학습자가 직접 대면하여 질문하고 대답하면서 필기시험이나 서류만으로 알 수 없는 부분을 확인할 수 있다.

⑤ **실기시험** : 실기시험은 실제로 작업하는 모습을 시연하도록 하고 이를 여러 번 관찰하여 제대로 정확하게 작업하는지를 평가하는 것이다.

⑥ **관찰법** : 관찰법은 직접 학습자를 관찰하여 평가하는 방법으로 객관성과 신뢰성을 확보하는 것이 매우 중요하며, 이를 위해 일화 기록법, 평정척도, 비디오 녹화를 통한 분석을 실시할 수 있다.

⑦ **자기 평가 보고서** : 자기 평가 보고는 학습 영역의 실천 과정을 학습자 스스로 작성하여 보고서를 제출하도록 한다. 자기 주도적인 학습으로 이끌 수 있다는 장점이 있다.

⑧ **연구보고서법** : 연구보고서법은 안전과 관련하여 학습자의 능력이나 흥미에 적합한 주제를 선택하여 스스로 자료를 수집하고 분석 및 종합하여 연구보고서를 작성하도록 하는 것이다.

적중예상문제

01 농작업 안전보건교육의 특수성 5가지를 기술하시오.

해설
① 교육목표가 실천성이 강조되는 농업인의 행동변화에 역점을 둔다.
② 교육내용은 특수한 장기교육을 제외하고는 당면한 과제의 해결과 신기술·정보 등 실용도가 높은 내용이 강조된다.
③ 남녀노소, 기술수준과 요구의 차이 등 교육대상자의 사회, 경제적 특성이 다양하다.
④ 교육대상자의 다양성, 교육내용의 전문성과 실용성, 농업의 취약성 등으로 인하여 농업인 교육 담당자에게 높은 수준의 교수능력을 요구한다.
⑤ 농촌성인교육으로서 농업인의 참여증진과 구체적 경험획득을 위한 실증적 교육이 중요하다.
⑥ 농업인의 장기출타 집합교육이 어려워 단기핵심기술교육 및 수시 영농단계별 현장교육이 요구된다.

02 안전보건교육 계획 시 고려하여야 할 사항을 기술하시오.

해설
① 교육 목표
② 교육 및 훈련의 범위
③ 교육 보조 자료의 준비 및 사용 지침
④ 교육훈련의 의무와 책임 설정
⑤ 교육 대상자 범위 결정
⑥ 교육 과정 결정
⑦ 교육 방법의 결정
⑧ 교육 보조 재료 및 강사, 조교의 편성
⑨ 교육 진행 사항
⑩ 소요 예산 산정

03 농작업 안전보건 계획서에 포함되어야 할 사항을 기술하시오.

해설
① 프로그램명
② 목 적
③ 일 시
④ 장 소
⑤ 시 간
⑥ 학습내용
⑦ 강 사
⑧ 교육방법

04 교육매체의 종류 3가지를 기재하고 설명하시오.

> **해설**

① 실물, 모형 : 그림이나 사진에 비하여 이해하기 쉽다. 또한 학습자의 흥미를 유발할 수 있으며, 구조 등을 상세히 전달하여 이해도를 높여 교육의 효과를 높일 수 있다.

② 인쇄물 : 팸플릿, 홍보책자, 매뉴얼, 설문지 등 문자가 중심이 되는 매체이다. 가장 보편적으로 교육 시 사용되나, 읽기 쉽고 알기 쉽게 만드는 것이 중요하다. 너무 많은 내용을 담고 있으면 내용 전달에 어려움이 있다는 단점이 있다.

③ 게시판 : 게시판에 부착하여 공유, 또는 설명용 도판을 이용하여 게시하는 매체이다. 모든 사람이 쉽게 볼 수 있는 장소에 게시하여 사용하며, 사용 목적에 따라서 형태나 크기가 결정된다.

④ 슬라이드 : 사진이나 그림이 있는 투영 필름을 프레임에 한 개씩 끼워 영사하는 매체이다.

⑤ 동영상 : 움직이는 영상을 통해서 현장감을 제공한다. 학습동기유발 및 이해도를 높일 수 있다는 장점이 있다.

⑥ 포스터 : 단순한 내용에 관하여 인지시킬 때 사용한다. 이동이 간편하여 언제, 어디서든 쉽게 교육할 수 있다는 장점이 있으나 제작시간에 긴 시간이 소요되며, 청각적인 요소가 없다는 것이 단점이다.

05 교육방법의 종류에 대해서 기술하시오.

> **해설**

① 집합교육 : 집합교육은 학습자가 일정한 시간, 장소에 모여 교육을 받을 때 쓰이는 교육방법이다.

② 비집합교육 : 비집합교육은 학습자들이 특정한 장소에 모이지 않고, 각자 학습하도록 하는 방법이다.

③ 집단교육 : 강의법, 토의법, 시범/시연, 문제해결, 견학, 역할극, 모의 실험극 등으로 이루어진다.

④ 개별교육 : 면접, 상담, 전화상담, 병실교육 등으로 이루어진다.

06 농업인의 안전보건인식 제고를 위한 교육활동 방법 4가지를 기술하시오.

> **해설**

① 인간 정신의 안전화 : 안전 의식을 일깨워야 한다.

② 인간 행동의 안전화 : 작업의 과정이나 과정 중의 행동들이 능숙하고 안전하게 해야 한다.

③ 설비의 안전화 : 작업을 하기 위해 다루는 도구나 설비들은 안전하게 유지할 수 있게 해야 한다.

④ 환경의 안전화 : 작업을 하는 주위 환경을 쾌적하게 유지할 수 있게 하여야 한다.

07 안전보건인식 제고를 위한 안전기능 교육에 대하여 설명하시오.

> **해설**

교육 대상자가 <u>스스로 행함으로써</u> 할 수 있는 상태가 되도록 한다. 안전 기능 교육은 교육 대상자가 요령을 체득하여 작업하는 데 있어서 안전에 대한 숙련성이 증가하는 것을 목표로 한다.

08 안전보건인식 변화 수준 평가 중, 인지적 영역 평가 방법에 대해 기술하시오.

> 해설
> ① 질문지법 : 읽을 수 있고 질문에 대한 지식이 있는 사람을 대상으로 사용할 수 있는 간접적 측정 방법이다. 고령자에게는 적절하지 않을 수 있으며, 질문 문항의 타당도와 신뢰도를 고려하여야 한다.
> ② 구두 질문법 : 교육내용에 대한 직접적인 질문을 통해 측정하는 방법으로 학습자의 이해 정도를 교수자가 즉각적으로 알 수 있다. 학습자 또한 알고 있는 지식이 옳았는지를 즉시 알 수 있다. 그러나 집단이 큰 경우에 모든 개인이 질문에 반응할 수 없다는 한계가 있다.

09 하인리히의 안전사고 메커니즘 5단계에 대하여 설명하시오.

> 해설
> ① 1단계 : 사회환경과 유전적 요인
> ② 2단계 : 인간의 결함
> ③ 3단계 : 불안전한 상태와 행동
> ④ 4단계 : 안전사고
> ⑤ 5단계 : 상해(재해)

10 버드의 신도미노 이론의 5단계에 대하여 설명하시오.

> 해설
> ① 1단계 : 통제의 부족(관리의 결함), 재해발생의 근원적인 요인
> ② 2단계 : 기본원인(기원), 개인적 또는 과업과 관련된 요인
> ③ 3단계 : 직접원인(불안전한 행동 및 불안전한 상태)
> ④ 4단계 : 안전사고(접촉)
> ⑤ 5단계 : 상해(손해)

11 안전사고 원인분석 중 3E 기법의 3E가 의미하는 것을 설명하시오.

> 해설
> ① Engineering(공학적 대책) : 기술적으로 환경이나 설비 등을 개선하는 것을 말한다.
> ② Education(교육적 대책) : 안전교육, 안전훈련을 통한 안전인식 등의 개선을 말한다.
> ③ Enforcement(규제적 대책) : 안전매뉴얼, 안전규칙을 통해 규제하는 것을 말한다.

12 안전사고 원인분석 중 4M 기법의 4가지 요인을 설명하시오.

인적(Man) 요인	• 근로자 특성의 불안전 행동(여성, 고령자, 외국인, 비정규직) • 작업 자세, 동작의 결함 • 작업정보의 부적절 등
기계적(Machine) 요인	• 기계·설비 설계상의 결함 • 방호장치의 불량 • 본질 안전화(Intrinsically Safe)의 부족 • 사용 유틸리티(전기, 압축공기 등의 결함) • 설비를 이용한 운반 수단의 결함
물질적(Media) 요인	• 작업공간의 불량 • 방호장치의 불량 • 가스, 증기, 분진, 퓸, 미스트 발생 • 물질안전보건자료의 미비 등
관리적(Management) 요인	• 관리·감독 및 지도의 결여 • 교육, 훈련의 미흡 • 규정, 지침, 매뉴얼 등 미작성 • 수칙 및 각종 표지판 미게시 등

13 재해조사 시 유의사항 5가지를 기술하시오.

① 피해자에 대한 구급 조치를 우선으로 한다.
② 조사는 신속하게 행하고 긴급 조치하여, 2차 재해를 방지한다.
③ 2차 재해의 예방을 위해 보호구를 착용한다.
④ 조사는 될 수 있는 대로 2명 이상이 한 조가 되어 실시한다.
⑤ 객관적 입장에서 조사한다.
⑥ 목격자 등이 증언하는 사실 이외의 추측의 말은 참고만 한다.
⑦ 책임 추궁보다 재발방지를 우선하는 기본 태도를 갖는다.
⑧ 중대재해나 조사하는 사람이 직접 처리하기 어려운 재해는 전문가에게 조사를 의뢰한다.

14 재해발생 시 조치순서를 기술하시오.

① 재해발생   ② 긴급처리
③ 재해조사   ④ 원인분석
⑤ 대책수립   ⑥ 대책실시 계획
⑦ 실 시   ⑧ 평 가

15 산업재해조사표를 제출하여야 하는 경우를 설명하시오.

> **해설**
>
> 산업재해 발생 보고 등(산업안전보건법 시행규칙 제73조)
> 사업장에서 사망자가 발생하거나 3일 이상의 휴업이 필요한 부상을 입거나 질병이 걸린 경우에 해당 산업재해가 발생한 날부터 1개월 이내에 산업재해조사표를 작성하여 관할 지방고용노동관서의 장에게 제출해야 한다.

16 농작업 안전 시스템의 구성 3가지를 기술하고 설명하시오.

> **해설**
>
> ① 디자인 시스템 : 농작업 안전성 확보를 위한 법적 기준, 가이드라인, 농작업 설비, 기계, 도구 등의 안전장치 디자인 등
> ② 정비·보수와 감독 시스템 : 안전장치나 조치들의 준수에 대한 정기적인 감독 등
> ③ 경보(알람) 시스템 : 위험을 사전에 인식할 수 있도록 기계나 표식 등에 의해 지원
> ④ 훈련 및 작업절차 시스템 : 안전작업 방법, 절차의 매뉴얼, 교육 훈련 및 준수
> ⑤ 인간요인 시스템 : 농업인이 작업수행을 위한 적정한 컨디션을 유지할 수 있도록 조치
> ⑥ 응급구조 시스템 : 발생된 재해의 신속한 의학적 조치, 의료 시스템 등

17 농작업 넘어짐 사고 발생 원인에 대하여 기술하시오.

> **해설**
>
> ① 울퉁불퉁하거나 경사로 인하여 위험한 농로
> ② 진흙, 물이 고인 미끄러운 바닥
> ③ 작업장에 있는 장해물
> ④ 농기구 등의 작업환경의 정리 미흡
> ⑤ 급하게 작업

18 질식 사고 예방을 위한 밀폐공간 내의 적정공기 수준인 산소, 황화수소, 일산화탄소, 이산화탄소 농도를 기술하시오.

> **해설**

산소(18% 이상 23.5% 미만), 황화수소(10ppm 미만), 일산화탄소(30ppm 미만), 이산화탄소(1.5% 미만)

19 농업인 안전보건인식 평가 구분 3가지를 기술하고 설명하시오.

> **해설**

① 과정평가 : 농작업 안전보건교육 프로그램이 성공적으로 개발, 운영되었는지를 평가한다.
② 영향평가 : 농작업 안전보건교육 프로그램이 지식, 태도, 행동에 미치는 단기적인 영향에 초점을 둔 평가를 의미한다.
③ 결과평가 : 긴 시간을 두고 교육 프로그램을 통해 교육 요구를 발생시킨 사회적 문제가 해결이 되었는지 평가한다.
　 사망률, 유병률, 발생률, 생존율, 생존기간 등을 조사하여 비용-효과 분석 등을 실시하여 교육의 효능을 평가한다.

20 농작업 안전보건인식 평가 방법을 3가지를 기술하고 설명하시오.

> **해설**

① 질문지법 : 일반적인 지필 시험의 형태로 농작업 안전보건에 대한 지적 영역을 측정하는 방법이다.
② 서술형 및 논술형 검사 : 서술형 및 논술형 검사는 문제 해결력, 창의력, 비판력, 조직력, 정보 수집력, 분석력 등을 평가할 수 있다.
③ 구술시험 : 구술시험은 농작업 안전보건교육의 내용이나 주제에 대하여 발표하도록 하여 평가하는 방법이다.
④ 면접법 : 면접법은 평가자와 학습자가 직접 대면하여 질문하고 대답하면서 필기시험이나 서류만으로 알 수 없는 부분을 확인할 수 있다.
⑤ 실기시험 : 실기시험은 실제로 작업하는 모습을 시연하도록 하고 이를 여러 번 관찰하여 제대로 정확하게 작업하는지를 평가하는 것이다.
⑥ 관찰법 : 관찰법은 직접 학습자를 관찰하여 평가하는 방법으로 객관성과 신뢰성을 확보하는 것이 매우 중요하며, 이를 위해 일화 기록법, 평정척도, 비디오 녹화를 통한 분석을 실시할 수 있다.
⑦ 자기 평가 보고서 : 자기 평가 보고는 학습 영역의 실천 과정을 학습자 스스로 작성하여 보고서를 제출하도록 한다. 자기 주도적인 학습으로 이끌 수 있다는 장점이 있다.
⑧ 연구보고서법 : 연구보고서법은 안전과 관련하여 학습자의 능력이나 흥미에 적합한 주제를 선택하여 스스로 자료를 수집하고 분석 및 종합하여 연구보고서를 작성하도록 하는 것이다.

교육은 우리 자신의 무지를 점차 발견해 가는 과정이다.

– 윌 듀란트 –

PART 02

농기자재
안전관리

CHAPTER 01   농기계 안전관리하기

CHAPTER 02   농기계 외 기타 농기자재 안전관리하기

CHAPTER 03   농약기자재 안전관리하기

(1) 농작업 작업환경, 작업의 흐름 조사

① 농업기계 작업자

- ㉠ 농업기계 운전자
  - 운전자 자신과 타인에게 위해를 가하지 않도록 안전의식을 갖고 작업에 임해야 한다.
  - 농업용 기계, 기구의 일상점검과 적정한 조작 등을 통해 농작업을 안전하게 실시하여야 한다.
  - 농작업 안전에 관한 교육 및 홍보활동 등에 적극적으로 참가하여 안전의식을 높인다.
  - 도로교통법 등 관계법령을 숙지한다.
- ㉡ 농작업 제외(작업자)
  - 음주자
  - 약물 복용으로 인하여 작업에 지장이 있는 자
  - 병, 부상, 과로 등으로 정상적인 작업이 곤란한 자
  - 임신 중으로 해당 작업이 임신 또는 출산과 관련하여 건강상태에 악영향을 미친다고 생각되는 자
  - 연소자, 다만 농업계 고등학교 학생으로 농기계 교육을 받는 경우는 제외
  - 미숙련자

② 농작업 작업환경 관리

- ㉠ 농업기계 작업환경의 정비 : 평상시에 작업환경이나 위험지역에 대해 점검하고, 작업방법을 재검토하거나 작업현장의 개선 및 위험지역의 표시 등 안전하고 효율적인 농작업을 할 수 있도록 노력하여야 한다.
- ㉡ 농작업 위험환경 : 수로, 도랑 등으로 농업기계의 전복 위험이 있는 곳, 사각지대의 모퉁이 좁은 교량, 급커브, 경사지, 미끄러운 바닥
- ㉢ 농업기계 운전자의 안전수칙
  - 농업기계 운전자는 수로나 도랑 근처에 너무 가까이 가지 않고 안전하게 회전 할 수 있는 충분한 공간을 확보하여야 한다.
  - 위험 요소를 숨기고 있는 농로의 가장자리는 제초작업을 하여 농로의 경계, 수로 등을 명확하게 알 수 있도록 한다.
  - 운전자의 시야 확보를 위해서 나뭇가지를 잘라내며 장애물들을 제거한다.
  - 침식되어 바닥이 꺼진 부분은 표시를 해 두거나 채워서 평평하게 해 둬야 한다.

ㄹ 위험작업 시 안전수칙
- 위험한 상황을 조기에 알려 줄 수 있는 보조자를 배치하도록 한다.
- 혼자 작업 시에는 작업내용 및 작업장소를 가족에게 확실히 알려준다.
- 분진, 소음, 진동이 발생하는 작업환경에서는 환경 개선이나 보호구 착용으로 악영향을 감소시킨다.
- 시력이 약해지거나 눈이 피곤해지지 않도록 작업 장소는 적당한 조명으로 밝기를 유지한다.

(2) 농업인의 작업행동, 작업방법 준수 여부 점검
① 농업기계 작업 시 계획적으로 작업을 실시한다.
㉠ 기후조건이나 작업자의 몸 상태를 감안하여 무리 없는 작업을 하도록 해야 한다. 기상조건이나 포장조건 등에 의해 작업이 순조롭게 진행되지 않을 때 무리하여 작업하면 결과적으로 사고의 원인이 될 가능성이 많기 때문에 여유를 갖고 무리 없는 작업계획을 세운다.
㉡ 하루의 작업시간은 가능한 8시간을 넘지 않도록 하며 피로가 축적되지 않도록 2시간마다 정기적으로 휴식을 취할 수 있도록 하여야 한다.
② 작업에 적합한 복장과 보호구를 착용한다.
㉠ 농업기계 이용 시 농업기계에 두발이나 의류 등이 말려 들어가지 않도록 각 작업에 적당한 복장을 하여야 한다.
㉡ 넘어짐(전도), 떨어짐(추락), 낙하물 등의 위험이 있는 경우 안전모를 착용하여 머리를 보호할 수 있도록 한다.
㉢ 비산물에 의해 안면 상해의 위험이 있는 경우
- 보호안경을 착용하여 눈을 보호한다.
- 마스크를 착용하여 입과 코 주변의 안면을 보호한다.
- 페이스실드를 착용하여 얼굴 전반을 보호한다.
㉣ 칼날, 날카로운 돌기 등이 손을 접촉하는 작업을 할 경우 보호장갑을 착용하여 손이 다치지 않도록 한다.
㉤ 중량물이 낙하하는 위험이 있는 곳에서 작업을 하는 경우
- 안전화를 착용하여 발을 보호한다.
- 정강이 보호대 등을 착용하여 다리를 보호한다.
③ 주변 작업 환경을 고려한다.
㉠ 다른 작업자나 주변에 있는 사람에게 미치는 위험성을 고려하여 안전성이 충분히 확보되었는지 주의를 기울여 작업한다.
㉡ 어린아이, 노약자 등이 주변에 있는 경우 작업자 외의 사람들이 가동 중인 농업기계에 접근하지 않도록 사전에 주의를 주어야 한다.

ⓒ 농업기계 중 발생되는 유해요인 관리 : 소음, 진동, 분취, 약제 비산 등으로 주변 주민이나 환경에 영향을 미치지 않도록 작업기계의 선정, 기상조건을 고려하여 필요한 조치를 하여야 한다.

④ 사고에 대비한다.
　　㉠ 작업을 시작하기 전에 항상 해당 작업의 위험성을 예측하고 대응책을 생각해 두어야 한다.
　　㉡ 작업 전 확인사항
　　　• 만일의 사고에 대비하여 긴급사항 발생 시 연락체계를 확인한다.
　　　• 응급처치에 대한 지식을 몸으로 익힌다.
　　　• 보험이나 공제에 가입한다.

(3) 농기계 안전점검

① 농업기계 점검 및 관리
　　㉠ 안전한 농업기계의 이용을 위해서는 점검을 일상화하는 것이 필요하다. 농업기계나 농기구를 사용하는 작업을 할 경우에는 반드시 사전에 안전장치나 방호커버 등의 안전장비를 포함하여 점검하고, 조작 및 장착 방법 등에 대해서도 사전에 확인해 둔다.
　　㉡ 농업기계·기구 및 안전장비 등에 이상이 있는 경우에는 작업 전에 전문가의 점검 또는 수리를 받는 등 필요한 조치를 반드시 한다. 농업기계를 원래의 목적 이외에는 사용하지 않아야 한다. 또한, 임의로 개조하지 말아야 하며 특히, 안전장비를 절대로 떼어내지 않도록 한다.
　　㉢ 농업기계를 구입 및 인수할 경우 가격이나 성능뿐만 아니라 안전성도 선택의 기준으로 삼는다. 중고농업기계를 구입할 경우에는 안전장비의 상태, 취급설명서의 유무 등을 확인하고 적절한 수리정비를 받은 것을 구입하든가 또는 구입 후 적절한 정비를 하여 사용한다.
　　㉣ 농업기계를 인수받을 때에는 농업기계의 조작, 안전장비 등에 대해 충분한 설명을 듣도록 한다. 농업기계를 원래의 목적 이외에는 사용하지 않아야 한다.

② 농업기계 관리
　　㉠ 취급설명서에는 농업기계의 각 부위에 대하여 사용시간별로 점검, 정비 및 교환 필요사항이 제시되어 있다. 취급설명서에서 제시된 대로 점검, 정비 및 교환을 실시한다.
　　㉡ 농업기계는 운전일지, 점검·정비일지 등을 작성하고 기록에 근거하여 적정하게 관리한다.

③ 농업기계 보관
　　농업기계는 보관창고에 보관하여야 하며 농업기계를 보관하는 창고는 다음과 같은 사항을 지켜야 한다.
　　㉠ 보관창고 관리
　　　• 출입구의 높이나 폭, 천장 높이, 바닥면적에 여유가 있어야 한다.
　　　• 점검·정비작업을 고려하여 바닥을 가능한 포장한다.

ⓛ 출입구 관리
- 눈에 띄는 색으로 도장한다.
- 도로와 접한 경우에는 출입구에 반사경을 설치한다.

ⓒ 내부 관리
- 충분한 밝기를 유지하도록 전등을 설치한다.
- 환기창이나 환기팬 등을 설치하여 환기를 좋게 한다.

ⓔ 농업기계 보관 시 유의사항
- 농업기계의 승강부를 내리고 열쇠를 빼둔다.
- 탑재식이나 견인식 작업기에 기체를 안정시키기 위한 스탠드가 부착된 경우에는 반드시 받쳐서 보관한다.
- 작업이 끝난 다음에는 농업기계에 붙어 있는 작물의 부스러기나 진흙, 먼지 등을 깨끗이 청소한다.

④ **농업기계를 대여할 경우** : 농업기계를 대여할 때에는 적절한 정비를 하고 농업기계의 사용방법, 안전상 주의사항을 충분히 인지하고 취급설명서를 잘 읽도록 하여야 한다.

⑤ **농업기계 연료 관리**

ⓐ 농업기계에 주로 사용되는 연료인 휘발유, 경유, 등유는 위험물로 분류되며, 용기는 적정한 것으로 사용하여 전용 장소에 보관하여야 한다.

ⓑ 연료보관 전용장소 관리
- 소화기를 준비하여 상시 비치한다.
- 화기를 엄금하고 관계자 이외에는 출입하지 않도록 자물쇠를 걸어 놓는다.
- 흘러넘친 연료가 하천이나 주위의 환경을 오염시키지 않도록 저장장소 주위에 둑을 설치한다.
- 상온에서 기화하는 연료를 보관한 경우에는 기화가스가 체류하지 않도록 항상 환기한다.
- 급유를 할 경우에는 반드시 엔진을 정지시켜 식힌 상태에서 한다.
- 연료가 배관의 접속부에서 새거나 흐른 연료는 바로 닦는다.
- 연료 옆에는 불이나 불꽃을 일으키는 농업기계나 공구 등을 사용하지 않는다.
- 정전기가 발생하기 쉬운 복장을 하지 않는다.
- 수시로 청소하여 보관장소 주위 불필요한 가연물을 제거한다.

(4) 농기계에 관한 관련법령, 기준, 지침

① 안전장치 관련 규정

ⓐ 현재 우리나라의 정부지원 대상 농업기계로 등록되어 있는 기종 수는 작업기를 제외하고 총 135개 기종이다. 종합검정이나 안전검정 대상기종은 검정을 받지 아니하거나 검정에 부적합 판정을 받은 경우 판매·유통을 할 수 없다.

ⓛ 현재 농업기계화 촉진법에 따른 종합검정 대상기종은 농업용 트랙터 등 23개 기종, 안전 검정 대상기종은 농업용 동력운반차(보행형) 등 23개 기종이 규정되어 있다. 종합검정, 안전검정에서는 농업기계 검정기준에서 정해진 안전기준을 만족하여야 하며, 공통안 전기준(농업기계 검정기준 별표 2) 15개 항목에 대해 안전기준을 만족하여야 한다.

ⓒ 공통안전기준(농업기계 검정기준 별표 2)
- 가동부의 방호
- 안전장치
- 운전석 및 작업장소
- 작업기 취부장치 및 연결장치
- 고온부의 방호 및 연료탱크
- 안정성
- 안전표지 및 형식표지판
- 기 타
- 동력입력축의 방호
- 제동장치
- 운전·조작 및 계기장치
- 등화장치
- 전기장치
- 자율주행장치
- 사용설명서

ⓡ 등화장치 안전기준

전조등, 후미등, 제동등, 방향지시등, 차폭등, 비상점멸표시등, 저속차량표시등 부착기계	농업용 트랙터
전조등, 후미등, 제동등, 방향지시등, 저속차량표시등 부착기계	승용형 농업용 동력 운반차
전조등, 후미등, 제동등, 방향지시등 부착기계	• 승용자주형 스피드 스프레이어 • 승용자주형 주행형 동력 분무기 • 승용자주형 퇴비 살포기 • 승용자주형 농업용 베일러 • 승용형 원거리용 방제기 • 최고 주행속도가 15km/h 이상인 승용자주형 농업기계
등광색이 백색인 전조등, 야간반사판 부착기계	• 농업용 로더(입승식 제외) • 농업용 굴착기
등광색이 백색인 전조등, 저속차량표시등 부착기계	승용자주식 콤바인(입승식 제외)
등광색이 백색인 전조등 부착기계	• 콤바인 • 경운기 • 승용형 관리기 • 승용형 동력 제초기 • 승용자주식 예초기
후미등, 제동등, 방향지시등, 야간반사판 부착기계	• 농업용 트랙터 및 경운기용 트레일러 • 스피드 스프레이어(자주형 제외) • 농업용 베일러(승용자주형 제외) • 주행형 동력 분무기(보행자주형 및 부착형) • 비료살포기(승용자주형 제외) • 원거리용 방제기

※ 적재정량 0.5톤 이하의 트레일러에 대해서는 제동등은 제외되고 후미등과 방향지시등을 겸용할 수 있다.
※ 탑재형 농업기계는 부착동력기의 등화장치로 후미등, 제동등, 방향지시등을 대신할 수 있다.

야간반사판 부착기계	주행형 탈곡기

※ 후미등이 야간반사판을 겸용할 경우, 후미등 반사부의 유효면적이 35cm² 이상일 때에는 야간반사판이 부착된 것으로 간주한다.

② 교통안전

    ㉠ 농업기계도 도로교통법상의 차에 해당되므로 도로교통법에 규정된 안전 수칙을 잘 따르도록 하여야 하며, 농업기계가 도로를 주행할 때에는 다음과 같은 교통안전 수칙을 준수하여야 한다.

    ㉡ 운행 전 타이어, 등화장치, 제동장치 등에 대한 안전점검을 실시하고, 운전석을 운전하기 편안하게 조정한다. 안전벨트가 있으면 착용한다.

    ㉢ 방어운전을 습관화한다. 방어운전은 사고원인을 만들지 않고, 사고에 말려들지 않도록 한다(안전한 공간을 확보하고, 미리 예측하여 대응한다).

    ㉣ 음주운전은 절대 하지 않는다. 음주운전은 침착성과 판단력을 저하시키고 위급상황에서 신속한 반응을 어렵게 하여 대형 사고를 유발시킨다는 것을 명심한다.

    ㉤ 교통 신호를 지킨다. 교차로에서는 속도를 낮추고 일단 정지하며, 출발 시 전후좌우의 교통상황을 잘 살피고 안전을 확인한 다음 천천히 출발한다. 곡선도로에서는 천천히 주행한다.

    ㉥ 급하게 제동하거나 핸들을 조작하는 것은 금물이다. 또한, 과적하여 운행하거나 운전석 이외에 동승자를 태워서 운전하지 않는다.

    ㉦ 교차로 진출입 시에는 충분한 시야를 확보한다. 선회 시에는 미리 방향지시등을 조작한다.

    ㉧ 차량의 왕래가 빈번한 도로변에는 가급적 주정차를 하지 않는다.

    ㉨ 해질녘 또는 야간에 농기계를 도로 가장자리에 주정차할 때에는 차폭등 또는 비상등을 켜 놓는다.

    ㉩ 경사지에 주차할 때에는 농업기계가 움직이지 않도록 타이어 밑에 돌이나 고임목 등을 받쳐 놓는다.

    ㉪ 등화장치 작동으로 상대 차량 운전자에게 정보를 제공한다. 방향지시등, 후미등, 비상등, 야간 반사판 등을 반드시 부착하고 수시로 점검하고 청소한다.

    ㉫ 트레일러에 짐을 실을 때는 뒤에 오는 운전자가 등화장치를 볼 수 있도록 과다하게 적재하지 않는다. 야간 또는 악천후에는 반드시 등화장치를 작동하고 감속하여 운전한다.

    ㉬ 교통사고의 위험성이 높은 도로에 대해서는 경찰, 도로관리자 등에게 연락하여 위험 안내 표지판 또는 반사경 등을 설치하도록 한다.

(5) 농기계 사용에 관한 안전지식

① 트랙터 및 부속 작업기

    ㉠ 작업 전 주의사항

      • 교육훈련을 받지 않은 상태에서는 절대로 트랙터를 운전하지 말아야 하며 작동 전에는 각각의 조절장치의 기능과 역할에 대해 충분히 알아두어야 한다.

      • 안전프레임 또는 안전캡을 장착하고 안전벨트도 착용한다.

      • 트랙터에 타고 내릴 때는 항상 운전석을 바라보면서 승차용 계단과 손잡이를 이용한다.

- 트랙터가 움직이고 있는 도중 또는 트랙터를 등지고 타거나 내리지 않는다.
- 발을 헛디디지 않도록 주의하고 발판이나 발바닥의 진흙은 수시로 제거한다.
- 페달을 밟을 때 방해가 되어 사고의 위험이 있으므로 운전석 바닥에 공구, 부속, 음료수 병 등을 두지 말아야 한다.
- 운전석에는 운전자 1명만 탑승해야 하며, 운전석 옆이나 트레일러 등에 사람을 태우지 않는다.
- 작업기를 착탈할 때 떼어 놓은 안전덮개는 반드시 장착한다.
- 옷 등이 말려 들어갈 우려가 있으므로 PTO를 사용하지 않을 때는 PTO축의 안전덮개를 씌워 둔다.

ⓒ 작업 중 주의사항
- 트랙터에서 떠날 때에는 작업기를 내리고 엔진을 정지시킨 다음 주차브레이크를 걸고 열쇠를 뽑아 둔다.
- 트랙터는 반드시 운전석에 앉아서 운전하고 좌석이 아닌 곳이나 승차위치 이외의 곳에 사람을 태우지 않는다.
- 중량물을 들어 올릴 때는 기체가 동요하여 전도될 우려가 있으므로 비스듬히 들어 올리지 말고 주행 및 선회는 저속으로 한다.
- 수확물 등을 운반차로 옮길 때는 충돌이나 사람이 끼지 않도록 주의하면서 한다.
- 작업기에 이물질이 말려 있거나 막힌 것을 제거할 때에는 트랙터의 엔진을 정지하고 작업부의 정지를 확인한 후에 제거한다.

ⓒ 점검 · 정비 시 주의사항
- 작업 후 점검 · 정비는 평탄한 장소에서 주차브레이크를 걸고 엔진을 멈춘 후 가동부가 완전히 정지된 뒤 실시한다. 또한 점검 · 정비를 하기 위해 떼어 놓았던 안전덮개는 종료 후 반드시 장착한다.
- 야간에는 가급적 점검 · 정비를 하지 않으며, 어쩔 수 없이 야간에 할 때에는 적절한 조명을 이용한다.
- 유압라인을 테이프나 피팅 접착제 등으로 임시 수리하여 사용하지 않는다.
- 고압유가 분출하여 피부나 눈에 닿지 않도록 보호안경과 두꺼운 장갑을 착용하고 누유 점검 시에는 두꺼운 종이나 합판을 이용한다. 만일 기름이 피부에 침투했을 때는 즉시 의사의 진료를 받는다.

ⓒ 이동 및 운반 시 주의사항
- 매번 출발할 때마다 위험 요인이 없는지 확인하고, 무엇보다도 다른 사람이나 차량들을 잘 살펴야 하며 과속하지 말아야 한다.
- 주행할 때는 한눈을 팔거나 손을 놓고 운전하지 않는다. 장비들이나 짐, 또는 날씨로 인해 운전시야가 좁아질 수 있다는 것을 명심하고 사각지대를 잘 살펴야 한다.

- 경고 표지판을 잘 살펴 주의하고, 시야 확보가 안 될 경우 특히, 후진을 할 때는 거울과 경적을 활용하며 필요시에는 도움을 청하도록 한다.
- 트랙터에 운전자 외에 동승한 사람이 있을 경우에는 주행 시, 급정지 및 회전 시 트랙터가 뒤집혀 넘어지면서 떨어지거나 밖으로 튕겨져 나가는 사고가 발생할 수 있으므로 가급적 운전자 외에는 동승하지 않도록 한다.
- 농로의 가장자리로 주행하지 않는다. 어쩔 수 없이 가장자리를 주행할 경우에는 연약한 지반인지를 충분히 확인한다.
- 운반차량에 상하차 작업을 할 때에는 주위에 위험물이 없는 평탄하고 안전한 장소에서 한다.
- 야간에 도로주행 시에는 사고의 우려가 있으므로 등화장치를 점등하고 필요에 맞게 야간 반사테이프, 반사판 등을 부착하여 상대 차량의 운전자가 잘 알아볼 수 있도록 하며 특히, 최대 폭이 멀리서도 확인될 수 있도록 한다.
- 경사진 곳에서 조향클러치의 작동은 평지와 반대방향으로 선회하므로 조향클러치를 사용하지 말고 반드시 핸들로 선회한다.
- 언덕을 내려올 때에는 브레이크의 제동력이 떨어지므로 엔진 브레이크를 병행하여 사용한다.
- 트레일러를 부착한 경우에 고속 주행 시 급선회하면 잭나이프 현상이 일어날 우려가 있으므로 가급적 조향클러치를 사용하지 말고 핸들조작으로 선회하도록 한다.
- 경운기나 관리기에서 떠날 때는 평탄지를 선택하여 브레이크를 걸고 엔진을 정지시킨 다음 열쇠를 뽑아 둔다.
  - ⑩ 보관 시 주의사항
    - 보관창고는 충분히 밝도록 전등을 설치하고, 환기가 잘 되도록 환기창이나 환기팬을 설치하도록 한다.
    - 트랙터는 승강부를 내리고 열쇠를 뽑아 보관한다.
    - 기계에 묻어 있는 흙이나 먼지, 짚 등 이물질은 제거하여 보관한다.
    - 장기간 보관할 때에는 배터리선을 분리하여 보관한다.
- ② 경운기, 관리기
  - ㉠ 작업 전 주의사항
    - 기계의 사용방법 및 안전수칙을 숙지하고 비상시를 대비해 기계를 신속히 멈출 수 있는 방법을 알아둔다.
    - 작업하기 전에 기계의 각 부위에 표시된 안전수칙, 주의사항 등을 확인한다.
    - 각 부의 볼트, 너트, 연결핀 등이 제대로 체결되었는지, 벨트가 적정한 장력을 유지하고 있는지, 손상된 부분은 없는지 등을 확인하여 이상 부위는 즉시 정비한다.
    - 손잡이나 발판 등에 기름이나 진흙 등이 묻어 있으면 닦아낸다.
    - 운전석 주위에 부품이나 공구를 놓지 않는다.

ⓛ 작업 중 주의사항
- 교육훈련을 받지 않은 상태에서는 절대로 경운기나 관리기를 운전하지 말아야 하며, 작동 전에는 각각의 조절장치의 기능과 역할에 대해 충분히 알아두어야 한다.
- 엔진 시동 시에는 먼저 주위를 잘 확인하고 주위에 작업자 등이 있는 경우는 신호를 보내고 안전을 확인한 후 변속 레버는 중립, 클러치는 끊김 위치에 있는지, 주차 브레이크가 있는 것은 걸려 있는지를 확인한 후 시동한다.
- 트레일러에 사람을 태우지 않고, 과다한 짐이나 크고 긴 물건을 다량으로 적재하지 않도록 한다.
- 보행형 농기계를 이용한 농작업은 장시간의 보행으로 피로해지기 쉽기 때문에 충분한 휴식을 취하여 피로 축적을 적게 한다.

ⓒ 점검·정비 시 주의사항
- 점검·정비 시에는 평탄하고 안전한 장소에서 엔진을 정지시키고 가동부가 정지한 다음 실시해야 하며 점검·정비를 위해 떼어놓은 안전덮개는 종료 후 반드시 장착한다.
- 고장이나 막힘 등에 의하여 정비를 할 때는 엔진을 반드시 정지시킨다.
- 점검·정비할 때는 엔진내부에 손을 대면 화상을 입을 우려가 있으므로 가급적 엔진이나 소음기 등 뜨거운 부위가 식은 상태에서 두꺼운 장갑 등으로 충분히 방호한 후 실시한다.
- 야간에는 가급적 점검·정비를 하지 않으며, 어쩔 수 없이 야간에 할 때에는 적절한 조명을 이용한다.

ⓔ 이동 및 운반 시 주의사항
- 전도될 우려가 있으므로 급선회하지 않는다. 요철이 심한 노면을 주행할 때에는 속도를 낮춘다.
- 급경사지나 언덕길에서는 경운기가 폭주할 우려가 있으므로 변속조작을 하지 않는다.
- 전도의 우려가 있으므로 높이 차가 있는 포장으로 출입하거나 논두렁을 넘을 때는 직각으로 하고 높이 차가 큰 경우에는 디딤판을 사용한다.
- 이동 시에는 운전석 이외에는 사람이 타지 않으며, 정해진 곳 이외에는 물건을 싣지 않는다.
- 운반할 경운기의 중량, 높이, 폭, 길이 등을 고려하여 적절한 운반차량 및 운송로를 선정한다.
- 운반차량에 상하차 작업을 할 때에는 주위에 위험물이 없는 평탄하고 안전한 장소에서 한다.

ⓜ 보관 시 주의사항
- 보관창고는 충분히 밝도록 전등을 설치하고, 환기창이나 환기팬을 설치하여 환기를 잘 시킨다.
- 어린이들이 만질 우려가 있으므로 열쇠를 뽑아 보관한다.
- 기계에 묻어 있는 흙이나 먼지, 짚 등 이물질은 제거하여 보관한다.
- 작업기는 내려 놓은 상태로 보관한다.

③ 파종·이식·관리용 기계

   ⊙ 이앙기

- 연료주입 시 담배 등 불씨가 될 수 있는 물질을 절대 가까이 하지 않는다.
- 외관 등 이상 유무, 연료와 엔진오일의 양과 누유 여부, 브레이크 페달의 유격과 엔진시동 후 이상음 등을 확인한다.
- 천천히 출발해 보고 브레이크 작동상태와 주변 속 및 변속페달의 작동상태를 확인한다.
- 승용 이앙기를 타거나 내릴 때에는 이앙기를 등지지 않는다. 발을 헛디디지 않도록 주의한다.
- 발판이나 발바닥의 진흙은 수시로 제거한다. 또한 이앙기에 뛰어 올라타거나 뛰어 내리지 않는다.
- 추락이나 전도의 우려가 있으므로 좌석 이외의 부분에는 타지 않는다.

   ⓛ 파종기

- 파종기가 올려진 상태에서 정비·점검해야 한다면, 추가의 안전 지지대를 사용하여 파종기가 하강하지 않도록 한다.
- 사용하기 전에는 각 부위의 구동상태, 체결상태 등을 점검하여 이상 유무를 확인한다.
- 체인 및 스프로켓의 안전방호장치 커버를 절대로 제거하지 않는다.
- 이물질이 들어갔다거나 종자가 막혀서 제거할 경우, 파종기에 이상이 발생했을 경우에는 엔진을 정지한 상태에서 점검한다.
- 파종 작업 시 구절기의 원판에 절대로 손을 대지 않는다.
- 파종기에는 절대로 사람이 올라타지 않도록 한다.
- 주행 시 파종기를 지면에서 약 30~40cm 정도 올리고 이동하고 구동시키지 않는다.

   ⓒ 동력분무기

- 작업 중 현기증이나 두통이 있을 시에는 반드시 작업을 중지하고 의사의 진찰을 받는다.
- 보조자에게 조작방법 및 안전사항에 관해 충분히 교육시킨다.
- 각 부의 안전커버는 반드시 제 위치에 부착시킨다.
- 작업을 할 때에는 농약의 살포범위 내에 사람이 접근하지 못하도록 한다.
- 작동 중인 동력전달벨트에 손이나 발 등 신체의 일부분이 접촉하거나 옷 등이 말려들어가지 않도록 주의한다.

   ⓔ 비료살포기

- 비료살포기에 부착된 안전 커버를 제거하지 않는다.
- 유니버설 조인트에 씌워진 안전 커버와 축 커버를 점검한 후 사용한다.
- 유니버설 조인트의 착탈은 엔진을 정지한 후에 한다.
- 살포 작업 시 주위에 사람이 접근하지 않도록 주의한다.
- 기계에 이상이 발생하였을 때는 엔진을 정지하고 점검한다.
- 도로주행 시 PTO 클러치는 끊고, 가능한 지면에 닿지 않는 범위에서 비료살포기를 내리고 운행한다.

ⓜ 퇴비살포기
- 퇴비살포기 위에 올라가거나 퇴비 투입구에 손을 넣지 않는다.
- 살포회전판은 기계작동을 정지한 후 조정하고, 작동 시 회전판 주위에 사람의 접근을 금한다.
- 퇴비살포기를 트랙터에 장착할 때는 반드시 2인 1조로 하여 한 사람은 퇴비살포기를 잡고 다른 한 사람은 3점 링크를 연결하여 단단히 고정한다.
- 퇴비살포기와 트랙터를 결합하거나 분리하기 위하여 핀을 끼우거나 뺄 때 손에 상해를 입을 우려가 있으므로 주의한다.
- 시동을 걸 때에는 퇴비살포기 동력연결 차단레버를 반드시 차단위치에 놓고 시동을 건다.
- 퇴비나 이물질이 작동부에 끼일 때 엔진을 정지시키고 제거한다.
ⓑ 동력살분무기
- 작업 중 살분무 범위 내에 사람이 접근하지 못하도록 하는 등 안전을 확인한다.
- 분사 파이프를 사람이나 동물에게 향하게 하지 않는다.
- 항상 보안경과 청력보호구를 착용하고 먼지가 많은 곳에서는 안면 필터 마스크를 사용한다.
- 엔진 시동 시에는 평탄한 지면에 놓고 시동을 걸고, 엔진을 등에 멘 상태에서 시동을 걸지 않는다.
- 작업 중 어깨에 메고 있는 동력살분무기가 떨어지는 사고를 방지하기 위해 제품의 어깨끈, 어깨끈 고리의 체결나사 및 방진고무의 이상이 있는지 확인하고 이상이 발견되면 즉시 수리한다.
- 엔진 및 소음기 등은 고열이 발생하므로, 손 또는 인화물질 등이 접촉되지 않도록 주의한다.
- 팬의 흡입구에 이물질이 흡입되지 않도록 주의한다.
ⓢ 비닐피복기
- 매 일정시간 작업 후에는 너트의 풀림상태, 오일의 누유 여부, 각 부품의 파손 여부를 면밀히 관찰 정비한다.
- 기계를 정비할 때에는 반드시 평탄하고 안전한 장소에서 PTO를 중립위치에 놓고, 작업기를 땅에 내린 후 주차 브레이크를 고정시키고 정비한다.
- 트랙터 부착형의 경우 부득이 작업기를 상승시킨 상태에서 정비해야 할 경우, 작업기를 받침대 등으로 확실하게 고정시킨 후 안전을 확인하고 정비한다.
- 비닐롤을 장착하고 도로주행을 하지 않는다.
ⓞ 스피드 스프레이어
- 분리된 작업기는 안전하게 고정되었는지 반드시 확인하고 사람의 접근을 금지한다.
- 방제작업 시에는 맹독성의 농약액이 풍향에 따라 비산되므로 방제작업을 시작하기 전에 주위에 사람과 동물이나 가축(꿀벌 포함), 다른 작물, 자동차, 주택 등지에 피해가 미치지 않는지 확인한다.

- 약액탱크 위 또는 안에 절대로 사람을 태우지 않는다.
- 살포장치가 상승된 상태에서 정비 점검 시 반드시 안전 받침대를 고여 놓고 안전하게 작업한다.
- 후진 시에는 좌우나 후방을 잘 살피고 저속으로 후진한다.
- 오르막길, 내리막길에서 1단, 2단으로 출발하고 주행도중 변속을 삼간다.
- 과수원 지형조건이 SS기 주행에 부적합할 때는 반드시 차도를 형성하여 사용한다.
- 방제작업 전 작업환경을 반드시 확인(노면상태, 장해물 등)한 뒤 작업에 임한다.

  ㉵ 예초기
- 안전모, 보호안경, 무릎보호대, 안전화 등 보호구를 착용한다.
- 제초용으로만 사용하고 전지나 전정 등 원래의 기능 이외 용도로 사용하지 않는다.
- 예초날 등 각 부분의 체결상태와 손상된 부분은 없는지 등을 확인하여 이상 부위는 즉시 정비한다.
- 작업할 곳에 빈병이나 깡통, 돌 등 위험요인이 없는지 확인하여 반드시 치운다.
- 예초날에 손이나 발 등 신체의 일부분을 집어넣거나 접촉하지 않도록 주의한다. 또한 옷 등이 말려들어가지 않도록 주의한다.

  ㉶ 굴삭기
- 수도관, 가스관, 고전압관 등의 매설물이 의심되면 관리회사에 연락하여 위치를 확인한 후 매설물이 파손되지 않도록 작업한다.
- 절벽, 노견 및 도랑 근처에서는 가능하면 작업하지 않는다. 불안정한 지반에서는 장비 중량이나 진동으로 인해 지반이 무너져 장비가 전도 및 추락할 수 있다. 비온 뒤에는 지반이 연약해지므로 특히 조심한다.
- 낙석 가능성이 높은 장소에서는 안전모를 반드시 착용한다.
- 장비 상차 작업은 평탄하고 견고한 지면에서 한다. 노견과의 거리를 충분히 둔다.
- 굴삭기를 상차한 후에 고임목 및 와이어로프 등을 이용해 장비가 움직이지 않도록 확실하게 고정한다.

④ 수확·가공용 기계
  ㉠ 콤바인
- 콤바인을 등지고 타고 내리지 않는다. 발을 헛디디지 않도록 주의하고 신발이나 발판의 진흙은 수시로 털어낸다. 전도, 추락의 우려가 있으므로 뛰어 올라타거나 뛰어 내리지 않는다.
- 운전석 이외의 부분에 사람을 태우지 않는다.
- 낄 우려가 있으므로 후진 시에는 뒤쪽에 장애물이 없는지 확인한다.
- 정치 탈곡 시에는 탈곡과 관계없는 예초부 등은 정지하고, 탈곡부에 손을 넣지 않는다. 또한, 피드체인에 말려들어가지 않도록 소매 끝을 조여 준다.
- 장갑을 끼거나 수건을 허리에 두르지 않는다. 만일 손이나 옷이 말려들어갈 때는 긴급 정지장치를 작동시켜 엔진을 정지시킨다.

ⓛ 땅속작물수확기
- 작업 후 굴취부, 선별부에 이물질이 있으면 제거하며, 다른 주요부에도 이물질이 끼어 있지 않는지 잘 점검한다.
- 정비나 조정 또는 먼지를 제거하고자 할 경우에는 반드시 PTO를 끊고 엔진을 정지한 다음에 실시한다.
- 수확기를 장착하고 주행 시 주위 사람이나 나무, 건물 등과 충돌하지 않도록 주의하며, 속도를 낮추고 급선회를 하지 않는다.
- 트랙터 부착형은 경사길에 올라갈 때 밸런스 웨이트를 트랙터에 부착한다.
- 작업 전 굴취날은 파손된 곳이 없는지 확인한다.
- 작업 전 체인 장력이 맞는지 확인하고 기계를 장시간 사용한 후에는 장력조절볼트를 조여 주어 장력을 조정한다.
- 동력기에 부착 후 수확기를 동력기 중심에 오도록 맞춘 후 체크체인을 조여서 좌우 흔들림을 방지한다.
- 작업 중 이상이 발생하면 즉시 작업을 멈추고 점검 및 정비한다.
- 안전방호장치를 떼어내고 작업하면 신체일부분이나 옷자락 등이 체인 등에 휘말려 치명적인 신체적 손상을 초래할 수 있으므로 떼어내지 않는다.

ⓒ 콩 탈곡기
- 전원이 가깝고 바닥이 수평인 곳에서 작업한다.
- 작업 전 각 부의 손상 및 오손, 볼트와 너트의 풀림, 각 벨트의 장력 등을 점검한다.
- 기계는 반드시 접지시켜야 하며, 습기가 많은 곳에서는 접지봉을 75cm 이상 깊이까지 묻어야 한다.
- 만일의 감전사고 방지를 위해서 전기공사 시 별도로 전용의 누전 차단기를 설치 사용한다.
- 설치나 철거 시 반드시 차단기를 열어 전원을 차단한다.
- 작업 중 회전부분에 절대로 손을 넣지 않는다.

ⓓ 콩 예초기
- 엔진의 냉각풍 흡입구, 에어클리너 공기 흡입구, 머플러 주변에 콩잎이나 쓰레기 등의 이물질이 부착되어 있지 않은지 사용 전에 점검한다.
- 엔진 시동 전에는 주위의 사람이나 물건의 안전을 확인하고 주행클러치레버와 예초클러치레버, 브레이크레버가 '끊김'으로 되어 있는 것을 확인한다.
- 작업 중에는 비산물이 발생하므로 기계 주변에는 사람이 접근하지 못하도록 하는 등 안전을 확인한다.
- 작동 중인 예초부에 손이나 발 등 신체의 일부분을 집어넣거나 접촉하지 않도록 주의한다.
- 주행 시 반드시 예초클러치를 '끊김'으로 해서 칼날 및 수집벨트의 회전을 정지시키고 이동한다. 또한 예초클러치를 '끊김'으로 하더라도 날이 회전할 수 있으니 각별한 주의를 요한다.

ⓜ 농산물 건조기
- 건조기는 통풍이 잘되고 물기나 습기가 차지 않는 곳에 설치한다.
- 건물 밖에 설치할 경우에는 직사광선을 피하도록 그늘을 만들어 주고, 비나 눈 등에 피해를 입지 않도록 주의한다.
- 건조기 설치 시 전기공사를 할 경우 전문기술자에게 의뢰하고 접지봉은 땅속 75cm 아래까지 묻어 준다.
- 누전사고 방지를 위하여 누전차단기를 설치한다.
- 건조 중 항상 기계주변에 사람이 접근하지 못하도록 하는 등 안전을 확인한다.
- 건조기 수리는 반드시 전원을 차단한 후 한다.
- 젖은 손으로 본체 또는 전기부를 만지거나 청소하지 않는다.

ⓑ 농산물 선별기
- 벽면에 설치할 때에는 벽으로부터 1m 이상 떨어지게 설치한다.
- 설치장소는 바닥이 고르고 튼튼한 곳을 택한다.
- 수평 조절나사를 돌려 제품이 수평이 되도록 한 후 사용한다.
- 각 체결부의 볼트, 너트가 잘 조여져 있는지 확인한다.
- 누전에 의한 사고를 방지하기 위한 접지 단자를 이용하여 접지를 해 준다.
- 기계 가동 중에는 절대로 기계 내부에 손을 넣지 않는다.
- 제품을 보관할 때는 전원 플러그를 뽑아 준다.

ⓢ 농산물 세척기
- 세척기는 물과 전기를 사용하므로 배수가 잘되는 콘크리트 바닥에 기계가 수평이 되도록 설치한다.
- 기계를 안전하게 설치한 후에는 전기로 인한 감전사고를 예방하기 위하여 반드시 접지선을 땅에 접지시킨다.
- 매 작업시작 전에 너트 등 각 부품의 풀림상태, 체인장력 상태를 점검한다.
- 세척 시에 이물질(돌, 나무, 쇠조각 등)이 들어가지 않도록 한다.
- 기계 가동 중 세척통이나 배출 컨베이어에 손을 넣지 않도록 한다.
- 기계 가동 중에는 기계를 분해해서는 절대로 안 된다.
- 물에 젖은 손으로 전기코드 및 전기배선을 만지지 않는다.
- 기계 운전 중에는 각종 커버를 열거나 정비하지 않는다.
- 세척기의 정비 및 청소 시에는 반드시 전원을 차단한 후 실시해야 한다.

⑤ 축산·시설·운반용 기계
ㄱ 로 더
- 상승된 버킷 아래에서는 통행하거나 작업을 하지 않는다.
- 버킷에 사람을 탑승시켜 이동하거나 들어 올리지 않는다.
- 전복사고를 방지하기 위해 경사진 곳이나 움푹 패인 구멍이나 개천, 기타 장애물은 항상 조심하도록 한다.

- 로더의 한계능력을 초과하지 않도록 한다.
- 회전할 때는 속도를 낮추고 급회전을 삼간다.
- 작업할 때나 주행할 때는 항상 전력선을 조심하고, 작업 도중 전력선에 접촉하였을 때는 운전석을 떠나지 않는다.

ⓛ 사료작물 수확기
- 기계의 회전부에 끌려 들어가지 않도록 간편한 작업복과 미끄러지지 않는 장화와 모자 또는 헬멧, 방호용 안경을 반드시 착용한다.
- 기계를 트랙터에 탈부착할 때는 주위나 작업기 사이에 사람이 들어가지 않도록 한다.
- 체인 등 구동부의 안전보호 장치커버를 제거하면 손이나 옷자락이 감겨 부상이나 상해 등을 당할 수 있으니 절대 제거하지 않는다.
- 10° 이상의 경사지에서는 작업하지 않으며 운반용 트럭에 상하차할 때에는 디딤판의 경사가 15° 이하가 되도록 한다.
- 경사지나 울퉁불퉁한 지면을 운행하거나 급회전할 때는 속도를 줄이고 무리하게 급한 경사지에서의 운행은 하지 않는다.
- 보관 시에는 지면이 평평한 곳에 받침대 등으로 지지하여 안전하게 보관하여야 하며 경사지 등에 보관 시 작업기가 넘어지거나 굴러 사고를 일으킬 수 있으니 주의한다.

ⓒ 모 어
- 기계가 작동할 때 반드시 보호판을 제자리에 위치시키고 보호판이 손상되면 반드시 교환한다.
- 기계가 회전을 완전히 정지하기 전까지 기계의 로터 또는 커터 바에서 작업하는 것은 금한다.
- 기계 밑으로 들어가 작업할 경우 고정블록이나 물리적인 안전장치를 사용하여 모어 (Mower)가 낙하하지 않게 확실하게 고정한다.
- 이동 시에는 반드시 예초부 안전 커버를 장착하여야 한다.

ⓓ 반전집초기
- 기어, 조인트, 회전구동 축의 안전커버는 절대 탈착하지 않는다.
- 기계는 사용하기 전에 안전한 상태인지 작업 전 점검을 한다.
- 작업 전 모든 부품들이 잘 작동되는지 몇 분간 기계를 천천히 작동시켜 본다.
- 각종 구동부의 회전 반경 내에 사람이나 기타 방해물이 없는지 확인한 후 작업한다.
- 기계에 이상이 발생하였을 때는 엔진을 정지하고 정비 점검사항을 읽어 확인 점검한다.
- 점검, 조정, 기타 수리할 때는 PTO 클러치를 중립에 놓고 엔진을 정지하고 주차 브레이크를 잠근 후 작업을 시작한다.
- 지면 상태를 고려해서 적절한 속도를 선택하고 경사지를 오르고 내릴 때 또는 회전 시 급회전을 하지 않는다.
- 반전집초기가 견인되는 상태에서 트랙터 회전 시에는 작업기의 폭과 관성을 항상 고려하여야 한다.

ⓜ 베일러
- 베일러를 트랙터에 연결할 때 트랙터 엔진을 멈추어야 하고 평평하고 안전한 장소에서 한다.
- 경사지에서의 베일 방출은 경사지로 베일이 굴러가 위험하다. 반드시 평탄한 지역까지 이동하여 안전한 장소에서 방출하도록 한다.
- 베일 방출은 후방에 사람이 없고 장해물이 없는 것을 확인하고 방출거리를 고려하여 방출한다.
- 손이나 발로 기계작동을 억지로 멈추려 하거나, 손이나 발로 작물을 기계 안으로 밀어 넣지 않는다.
- 사람이나 동물이 위험지역(트랙터 앞, 트랙터와 베일러의 사이, 베일러로부터 10m 이내) 이내로 들어오지 못하게 한다.
- 압력이 걸려 분출된 기름(고압유)은 피부에 침투할 정도의 힘이 있으므로 배관, 호스 등의 분해 전에는 반드시 회로 내 압력을 빼도록 한다. 만일, 기름이 피부에 침투했을 시에는 심한 알레르기를 일으킬 수 있으므로 즉시 의사의 진료를 받는다.
- 매우 작은 구멍에서 누유는 거의 눈에 보이지 않을 수가 있다. 손으로 누유를 조사하는 것은 삼간다. 반드시 보호안경을 쓰고 종이 등을 사용하여 조사한다.

ⓗ 랩피복기
- 기계를 트랙터에 탈부착할 때는 주위나 작업기 사이에 사람이 들어가지 않도록 한다.
- 기계의 사용방법 및 안전수칙을 숙지하고 비상시를 대비해 기계를 신속히 멈출 수 있는 방법을 알아둔다.
- 작업 전후 및 작업 중 주기적으로 볼트 풀림상태를 점검하고, 각 부위에 누유나 이상이 있는지 확인한다.
- 체인 등의 구동부의 안전보호 장치커버를 제거하면 손이나 옷자락이 감겨 부상이나 상해 등을 당할 수 있으니 절대 제거하지 않는다.
- 작업 중에는 절대 랩핑암이나 칼날 부위에 손대지 않는다.
- 작동 중에는 기계와의 안전거리 3m를 유지한다.
- 회전 암의 속도는 생각보다 빠르므로 주의한다.
- 기계에 이상이 발생하였을 때에는 반드시 엔진을 정지한 상태에서 점검한다.

ⓢ 그래플
- 작업 중 그래플의 작업범위나 선회반경 내에 사람이 접근하지 못하도록 하는 등 안전에 유의한다.
- 그래플 아래에는 서 있지 않는다.
- 점검·정비할 때에는 그래플을 하강한 상태에서 하며, 어쩔 수 없이 들어 올린 상태에서 점검·정비할 때에는 하강하지 않도록 받침대 등으로 받쳐 준다.
- 반드시 탈부착 프레임과 작업기가 완전하게 체결되도록 하고 작업에 임한다.

- 작업중량을 초과하여 사용 시 베일이 떨어질 우려가 있으므로 반드시 적정 용량으로 사용한다.
- 이동 시 그래플을 높게 들고 다니면 전복의 원인이 되므로 하강한 상태에서 이동한다.
- 베일집게에 붙은 이물질을 제거하고 깨끗이 청소한다.

◎ 결속볏짚 절단기
- 작업은 평평하고 견고한 지면 위에서 하고, 안전을 위해 충분한 공간을 두고 작업에 장해가 되는 것은 사전에 제거한다.
- 경사가 심한 곳에서는 전복의 우려가 있으니 작업을 삼간다.
- 이동 또는 멈춤 시 안전사고의 예방을 위해 작업기를 트랙터에 확실하게 장착한다.
- 작동 중인 기계 절단부나 회전부에 손이나 발 등 신체의 일부분을 집어넣거나 접촉하지 않도록 주의한다. 또한 회전부에 옷 등이 말려들어가지 않도록 주의한다.
- 절단기에 절대로 사람을 태우면 안 된다.
- 모든 정비는 반드시 동력을 정지시킨 상태에서 한다.

㉣ 사료배합기
- 사료의 투입 및 혼합 전에 30초 이상 공회전을 시켜 기계의 정상적인 작동 여부를 확인하도록 한다.
- 기계를 작동시킬 때에는 반드시 평평한 곳에 위치하여야 하며, 바퀴부분에 고임목 등을 설치하도록 한다.
- 배합기 내부에 이물질이 없는지 육안으로 확인한다.
- 배합기의 연결 해제는 2인 이상이 실시하며, 서로 상호 동작을 확인하며, 한 사람의 지시에 따르도록 한다.
- 배합기 안에 있는 오거에는 날카로운 칼이 부착되어 있어 위험하니 안전에 주의하여 작업에 임한다.
- 배합기 운전 및 원료투입 작업 시 헐렁한 옷의 착용을 금한다.
- 부착형 사료배합기는 동력기에 확실하게 장착되었는지 확인하고, 탈부착할 때에는 안전한 장소에서 한다.
- 기기 가동 중에는 투입구나 배출구를 열지 않고, 속으로 손이나 기타 도구를 넣지 않는다.
- 불가피한 사유로 인하여 배합기 안으로 들어가고자 할 때에는 반드시 외부 및 내부의 전원공급을 차단하고 정비 중 경고 표지판을 설치하여 외부인이 인식할 수 있도록 한다.
- 버킷이나 토출문 가까이에 절대 손을 대고 있어서는 안 된다.

㉤ 축분고액분리기
- 고액분리기는 튼튼한 바닥에 수평이 맞도록 설치한다.
- 수분 접촉이 되지 않도록 비가림이 되어 있는 곳에 설치한다.
- 감전의 위험이 있으므로 반드시 접지를 하여야 한다.

- 운전 중 전선의 마모현상이 발생할 수 있으므로 수시로 전원측과 압착모터 측을 점검한다.
- 운전 중 이상전류로 인하여 모터의 운전이 정지되면서 소음이 발생하면 즉시 전원을 차단한다.
- 운전 시 롤러 등 회전 부분에 손이나 다리, 옷 등이 휘감기거나 접촉되지 않도록 주의한다.
- 위험한 장소에 부착되어 있는 보호커버를 벗기고 운전하거나 운전 중에 벗기는 일이 없도록 한다.
- 점검·청소·급유 전에 반드시 전원을 차단하고 작업자가 아닌 사람이 전원을 넣거나 스위치 조작을 하지 않는다.

㋀ 톱밥 제조기
- 기계는 평평한 바닥에 수평을 유지하여 설치한다.
- 작업 담당자 외에는 일체 기계 및 동력장치 등을 조작하지 않도록 하고 작업 중 타인의 접근을 금지시킨다.
- 드럼 커버 개폐 시에는 반드시 기계의 전원이 꺼져 있는지 그리고 기계가 정지되어 있는지 확인한다.
- 목재투입구와 토출구에 손이 들어가면 매우 위험하므로 주의한다.
- 가동 중 회전체나 기타 기체의 커버는 절대 열거나 열린 상태에서 작업을 하지 않는다.

㋁ 무인 방제기
- 송풍팬 보호망은 절대로 분해하지 않는다.
- 안전장치가 파손되었을 때에는 즉시 교환한다.
- 부품을 임의로 개조하거나, 기능을 벗어난 용도 이외의 사용을 하지 않으며, 특히 안전과 관련된 보호 장치들은 절대 제거하지 않는다.
- 회전 부위에 이물질이 들어가지 않도록 한다.
- 기계 작동 중에는 공기압축기에 열이 발생하므로 만지지 않는다.
- 약제 살포 시 하우스 내에 출입하지 않는다.
- 약액 살포 후 반드시 노즐은 세척하고, 하우스 환기 후 입실한다.

㋂ 연무기
- 농업용 이외의 약제를 살포하거나 기타의 용도로 사용하지 않는다.
- 연무기 몸체가 물에 젖지 않도록 주의한다.
- 연무기를 임의로 분해하거나 조작하지 않는다.
- 인화물질 가까이에서 시동 및 작업을 하지 않는다.
- 방제 작업 시에는 바람을 등지고 살포하고 방제복, 방제마스크, 고무장갑 등의 보호장구를 착용한다. 사람이나 가축을 향해 약제를 살포하지 않는다.
- 연소실 커버 및 방열통 커버는 상당히 뜨거우니 작업 중 또는 작업 직후에는 옷, 손, 작물 등이 닿지 않도록 조심한다. 연소실이 가열된 상태이거나 기계가 가동 중일 때는 연료나 약제를 주입하지 않는다.

ⓗ 난방기

- 반드시 사양명판에 표시된 전원을 사용하여야 하며, 전원 연결부에 손상이 없도록 주의한다.
- 난방기 주위에 소화기를 배치해 놓는다.
- 난방실에서 실내로 통하는 문은 반드시 닫아서 배기가스 중독 사고를 예방한다.
- 점검창을 열 경우 반드시 난방기 가동을 정지시키고 마스크와 보호장갑 등을 착용한다.
- 작동 중 난방기 주변에 지정된 사용자 외에는 접근하지 못하도록 한다.
- 온수나 열풍, 버너 등 고온부에 접촉하지 않도록 주의한다.
- 연탄 난방기는 사용 후 약 1년이 경과하면 연탄가스에 의한 내부부식이 우려되므로 재사용을 위해 보일러 좌우측면을 개봉하여 가스누설 여부를 확인 후 사용한다.
- A/S직원 등 전문가 이외에는 절대로 난방기를 분해하거나 개조하지 않는다.

(1) 농작업 작업환경, 작업의 흐름 조사

① 농작업 편의장비(도구)의 필요성

㉠ 특정 농작업에 맞도록 제작된 특수용도의 도구는 생산성을 더 많이 향상시킬 수 있다.

㉡ 이러한 장비를 통해서 농작업을 더 쉽고 안전하게 할 수 있다.

② 농작업 편의장비(도구) 사용 시 주의사항

㉠ 도구의 목적성 확인 : 최소의 노력으로 작업을 수행하기 위해서 특정 목적을 위해 제작된 장비를 사용한다. 적절한 형태, 크기, 무게, 강도를 가진 칼, 톱 등 수공구를 사용한다.

㉡ 동력전달장치 장비 사용 고려 : 힘을 자주 사용하는 작업에는 동력전달장치(모터 등)로 작동되는 장비를 사용한다. 동력으로 작동하는 공구는 수작업 시 힘들 수 있는 작업을 보다 쉽고 효율적으로 할 수 있도록 도와준다.

㉢ 장비의 유지보수 및 보관 : 사용하지 않는 장비는 잘 보관해 두고 정기적으로 손질해 두어야 한다.

㉣ 공구사용법 숙지 : 농작업자는 올바른 공구 사용법을 숙지하여야 한다.

③ 농작업 편의장비(도구) 특성 이해

㉠ 농작업 공구의 비용 : 농작업 공구의 비용은 세 가지 구성요소인 구매비, 유지비, 에너지 사용비로 이루어져 있다.

㉡ 비동력식 농작업 공구의 유지보수 기간 : 비동력식 농작업 공구는 1년에 유지보수시간이 0~5시간이다.

㉢ 노동비용에 따른 공구비용 : 상대적으로 값비싼 공구조차도 유지보수비용을 포함한 비용이 1시간당 노동비용에 약 3%에 불과하다. 또한, 질 좋은 농작업 공구는 작업부담을 경감시킬 수 있다.

(2) 기타 농기자재에 잠재하고 있는 위험요인 예측

① 동력식 장비의 안전성 및 안전장치 유무 확인

㉠ 동력식 장비의 특성 : 동력식 공구는 효율적이지만, 상당수가 비동력식 공구보다 더 위험하다. 동력이 세면 셀수록 위험이 더 커진다는 특징이 있다. 그러므로 힘만 센 불안전한 공구를 사용할 필요는 없다.

㉡ 동력식 장비 사용 시 안전 확인사항

• 안전하다고 판단될 때에만 동력식 장비를 구입한다.

• 방호장치가 있으며 농작업자가 사용할 때 충분히 안전한지 확인한다.

- 안전한 손잡이가 있고 쉽게 작동할 수 있는 것인지 확인한다.
- 기계장치의 우연한 작동에 대한 방호장치가 있는지 확인한다.

ⓒ 동력식 장비 사용 시 주의사항 : 동력식 장비를 사용할 경우 신체를 보호할 수 있는 개인 보호구를 착용하고 작업하여야 한다. 개인보호구는 안전모, 안전화 장갑, 방호앞치마, 방호물 등이 있다.

② 다루기 쉬운 크기 및 형태의 손잡이 여부 확인

ㄱ 사용하기 어려운 공구는 작업효율을 좋지 않게 할 뿐만 아니라 손이 미끄러지거나 끼이는 등의 부상을 입을 수 있다. 그렇기에 공구는 사용하기 편하고 튼튼한 것을 선택하여야 한다. 손목을 무리하게 구부리거나 꺾어야 하는 공구를 사용하게 된다면 근골격계질환의 발생확률을 높일 수 있다.

ㄴ 손잡이의 선택요령
- 두께가 3~4cm 정도, 길이가 최소 10cm 이상이 되는 손잡이를 사용한다.
- 단단한 형상 또는 표면 처리가 된 것을 선택한다.
- 힘을 넣어도 통증을 느끼지 않을 정도의 적당한 두께의 손잡이를 사용한다.

ㄷ 손잡이 안전 개선사항
- 올바른 사용 방법을 훈련하여 안전하게 사용할 수 있도록 한다.
- 미끄러운 그립에는 미끄럼 방지 테이프를 감아 미끄러지지 않도록 한다.
- 경첩과 같이 움직이는 부분에 윤활유를 발라주어 작은 힘으로도 조작이 가능할 수 있도록 한다.

③ 화상이나 감전 위험 및 예방대책

ㄱ 수공구를 사용할 때 외부 요인으로 인하여 감전이나 화상 사고를 당할 수 있다. 그렇기에 화상이나 감전을 막을 수 있는 절연 처리되어 있는 장비를 사용하여야 한다.

ㄴ 낮은 열전도율을 가지고 있는 재료를 사용한 장비가 화상이나 동상을 막아주며, 또한 전기전도율도 낮아 농작업자를 감전에서 보호할 수 있다.

ㄷ 화상이나 감전방지를 위한 안전조치
- 손잡이 표면재료를 고무, 나무, 플라스틱과 같은 열전도율이 낮은 재료를 사용하여야 한다. 금속은 열과 전기전도율이 높아서 위험할 수 있다.
- 금속 손잡이로 구성된 장비를 사용하는 경우에는 절연테이프 등을 이용하여 열전도율을 낮추어 사용한다.
- 전기동력식 장비는 접지가 되거나 이중으로 절연처리가 되어 있는 것을 사용한다.
- 장비를 사용할 때 화상이나 감전의 위험이 있는 경우에는 손을 보호하기 위하여 절연장갑 등을 사용하여야 한다.

ㄹ 공구 사용 시 확인사항
- 공구를 사용할 때 화상이나 감전의 위험이 있는 경우에 손을 보호할 수 있는 장갑을 사용하여 사고를 예방한다.
- 배터리 전원을 이용하는 공구를 사용하는 것은 감전을 예방하는 방법 중 하나이다. 이러한 배터리 이용 공구는 이동하기도 쉬워 작업에 용이하다.

④ 진동과 소음의 위험 및 예방대책

　㉠ 장비의 진동에 손이 노출되면 신경조직, 혈관 등에 손상을 입힐 수 있다.

　㉡ 수공구를 손으로 가지고 작업하는 농작업자는 소음에 쉽게 노출될 수 있다. 소음은 청각의 손상을 유발하며, 다른 작업자와의 의사소통을 방해하며, 진동과 소음에 지속적으로 노출될 경우 청력손실이나 신경손상과 같은 질환을 겪을 수 있다.

　㉢ 진동과 소음으로 인한 상해 예방대책
　　• 소음이 심하게 발생하는 장비를 사용하는 작업과 다른 작업을 분리한다.
　　• 진동과 소음이 적은 장비를 구매한다. 진동과 소음의 수준을 구매할 때 미리 확인하여 구매할 수 있도록 한다.
　　• 소음이 많은 장비를 사용할 때에는 귀마개를 필히 착용한다.
　　• 진동이 많은 장비를 사용할 때에는 방진장갑, 절상방지용 장갑을 착용한다.
　　• 소음이 많은 장비는 작동하지 않을 때 전원 자동차단기능을 갖춘 것을 구매한다. 그러면 진동과 소음이 적게 발생되고 에너지도 절약된다는 장점이 있다.

　㉣ 공구 사용 시 확인사항
　　• 전기 동력식 수공구는 보통 공기압축 수공구보다는 소음이 적다.
　　• 유지보수는 진동과 소음 수준을 낮게 해 준다. 그러므로 정기적으로 유지보수할 수 있도록 하여 공구는 손질하고, 부품은 기름칠을 하는 등의 점검을 실시한다.
　　• 소음과 진동에 대비한 개인보호 장비를 사용한다.

(3) 기타 농기자재 사용에 관한 안전지식

① 장비의 무게 최소화

　㉠ 공구의 무게가 너무 무거우면 작업자에게 부담을 주어 생산성을 저하시킨다.

　㉡ 최소한의 무게를 지닌 공구가 다루기 쉽고 정확한 작업을 할 수 있다. 가볍고 작은 공구가 보관 및 관리하기도 용이하다.

② 최소한의 힘으로 작동할 수 있는 장비 선택

　㉠ 수공구를 다룰 때, 손이나 손가락의 작은 근육이 자주 사용될 수 있으며, 과도한 힘을 사용하면 이러한 근육이 쉽게 피로를 느낄 수 있다.

　㉡ 장비 선택 시 확인사항
　　• 과도하게 손가락에 힘이 들어가는 장비의 사용은 피한다.
　　• 미세한 근육을 사용하는 장비보다는 크고 강한 근육을 이용하는 장비를 선택한다.
　　• 가능하면 동력식 공구를 사용하여 작업자의 피로를 감소시킬 수 있도록 한다.

　㉢ 장비 사용 시 안전작업 요령
　　• 가위, 플라이어, 클리퍼를 사용 할 때에는 근육보다 용수철을 사용하도록 한다.
　　• 공구 무게의 영향을 줄이기 위해서 평형기를 사용한다.
　　• 당기거나 밀 때에는 엉덩이 위에서부터 어깨 밑까지의 범위로 한다.

③ 미끄럼 방지 처리 확인

　ㄱ 공구를 사용 할 경우 손에서 미끄러지는 공구는 안전사고를 일으킬 위험이 있다. 그렇기에 손에서 미끄러지지 않는 장비인지 확인하고, 사용할 수 있어야 한다.

　ㄴ 손잡이의 미끄러짐 확인

　　• 원이 아닌 사선면을 가진 손잡이를 사용할 수 있도록 한다. 또한 높은 마찰계수를 가진 표면재료를 사용하였는지 확인한다.

　　• 손이 움직이는 것을 막고, 미끄러지는 것을 방지하기 위해 전면에 보호장치를 사용한다.

　　• 눌리는 느낌을 주지 않는 손잡이 모양의 장비를 사용한다.

　ㄷ 공구 사용 시 확인사항

　　• 공구의 표면은 손에서 나는 땀, 기름 때문에 작업하는 동안 미끄러지기 쉽다. 손잡이는 마찰력이 우수한 재료로 만들어져야 한다.

　　• 미끄러짐을 방지하는 보호장치가 있으면, 공구의 앞부분을 잡을 수 있고 이를 통해서 작업의 정확성을 증가시킬 수 있다.

　　• 용수철이 있고 손잡이가 두 개 있는 공구(가위, 플라이어, 니퍼)가 일반적으로 사용하기 용이하다.

　　• 작업 시 공구가 손에서 회전할 수 있어야 하는데 이런 경우에는 손잡이의 단면이 원형의 횡단면으로 된 것이 좋다.

④ 장비의 유지보수 실시

　ㄱ 유지보수가 잘되지 않은 공구는 심각한 안전사고를 불러일으킬 위험이 있다. 또한 적절하게 작동하지 않는 공구는 작업 중지시간을 증가시키고 생산성을 낮추게 된다.

　ㄴ 장비는 정기적으로 검사할 수 있도록 하여야 한다. 또한 장비에 따라 작업자가 직접 검사하고 나머지는 전문가가 검사하여야 한다. 공구를 정기적으로 유지 보수하면 관리하기가 쉬워진다.

　ㄷ 장비 구입·정비 시 확인사항

　　• 믿을 수 있는 장비를 구매한다.

　　• 잘못된 장비는 농작업자가 빨리 교체할 수 있도록 하여야 한다.

　　• 장비를 정기적으로 검사한다.

　ㄹ 유지보수 시 확인사항

　　• 유지보수 시간은 공구가 작동하지 않아 문제를 발견하고 수리부품을 확보하는 데 걸리는 시간보다 적다. 그러므로 유지보수를 정기적으로 실시하여 관리하여야 한다.

　　• 농기구에 문제가 생겨 수리부품을 얻고 수리를 하며 늘어난 작업중단시간을 줄이기 위해서 미리 부품을 준비하여야 한다.

⑤ 동력식 장비 사용법 숙지

　ㄱ 동력식 공구는 사람보다 강하고 빠르게 작동하기 때문에 생산성을 증가시킨다. 하지만 동력식 공구는 비동력식 공구보다 강하기 때문에 잘못 사용하였을 경우 심각한 안전사고가 일어날 수 있다. 그러므로 동력식 공구를 사용할 경우에는 사용법을 꼭 숙지할 수 있도록 하여야 한다.

     ⓛ 동력식 장비 사용 시 확인사항
- 동력식 장비를 구입할 때 정확한 사용법이 명기된 것을 구입하여야 한다.
- 동력식 장비를 사용하는 농작업자를 위한 교육 시간을 마련한다.
- 동력식 장비를 사용하며 점검, 부품교환 등을 정기적으로 실시한다.
- 작업 전, 동력식 공구를 적절하게 조작할 수 있도록 지침서나 설명서를 숙지한다.
- 사용법에 대하여 전문적인 훈련을 받아야 한다.

⑥ 작업자의 인체 치수 및 신체적 특성 확인
     ㉠ 공구의 손잡이는 인체에 잘 맞아야 한다. 공구의 손잡이가 잘 맞으면 작업자는 기계를 더 잘 다룰 수 있게 된다. 손잡이가 잘 맞으면 수행하는 일의 효율을 높이고, 피로와 사고를 줄일 수 있다.
     ㉡ 손잡이와 인체 특성 고려사항
- 구부러진 손잡이나 기울어진 손잡이는 손잡이 직경이 30~50mm인 것을 사용한다.
- 손잡이 길이가 100~125mm가 되어야 한다(장갑을 착용하는 경우에는 125mm).
- 장비의 손잡이가 각각의 농작업자에게 적당한지를 체크하여야 한다. 보통 장비는 남자의 손에 맞도록 설계되었기 때문에 여성 작업자가 사용하는 경우에는 여성 작업자에게 적정한 손잡이인지 검토하여야 한다.
- 장비를 사용할 때 손목이 자연스러운 자세가 되는지를 검토하여야 한다.
- 장갑은 손을 크게 하므로, 장갑을 낀 손으로 손잡이 크기와 손의 틈새를 조사하여 사용하는 데 불편함이 없는지 확인하여야 한다.

농약기자재 안전관리하기

(1) 농약기자재 위험요인 예측

① 농약의 정의

농작물(수목, 농산물과 임산물 포함)을 해치는 균, 곤충, 응애, 선충, 바이러스, 잡초, 그 밖에 농림축산식품부령으로 정하는 동식물(이하 '병해충')을 방제하는 데에 사용하는 살균제·살충제·제초제와 농작물의 생리기능을 증진하거나 억제하는 데에 사용하는 약제 및 그 밖에 농림축산식품부령으로 정하는 약제(기피제, 유인제, 전착제)를 의미한다(농약관리법 제2조 제1호).

② 농약의 분류

㉠ 분류 기준에 따른 농약의 종류

분류기준	종 류
목 적	살충제(해충제거 목적), 살균제(바이러스, 곰팡이, 세균 등으로 인한 질병 제거), 제초제(잡초제거 목적), 식물생장조절제(식물의 생리 기능 증진 또는 억제), 살비제, 살선충제, 살서제
화학성분	유기염소계, 유기인계, 카바메이트계, 합성피레스로이드계, 페녹시계, 무기농약 등
제 형	• 고체 : 분제, 입제, 분립제, 수화제, 과립수화제, 수용제, 기타 • 액체 : 유제, 액제, 액상수화제, 에멀션, 마이크로 캡슐 • 기타 : 연무제, 훈연제, 훈증제, 도포제
독 성	I_a : 맹독성, I_b : 고독성, Ⅱ : 보통독성, Ⅲ : 저독성, U : 미독성

(출처 : 세계보건기구 독성분류)

㉡ 용도 및 독성 분류에 따른 농약 표시

• 농약 용도구분에 따른 용기마개 색

종 류	살균제	살충제	제초제	비선택성 제초제	생장조정제	기 타
마개 색	분홍색	녹 색	황색(노랑)	적 색	청 색	백 색

• 농약 독성분류에 따른 색띠(포장지 최하단에 표시)

독성 분류	고독성	보통독성	저독성
띠 색	적 색	황색(노랑)	청 색

(출처 : 농작업 안전보건관리 기본서)

③ 농약제제의 보조제

㉠ 생리활성을 가지는 화합물(유효성분)이 그대로 농업현장에 제공되는 것은 없으며 농약은 농약제제로서 사용된다. 즉, 유효성분에 여러 가지 물질이 더해지는 것이다.

㉡ 소량의 유효성분을 광범위한 면적에 균일하게 살포하거나 작물이나 병해충, 잡초에 대한 약제의 고착성이나 부착상태를 개선하고 효력을 유지 및 증진시키는 등 유효성분을 능률적으로 살포해서 약효를 확보하기 위한 것이다.

ⓒ 계면활성제는 동일 분자 내에 친수기와 소수기를 가지는 화합물, 즉 물 및 유기용매에 어느 정도 가용성으로 계면의 성질을 바꾸는 효과가 큰 물질을 총칭하는 말이다.

ⓒ 농약제제는 유화제, 분산제, 전착제, 가용화제, 습윤침투제 등으로 사용되어 제재의 물리화학적 성질을 좌우하는 역할을 갖고 있다. 분류하면 음이온성, 양이온성, 양성, 비이온성의 4종이 되지만 양온성, 양성의 것은 농약제재에 많이 사용되지 않는다.

ⓜ 용제 : 유효성분이나 다른 보조제를 잘 녹여 유효성분을 분해하지 않고 작물에 약해를 일으키지 않는 용매류로 탄화수소류, 할로겐화탄화수소류, 알코올류, 케톤류, 에테르류, 에스테르류, 아미드류 등이 있다. 주로 유제(乳劑), 유제(油劑), 에어졸로 사용된다.

ⓗ 고체희석제(담체, 기제) : 분제, 입제 등의 고형제의 조제에 이용되는 무기광물성분을 의미하며 유효성분을 적당한 농도로 희석하여 살포하기 쉽게 하기 위한 것이다. 규조토, 탈크, 진흙, 산성백토, 석회분말, 카올린, 벤토나이트 등이 있다.

ⓢ 기타 보조제 : 고착제, 안정제, 분사제, 공력제 등이 있다.

④ **국내 등록된 농약에 대한 급성독성 구분** : 우리나라에 등록되어 사용되는 농약의 인축에 대한 급성독성에 대해 Ⅰ급(맹독성)에 해당되는 경우는 없었으며, 84% 이상이 Ⅳ급(저독성)이다.

구 분	시험동물의 반수를 죽일 수 있는 양(mg/kg 체중)				품목수 (2,056)
	급성경구		급성경피		
	고 체	액 체	고 체	액 체	
Ⅰ급(맹독성)	5 미만	20 미만	10 미만	40 미만	0
Ⅱ급(고독성)	5 이상~50 미만	20 이상~200 미만	10 이상~100 미만	40 이상~400 미만	6(0.3%)
Ⅲ급(보통독성)	50 이상~500 미만	200 이상~2,000 미만	100 이상~1,000 미만	400 이상~4,000 미만	308(15.0%)
Ⅳ급(저독성)	500 이상	2,000 이상	1,000 이상	4,000 이상	1,742(84.7%)

(출처 : 농작업 안전보건관리 기본서)

⑤ 농약 사용 설명서(라벨) 표시내용

표시사항	표시내용
독 성	• 독성(실험동물의 반수를 죽일 수 있는 양 기준) 정도에 따라 맹독성, 고독성, 보통독성, 저독성으로 표시 　－ 맹독성 고독성 농약은 적색으로 표시 　－ 맹독성, 고독성, 흡입독성이 강한 농약은 상단 중앙에 백골그림으로 위험을 표시 • 어독성 Ⅰ급 및 Ⅱ급으로 분류된 품목은 독성, 잔류성을 표시한 우측 또는 밑에 괄호로 하여 표시하되 어독성 Ⅰ급은 적색으로 표시
상표명 또는 품목명	• 상표명은 제형을 동시에 표시 • 품목명은 아래쪽에 작게 표시
약제의 용도구분 색깔	약제의 용도에 따라 분홍색(살균제), 녹색(살충제), 노란색(제초제), 파란색(생장조정제), 백색(기타 약제) 등으로 바탕색을 구분
약제의 적용대상 표시	• 약제의 적용대상에 따라 다음과 같이 표시 　－ 원예용(수도용) 살균제(살충제, 살균·살충제, 생장조정제) 　－ 논(밭, 과원, 잔디, 산림) 제초제 또는 제초제 　－ 비선택성 제초제의 용도 구분은 식물전멸 제초제로 표시
약제의 사용기준 및 취급제한 기준	농약 잔류 피해예방을 위한 수확 전 최종 사용 시기와 최대 사용 횟수를 표시

표시사항	표시내용
내용량	• 분제, 입제, 수화제 등 고체성 농약은 중량단위(g, kg 등)로 표시 • 유제, 액제 등 액체성 농약은 용량단위(mL, L 등)로 표시
기 타	• 대상작물, 적용병해충, 사용량 및 사용시기 • 농약을 안전하게 취급하는데 필요한 보호장비, 혼용관계, 보관요령 등 • 약효보증기간, 제조(수입) 회사명 및 주소 등 품질 관리에 필요한 사항 표시

(출처 : 농업활동 안전사고 예방가이드라인)

[농약 포장지 그림문자 표시 및 표기사항]

⑥ 농약 중독의 원인

㉠ 보호구가 불충분한 경우 : 마스크를 착용하지 않거나 또는 불충분한 경우, 또는 의복이 방수가 되지 않거나 피부 노출이 많은 경우에 발생한다.

㉡ 건강상태가 좋지 않을 경우 : 과로, 임신중, 알레르기 체질, 만성질환을 앓고 있을 때 중독을 일으키기 쉬워진다.

㉢ 본인의 부주의 : 농약을 뿌릴 때 사용한 수건으로 얼굴을 닦거나, 보호구를 착용하지 않고 작업하는 경우에 중독이 발생할 위험이 있다.

㉣ 농약을 뿌리는 방식에 문제가 있는 경우 : 너무 장시간 살포를 계속하거나 바람이 불 때 살포하는 등 살포 방식에 문제가 있는 경우에 중독이 발생할 위험이 있다.

㉤ 농약 살포 직후 작업하는 경우 : 직접 농약을 뿌리지 않더라고 살포 직후에 밭, 논 등에 무방비 상태로 들어가 작업하다가 중독을 일으키는 경우가 있으며 다른 장소에서 살포한 농약이 비산되어 날아와 들이마셨을 경우에도 중독을 일으킬 수 있다.

⑦ 농약 노출의 형태와 특성

㉠ 농약이 노출되는 형태는 크게 직업적 노출과 비직업적 노출로 구분할 수 있다.

㉡ 직업적 노출은 농약을 제조하고 제품화하는 단계에 참여하는 근로자, 농작업 시 농약 방재・희석・살포 등의 작업을 하는 농업인과 농업근로자 등이 농약에 직접적으로 노출된다.

㉢ 비직업적 노출은 농약 제조과정에서 발생하는 사고나 누출 때문에 근처에 거주하는 주민들이 피해를 보는 경우나 자살목적으로 음독하는 경우, 가정에서 위생 해충의 방제나 정원 가꾸기의 목적으로 방제하는 경우가 있다.

[농약 노출의 형태]

형 태	구 분	내 용
직업적 노출	원제 제조단계	밀폐 또는 반 밀폐된 공간에서 원제 물질 누출 때문이거나 공정 처리 과정과 포장단계
	제품화 단계	유기용제와 기타 보조제를 원제와 섞어서 제형화하고 시판상품으로 제조화하는 단계
	방제작업	농작업
	희석과 따르기	물에 농약을 희석하고 이를 탱크 등에 따르는 작업
	살 포	액상살포는 피부 노출 가능
비작업적 노출	사고와 누출	제조공장 대량유출로 인한 주민피해
	자 살	음 독
	가정에서의 사용	가정 내 위생 해충의 방제, 정원의 방제
	기 타	취미생활, 농산물 취급

(출처 : 농작업 안전보건관리 기본서)

더 알아보기 농약 노출의 특성

- 농작업 시 농약 노출은 노출 형태가 매우 다양하여 농약뿐만 아니라 다양한 유해 환경 요인(비료, 분진, 바이러스, 소음, 진동 등)에 동시에 노출되는 경우가 많다. 각 환경 요인이 상호작용을 통해 다양한 건강 영향을 줄 수 있으므로 농약 노출과 건강과의 관련성을 파악할 때에는 다양한 직업 및 생활상의 환경 요인 차이도 함께 파악하도록 하여야 한다.
- 농작업 형태에 따라 개별 농업인 간에 노출이 상당히 다르게 나타난다. 농업인의 경우, 같은 작목을 재배한다고 하더라도 개인별로 서로 다른 농약들을 사용할 수 있고 작업 형태도 서로 다르며 착용하는 보호구의 종류나 개수에서도 차이를 보여 노출의 형태가 달라진다. 이러한 노출의 이질성은 결과적으로 같은 농약에 노출되더라도 서로 간에 일치하지 않는 다양한 건강 영향 결과가 초래될 수 있다.
- 농업인의 농약 노출 작업은 연간 일정하게 계속되지 않는다. 며칠 또는 몇 달에 걸쳐 집중적으로 이루어진다. 우리나라 농작업에서 연간 평균 농약 살포 일수는 작목에 따라 다르긴 하지만 평균적으로는 3~12일(때에 따라 30회를 넘기기도 함) 정도로 나타난다. 단기간 고노출 형태는 일정하게 장기간 노출되는 경우와 질병 위험도에서 차이를 보일 수 있다.
- 농업인과 그 가족은 농촌 지역에 거주하는 경우가 많으므로 직업적 노출 외에도 환경적 노출이 발생할 가능성이 크다. 즉, 작업 시 오염된 농약이 가정에 유입되어 가족 구성원에게 추가 노출될 수 있으며 주변 작업 시 살포되는 농약에 노출될 수도 있다. 따라서 농업인에서의 농약과 건강 평가에서는 일반 사업장 근로자와 같이 직업적 노출에만 국한돼서는 안 되며 환경 노출을 함께 고려하여 종합적으로 평가할 필요가 있다.

⑧ 농약의 인체 노출 주요 경로

    ㉠ 피부 침투 : 피부는 농약으로부터 완벽한 방어 역할을 하지 못하기 때문에 만약에 농약이 피부에 묻게 된다면 몸에 흡수될 위험이 있다. 따라서 농약의 피부 접촉을 피해야 하고 방수기능이 있는 방제복을 착용하여 피부 오염을 피하는 것을 최우선으로 하여야 한다.

    ㉡ 경구 노출 : 농약을 삼키는 경우에는 심각한 중독증상을 일으킬 위험성이 있다. 농약 섭취는 갑작스럽게 일어날 수 있다. 농약의 보관에 주의를 기울여 실수로 농약을 먹는 일이 발생하지 않도록 하여야 한다.

ⓒ 흡입 : 농약을 혼합할 때에는 휘발성이 강한 농약은 가스 상태로, 가루로 된 농약은 흩날려 폐를 통해 흡수될 가능성이 있다. 액상의 농약은 쏟아부을 때 가장 조심하여야 한다. 농약을 섞을 때 바깥 장소나 환기가 잘된 조건에서 수행하여야 한다. 농약 용기를 열 때에는 내용물이 새지 않도록 조심해야 한다.

(2) 농약기자재 작업 안전점검·관리

① 농약은 아이들이 손댈 위험이 있고, 어른들도 음료수 등으로 오인하여 흡입할 수 있는 위험이 있다. 때문에 반드시 농약 보관 및 관리 지침에 따라 보관하고 점검하는 것이 중요하다.

② **농약 보관**

ⓖ 잠금장치가 있는 농약전용 보관함에 보관한다.
- 농약은 전용 보관함에 잠금장치를 설치하여 관리한다.
- 농약은 의약품, 식료품 또는 사료의 보관 장소와 구분하여 보관해야 한다.
- 고독성 농약은 확인 가능하도록 보관한다.
- 농약은 온도에 의해 쉽게 변성되기 때문에 직사광선을 피하고 통풍이 잘되는 곳에 보관한다.
- 사용하고 남은 약제는 뚜껑을 꼭 닫으며 사용량과 병의 개수 등을 확인하여 보관한다.
- 어린이의 손이 닿지 않도록 해야 한다.

ⓛ 다른 병에 옮겨 담지 않는다. 희석한 농약 또는 사용 후 남은 농약 등을 다른 병에 옮겨 담게 되면 오음용할 수 있기 때문에 매우 위험하다.

ⓒ 빈병을 함부로 버리지 않는다.
- 빈병이라고 하더라도 고독성, 유제 농약은 중독을 일으키기에 충분한 양이 남아 있을 수 있으므로 물로 씻어내 말린 후 버리거나 농약 빈병 수거함에 버려야 한다.
- 농약 빈병과 남은 농약(폐기물)은 분리처리해야 한다.
- 주로 빈 용기의 경우 마을 농약 빈병 수거함으로 모았다가 한꺼번에 처리하여야 한다.

③ **농약 살포 시 안전점검 사항**

ⓖ 농약 살포 전 점검사항
- 농약 희석 시 반드시 보호구를 착용한다.
- 농약 희석 시 눈이나 피부에 농약이 묻지 않도록 바람을 등지고 작업한다.
- 농약 희석 시 농약에 쓰여 있는 희석비율을 지킨다.

ⓛ 농약 살포 중 점검사항
- 농약 살포 시 반드시 보호구를 착용한다.
- 농약이 몸에 묻지 않도록 반드시 바람을 등지고 살포한다.
- 날이 뜨거울 때에는 농약을 살포하지 않는다.
- 몸이 피로할 때에는 농약을 살포하지 않는다.
- 농약을 1시간 살포하면, 10분 정도 휴식을 취한다.
- 농약이 살포된 잎이나 가지를 되도록 접촉하지 않도록 후진하면서 농약을 살포한다.

© 농약 살포 후 점검사항

- 살포 직후, 농약에 노출된 부위(손, 얼굴 등)를 먼저 비눗물로 씻고 양치를 한다.
- 온몸을 씻은 후 깨끗한 옷으로 갈아입는다.
- 방제복을 다른 빨래와 분리하여 깨끗이 세탁한다.
- 농약 살포지역은 표지판을 설치하여 다른 사람이 출입하지 않도록 한다.

(3) 농약으로 인한 건강이상 징후확인 및 필요조치

① 급성 농약중독
  ㉠ 농약을 사용한 후 얼마 지나지 않아 곧바로 나타나는 중독
  ㉡ 증 상
  - 두통과 어지러움
  - 얼굴에 열기 발생
  - 목과 입안이 마름
  - 배가 아픔
  - 눈 충혈
  - 구역질
  - 심한 땀
  - 피부가 가려움

② 만성 농약중독
  ㉠ 수년에서 수십 년 동안 농약을 사용한 사람에게서 장기적으로 나타나는 중독 증상
  ㉡ 주로 만성중독은 피부나 호흡기를 통해 인체에 농약이 흡수됨
  ㉢ 증 상
  - 각종 암 발생
  - 신경계 질환(치매 등) 발생
  - 생식기계 질환 및 발달장애
  - 심혈관계 질환(중풍 등) 발생
  - 호흡기 질환(천식 등) 발생

③ 주요 농약과 중독 증상

농약 종류	가벼운 중독	심한 중독	만성 중독
유기인제(EPN, 다이시스톤, DDVP, 다이아지논, 바이딕트, 킬발, 마라손, 스티미온)	두통, 현기증, 구역질, 답답함, 식은 땀, 복통, 설사, 피부염, 나른함, 침이 많이 생김	보행곤란, 의식불명, 눈동자가 작아짐, 전신경련, 폐수종, 혈압상승, 언어장애	지각이상, 기억력장애, 노이로제
카바메이트제 (란네이트, 선사이드, 밧사, 메오벌, 츠마사이드, 데나폰)	위와 같음. 단, 증상이 빨리 나타남		
피레스로이드계 (사이퍼메트린, 델타메트린, 람다할로트린 등)	전신 권태감, 근육이 저절로 움찔거림, 가벼운 운동실조, 알레르기 유발 피부염	흥분, 타액분비 과다, 간헐적 경련, 호흡곤란	-
유기염소계(클로로타로닐)	전신권태감, 탈력감, 두통, 머리가 무거움, 현기증, 구토	불안, 흥분, 부분적 근육경련 지각 이상(혀, 입, 안면), 의식소실	간질과 같은 강직성 및 간헐적 경련, 간·신장장애
황산니코틴	구역질, 구토, 현기증, 식욕부진, 두통	의식불명, 경련	설사, 식욕부진

농약 종류	가벼운 중독	심한 중독	만성 중독
클로로피크린	후두통, 기침, 재채기, 눈이 아픔, 눈물이 남, 눈이 충혈됨	폐수종, 호흡곤란	-
페녹시계 제초제 (2,4-D, MCP 등)	인두통, 흉골 후부통, 위통, 피부장해	의식불명, 경련, 간·신장장애	-
파라콰트제(그라목손 등)	구토, 불쾌감, 설사, 후두통, 위통	경련, 간·신장장애, 호흡곤란	-
항생물질계	눈이 충혈됨, 눈이 부음, 기관지염	각막장애, 시력장애	-

(출처 : 농약 독성과 안전사용 방법)

④ 농약중독 발생 시 응급처치 방법

㉠ 입에 들어갔을 경우

- 입에 묻었거나 입안으로 들어간 경우에는 즉시 물로 양치하여 헹궈낸다.
- 식염수를 2~3잔 마시게 한 다음 손가락을 넣어서 토하게 한다. 위의 내용물이 나오지 않을 때까지 반복한다.
- 토하게 한 이후에 흡착제를 복용한다.

㉡ 들이마셨을 경우

- 옷을 헐겁게 하고 심호흡을 시킨다. 신선한 공기가 있는 곳으로 옮기고 옷을 헐겁게 풀어 놓은 다음 심호흡을 시켜야 한다.
- 숨을 쉬지 않을 경우에는 인공호흡을 한다.

㉢ 피부에 묻었을 경우

- 피부를 비누로 잘 씻어내어 농약을 제거한다. 적어도 15분간 꼼꼼하게 닦아낸다.
- 방수가 안 되는 옷에 농약이 묻었을 경우에는 즉시 속옷까지 전부 벗어서 피부를 비누로 씻은 다음 다른 옷으로 갈아입는다.

㉣ 눈에 들어갔을 경우

- 흐르는 깨끗한 물로 눈을 씻어낸다.
- 손으로 눈을 비비지 않는다. 거즈를 가볍게 눈에 대고 전문의를 찾아간다.

(4) 농약기자재 안전관리에 필요한 개인보호장구류

① 개인보호장구 종류

㉠ 호흡보호구(방진마스크, 방독마스크) : 호흡보호구에는 방진마스크와 방독마스크가 있으며, 가능한 방독마스크를 착용하여야 한다. 여건상 방독마스크를 착용하는데 어려움이 있다면, 활성탄 등 흡착제 성분이 포함된 검은색 방진마스크를 착용하며, 사용 후 폐기한다.

㉡ 보호장갑과 장화 : 보호장갑과 장화는 농약이 피부를 통하여 흡수되는 것을 막아준다.

㉢ 눈 보호구(보안경) : 눈 보호구는 농약이 안구에 들어가 인체에 피해를 주는 것을 예방한다.

㉣ 방제복 : 방수기능이 있는 농약 방제복을 착용하여, 농약이 옷을 적셔 피부로 흡수되는 것을 막아준다.

더 알아보기 농약 보호의 재질별 장점 및 단점

보호의 재질	장 점	단 점
비닐 우비	• 완전 방수 • 세척이 간편함	• 덥고 땀을 전혀 흡수하지 않음 • 개구부로 농약이 침투하는 경우도 있음
나일론	• 완전 방수 • 우비보다 시원함 • 내구성이 좋음	• 개구부로 농약이 침투하는 경우도 있음 • 안감의 메시(그물모양으로 짠 것)단으로 농약을 흡수함
부직포제	• 가벼움 • 통기성이 있고 시원함 • 저렴함	• 통약이 침투하기 쉬움(장시간의 경우) • 보풀이 있고 잘 찢어짐
폴리에스테르, 폴리우레탄, 면의 조합(일명 땀복)	• 완전 방수 • 가벼움 • 땀을 일부 흡수함(안감).	• 가격이 비쌈 • 세탁 및 관리에 노력이 필요함

(출처 : 농약 독성과 안전사용 방법)

② **농약의 노출 관리방안**

㉠ 피부노출 최소화 : 농약은 피부를 통한 흡수량이 많기 때문에 방수성 의복으로 신체의 노출 부위를 감싸야 한다. 반드시 분진마스크, 농약 방제복, 고무장갑, 고무장화를 착용하여야 한다.

㉡ 속옷 관리 : 속옷은 면으로 된 망사셔츠, 망사바지를 입으면 땀을 흡수하고 통기성을 좋게 하여서 불쾌감을 없애줄 뿐만 아니라 모세관 현상으로 인한 농약의 침투를 방지할 수 있다.

㉢ 대상작물에 따른 부위방호
  • 작물의 높이에 따라 농약이 많이 닿는 부위를 중점적으로 가리도록 한다. 과수와 같이 높은 곳을 향해 살포를 할 때에는 살포된 농약액이 나뭇잎을 타고 흐르다가 머리 위로 떨어질 위험이 있다. 머리에서 목 부위, 어깨를 집중적으로 보호한다.
  • 논밭과 같이 아래로 살포하는 경우에는 반드시 방수가공 처리한 바지를 입고 하반신을 보호하도록 한다.

㉣ 마스크로 입과 코를 감싼다. 피부를 통해 1이 체내로 흡수된다고 할 때, 입을 통한다면 10배, 폐로 흡수하는 경우에는 30배나 흡수가 잘된다. 그러므로 마스크와 피부 사이에 틈이 생기지 않도록 얼굴에 밀착시켜야 한다.

㉤ 보호안경을 착용한다. 농약을 희석하거나 살포할 경우 눈을 보호하기 위해서는 반드시 보호안경을 껴야 한다. 특히 과수 방제 시와 같이 농약을 살포할 경우 반드시 착용하여 눈을 보호한다.

ⓗ 뜨거운 한낮에는 농약살포를 하지 않는다. 부득이하게 한낮에 작업을 할 경우, 복장을 제대로 갖추지 않아 농약이 땀과 함께 눈에 들어가거나 피부에 흡수될 위험이 있다. 그러므로 아침이나 저녁과 같이 서늘한 시간대에 살포하여야 한다.

ⓢ 수건은 구분하여 사용한다. 농약이 묻어 있는 수건으로 땀을 닦는 경우에 급성결막염을 일으킬 위험이 있다. 땀을 닦은 수건은 비닐주머니 등에 따로 넣어서 허리에 차고 다녀야 한다.

ⓞ 손과 얼굴을 잘 씻는다. 살포가 끝나면 비누로 손과 얼굴을 닦고, 눈도 깨끗이 씻어낸다.

02 적중예상문제

01 농업기계 운전자가 지켜야 할 안전수칙을 기술하시오.

> **해설**
> ① 농업기계 운전자는 수로나 도랑 근처에 너무 가까이 가지 않고 안전하게 회전할 수 있는 충분한 공간을 확보하여야 한다.
> ② 위험 요소를 숨기고 있는 농로의 가장자리는 제초작업을 하여 농로의 경계, 수로 등을 명확하게 알 수 있도록 한다.
> ③ 운전자의 시야 확보를 위해서 나뭇가지를 잘라내며 장해물들을 제거한다.
> ④ 침식되어 바닥이 꺼진 부분은 표시를 해 두거나 채워서 평평하게 해 둬야 한다.

02 농업기계 작업 시 준수 · 유의사항을 3가지를 기술하고 설명하시오.

> **해설**
> ① 계획적으로 작업을 실시한다. 기후조건이나 작업자의 몸 상태를 감안하여 무리 없는 작업을 하도록 해야 한다. 하루의 작업시간은 가능한 8시간을 넘지 않도록 하며 피로가 축적되지 않도록 2시간마다 정기적으로 휴식을 취할 수 있도록 하여야 한다.
> ② 작업에 적합한 복장과 보호구를 착용한다. 농업기계 이용 시 농업기계에 두발이나 의류 등이 말려 들어가지 않도록 각 작업에 적당한 복장을 하여야 한다.
> ③ 주변 작업 환경을 고려한다. 다른 작업자나 주변에 있는 사람에게 미치는 위험성을 고려하여 안전성이 충분히 확보되었는지 주의를 기울여 작업한다.
> ④ 사고에 대비한다. 작업을 시작하기 전에 항상 해당 작업의 위험성을 예측하고 대응책을 생각해 두어야 한다.

03 비산물에 의하여 안면 상해의 위험이 있는 경우에 안전조치를 기술하시오.

> **해설**
> ① 보호안경을 착용하여 눈을 보호한다.
> ② 마스크를 착용하여 입과 코 주변의 안면을 보호한다.
> ③ 페이스실드를 착용하여 얼굴 전반을 보호한다.

04 예초기 진동 방지법을 기술하시오(기출).

> **해설**
> ① 방진장갑을 착용한다.
> ② 손잡이 부분에 방진고무를 부착하여 진동을 방지한다.
> ③ 진동 수준이 최저로 낮은 예초기를 사용한다.

05 농업기계 보관 시 유의사항에 대하여 기술하시오.

> **해설**
> ① 농업기계의 승강부를 내리고 열쇠를 빼둔다.
> ② 탑재식이나 견인식 작업기에 기체를 안정시키기 위한 스탠드가 부착된 경우에는 반드시 받쳐서 보관한다.
> ③ 작업이 끝난 다음에는 농업기계에 붙어 있는 작물의 부스러기나 진흙, 먼지 등을 깨끗이 청소한다.

06 트랙터 작업 중 주의사항을 3가지 기술하시오.

> **해설**
> ① 트랙터에서 떠날 때에는 작업기를 내리고 엔진을 정지시킨 다음 주차브레이크를 걸고 열쇠를 뽑아 둔다.
> ② 트랙터는 반드시 운전석에 앉아서 운전하고 좌석이 아닌 곳이나 승차위치 이외의 곳에서 사람을 태우지 않는다.
> ③ 중량물을 들어 올릴 때는 기체가 동요하여 전도될 우려가 있으므로 비스듬히 들어 올리지 말고 주행 및 선회는 저속으로 한다.
> ④ 수확물 등을 운반차로 옮길 때는 충돌이나 사람이 끼지 않도록 주의하면서 한다.
> ⑤ 작업기에 이물질이 말려 있거나 막힌 것을 제거할 때에는 트랙터의 엔진을 정지하고 작업부의 정지를 확인한 후에 제거한다.

07 톱밥제조기 안전작업 방법 3가지를 기술하시오(기출).

> **해설**
> ① 기계는 평평한 바닥에 수평을 유지하여 설치한다.
> ② 작업 담당자 외에는 일체 기계 및 동력장치 등을 조작하지 않도록 하고 작업 중 타인의 접근을 금지시킨다.
> ③ 드럼 커버 개폐 시에는 반드시 기계의 전원이 꺼져 있는지 그리고 기계가 정지되어 있는지 확인한다.
> ④ 목재투입구와 토출구에 손이 들어가면 매우 위험하므로 주의한다.
> ⑤ 가동 중 회전체나 기타 기체의 커버는 절대 열거나 열린 상태에서 작업을 하지 않는다.

08 농기계 등화장치 3가지를 기술하시오(기출).

해설

전조등, 후미등, 방향지시등

09 농작업 편의장비를 사용할 경우의 주의사항 4가지를 기술하시오.

해설

① 도구의 목적성을 확인하여, 최소의 노력으로 작업을 수행하기 위해서 특정 목적을 위해 제작된 장비를 사용한다. 적절한 형태, 크기, 무게, 강도를 가진 칼, 톱 등 수공구를 사용한다.
② 동력으로 작동하는 공구는 수작업 시 힘들 수 있는 작업을 보다 쉽고 효율적으로 할 수 있도록 도와주기 때문에, 동력전달장치 장비 사용을 고려하여, 힘을 자주 사용하는 작업에는 동력전달장치(모터 등)로 작동되는 장비를 사용한다.
③ 사용하지 않는 장비는 잘 보관해 두고 정기적으로 손질해 두어야 한다.
④ 농작업자는 올바른 공구 사용법을 숙지하여야 한다.

10 비동력식 농작업 공구의 유지보수 시간을 기술하시오.

해설

1년에 0~5시간

11 동력식 장비 사용 시 안전 확인사항을 기술하시오.

해설

① 안전하다고 판단될 때에만 동력식 장비를 구입한다.
② 방호장치가 있으며 농작업자가 사용할 때 충분히 안전한지 확인한다.
③ 안전한 손잡이가 있고 쉽게 작동할 수 있는 것인지 확인한다.
④ 기계장치의 우연한 작동에 대한 방호장치가 있는지 확인한다.

12 농기구 손잡이 선택 요령 3가지를 기술하시오.

해설

① 두께가 3~4cm 정도, 길이가 최소 10cm 이상이 되는 손잡이를 사용한다.
② 단단한 형상 또는 표면 처리가 된 것을 선택한다.
③ 힘을 넣어도 통증을 느끼지 않을 정도의 적당한 두께의 손잡이를 사용한다.

13 농기구 손잡이에 대한 안전 개선사항 3가지를 기술하시오.

해설

① 올바른 사용 방법을 훈련하여 안전하게 사용할 수 있도록 한다.
② 미끄러운 그립에는 미끄럼 방지 테이프를 감아 미끄러지지 않도록 한다.
③ 경첩과 같이 움직이는 부분에 윤활유를 발라주어 작은 힘으로도 조작이 가능하도록 한다.

14 농약의 정의에 대하여 기술하시오.

해설

농작물(수목, 농산물과 임산물 포함)을 해치는 균, 곤충, 응애, 선충, 바이러스, 잡초, 그 밖에 농림축산식품부령으로 정하는 동식물(이하 '병해충')을 방제하는 데에 사용하는 살균제·살충제·제초제와 농작물의 생리기능을 증진하거나 억제하는 데에 사용하는 약제 및 그 밖에 농림축산식품부령으로 정하는 약제(기피제, 유인제, 전착제)를 의미한다.

15 제초제의 용기마개 색을 기술하시오.

해설

황색(노랑)
※ 참고 : 농약 용도구분에 따른 용기마개 색

종 류	살균제	살충제	제초제	비선택성 제초제	생장조정제	기 타
마개 색	분홍색	녹 색	황색(노랑)	적 색	청 색	백 색

16 농약 제제의 보조제 종류를 3가지 이상 기술하고 설명하시오.

해설

① 계면활성제 : 동일 분자 내에 친수기와 소수기를 가지는 화합물, 즉 물 및 유기용매에 어느 정도 가용성으로 계면의 성질을 바꾸는 효과가 큰 물질을 총칭하는 말이다. 농약제제에는 유화제, 분산제, 전착제, 가용화제, 습윤침투제 등으로 사용되어 제제의 물리화학적 성질을 좌우하는 역할을 갖고 있다.
② 용제 : 유효성분이나 다른 보조제를 잘 녹여 유효성분을 분해하지 않고 작물에 약해를 일으키지 않는 용매류로 탄화수소류, 할로겐화탄화수소류, 알코올류, 케톤류, 에테르류, 에스테르류, 아미드류 등이 있다.
③ 고체희석제(담체, 기제) : 분제, 입제 등의 고형제의 조제에 이용되는 무기광물성분을 의미하며 유효성분을 적당한 농도로 희석하여 살포하기 쉽게 하기 위한 것이다. 규조토, 탈크, 진흙, 산성백토, 석회분말, 카올린, 벤토나이트 등이 있다.
④ 기타 보조제 : 고착제, 안정제, 분사제, 공력제 등이 있다.

17 농약 중독의 원인 3가지를 기술하고 설명하시오.

해설

① 보호구가 불충분한 경우 : 마스크를 착용하지 않거나 또는 불충분한 경우, 또는 의복이 방수가 되지 않거나 피부 노출이 많은 경우에 발생한다.
② 건강상태가 좋지 않을 경우 : 과로, 임신 중, 알레르기 체질, 만성질환을 앓고 있을 때 중독을 일으키기 쉬워진다.
③ 본인의 부주의 : 농약을 뿌릴 때 사용한 수건으로 얼굴을 닦거나, 보호구를 착용하지 않고 작업하는 경우에 중독이 발생할 위험이 있다.
④ 농약을 뿌리는 방식에 문제가 있는 경우 : 너무 장시간 살포를 계속하거나 바람이 불 때 살포하는 등 살포 방식에 문제가 있는 경우에 중독이 발생할 위험이 있다.
⑤ 농약 살포 직후 작업하는 경우 : 직접 농약을 뿌리지 않더라고 살포 직후에 밭, 논 등에 무방비 상태로 들어가 작업하다가 중독을 일으키는 경우가 있다. 또한 다른 장소에서 살포한 농약이 비산되어 날아와 들이마셨을 경우에도 중독을 일으킬 수 있다.

18 농약이 인체에 노출되는 주요 경로를 기술하고, 경로별 노출예방책을 설명하시오.

해설

① 피부 침투 : 피부는 농약으로부터 완벽한 방어 역할을 하지 못하기 때문에 만약에 농약이 피부에 묻게 된다면 몸에 흡수될 위험이 있다. 따라서 농약의 피부 접촉을 피해야 하고 방수기능이 있는 방제복을 착용하여 피부 오염을 피하는 것을 최우선으로 하여야 한다.
② 경구 노출 : 농약을 삼키는 경우에는 심각한 중독증상을 일으킬 위험성이 있다. 농약 섭취는 갑작스럽게 일어날 수 있다. 농약의 보관에 주의를 기울여 실수로 농약을 먹는 일이 발생하지 않도록 하여야 한다.
③ 흡입 : 농약을 혼합할 때에는 휘발성이 강한 농약은 가스 상태로, 가루로 된 농약은 흩날려 폐를 통해 흡수될 가능성이 있다. 액상의 농약은 쏟아부을 때 가장 조심하여야 한다. 농약을 섞을 때 바깥 장소나 환기가 잘된 조건에서 수행하여야 한다. 농약 용기를 열 때에는 내용물이 새지 않도록 조심해야 한다.

19 농약 보관 방법을 기술하시오.

해설

① 잠금장치가 있는 농약전용 보관함에 보관한다.
② 다른 병에 옮겨 담지 않는다.
③ 빈병을 함부로 버리지 않는다.

20 농약 희석 시 점검사항을 기술하시오.

해설

① 농약 희석 시 반드시 보호구를 착용한다.
② 농약 희석 시 눈이나 피부에 농약이 묻지 않도록 바람을 등지고 작업한다.
③ 농약 희석 시 농약에 쓰여 있는 희석비율을 지킨다.

PART 03

농작업
손상관리

CHAPTER 01　재해조사

CHAPTER 02　재해통계 및 안전점검

CHAPTER 03　사고유형별 안전관리

(1) 농작업 사고조사 방법에 대한 이해 및 적용

① **재해조사 목적** : 재해조사의 가장 중요한 목적은 재해를 발생시킨 원인을 규명하여 그 원인에 대한 대처방안이나 개선안을 통해 유사한 종류의 사고의 재발을 예방하는 데 있다.

② **재해조사 방법** : 재해조사는 재해발생 과정, 재해원인, 피해 상황 등에 대한 조사를 수행하여 재해예방을 위한 자료를 얻을 수 있도록 하여야 한다.

   ⊙ 조사방법

- 재해발생 후 가능한 빠른 시간에 수행
- 현장의 물적 증거를 수집하며, 재해현장의 상황은 사진 등으로 기록, 보존
- 피해자, 목격자 등 많은 사람들에게서 사고 시의 상황을 청취
- 재해에 관계가 있는 기계, 장치, 작업공정, 작업방법, 작업행동, 작업환경 등 모든 것을 철저하게 조사

   ⊙ 유의사항

- 조사는 신속하게 행하고 긴급조치하여, 2차 재해의 방지를 도모
- 2차 재해의 예방과 위험성에 대해 보호구를 착용
- 조사는 가능한 2명 이상이 1조가 되어 실시
- 객관적으로 조사
- 책임 추궁보다 재발방지를 우선하는 태도
- 조사하는 사람이 직접 처리할 수 없다고 판단되는 재해나 중대재해는 전문가에게 조사 의뢰

   ⊙ 재해발생 시의 조치순서

재해발생 → 긴급처리 → 재해조사 → 원인 분석 → 대책 수립 → 대책실시 계획 → 실시 → 평가

(2) 농작업으로 인한 사고의 원인 분석

① **재해원인의 통계적 분석**

   ⊙ 파레토도(Pareto Diagram) : 사고의 유형, 기인물 등 분류항목을 큰 순서대로 도표화한다(문제나 목표의 이해에 편리).

   ⊙ 특성 요인도 : 특성과 요인관계를 도표로 하여 어골상(魚骨狀)으로 세분한다.

ⓒ 클로즈(Close) 분석 : 2개 이상 문제 관계를 분석하는 데에 사용하는 것으로, 데이터(Data)를 집계하고 표로 표시하여 요인별 결과 내역을 교차한 클로즈(Close) 그림을 작성하여 분석한다.

ⓓ 관리도 : 재해발생건수 등의 추이를 파악하여 목표관리를 행하는 데에 필요한 월별 발생수를 그래프(Graph)화하여 관리선을 설정·관리하는 방법이다. 관리구역은 관리상한(UCL ; Upper Control Limit), 중심선(CL ; Center Limit), 관리하한(LCL ; Lower Control Limit)으로 표시한다.

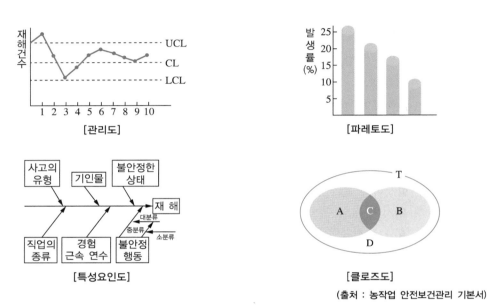

[관리도]

[파레토도]

[특성요인도]

[클로즈도]

(출처 : 농작업 안전보건관리 기본서)

② 개별적 사고원인 분석(로직트리 원인분석기법)

개별적인 사고의 발생 원인을 심층 분석할 때 사용한다. 분석방법의 하나로서 로직트리 원인분석 기법의 수행방법은 다음과 같다.

ⓐ 개요 : 로직트리(Logic Tree) 분석기법은 사고의 원인이 되는 사실을 논리적으로 나무형태로 그려나가는 기법으로서, 발생된 재해에 대해서 재해를 구성하고 있는 사실들을 거꾸로 추적하여 근본적 원인을 찾아내는 시스템적 분석 기법을 말하며, 오류나무(Fault Tree)기법으로도 불린다.

ⓑ 수행방법
- 사실의 수집
- 시간에 따라 사실을 배열
- 로직트리의 작성

ⓒ 분석결과 예시

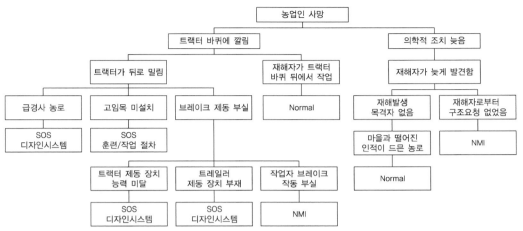

(출처 : 농작업 안전보건관리 기본서)

(3) 안전대책 관련 보고 및 개선계획 수립

① 재해조사표 작성

㉠ 산업재해조사표
- 사업장에서 사망자가 발생하거나 3일 이상의 휴업이 필요한 부상을 입거나 질병에 걸린 사람이 발생한 경우에는, 해당 산업재해가 발생한 날부터 1개월 이내에 안전보건관리자를 통해 산업재해조사표를 작성하여 해당 지방노동관서에 제출해야 한다.
- 중대재해발생 시에는 지체 없이 해당 지방노동관서에 보고해야 한다.
- ※ 산업안전보건법에서 규정한 중대재해
  - 사망자가 1명 이상 발생한 재해
  - 3개월 이상의 요양이 필요한 부상자가 동시에 2명 이상 발생한 재해
  - 부상자 또는 직업성질병자가 동시에 10명 이상 발생한 재해

㉡ 농작업재해조사표
농작업 재해는 재해자의 농업 관련 특성, 토지, 기상 등 자연환경조건, 농작업 상황 등 농업환경과 관련된 특수한 요인들이 영향을 미치므로, 이를 고려하여야 한다. 때문에 국외의 농작업재해 원인조사표 및 국내 농작업 특징을 반영하여 농작업 재해조사표가 개발되어 사용되고 있다.

② 농작업 안전보건관리 개선계획 수립
- 농작업 시 발생할 수 있는 재해를 예방하기 위해서 이에 대한 계획을 수립한다.
- 이를 기반으로 사망재해, 상해재해, 질병재해가 발생하지 않도록 잠재위험성을 발굴하여 불안전한 시설 및 안전관리시스템의 개선, 작업자의 안전의식 제고를 통한 재해감소와 근본적인 안전성을 확보하는 것을 목적으로 한다.

ⓒ 농작업 안전보건관리 개선 계획서의 내용

사고예방활동의 경제적 판단기준	• 위험회피(Avoidance) • 위험감수(Retainment) • 최소화(Reduction) • 위험전가(Transfer)

근원적 안전설계 방법	• 유해·위험성이 높은 취급조건 및 형태를 낮은 조건으로 완화
	  – 영향의 제한(Limitation of Effects) : 안전거리 및 여유 공간 확보로 누출, 화재폭발 시 2차 재해가 확산되는 도미노 현상 방지
	  – 단순화(Simplification) : 작업자의 운전상 실수 및 오류가 최소화될 수 있도록 쉽게 설계

기술적 측면	• 가연성물질의 관리 및 착화원의 관리 • 혼합가스의 MOU 이하로 유지 및 가스농도감지경보기 설치 • 저기설비의 방폭화 및 정전기 발생방지 및 제전 • 입지조건 및 설비의 레이아웃 최적화 • 고압공정의 내압설계 및 압력방출장치(안전밸브, 파열판, 폭압방산구) • 위험물저장량 최소화 및 긴급배출처리설비 설치 • 폭발초기제어 및 이상반응 초기대응설비(자동긴급차단밸브, 자동방출밸브, Interlock, Inhibitor, Intergas) • 화염전파방지장치(폭발억제장치, 화염방지기) • 설비 및 장치의 차단(격리밸브, 자동차차단밸브) • 위험공정의 자동화 구축(위험설비의 옥외화, 방호벽 설치, 소화설비의 최적화 설치)
위험관리 모델	• 위험원의 제거방법 : 대체, 작업방법 변경 • 위험원의 격리방법 : 방호울, 원격자동제어 • 위험원의 방호방법 : 덮개, 방호장치 • 위험에 대한 사람 측면의 보강 : 도구·장비 사용, 보호구 착용 • 위험에 대한 사람의 관리 : 대응 안전한 위치 및 자세, 안전수칙준수

ⓛ 안전보건개선 계획 수립 시 작성내용

공통항목	• 안전보건관리 관리상태 • 안전보건관계자 지정 및 직무수행상태(공동작업 시) • 안전보건교육의 실시 및 교재 • 재해분석 및 대책수립 • 작업별 보호구, 안전장치의 성능 검정품 사용 • 안전보건표지, 작업표준 및 안전수칙 게시 • 작업 통로 및 정리정돈 상태 • 작업방법 및 절차 등 • 기 타
기계 분야	• 농기계 등 유해·위험기계기구의 방호조치 등 • 일반 기계설비의 안전조치 • 자동화 기계설비의 안전조치 • 동력전달부의 방호조치 • 지게차, 구내운반차 등 차량안전 • 기계·기구설비 배치의 적합성 • 유해·위험기계·기구·설비 등의 점검·검사 • 정비, 청소, 급유, 검사, 수리 시의 운전정지 • 기계·기구설비의 안전점검 • 기 타
전기 분야	• 전기기계·기구 등의 충전부 방호 • 전기기계·기구 등의 접지 • 누전차단기설치 등 감전방지조치 • 전기설비의 절연저항, 접지측정 등 관리 • 전기배선 및 이동전선 사용상태 • 폭발위험장소의 안전성 및 작업방법 • 정전기 안전조치 • 전기작업용 보호구 비치 및 관리 • 위험기계·기구의 방호장치 등(전기 분야) • 접지 및 피뢰침의 설치 • 기 타
화공 분야	• 화학설비의 건축물 구조 및 안전거리 • 화학설비의 계측장치 설치 및 관리 • 압력방출장치 등 안전설비 • 유해·위험물질의 누출방지 조치 • 화학설비의 부식 및 관리 • 소화설비의 설치 및 관리 • 인화성, 폭발성, 가연성, 금수성 물질 등의 위험예방 • 용해로, 건조로, 건조설비 등의 안전시설 • 유해위험기계기구 등의 방호조치(화공 분야) • 기타 특수장치의 설치 및 관리

작업환경 분야	• 작업장의 분진 관리대책 • 작업장의 소음·진동 관리대책 • 관리대상 유해물질 관리대책 • 국소배기설비의 설치 및 적합성 • 보호구 착용 및 관리의 적합성 • 근로자 건강진단 실시 및 조치 • 휴게시설, 구급용구, 세척설비 등 • 작업환경측정 실시 및 조치 • 밀폐공간 작업안전 • MSDS 비치 및 교육 • 기 타
기 타	• 작업장 환기, 조명, 바닥 관리대책 • 열, 분진, 악취 등의 관리대책 • 소화기 비치 등 화재대비 관리대책 • 샤워시설, 세안시설 등 복지관련 설비 구비대책 • 비상신호, 경보통일, 비상구 및 대피로 확보 여부 등

ⓒ 안전·보건개선 계획 작성내용

공통사항	• 공동작업 시 안전보건관리조직(안전보건 관리책임자 지정, 안전보건담당자 임명) • 안전표지 부착(금지표지, 경고표지, 지시표지, 안내표지, 기타 표지) • 보호구 착용(작업복, 안전모, 보안경, 방진 마스크, 귀마개, 안전대, 안전화, 기타) • 건강진단 실시(일반건강진단, 특수건강진단) • 참고사항
중점 개선계획의 항목	• 시설(비상통로, 출구, 계단, 급수원, 소방시설, 작업설비, 운반경로, 안전통로, 배연시설, 배기시설, 배전시설 등 시설물의 안전대책) • 기계장치(기계별 안전장치, 전기장치, 가스장치, 동력전도장치, 운반장치, 용구공구의 보존상태 등의 안전대책) • 원료·재료(인화물, 발화물, 유해물, 생산원료 등의 취급방법, 적재방법, 보관방법 등의 안전대책) • 작업방법(안전기준, 작업표준, 보호구 관리상태 등에 대한 대책) • 작업환경(정리정돈, 청소상태, 채광조명, 소음, 분진, 고열, 색채, 온도, 습도, 환기 등의 개선대책) • 기타(법 기준에 있어서의 조치사항)
개선계획을 작성할 때의 유의사항	• 기계설비의 부분적인 개선이 아닌 설비조건이나 작업환경 등의 종합적인 방향에서 근본적인 개선이 되도록 고려한다. • 재해를 근원적으로 근절시킬 수 있는 효과가 있어야 한다. • 계획을 위한 계획이거나 추상적이 아닌 실천 가능한 계획이 되도록 한다.
개선계획 수립을 위한 유의사항	• 작업장의 안전수준을 자체적으로 진단하고, 그 수준에 적합한 계획을 수립한다. • 재해감소 목표를 명확하게 설정한다. • 목표 및 계획을 모든 작업자에게 주지시킨다(공동작업 시). • 계획은 실시기간을 명시한다. • 계획의 실시책임자를 선정하여, 계획이 종료될 때까지 책임을 다하게 한다(공동작업 시). • 시설의 개선을 위한 공사를 할 경우에는 공사 중의 안전관리를 철저히 한다. • 개선에 필요한 자금계획 및 조달계획을 수립한다.

재해통계 및 안전점검

(1) 재해관련 통계지표

직접 조사에 의한 조사통계, 행정시스템 등에 의하여 보고 등록되는 자료를 통한 통계, 조사대상의 포괄범위에 따른 대상 전체에 대한 자료를 이용한 전수통계, 일부를 표본으로 선정하여 자료를 수집하여 작성하는 표본통계로 분류된다.

① 통계지표의 종류

　㉠ 농업인의 업무상 손상 및 질병조사(국가승인통계, 농촌진흥청)

　　농업인의 농업활동 관련 질병 및 손상현황을 파악하기 위하여 2009년부터 농촌진흥청에서 전체 농업인의 대표 표본 농가를 대상으로 방문면접조사를 통해 생산하고 있는 조사통계

　　• 통계의 개요
　　　- 전국 10,000개 표본농가를 대상으로 조사원이 방문하여 면접설문조사를 수행
　　　- 표본농가에 거주하고 있는 19세 이상의 성인 농업인 전수를 대상
　　　- 전년도에 발생한 모든 농작업 재해에 대해 조사
　　　- 홀수해에는 업무상 손상조사를, 짝수해에는 업무상 질병조사를 실시
　　• 농업인의 업무상 손상현황
　　　- 농업인의 업무상 손상률 : 2~3%(매년 농업인 100명 중 2~3명 손상)로 조사, 추정
　　　- 전체 근로자 산업재해율의 4~6배 이상의 손상률을 보임
　　　- 여성보다는 남성이 손상사고 발생률이 높으며, 연령이 증가할수록 사고발생률이 높음
　　• 손상사고의 발생유형
　　　- 넘어짐
　　　- 농기계 관련 사고
　　　- 추락(떨어짐)
　　　- 과도한 힘
　　　- 동작에 의한 손상
　　　- 충돌, 접촉에 의한 손상
　　• 농업인의 업무상 질병 현황
　　　- 농업인의 업무상 질병 유병률 : 약 5.0~5.2%(농업인 100명 중 약 5명이 업무상 질환 보유)로 조사 및 추정
　　　- 여성이 남성보다, 연령이 많은 사람이 연령이 적은 사람보다 업무상 질병률이 높음
　　　- 농업인의 업무상 질병의 종류는 근골격계질환이 가장 많음(전체 업무상 질환의 약 70% 이상 차지)

- 순환기계 질환 및 소화기계 질환, 호흡기계 질환, 피부 질환, 내분비계질환, 감염성 질환 등의 유병 보고됨

ⓛ 산업재해통계(국가승인통계, 고용노동부)

'산업재해통계'는 산업재해보상보험법 적용사업장에서 발생한 산업재해자 보고현황을 기초로, 산업재해의 발생 현황 및 재해근로자 특성을 파악하기 위하여 고용노동부에서 생산하고 있는 보고통계이다.

• 통계의 개요

산업재해보상보험법 적용사업체에서 발생한 산업재해 중 산업재해보상보험법에 의한 업무상 사고 및 질병으로 승인을 받은 사망 또는 4일 이상 요양을 요하는 재해가 보고되며, 통계항목은 재해가 발생된 사업장의 업종, 근로자수, 재해자수, 사망수, 재해율, 사망률 등이다.

• 주요 통계 결과
- 산업재해의 산업별, 규모별, 지역별, 발생시기별, 원인별 분포
- 재해근로자의 성별, 연령별, 입사근속기간별 등 취업상태 및 특징을 분석, 보고
※ 농산업근로자의 산업 재해율을 전체 산업근로에 비해 지속적으로 1.5~2배 이상 높은 수치를 보임

• 농작업 재해통계로서의 한계

산업재해통계는 산업재해보상보험에 가입된 사업체를 대상으로 하는 통계로, 우리나라 산업재해보상보험법의 의무적용대상은 임금을 받는 모든 근로자를 대상으로 하고 있다. 다만, 예외 조항으로서 농산업분야의 경우 5인 이상의 상시근로자가 있는 법인사업체만을 가입의무 대상으로 규정하고 있다.

농산업분야의 경우 농업인의 극히 일부만이 가입되어 있으며, 대부분의 농업인인 소규모, 자영 농업인은 본 통계의 대상에서 제외되어 있어, 전체 농업인을 대표하는 통계로 활용되기에 한계가 있다.

ⓒ 농작업 관련 재해보험통계(정책보험통계)

2015년에 제정된 「농어업인의 안전보험 및 안전재해예방에 관한 법률(약칭 : 농어업인 안전보험법)」에 기반하여, 농업인의 업무상 재해 관련 보험의 가입료의 50%를 국가가 의무적으로 지원하고 있다.

농작업 재해 정책보험에는 농업인의 전체가 가입되어 있지는 않으나, 현재의 통계 중 가장 많은 수의 농업인을 대상으로 하는 통계라는 점에서 신뢰도가 크다.

ⓓ 사고발생현황 통계 중 농업기계 사고(국가승인통계, 행정안전부)

전국에서 발생하는 중앙부, 청 및 지자체 소관사고 발생현황 23종에 대한 자료를 합산하여 생산하는 보고 통계로, 이 중 농업기계 관련 사고 현황은 각 지방자치단체에서 생산된 자료를 전체 취합하여 도출되며 지자체별 119 출동 자료를 기반으로 1년 단위로 생산되고 있다.

⑩ 경찰접수 교통사고 현황 통계 중 농업기계 관련 교통사고(국가승인통계, 경찰청)
　　도로교통법 제2조(정의)에 규정하는 도로에서 차의 교통으로 인하여 발생한 경찰에 신고,
　　접수된, 인적피해를 수반한 교통사고에 대해 1년 단위로 공표된다.
※ 농업기계 교통사고가 발생하는 주요 농업기계 : 경운기, 트랙터
※ 농업기계가 관련된 사고의 치사율(사고 100건당 사망자 수) : 전체 교통사고의 치사율보
　　다 6~8배 이상 높음
② 재해율 산출
　　㉠ 재해율 : 임금근로자수 100명당 발생하는 재해자수의 비율

> 계산식 : 재해율 = (재해자수/임금근로자수)×100

　　㉡ 사망만인율 : 임금근로자수 10,000명당 발생하는 사망자수의 비율

> 계산식 : 사망만인율 = (사망자수/임금근로자수)×10,000

　　㉢ 도수율(빈도율) : 1,000,000 근로시간당 재해발생 건수

> 계산식 : 도수율(빈도율) = (재해건수/연근로시간수)×1,000,000

　　㉣ 강도율 : 근로시간 합계 1,000시간당 재해로 인한 근로손실일수

> 계산식 : 강도율 = (근로손실일수/근로 총시간수)×1,000

(2) 재해발생의 메커니즘 및 재해예방의 원칙

① 재해발생 원인
　　㉠ 직접적인 원인(1차 원인)

직접적인 원인 (1차 원인)	불안전한 상태 (물적 원인)	재해(인명의 손상)가 없는 사고를 일으키는 경우 • 작업방법의 결함 • 안전, 방호장치의 결함 • 작업환경의 결함 • 보호구, 복장 등의 결함 • 외부적, 자연적 불안전상태
	불안전한 행동 (인적 원인)	재해가 없는 사고를 일으키거나 이 요인으로 인한 작업자의 행동 • 안전장치의 무효화 • 보호구, 복장 등의 잘못 착용 • 안전조치 불이행 • 위험장소에 접근 • 불안전한 상태 방치 • 위험한 상태로 조작 • 오동작
간접적인 원인	기초원인	학교의 교육적 원인, 관리적 원인, 사회적 원인, 역사적 원인
	2차 원인	기술적 원인, 신체적 원인, 정신적 원인

② 재해예방 4원칙
　　㉠ 손실우연의 원칙 : 사고로 인한 손실(상해)의 종류 및 정도는 우연적이다.
　　㉡ 원인계기의 원칙 : 사고는 여러 원인이 연속으로 연계되어 일어난다.

ⓒ 예방가능의 원칙 : 사고는 예방이 가능하다.
ⓔ 대책선정의 원칙 : 사고예방을 위한 안전대책이 선정되고 적용되어야 한다.

(3) 안전점검의 종류 및 방법

① 안전점검의 정의 : 안전의 확보를 위하여 실태를 파악하고, 설비의 불안전한 상태나 인간의 불안전한 행동에서 생기는 결함을 발견하여 이를 기반으로 안전 대책의 이상 상태를 확인, 개선을 목표하는 행동을 말한다.

② 안전점검의 목적
　ⓐ 기기 및 설비의 결함·불안전 상태 제거로 사전에 안전성 확보
　ⓑ 기기 및 설비의 안전상태 유지 및 본래의 성능 유지
　ⓒ 인적 측면에서의 안전 행동 유지
　ⓔ 생산성 향상을 위한 합리적인 생산관리

③ 안전점검의 종류
　ⓐ 점검시기에 의한 구분

일상점검(수시점검)	작업담당자가 작업시작 전이나 사용 전 또는 작업 중에 설비, 기계 공구 등에 대해 일상적으로 하는 점검
정기점검(계획점검)	작업책임자가 1개월, 6개월, 1년 단위로 일정기간을 정해서 기계설비의 중요 부분을 분해하여 피로·마모·손상·부식 등에 대해 일정 기간마다 정기적으로 행하는 점검
임시점검	정기점검 실시 후, 다음 점검일 이전에 갑작스러운 이상 등이 발생했을 때 임시로 실시하는 점검
특별점검	기계·기구 및 설비를 신설 또는 변경하거나 고장·수리 등을 할 경우에 행하는 부정기적 점검

　ⓑ 점검방법에 의한 구분

외관점검(육안검사)	기기의 적정한 배치·설치상태·변형·균열·손상·부식·볼트의 여유 등의 유무를 외관에서 시각 및 촉각 등에 의해 점검기준에 의하여 조사하고 확인하는 것
기능점검(조작검사)	간단한 조작을 행하여 대상기기 작동의 적정함을 확인하는 것
작동점검(작동상태검사)	방호장치나 누전차단기 등을 정해진 순서대로 작동시켜 상태의 양호, 부적절함을 확인하는 것
종합점검	정해진 기준에 따라 측정검사, 운전시험을 행하여 그 기계와 설비의 종합적인 기능을 판단하는 것

　ⓒ 점검주기에 의한 구분

시기별 점검	가동 전의 점검	• 기계설비의 신설, 개조 등을 할 때 안전담당 부문, 기계기술자, 안전담당자 등에 의해 법규에 일치하는지의 여부, 안전성 등에 대해서 정밀점검을 한다. • 점검은 가동 전 적당한 시기에 실시하여야 한다.
	작업시작 전 점검	매일 작업을 시작하기 전에 기계설비의 성능에 대해서 안전담당자, 작업종사자 등이 점검을 실시하도록 한다.
주기별 점검	일상점검	현장 감독자, 안전담당자가 담당구역 내의 설비, 작업방법에 대해서 상시 점검한다.
	정기점검	• 자체검사도 여기에 해당되며, 기계설비의 안전상 중요부분, 피로, 마모, 장치의 개조나 변경의 유무 등에 대해서 안전관리자, 현장 책임자, 관계 기술자 등에 의해 점검한다. • 점검주기는 기계설비에 따라 다르지만, 일반적으로 매월, 6개월, 1년, 2년 등의 주기로 실시한다.
	특별점검	호우, 강풍, 지진 등이 발생한 뒤, 작업을 재개시할 때 등 안전담당자 등에 의해 기계설비 등의 기능 이상을 점검한다.

④ 안전점검기준

　㉠ 체크리스트(Check List : 점검표)

　　• 안전점검기준에 의해서 점검표를 만들어 점검을 실시하도록 하여야 한다.

　　• 체크리스트를 작성할 때에는 체크리스트 포함되어야 할 항목들을 기초로 사업장에 적합하고 쉽게 이해할 수 있도록 내용을 작성하도록 한다.

　　• 구체적이고 위험도가 높은 것부터 순차적으로 작성하여 재해예방에 효과가 있도록 하여야 한다.

> **더 알아보기　체크리스트 포함 사항**
>
> • 점검대상 : 기계·설비의 명칭을 명시한다.
> • 점검부분(점검개소) : 점검대상의 기계·설비의 각 부분 부품명을 명시한다.
> • 점검항목(점검내용) : 마모, 변형, 균열, 파손, 부식, 이상상태의 유무를 확인한다.
> • 점검실시 주기(점검시기) : 점검 대상별로 각각의 점검주기를 명시한다.
> • 점검방법 : 점검의 종류에 따른 각각의 점검방법을 명시한다.
> • 판정기준 : 정해진 판정기준을 명시하고 상호비교 평가한다.
> • 조치 : 점검결과에 따른 적절한 조치를 이행한다.

　㉡ 안전점검의 순환과정 : 작업장의 안전성을 높이기 위해서 다음의 4가지 과정을 반복하여야 한다.

　　• 현상의 파악
　　• 결함의 발견
　　• 시정대책의 선정
　　• 대책의 실시

　㉢ 안전점검 시 유의사항

　　• 안전점검은 형식과 내용에 변화를 주어서 몇 개의 점검방법을 병용하도록 한다.
　　• 과거의 재해발생 부분은 그 요인이 없어졌는가를 확인하여야 한다.
　　• 발견된 불량부분은 원인을 조사하고 필요한 시정책을 강구하도록 한다.
　　• 점검자의 능력을 감안하여 그에 준하는 점검을 실시하여야 한다.
　　• 불량부분이 발견되었을 경우에는 다른 동종의 설비에 대해서도 점검하여야 한다.
　　• 안전점검은 안전수준의 향상을 목적으로 하는 것임을 상기하여야 한다.
　　• 점검할 때, 작업자에게 동정적이고 안이한 점검이 되어서는 안 된다.

　㉣ 안전점검 시 안전대책

　　• 자동점검 시스템화·페일 세이프화·부품의 유닛(Unit)화 등을 채택하도록 한다.
　　• 보호구 착용 및 안전장치·안전망·덮개·승강설비·개폐기 등을 구비하여야 한다.
　　• 점검작업을 표준화(Standardization)시킨다.
　　• 작업자 자격요건 정비 및 교육을 실시하여야 한다.
　　• 점검작업에 적합한 감독자를 배치하고 점검하도록 한다.

(4) 안전사고와 관련된 위험성평가 실시 및 대책수립

① 농약 안전 사용

㉠ 승인된 농약만을 구입한다.

㉡ 농약병의 라벨 위에 쓰인 주의사항을 읽고 지켜야 한다.

㉢ 사용하고 남은 농약은 음식과 분리된 공간에, 잠금장치가 있는 지정된 곳에 보관하여야 한다.

㉣ 농약을 다른 병에 절대로 옮겨 담지 않는다. 특히 음료수병 등에 보관하지 않아야 한다.

㉤ 빈 용기는 잘 세척하여 농약수거함에 버린다.

㉥ 필요한 양만큼만 구입하여 사용한다.

㉦ 농약을 섞을 때 농축액과 직접 신체가 접촉하지 않도록 주의한다.

㉧ 농약을 사용할 때에는 개인보호구를 필히 착용한다.

㉨ 작업이 끝난 이후에는 반드시 개인보호구를 깨끗하게 세척한다.

[안전보호구 착용]

[농약 보관 및 농약 폐용기 수거]

(출처 : 그림으로 보는 농작업 안전관리)

② 농기계 안전 사용

㉠ 농기계 이동작업 : 농기계 이동 시, 내리막길이나 오르막길을 주행할 경우에는 속도를 미리 충분히 줄인 상태에서 진입하여야 한다.

㉡ 회전체 안전점검 사항

• 회전체의 조작·점검·수리 시에는 반드시 회전체의 시동을 끄고 완전히 멈추었는지 확인한 후 실시하여야 한다.

• 회전체 작업 중에는 옷이 말려들어가지 않도록 소매·바지·밑단을 정리하고, 헐렁하거나 끈이 치렁거리는 옷을 입지 않아야 한다. 또한 장갑이 말려 들어갈 위험이 있으므로 장갑을 끼지 않도록 하여야 한다.

• 농기계 구입 시 에는 회전체에 안전덮개가 덮여 있고, 회전체의 작동/멈춤 스위치가 작업 시의 가까운 위치에 부착되어 있는 것을 구입하여야 한다.

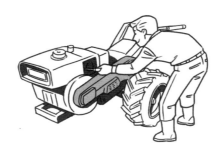

[회전체에 안전덮개 설치, 전원을 끈 후 정비작업 실시]

(출처 : 그림으로 보는 농작업 안전관리)

ⓒ 농기계 도로 주행
- 농기계 도로 주행 시, 저속차량 표시등, 후미등, 방향지시 등과 같은 등화장치를 반드시 부착하여야 한다.
- 도로교통법을 준수하여 운행하여야 한다.

[등화장치 부착]

[안전벨트 착용 등 도로교통법 준수]

(출처 : 그림으로 보는 농작업 안전관리)

② 기타 사항 : 작업 전 농기계 안전교육 이수, 작업안전 절차 준수, 농기계의 정기 점검 등을 실시하여 사고를 예방할 수 있도록 한다.

③ 전도(미끄러짐, 넘어짐) 사고 안전대책
- ㉠ 안전한 이동 경로를 선택하여 이동한다.
- ㉡ 경사지나 미끄러운 곳에서 작업할 경우에는 몸이 중심을 잡지 못할 정도로 무거운 물건이나 시야를 방해하는 부피가 큰 물건을 운반하지 않도록 하여야 한다.
- ㉢ 바닥이 미끄러운 경우 바닥의 상태를 살피며 평소보다 작업이나 보행속도를 늦춰야 한다.
- ㉣ 시야 확보가 어려운 시간대와 장소에서는 농작업을 자제한다.
- ㉤ 이동공간에 장애물이 있으면 정리정돈하여 보행 시 걸리지 않도록 조치한다.
- ㉥ 미끄러짐 방지가 되는 작업화를 신고 작업하여야 하며, 슬리퍼, 밑창이 닳은 신발 등과 같이 착용상태가 불안정한 신발은 신지 않도록 한다.

[안전한 이동경로로 이동]

[미끄럼 방지 작업화 착용]

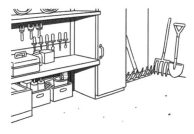
[작업장 정리정돈으로 장애물 제거]

(출처 : 그림으로 보는 농작업 안전관리)

④ 근골격계 질환 예방대책

　㉠ 작업자세 개선 : 쪼그려 앉는 자세, 허리를 구부리거나 비트는 자세, 동일한 자세 등으로 장시간 작업하게 되면 근골격계 질환이 발생할 위험이 커진다. 그렇기에 선 자세와 앉은 자세를 번갈아 하거나, 자주 휴식시간을 가져야 한다.

[피로 누적부위에 근골격계 질환 발생]

(출처 : 그림으로 보는 농작업 안전관리)

　㉡ 과도한 힘을 줄이는 장비의 사용 : 강한 힘을 요구하는 일은 근육, 인대, 관절 등에 더 큰 부담을 주게 된다. 그렇기에 과도한 근육 피로를 줄이기 위해서는 최소한의 힘으로 작동할 수 있는 편이장비나 동력장비 등을 사용한다.

[올바른 각도로 도구 사용]　　　[스프링이 달린 도구 사용으로 근육 피로도 감소]

(출처 : 그림으로 보는 농작업 안전관리)

　㉢ 적절한 중량물의 취급 : 중량물을 운반할 때는 요통예방을 위해 몸에 가깝게 밀착하여 취급할 수 있도록 한다. 바닥에 있는 물체를 들어 올릴 때에는 허리를 곧게 편 상태에서 무릎을 굽혀 몸의 중심을 낮춰 허벅지의 힘으로 중량물을 들어 올려 허리를 보호한다.

(출처 : 그림으로 보는 농작업 안전관리)

ⓛ 반복작업 개선 : 대부분의 농작업은 동일한 동작이 빈번하게 반복되는 경우가 많다. 부적절한 자세와 과도한 힘이 더해지면 신체적 부담이 커진다. 유사한 동작의 장시간 반복을 줄일 수 있도록 작업방식을 개선하거나 적절한 휴식시간이 필요하다.

ⓜ 진동 전달 방지 : 트랙터, 콤바인, 경운기 등의 동력 기계에 앉아 있거나 서 있을 경우, 전신 진동으로 요통이 발생될 위험이 있다. 신체로 전달되는 진동을 완화할 수 있도록 조치하고 수공구를 사용할 때, 진동방지 장갑을 착용할 수 있도록 한다.

ⓑ 작업공간의 인간공학적 개선 : 작업높이와 거리를 고려하여 자연스러운 작업자세가 유지될 수 있도록 발판을 사용하거나 작업대의 높이를 조절한다. 자주 사용하는 도구는 손이 닿는 거리에 배치하는 등 작업 시 편안한 작업동선을 유지하여 작업할 수 있도록 하여야 한다.

[신체 특성에 맞는 작업장 조성]

(출처 : 그림으로 보는 농작업 안전관리)

ⓢ 작업 전후 운동 및 체조 : 적절한 운동과 체조는 근골격계질환 예방 및 통증 치료방법 중 하나이다. 작업 전과 후에 지속적으로 체조를 실시하는 것은 근골격계 질환 예방에 큰 도움이 되므로 실시할 수 있도록 한다.

[작업 전후 운동 및 체조 실시]

(출처 : 그림으로 보는 농작업 안전관리)

⑤ 중량물 취급으로 인한 사고예방
  ㉠ 적정 중량물 취급 한계 준수
    • 가능한 작은 수확물 바구니, 소포장 상자를 이용한다.
    • 같은 종류의 장비라도 가벼운 작업장비를 선택한다.
    • 과중한 중량물을 감당하게 되는 작업방식을 피한다.
  ㉡ 중량물 취급 시 안전한 자세로 작업하기
    • 물체와 작업자의 거리를 최소화한다.
    • 물건 운반 시 수레, 카트 등 바퀴가 달린 기구나 롤러 등을 이용한다.
    • 바닥에 있는 물체를 들어 올릴 때는 허리를 곧게 편 상태에서 무릎을 굽혀 들어 올린다.
      이때 가능한 다리의 힘을 이용하여 들어 올려야 한다.
    • 잡기 쉽고 튼튼한 손잡이가 있는 상자를 이용한다.
    • 물건을 어깨 위로 들어 올리지 않는다.
    • 무거운 것은 몇 개의 가벼운 것으로 나누어 운반한다.

[손잡이가 있는 상자 이용]   [중량물 나누어 이동]   [중량물 이동 시 기구 이용]

(출처 : 그림으로 보는 농작업 안전관리)

⑥ 자외선으로 인한 질환 예방
  ㉠ 자외선 차단 방법
    • 자외선이 강한 오전 10시부터 오후 3시까지는 야외활동을 피하도록 한다.
    • 양산, 모자, 긴 옷, 자외선 차단제, 선글라스 등을 사용하여 햇빛을 차단한다.
    • 자외선 차단제는 사계절 내내 바르는 것이 좋으며, 특히 여름철에는 자외선이 더욱
      강하기 때문에 꼭 자외선 차단제를 바르는 것이 좋다.
  ㉡ 자외선 차단제 사용법
    • 햇볕에 노출되기 30분 전에 미리 바른다.
    • 피부 결을 따라 부드럽게 펴 바른다.
    • 땀을 많이 흘리거나 외부활동을 하는 경우에는 SPF 지수와 상관없이 1~2시간마다
      덧발라 준다.

⑦ 호흡기 질환 예방

　㉠ 축사 작업환경에서의 호흡기 질환 예방

　　• 기계 환기와 자연 환기를 주기적으로 실시하고 일정한 온습도를 유지하여야 한다.

　　• 분뇨가 쌓이지 않도록 축사 환경을 청결히 유지한다.

　　• 축사 내 작업을 할 경우 전문기관으로부터 인증을 받은 방진/방독 마스크를 착용한다.

　　• 작업 중간에 짧은 휴식을 취하며 작업 종료 시에는 작업복을 단독 세탁하고, 몸을 청결하게 씻는다.

　㉡ 시설하우스 작업환경에서의 호흡기 질환 예방

　　• 곡물 저장창고 등 먼지가 많이 나는 곳에서는 물을 적절히 뿌리면서 작업할 수 있도록 한다.

　　• 환기 장치를 설치한다.

　　• 농작업 후 위생관리를 철저히 하여야 한다.

　　• 정기적인 건강검진을 받아야 하며 농작업 안전 교육을 이수하는 것이 좋다.

[개인 마스크 착용하여 호흡기 보호]

(출처 : 그림으로 보는 농작업 안전관리)

⑧ 밀폐공간에서 질식 및 중독사고 예방

　㉠ 안전보건 교육을 실시한다.

　㉡ 작업 전 측정도구를 이용하여 위험수준을 확인한다.

　㉢ 유독가스 배출을 위한 환기장치를 구비한다.

　㉣ 밀폐공간 출입구에 위험경고 및 출입금지 표지판을 설치한다.

　㉤ 밀폐공간 작업 상황을 모니터링할 수 있는 공동작업자를 배치한다.

　㉥ 비상상황 발생 시 공동작업자가 들어갈 수 있는 송기마스크 등을 비치하거나 사고를 당한 작업자를 외부로 끌어 낼 수 있는 연결장비(로프 등)를 몸에 착용한 후 작업한다.

　㉦ 중독/질식사고 발생 시, 송기마스크와 같은 개인보호구를 착용하지 않고 구조를 위해 밀폐공간으로 들어가지 않는다.

(5) 안전보건표지

① 안전·보건표지 사용

㉠ 안전·보건표지란 작업안전을 위하여 일정한 색·기호·문자 등으로 금지, 경고, 지시, 안내, 등을 나타낸 표지판으로 안전명령의 일종을 말한다.

㉡ 작업현장에는 많은 기계·기구와 설비, 위험물질 등이 있는데 이를 작업자나 주변 모든 사람에게 알림으로써 사고를 미리 예방하기 위함이 안전·보건표지의 목적이다.

㉢ 안전·보건표지의 목적 : 안전·보건표지는 색과 기호와 문자로써 작업자의 행동을 규제하여 안전작업을 하도록 하는 데 그 목적이 있다. 따라서 작업자는 작업을 개시하기 전에 먼저 표지를 보고 표지가 지시하는 바에 따라 필요한 안전·보건조치를 확인 및 준비한 이후에 작업에 임하여야 한다.

㉣ 안전·보건표지의 적용범위 : 안전·보건표지는 작업장 전반에 걸쳐서 사용되어야 하며 작업현장에 들어오는 모든 사람은 이 표지내용을 알아야 하고 또한 알도록 표시해야 한다. 그래서 표지에는 객관성을 유지하여 표지내용을 나타내는 문자를 기입하도록 하고 있다.

㉤ 안전·보건표지의 종류 및 사용범위 : 안전·보건표지는 크게 금지표지, 경고표지, 지시표지, 안내표지, 관계자 외 출입금지 등 5종류로 구분되어 있으며, 색깔과 모양에서 용이하게 구분할 수 있도록 규정되어 있다(산업안전보건법).

더 알아보기	색깔에 따른 구분 및 표지 분류

• 색깔에 따른 구분

빨간색	• 방화와 금지를 나타냄 • 인화 또는 발화하기 쉬운 장소를 나타내며, 소화설비 및 방화설비가 있는 것을 알려주고 위험한 행동을 금하는 데 사용됨
노란색	• 경고표지 • 위험을 경고하거나 주의해야 함을 나타냄
파란색	• 일정한 행동을 지시하는 표시 • 안전보호구 등을 착용할 것을 지시하는 데 사용
녹 색	안전에 관한 정보를 제공하는 안내표지로 사용
흰 색	파란색과 녹색의 보조색으로 사용
검은색	문자나 빨강, 노랑에 대한 보조색으로 사용

• 표지 분류

금지표지	어떤 특정한 행위가 허용되지 않는 것을 나타냄
경고표지	일정한 위험에 따라 경고를 나타냄
지시표지	일정한 행동을 취할 것을 지시함
안내표지	안전에 관한 정보를 제공함
관계자 외 출입금지	허가대상물질 작업장, 석면취급/해체 작업장, 금지대상물질의 취급 실험실 등의 3가지 경우에 사용되며, 일반적인 출입금지 표지는 '금지표지'를 사용

사고유형별 안전관리

(1) 넘어짐 사고

① 넘어짐 사고 원인

구 분	위험요인	구체적 예시
넘어지기 쉬운 농작업 환경	위험한 농로	좁거나, 울퉁불퉁하거나, 풀이 우거지거나, 경사진 길 등
	미끄러운 바닥	젖은 흙, 물이 차 있는 논, 축사 바닥 등
	자연 장애물	밭고랑, 돌맹이, 나뭇가지 등
작업장 정리, 작업복 착용의 미흡	작업 중 장해물	작업장 호스, 줄, 끈 등
	작업환경 정리 미흡	작업창고, 농기구 등
	안전하지 않은 신발	미끄럼방지 처리가 안 된 신발 바닥, 불안정하고 낡은 작업화
과도하거나 급하게 작업	무리한 중량물 취급	수확물, 비료, 농기계부속품 등
	피곤한 상태로 작업	신체상태가 좋지 않을 때 작업
	급하게 작업	서둘러 급하게 수행하는 작업

㉠ 미끄러져 넘어지는 사고의 원인

- 바닥이 미끄러운 경우
- 바닥 경사가 심한 경우
- 안전하지 않은 신발을 착용하고 작업하는 경우

㉡ 장애물에 걸려 넘어지는 사고의 원인

- 바닥에 호스, 농약줄, 전선, 농기구 등이 정리되지 않고 널려져 있을 경우
- 바닥이 편평하지 않거나 고르지 못한 경우
- 작업자의 피로, 부주의 등
- 어둡거나 부피가 큰 물건을 옮길 때 시야가 확보되지 못한 경우

㉢ 넘어짐 사고의 예방

작업환경개선	• 축사 등 실내 공간이나 이동통로가 항상 젖어 있는 경우는 마찰력이 높은 바닥재를 사용한다. • 평소와 달리 젖거나, 빙판이 생긴 경우 즉각적인 제거/완화 조치를 취한다(물을 닦거나, 흙으로 덮거나, 빙판에 모래, 소금을 뿌리는 등). • 다른 사람의 출입이 빈번한 곳에는 미끄럼 주의 위험 표지를 설치·부착한다. → 자주 사용하는 경사지는 경사도를 줄이는 조치를 취한다. • 적절한 진출입로, 계단 등 안전한 이동통로를 확보하고 이용한다. → 어두운 공간에는 충분한 조명을 설치한다. • 충분한 길이의 호스 등을 사용하여, 바닥 위로 선이 팽팽하게 당겨 있지 않도록 한다. • 이동공간이나 바닥에 호스, 줄, 선 등을 정리정돈하며, 이러한 장비들이 잘 보일 수 있도록 가시성을 높이기 위한 도색/표지 부착이 필요하다. • 많이 이용하는 장소에서는 풀을 제거하여 바닥에 놓인 구조물/장비 등이 잘 보이도록 한다. • 바닥의 구멍, 패인 곳, 벌어진 틈은 즉시 복구/수리하거나 복구 전까지 위험표지를 설치한다.

개인보호구 및 작업장비의 개선	• 바닥의 마찰력이 높은 작업화를 착용한다. • 신발바닥이 닳은 신발, 슬리퍼 등 착용상태가 불안정한 신발은 신지 않도록 한다. • 논작업의 경우는 발의 크기에 맞은 물장화를 착용한다.
안전작업 절차 준수	• 자신의 신체 조건에 맞는 안전한 이동 경로를 선택한다. • 부득이 경사지/미끄러운 곳에서 작업할 경우에는 몸의 중심잡기를 방해할 정도의 무거운 물건이나, 시야를 방해하는 부피가 큰 물건을 운반하지 않도록 한다. • 바닥이 미끄러운 경우, 바닥의 상태를 살피며 평소보다 작업/보행속도를 늦춘다. • 안전한 작업 절차를 준수하며, 악천후에는 작업을 삼간다. • 가급적 시야 확보가 어려운 시간대와 장소에서는 농작업을 자제한다. • 하지 근육 피로 등을 초래할 수 있는 장시간 노동을 하지 않도록 한다.

(2) 떨어짐 사고

① 떨어짐 사고의 원인

㉠ 떨어짐 사고의 위험요인

추락사고의 주요 위험요인으로는 사다리, 축사지붕 및 비닐하우스 시설, 농기계, 경사지, 취약한 지반 등에 의하여 발생한다.

㉡ 떨어짐 사고의 주요 발생 유형 및 사례

사다리에서 떨어짐	• 사다리 계단을 헛디뎌서 추락하는 경우 • 사다리 최상단부까지 올라가 작업하다 사다리와 함께 추락하는 경우 • 사다리 지지가 충분하지 못하여 사다리와 함께 추락하는 경우 • 사다리 작업 후 내려오다가 가장자리를 밟아 사다리에 균형을 상실하는 경우
경운기 등 농기계 작업 중 떨어짐	• 운전자 보호시설이 없는 경운기에서 운전 중 경운기에서 추락하는 경우 • 농기계 위, 농기계 적재함 등에서 작업 중 추락하는 경우
기 타	• 농로, 도로 옆 경사지, 수로 등으로 추락하는 경우 • 나무에 올라가서 작업하다가 떨어지는 경우 • 경사지 가장자리에서 작업 중 발을 헛딛거나 균형을 상실해서 추락하는 경우

② 떨어짐 사고의 예방

이동식 사다리 안전지침	• 안전모 등의 개인보호구를 착용한다. • 바닥 미끄럼 방지처리가 된 작업화를 착용하며, 작업화 바닥의 흙을 털어 미끄러움을 예방한다. • 옷자락이 밟히거나 걸리지 않도록 적절한 복장으로 작업한다. • 사다리에 진흙, 그리스, 기름, 눈 등 미끄러지기 쉬운 것이 묻었을 경우에는 깨끗하게 닦아낸 뒤에 사용한다. • 이동식 사다리는 평탄하고 견고한 지반 바닥에 설치해야 한다. • 보행자 통행로 등 사다리와 충돌 가능성이 있는 설치하지 않는다. • 사다리의 상부 3개 발판 미만에서만 작업하며, 상부 발판에서는 작업하지 않는다. 균형이 무너져 사다리가 추락할 위험이 크다. • 사다리 작업 시 손, 발, 무릎 등 신체의 일부를 사용하여 3점을 사다리에 접촉·유지한다. • 사다리 작업 시 몸의 중심이 사다리 기둥을 벗어나지 말아야 한다. • 사다리에서 자재, 설비 등 10kg 이상의 중량물 취급·운반을 금지한다. • 이동식 사다리의 전도, 미끄러짐에 의한 작업자의 추락위험이 있을 때에는 보조자로 하여금 사다리를 잡아 균형을 유지한 상태에서 작업하여야 한다. • 사다리에서 뛰어내리지 않도록 한다. • 사다리는 간단한 작업에 사용하여야 하며, 사다리에서의 작업시간은 30분 이하로 하여야 한다. 30분 이상의 작업시간이 소요될 경우 충분한 휴식 후에 작업하여야 한다. • 음주 및 약물복용으로 몸의 중심을 잃기 쉬운 상태에서는 사다리 작업을 하지 않는다. • 운반 또는 설치할 때에는 송배전선 등에 접촉되지 않도록 주의한다.

이동식 사다리 안전기준	• 이동식 사다리의 길이가 6m 초과하는 것을 사용하지 않도록 한다. • 이동식 사다리 발판의 수직간격은 25~35cm 사이, 사다리 폭은 30cm 이상으로 제작된 사다리를 사용한다. • 사다리 기둥의 하부에 마찰력이 큰 재질의 미끄러짐 방지장치가 설치된 사다리를 사용한다. • 사다리는 발판에 근로자의 미끄러짐, 넘어짐(전도) 등에 의한 추락위험을 방지하기 위하여 물결모양 등의 표면처리가 된 것을 사용한다.
기대는 사다리 (일자형 사다리) 작업 안전지침	• 기대는 사다리의 설치 각도는 수평면에 대하여 75° 이하를 유지하고, 사다리 높이의 1/4 길이의 수평거리를 유지하도록 한다. • 사다리의 상단은 사다리를 걸쳐놓은 지점으로부터 1m 이상 또는 사다리 발판 3개 이상의 높이로 올라오게 하여 설치한다. • 사다리의 상부 3개 발판 미만에서만 작업하며, 3점 접촉을 유지한다. • 곡면에 사다리를 세우면 옆으로 쓰러져 불안정해지므로 나무나 전신주 등에는 가능한 한 세우지 않는다.
지붕 위 작업 시 안전지침	• 지면에서 2m 이상 높이에서는 사다리가 아닌 고소작업대를 사용한다. • 안전작업에 필요한 안전시설과 장비를 갖춘다. 그 종류는 작업발판, 지붕단부 안전난간 또는 안전대걸이시설, 고소작업대와 같은 이동식 접근 장비, 사다리 등이다. • 지붕 위에서 작업할 경우, 최소폭 30cm 이상 작업발판을 견고하게 설치한다. • 작업면으로부터 가까운 지점에 안전망이나 안전난간을 설치한다. • 안전대 부착설비를 설치하고 안전대를 착용한 뒤 작업한다. • 안전모 등 개 인보호구를 착용한다. • 비, 눈, 바람 등 기상상태가 불안정할 경우 작업하지 않는다. • 전문적인 안전시설과 장비가 필요한 고위험 작업인 지붕작업은 가급적 외부 전문업체를 활용하도록 한다. • 슬레이드 지붕은 1급 발암물질인 석면을 포함하고 있어, 철거 시 자격을 갖춘 전문업자에 의뢰해야 한다(석면안전관리법). 슬레이트 지붕의 처리 및 처리비용을 국가에서 지원하고 있다.

(3) 질식사고

① **질식사고 발생의 원인** : 가축 분뇨 처리시설, 생강굴, 대형 곡물 저장고 등 밀폐공간에서 작업하다가 산소농도 부족으로 인하여 질식사고가 발생한다.

㉠ 산소 결핍이나 유해가스 발생의 원인
  • 물질의 산화작용 : 철재, 석탄 등의 물질이 산화되면서 공기 중의 산소를 소모한다.
  • 불활성 가스의 사용 : 질소, 아르곤 등의 불활성 가스를 사용하거나 채워둔 장소에서 산소 결핍이 일어난다.
  • 미생물의 호흡작용 : 미생물의 증식·발효, 유기물의 부패 과정에서 산소를 소모한다.
  • 유해가스의 누출

㉡ 황화수소의 인체 유해성
  • 황을 포함한 단백질의 부패로 발생하며, 오수·하수·쓰레기 매립장 등에서 유기물이 혐기성 분해하여 발생한다.
  • 양돈장 분뇨 처리 시설 내 유기물의 혐기성 분해로 인하여 황화수소가 발생하며, 이로 인하여 질식사고가 발생할 위험이 있다.
  • 황화수소의 농도별 인체유해성

농도(ppm)	0.3	3~5	20~30	100~300	700 이상
유해성	냄새 감지	불쾌한 냄새	폐 자극, 견딜 수 있지만 냄새에 익숙해짐	노출 2~15분 내에 취각 신경 마비, 질식 위험	노출 즉시 호흡정지, 질식 사망

(출처 : 농촌진흥청 농작업 안전보건관리 기본서 / 안전보건공단)

② 질식사고의 예방방안
  ㉠ 작업자 안전보건교육 실시 : 밀폐공간 작업을 하는 근로자를 대상으로 특별안전보건교육
    을 6개월에 1회 이상 실시하여야 한다.
  ㉡ 출입금지표지판 설치 및 안전장비 구비
    • 출입구에 관계자 외 출입금지 표지판을 설치하여야 한다.
    • 밀폐공간 작업 시 필요한 장비를 구비한다.

분 야	장비명	사용용도
산소 및 유해가스 농도측정	산소농도 측정기	산소농도 측정
	혼합가스농도 측정기	산소, 황화수소, 일산화탄소, 가연성가스(메탄) 농도 측정
환 기	공기치환용 환기팬	밀폐공간 내부를 신선한 외부공기로 치환
호흡용 보호구	공기호흡기	밀폐공간 내 재해자 구조 시 사용하거나, 환기가 어려운 장소 또는 작업 중에 유해가스 발생으로 질식 위험이 있는 경우에 사용
	송기마스크 (에어라인 마스크)	
출입통제	밀폐공간 출입금지 표지판	밀폐공간 작업장소에서의 작업자 외 출입 통제
기타 안전장비	무전기	감시자와 밀폐공간 내 작업자와의 상호연락
	휴대용 랜턴	조명확보
	안전대, 구명밧줄	재해자 구조용
	구조용 삼각대, 윈치	재해자 구조용

(출처 : 농작업 안전보건관리 기본서 / 안전보건공단)

  ㉢ 가스농도 측정
    • 밀폐공간 작업을 시작하기 전과 작업 중에 산소 및 유해가스 농도를 측정하여 적정공기
      가 유지되고 있는지 평가해야 한다.
    • 산소 및 유해가스의 농도측정은 반드시 공기측정장비의 조작과 그 결과에 대한 올바른
      해석을 할 수 있는 자가 수행하여야 한다.
    • 측정기는 사전에 이상이 없는지 검사하고 정기적으로 교정하여야 한다.
    • 같은 밀폐공간 내에서도 위치에 따라 현저히 다를 수 있으므로, 공간 내부를 골고루
      측정해야 한다. 깊은 장소를 측정하여야 할 경우에는 공기호 흡기 또는 송기마스크를
      착용하고 측정하여야 한다.
    • 밀폐공간 내부를 살펴보기 위해 작업자의 머리(호흡기)가 밀폐공간 개구면 안쪽으로
      들어가는 것도 금해야 한다.
    • 긴급상황에 대비하여 감시인을 배치하고, 안전장비를 준비하여야 한다.
    ※ 적정공기 : 산소농도(18.5~23%), 황화수소(10ppm 미만), 일산화탄소(30ppm 미만),
      탄산가스(1.5% 미만)
  ㉣ 환기실시
    • 작업 전 및 작업 중에도 계속 환기해야 한다.
    • 환기만으로 적정 공기를 유지하기 힘든 경우, 반드시 호흡보호구를 착용한다.
    ※ 적절한 환기방법
      • 일반적으로 밀폐공간 체적의 약 5배 이상의 신선한 공기로 급기

- 급기구와 배기구를 적절하게 배치하여 효과적으로 환기하며, 급기부는 깨끗한 공기가 들어올 수 있도록 배기부와 떨어져서 설치
- 급기(공기를 불어 넣음) 시 토출구를 작업자 머리 위에 위치
- 배기(공기를 빼어냄) 시 유입구를 작업 공간 깊숙이 위치

ⓜ 작업 관리
- 밀폐공간 작업상황을 감시할 수 있는 감시인을 지정하여, 밀폐공간 외부에 배치해야 한다.
- 무전기 등을 활용하여 밀폐공간 작업자와 감시 인간의 연락 유지한다.
- 밀폐공간 출입인원(성명, 인원수) 및 출입시간을 확인한다.

ⓗ 재해자 발생 시 구조요령
- 재해자 구조를 위해 절대로 안전장비 착용 없이 밀폐공간 내로 들어가지 않는다.
- 구조요청 : 먼저 119에 연락
- 호흡용 보호구 착용 등 안전조치 후 재해자 구조(적절한 호흡용 보호구가 없다면 119 구조대가 올 때까지 기다린다)
- 응급처치 : 구조된 재해자에 대해 심폐소생술을 실시한다.

(4) 가축 관련 사고

① 가축 관련 위험요인

축산 농작업은 일반 농작업과 달리 상대적으로 주단위로 일정한 작업과 대부분의 작업이 표준화되어 있는 특징을 가지고 있다. 축산업은 다양한 유험요인이 존재하고, 일반 노지나 과수 작목에 비해서 재해율이 높은 것으로 확인되고 있다.

오폐수 처리시설에서의 질식사고뿐만 아니라 사육 특성상 동물의 돌발적인 상황에 의한 동물과의 접촉으로 인한 타박상, 골절, 미생물, 곰팡이로 인한 호흡기 질환, 피부병 등의 다양한 위험요인이 존재하고 있다.

ⓞ 소 사육환경 유해, 위험요인 : 미세먼지, 유기(사료)분진, 소와의 접촉, 가죽 분뇨, 세균 및 바이러스, 유해가스, 장애물 접촉 등

ⓛ 양계 농작업 유해, 위험요인 : 유기성 분진, 유해가스, 악취, 닭과의 접촉

ⓒ 양돈 농작업 유해, 위험요인 : 악취, 유해가스, 유기분진, 내독소, 돼지와의 접촉

② 안전관리 대책

ⓞ 축사관리 및 농자재 안전관리

| 작업장 먼지 감소대책 | • 축사 내부에 공기정화장치를 활용하여 먼지 발생량을 최소화한다.
• 여름철 안개분무를 이용하여 분진량을 줄이고, 채종유를 물과 혼합하여 2시간마다 8~10초간 분무하여 미세먼지를 감소시켜 준다.
• 축사 내부의 환기량을 늘리기 위해 계사 설계 시에 큰 용량의 환기팬을 설치하고, 기존의 축사보다 높여 짓는 방법을 활용할 수 있다.
• 축사 내부 깔짚을 갈기 전에 바닥재를 바닥에 깔고 그 위에 깔짚을 올려 출하 후에 깔짚이 깔린 바닥재를 말아 제거한다.
• 축사 내부 비포획형 출하 이동 시스템을 구축하여 노동력 절감 및 분진 노출을 최소화할 수 있다. |

약품 안전사용	• 가스나 증기 또는 물방울 형태로 사용하는 가를 확인한다. • 그에 따라서 호흡, 피부 또는 입을 통해서 몸으로 흡수될 수 있는지 살핀다. • 노출되어서 건강에 나쁜 영향을 주지 않는 농도(노출농도)가 얼마인지 확인한다(농도가 낮을수록 독성이 크다). • 인체에 어떤 영향을 주는지 확인한다. • 적합한 개인보호구를 선택한다.

ⓒ 일반안전사고 예방

미끄러짐, 넘어짐 사고	• 발에 걸릴 수 있는 소소한 작업도구, 전선 등은 항상 정리정돈함 • 충분한 통로와 출구공간을 확보하고, 날카로운 모서리가 튀어나와 있지 않도록 정리함 • 통로나 작업장 바닥에 높낮이 차이가 없도록 평탄하게 함 • 동절기에는 되도록 바닥에 습기가 차지 않도록 함 • 축사 내부, 창고 등의 조명을 충분히 하고, 스위치는 외부에 설치하여 어두운 상태로 출입하지 않음 • 미끄러운 계단이나 머리를 부딪칠 수 있는 장애물이 있을 경우 방지 테이프를 부착함 • 반사소재 및 색채 대조를 이용하여 위험한 곳에는 안전주의 표시를 함
고소작업 시의 안전	• 작업에 적합한 사다리 또는 안전성이 확보된 고소 작업대를 사용 • 사다리 버팀대 등의 안전보호 조치 • 사다리 상하부에 전도방지조치를 하고, 가능하면 2인 1조 작업을 원칙으로 함 • 사다리를 세울 때는 윗부분이 자기 위치에서부터 100cm 여유가 있도록 세움 • 미끄러짐 방지 신발과 안전모를 착용함
밀폐공간에서의 안전작업 절차	• 작업자 안전보건교육 실시 • 작업장 안전장비 구비 • 가스농도 측정 • 환기 실시 • 감시인 배치 • 안전사고 예방을 위한 개인보호구 착용(보호장갑, 안전화, 신체보호대 등)
인수공통감염병 예방 및 관리	• 비누와 물로 손을 자주 씻는 등 개인위생을 철저히 해야 한다. • 손으로 눈, 코, 입 만지기를 피해야 한다. • 축사 출입 및 작업 시 작업복 및 마스크를 착용한다(1회용 마스크는 한번 사용 후 반드시 폐기해야 한다). • 겨울철 계절인플루엔자 예방접종을 권고한다. • 조류 및 돼지 인플루엔자에 감염된 가축 발견 시에 축산 농장종사자 중 열과 기침, 목 아픔 등의 호흡기 증상이 있다면 가까운 보건소 또는 관할 지역 방역기관으로 신고한다. • 호흡기 증상이 있는 경우는 마스크를 착용하고, 기침, 재채기를 할 경우는 휴지로 입과 코를 가리고 한다. • 농장시설에 자주 환기를 해주고 소독과 세척을 자주 실시하는 것이 중요하다. • 외부인이 축사에 출입하거나 접촉하지 않도록 한다. • 외국 여행 및 방문 중에는 동물과 접촉하지 말아야 한다.

(5) 기타 사고

① 일반적 안전수칙

ⓐ 신체적 조건을 넘어서는 과도한 힘이나 동작을 사용하지 않는다.

ⓑ 성별, 연령별 중량물 취급 한계를 준수한다.

ⓒ 작업 전후의 스트레칭·체조 등을 실시하고, 작업 중 충분한 휴식시간을 가져, 손상발생을 예방한다.

ⓔ 떨어지거나 날아오는 물체로부터의 위험이 있을 경우 안전보호캡이 들어간 안전화, 안전모, 안면보호구 등 개인보호구를 착용한다.

ⓜ 농기계 회전체나 자연물에 끼이거나 걸리지 않도록 옷자락이 치렁거리지 않는 작업복을 착용하며, 소매와 바지 밑단을 고정시킨다.

ⓗ 농기구는 목적 외의 용도로 사용하지 않으며 임의로 개조하지 않는다.

ⓢ 농기구 사용 전에 취급설명서를 잘 읽고 사용하며, 사용 전에 점검하고 변형 등 이상이 있을 경우에는 사용을 중지한다.

ⓞ 급히 서둘러 작업하지 않도록 하며 안전수칙과 절차를 준수한다.

② 날카로운 농기구 사용 시의 안전수칙
　　ㄱ 날카로운 농기구를 사용할 경우에는 베임방지 장갑을 착용한다.
　　ㄴ 사용하지 않을 때는 칼날 부분에 커버를 씌우고 눈에 띄기 쉬운 곳에 보관하여 둔다.
　　ㄷ 손잡이에서 칼날 부분이 빠지지 않도록 점검하고 조여준다.
　　ㄹ 잘린 모서리 등이 사람이 있는 방향으로 날아가거나 기구가 주위 사람에게 접촉되지 않도록 작업위치, 방향에 충분히 주의한다. 필요 시 대상물 고정하는 지그(Jig)나 작업대를 함께 사용한다.

적중예상문제

01 농작업 시 안전사고 유형 4가지를 기술하고 설명하시오.

해설

① 넘어짐 사고 : 넘어짐 사고는 농작업 관련 손상 유형 중 하나이다. 넘어짐 사고는 특히 여성과 고령자일수록 사고 발생이 높다. 농작업 특성상 진흙 바닥, 논, 경사진 농로, 분뇨로 인한 미끄러운 바닥 등이 주된 원인이다.
② 떨어짐 사고 : 사다리 및 고소작업을 하는 과수원 및 축산 농업인들에게 주로 발생하는 사고이다. 주로 사다리 사용, 축사지붕, 농기계 등에서 작업을 하다가 떨어져 상해를 입는다.
③ 질식사고 : 밀폐공간에서 작업을 하다 산소의 부족으로 인한 질식사고의 위험이 존재하며, 가축분뇨 처리시설, 생강굴과 같은 시설에서의 질식사고가 주로 발생한다.
④ 근골격계 질환 : 과도한 힘, 동작에 의하여 수확물, 비료 등의 중량물을 무리하게 취급하는 경우에 인대, 디스크, 관절 등의 손상을 입는 경우가 발생한다.
⑤ 교통사고 : 트랙터, 경운기 등의 농기계에 의한 교통사고 발생 위험이 있다.
⑥ 농기계 사고 : 농기계로 인한 감김·끼임 사고가 발생할 위험이 있다. 농기계의 회전체 부위에 작업복이 끼거나 신체 일부가 끼어 사고가 발생한다.
⑦ 농약 중독사고 : 농약은 농업인의 건강에 유해한 영향을 미치는 화학물질의 하나로, 급성, 만성 중독을 일으키며 생명에 위협을 줄 정도로 큰 위험성을 갖고 있다.

02 개인 보호구를 사용할 경우의 확인, 점검사항 5가지를 기술하시오.

해설

① 노출되는 위험의 형태를 확인하고 적절한 개인보호구를 선택할 수 있어야 한다.
② 개인보호구의 특성, 성능, 착용법에 대한 교육을 받고, 올바른 착의와 탈의 방법을 준수하여야 한다.
③ 사용 전후에 보호구의 상태를 점검하여 이상이 있는지를 확인한다.
④ 사용 후에는 깨끗한 상태로 안전한 곳에 보관하여야 한다.
⑤ 정기적으로 보호구의 기능을 점검하고 보수하여야 한다.

03 농기계 안전점검의 목적을 기술하시오.

해설

① 기기 및 설비의 결함·불안전 상태 제거로 사전에 안전성 확보
② 기기 및 설비의 안전상태 유지 및 본래의 성능 유지
③ 인적 측면에서의 안전 행동유지
④ 생산성 향상을 위한 합리적인 생산관리

04 농작업 환경의 위험요인을 4가지 기술하고 설명하시오.

> **해설**
> ① 물리적 요인 : 자외선, 고온, 소음, 진동 등
> ② 인간공학적 요인 : 불편한 작업자세, 반복작업, 중량물 운반 등
> ③ 화학적 요인 : 농약, 유기가스 등
> ④ 안전사고 요인 : 미끄러짐·넘어짐, 추락, 가축과의 충돌 등

05 안전점검 체크리스트에 포함되어야 할 사항을 기술하시오.

> **해설**
> ① 점검대상 : 기계·설비의 명칭을 명시한다.
> ② 점검부분(점검개소) : 점검대상의 기계·설비의 각 부분 부품명을 명시한다.
> ③ 점검항목(점검내용) : 마모, 변형, 균열, 파손, 부식, 이상상태의 유무를 확인한다.
> ④ 점검실시 주기(점검시기) : 점검 대상별로 각각의 점검 주기를 명시한다.
> ⑤ 점검방법 : 점검의 종류에 따른 각각의 점검방법을 명시한다.
> ⑥ 판정기준 : 정해진 판정기준을 명시하고 상호비교 평가한다.
> ⑦ 조치 : 점검결과에 따른 적절한 조치를 이행한다.

06 농기계의 회전체 안전점검 사항 3가지를 기술하시오.

> **해설**
> ① 회전체의 조작·점검·수리 시에는 반드시 회전체의 시동을 끄고 완전히 멈추었는지 확인한 후 실시하여야 한다.
> ② 회전체 작업 중에는 옷이 말려들어가지 않도록 소매·바지·밑단을 정리하고, 헐렁하거나 끈이 치렁거리는 옷을 입지 않아야 한다. 또한 장갑이 말려 들어갈 위험이 있으므로 장갑을 끼지 않도록 한다.
> ③ 농기계 구입 시에는 회전체에 안전덮개가 덮여 있고, 회전체의 작동·멈춤 스위치가 작업 시의 가까운 위치에 부착되어 있는 것을 구입하여야 한다.

07 농작업에 따른 전도 사고 안전대책 3가지를 기술하시오.

> **해설**
> ① 안전한 이동 경로를 선택하여 이동한다.
> ② 경사지나 미끄러운 곳에서 작업할 경우에는, 몸이 중심을 잡지 못할 정도로 무거운 물건이나 시야를 방해하는 부피가 큰 물건을 운반하지 않도록 하여야 한다.
> ③ 바닥이 미끄러운 경우 바닥의 상태를 살피며 평소보다 작업이나 보행속도를 늦춰야 한다.
> ④ 시야 확보가 어려운 시간대와 장소에서는 농작업을 자제한다.
> ⑤ 이동공간에 장해물이 있으면 정리정돈하여 보행 시 걸리지 않도록 조치한다.
> ⑥ 미끄러짐 방지가 되는 작업화를 신고 작업하여야 하며, 밑창이 닳은 신발 등과 같이 착용상태가 불안정한 신발은 신지 않도록 한다.

08 도수율에 대하여 설명하시오.

해설

도수율(빈도율)이란 1,000,000 근로시간당 재해발생 건수를 말한다.
계산식 : 도수율(빈도율) = (재해건수/연근로시간수) × 1,000,000

09 근골격계 질환 예방대책에 대하여 기술하시오.

해설

① 작업자세 개선
③ 적절한 중량물의 취급
⑤ 진동 전달 방지
⑦ 작업 전후 운동 및 체조
② 과도한 힘을 줄이는 장비의 사용
④ 반복작업 개선
⑥ 작업공간의 인간공학적 개선

10 중량물 취급 시 안전수칙 사항을 5가지 기술하시오.

해설

① 물체와 작업자의 거리를 최소화한다.
② 물건 운반 시 수레, 카트 등 바퀴가 달린 기구나 롤러 등을 이용한다.
③ 바닥에 있는 물체를 들어 올릴 때는 허리를 곧게 편 상태에서 무릎을 굽혀 들어 올린다. 가능한 다리의 힘을 이용하여 들어 올려야 한다.
④ 잡기 쉽고 튼튼한 손잡이가 있는 상자를 이용한다.
⑤ 물건을 어깨 위로 들어 올리지 않는다.
⑥ 무거운 것은 몇 개의 가벼운 것으로 나누어 운반한다.

11 축사 작업환경에서의 호흡기 질환 예방 방안을 위한 안전수칙 3가지를 기술하시오.

해설

① 기계 환기와 자연 환기를 주기적으로 실시하고 일정한 온습도를 유지하여야 한다.
② 분뇨가 쌓이지 않도록 축사 환경을 청결히 유지한다.
③ 축사 내 작업을 할 경우 전문기관으로부터 인증을 받은 방진·방독 마스크를 착용한다.
④ 작업 중간에 짧은 휴식을 취하며 작업 종료 시에는 작업복을 단독 세탁하고, 몸을 청결하게 씻는다.

12 농작업 질식사고 발생의 원인에 대하여 설명하시오.

해설

가축 분뇨 처리시설, 생강굴, 대형 곡물 저장고 등 밀폐공간에서 작업하다가 산소농도 부족으로 인하여 질식사고가 발생한다.

13 밀폐공간 작업 시 질식사고를 예방하기 위한 안전수칙 5가지를 기술하시오.

해설

① 안전보건 교육을 실시한다.
② 작업 전 측정도구를 이용하여 위험수준을 확인한다.
③ 유독가스 배출을 위한 환기장치를 구비한다.
④ 밀폐 공간 출입구에 위험경고 및 출입금지 표지판을 설치한다.
⑤ 밀폐 공간 작업 상황을 모니터링할 수 있는 공동작업자를 배치한다.
⑥ 비상상황 발생 시 공동작업자가 들어갈 수 있는 송기마스크 등을 비치하거나 사고를 당한 작업자를 외부로 끌어낼 수 있는 연결장비(로프 등)를 몸에 착용한 후 작업한다.
⑦ 중독·질식사고 발생 시, 송기마스크와 같은 개인보호구를 착용하지 않고 구조를 위해 밀폐공간으로 들어가지 않는다.

14 취각신경 마비, 질식위험을 발생시키는 황화수소의 농도는?

해설

100~300ppm
※ 참고 : 황화수소의 농도별 인체 유해성

농도(ppm)	0.3	3~5	20~30	100~300	700 이상
유해성	냄새 감지	불쾌한 냄새	폐 자극, 견딜 수 있지만 냄새에 익숙해짐	노출 2~15분 내에 취각신경 마비, 질식 위험	노출 즉시 호흡정지, 질식 사망

15 안전보건표지에 사용되는 색깔 중 노란색의 의미에 대하여 설명하시오.

해설

노란색은 경고표지로써, 위험을 경고하거나 주의해야 함을 나타낸다.
※ 참고 : 안전보건표지의 색깔에 따른 구분
• 빨간색 : 방화와 금지를 나타낸다. 인화 또는 발화하기 쉬운 장소를 나타내며, 소화설비 및 방화설비가 있는 것을 알려주고 위험한 행동을 금하는 데 사용된다.
• 노란색 : 경고표지이다. 위험을 경고하고 주의해야 함을 나타낸다.
• 파란색 : 일정한 행동을 지시하는 표시이다. 안전보호구 등을 착용할 것을 지시하는 데 사용된다.
• 녹색 : 안전에 관한 정보를 제공하는 안내표지로 사용된다.
• 흰색 : 파란색과 녹색의 보조색으로 사용된다.
• 검은색 : 문자나 빨강, 노랑에 대한 보조색으로 사용된다.

16 농작업 환경에서 질병을 발생시키는 유해요인 5가지를 기술하시오.

해설

① 인간공학적 요인과 육체노동
③ 소음과 진동
⑤ 생물학적 요인
② 자외선 및 야외 환경
④ 분진(유기, 무기) 퓸, 가스

17 무재해 이념의 3원칙을 기술하시오.

> 해설

① 무(Zero)의 원칙
② 선취의 원칙
③ 참가의 원칙

18 위험예지훈련의 4단계에 대하여 설명하시오.

> 해설

① 제1단계 : 현상파악 – 어떤 위험이 잠재하고 있는가?(사실의 파악)
② 제2단계 : 본질추구 – 이것이 위험의 포인트이다(원인을 찾는다).
③ 제3단계 : 대책수립 – 당신이라면 어떻게 할 것인가?(대책을 세운다)
④ 제4단계 : 목표설정 – 우리들은 이렇게 하자(행동계획을 결정한다).

19 TBM(Tool Box Meeting)의 5단계에 대하여 설명하시오.

> 해설

① 제1단계 : 도입 – 직장 체조, 무재해기 게양, 인사, 안전연설, 목표제창
② 제2단계 : 점검 정비 – 건강, 복장, 공구, 보호구, 사용기기, 재료
③ 제3단계 : 작업 지시
④ 제4단계 : 위험 예측 – 해당 작업에 관한 위험 예측활동·예지훈련
⑤ 제5단계 : 확인 – 위험에 대한 대책과 팀 목표의 확인, Touch and Call

20 안전보건 개선 계획 수립 시 공통항목 작성내용을 5가지 기술하시오.

> 해설

① 안전보건관리 관리상태
② 안전보건관계자 지정 및 직무수행상태(공동작업 시)
③ 안전보건교육의 실시 및 교재
④ 재해분석 및 대책수립
⑤ 작업별 보호구, 안전장치의 성능 검정품 사용
⑥ 안전보건표지, 작업표준 및 안전수칙 게시
⑦ 작업 통로 및 정리정돈 상태
⑧ 작업방법 및 절차 등

PART 04

농작업
유해요인 관리

CHAPTER 01　농작업 유해요인 예측

CHAPTER 02　농작업 유해요인 확인

CHAPTER 03　농작업 유해요인 평가

CHAPTER 04　농작업 유해요인 대책방안

농작업 유해요인 예측

(1) 농작업 작업환경 유해요인의 개념

① 농업인에게 질병, 건강, 심각한 불쾌감 및 능률저하를 초래할 수 있는 모든 환경적 요인을 말한다.

② 건강에 직접적 영향을 주는 작업환경 요인과 간접적 영향을 주는 사회심리적 요인으로 구성되어 있다. 작업환경 요인은 인간공학적 요인, 물리적, 화학적, 생물학적 요인으로 구성되어 있으며 주로 작업과 관련된 정신적 부담에 의해 건강장해를 유발하는 인자이다.

(2) 농작업 작업환경의 특징

① 노동 집약적인 작업

② 인구의 고령화

③ 제한된 인력에 따른 작업량의 증가

④ 특정 기간 동안에 집중되는 작업 : 노동시간면에서 농작업은 연간 균일한 노동력이 투여되는 것이 아니라 작목별 농번기와 농한기가 있어 특정 기간에 일이 집중적으로 이뤄지는 특성이 있다.

⑤ 시설작업 비중의 증가(농사기간이 길어짐)

⑥ 가족노동(여성과 미성년의 노동 비중이 많음)

⑦ 다양한 환경 요인 노출(물리적 · 화학적 · 생물학적 요인) : 한 작목만을 경작하더라도 다양한 작업(재배지 관리, 병해충 방제, 작물 관리 등)을 수행해야 하므로 매우 다양한 농작업 유해요인에 노출된다.

⑧ 표준화되지 않은 비특이적 작업 : 같은 작목이라도 지역별, 농가별, 품종별로 작업방식이 균일하지 않다.

⑨ 의료혜택 및 병원 접근성의 제한

(3) 농작업 작업환경에서의 유해요인 종류

① 화학적 요인 : 농약, 무기분진, 일산화탄소, 황화수소 등

② 물리적 요인 : 소음, 진동, 온열 등

③ 생물학적 요인 : 유기분진, 미생물, 곰팡이 등

④ 인간공학적 요인 : 작업자세, 중량물 부담 등

⑤ 정신적 요인 : 스트레스 등

⑥ 안전사고위험요인

(4) 농업인 업무상 재해관리 단계

재해예방	재해감시	재해보상	재활·건강관리
• 건강유해요인 확인·평가 • 안전 교육·훈련 • 지역 단위 농작업 안전모델 　(Safe Farm Zone) • 편이장비	• 재해발생현황 모니터링 • 재해통계 생산·분석, 정책 　반영	• 재해보상보험법 개발 • 판정기준 개발 • 보상수준·범위 확정	• 상시 건강관리시설 • 재활프로그램 개발 • 직업성 질환 치료지침

(5) 농작업 작업환경 유해요인의 위험확인 및 평가가 중요한 이유

① 유해요인에 얼마나 노출되었는지에 대한 조사 결과는 향후 농업인 업무상 재해보상을 위한 작업관련성 판정의 주요한 근거가 된다.
② 농작업환경과 관련된 질환 및 안전사고의 원인을 구명하고 이를 개선하기 위한 연구 자료로 활용한다.
③ 위험요인의 노출 허용·권고 기준 제정의 근거 및 안전보건 관리수준 평가의 역할을 한다.
④ 농작업 유해요인의 노출 특성에 대한 정보를 제공(농업인의 알권리 충족)한다.
⑤ 농작업 시설개선, 개인보호구 개발을 위한 기초자료 제공 및 시범사업수행을 위한 작목·작업 선정 시 우선순위 결정의 근거가 된다.
⑥ 향후 치명적인 재해 발생의 가능성이 높은 작업에 대한 선제적 예방관리의 근거로 쓰인다.

(6) 농작업 작목별 위험요인

농작업의 주요 위험요인으로는 인간공학적 요인, 농약, 미생물, 온열, 유해가스, 소음, 진동 등이 있다. 작목별 특성을 보면 인간공학적 요인은 모든 작목에 공통적으로 문제가 되고, 특히 하우스 시설 작목과 과수 작목의 위험성이 상대적으로 높다고 알려져 있다. 농약의 경우 과수 및 화훼는 대부분 노출기준을 초과하는 위험한 수준으로 알려졌으며, 수도작 및 노지의 경우에는 상대적으로 위험성이 낮은 것으로 보고되었다. 미생물의 경우 축산농가와 비닐하우스 내 작업의 경우 대부분 노출기준을 초과하는 위험한 수준이었으며, 온열 및 유해가스의 경우도 하우스 시설과 같이 밀폐된 공간에서 크게 문제가 되었다. 소음 및 진동은 트랙터, 방제기, 예초기 등 농기계를 사용하는 작업에서 노출위험이 있다고 보고되고 있다.
① **수도작** : 안전사고 위험요인(농기계 협착 등), 곡물분진(직업성 천식, 농부폐증 등), 소음·진동(농기계 운전)
② **과수** : 인간공학적 위험요인(어깨, 목 부위의 근골격계 통증 및 질환), 농약(급만성 농약중독), 안전사고 위험요인(농기계 전복, 추락 등), 소음·진동(농기계 운전)
③ **과채, 화훼(노지)** : 인간공학적 위험요인(무릎, 허리 부위의 근골격계 통증 및 질환), 농약(급만성 농약중독), 안전사고 위험요인(농기계 전복 등), 자외선(피부발진, 변색 등), 온열(열사병 등), 소음·진동(농기계 운전)

④ 과채, 화훼(시설 하우스) : 인간공학적 위험요인(무릎, 허리 부위의 근골격계 통증 및 질환), 농약(급만성 농약중독), 트랙터 배기가스(일산화탄소 중독 등), 온열(열사병 등), 유기분진(직업성 천식 등), 소음·진동(농기계 운전)

⑤ 축산 : 가스 중독(오폐수 처리장 질식사고 등), 안전사고(가축과의 충돌, 지붕에서의 추락사고 등), 인수공통 감염병(브루셀라 등), 미생물 포함 유기분진(직업성 천식, 농부폐증 등)

⑥ 기타 : 버섯 포자(폐활량 저하 등), 니코틴(담배), 산소 결핍으로 인한 질식(생강 저장굴) 등

(7) 농작업환경 유해요인의 위험도 평가

① 위험도 평가 정의 : 유해요인이 농작업 과정에서 얼마나 발생하는지를 예측하고, 분석하여 최종적으로 농업인에게 미칠 수 있는 건강의 위험을 평가하는 일련의 과정을 말한다.

㉠ 유해성 : 화학물질의 독성 등 사람의 건강이나 환경에 좋지 않은 영향을 미치는 유해요인 고유의 성질(예를 들어 암을 일으키는 성질, 난청을 일으키는 특성, 천식을 유발하는 성질 등)

㉡ 노출량 : 유해요인에 농업인이 노출되는 양

② 위험도 평가 방법

위험도(Risk) = 유해성(Hazard) × 노출량(Dose)

③ 신호등 평가법(농업 분야 위험도 평가법)

노출량(Dose) = 노출시간(T) × 노출수준(C)

노출수준 \ 노출시간	하	중	상	노출시간과 관계없이 급성중독 혹은 중대한 건강위험이 있는 유해요인
하	1	1	2	2
중	1	2	3	3
상	2	3	4	4

④ 유해요인 유형별 노출기준에 근거한 상대적 노출수준 분류

노출 수준	공기 중 작업자노출농도	소 음	전신진동 [유럽연합(EU)의 권고기준(Action Level, AL, 0.5m/s^2)과 허용기준(Limit Level, LL, 1.15m/s^2)을 사용]	온열 [미국 산업안전보건연구원의 작업대사량을 기준으로 계산된 천장값(Ceiling Limit, CL), 권고노출기준(Recommended Exposure Limit, REL)값을 사용]
하	노출기준의 10% 이하	50% 미만	0.5m/s^2 이하	권고노출기준 이하
중	노출기준의 10~100%	50~100%	0.5~1.15m/s^2	권고노출기준과 천장값 사이
상	노출기준 초과	100% 초과	1.15m/s^2	천장값 초과

⑤ 위험도 평가결과에 따른 농작업 유해요인 관리 방향

위험도	조치 등급	노출수준	관리 방향
노출 없음	0	유해요인 접촉이나 노출 없음	특별한 조치 필요 없음
낮 음	1	낮은 농도나 강도에서 가끔 접촉, 노출	특별한 조치 필요 없음
중 간	2	낮은 농도나 강도에서 자주 노출 또는 높은 농도나 강도에서 가끔 노출	지속적인 관찰이 필요하고, 보호구 착용 및 주의에 대한 교육이 필요함
높 음	3	높은 농도나 강도에서 자주 노출	가능한 한 가까운 시일 내에 조치가 필요함
매우 높음	4	매우 높은 농도나 강도에서 자주 노출	즉시 어떤 조치가 필요함

(8) 농작업 유해요인 관련 개인 보호구

① 보호구의 종류

㉠ 청력 보호구 : 귀마개, 귀덮개

㉡ 호흡 보호구 : 방진마스크, 방독마스크, 송기마스크

㉢ 피부 보호구 : 앞치마, 보호장갑, 보호의

㉣ 안면부 보호구 : 보안경, 고글, 보안면

㉤ 기타 : 안전모, 안전화 등

② 유해요인별 보호구 선택 방법

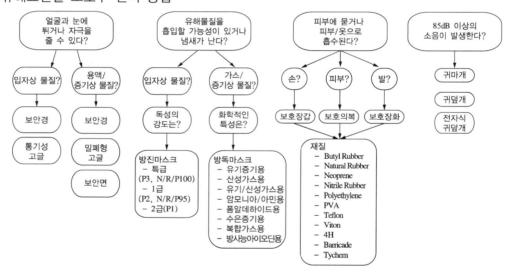

(9) 농작업 유해요인 관련 법령

1. 농어업인 삶의 질 향상 및 농어촌지역 개발촉진에 관한 특별법(법·영·규칙)

(1) 농어업 작업자 건강위해 요소의 측정 등(시행령 제9조의2)

① 법 제14조 제2항에 따른 농어업 작업자 건강위해 요소의 측정은 다음 각 호의 사항을 대상으로 한다.
1. 소음, 진동, 온열 환경 등 물리적 요인
2. 농약, 독성가스 등 화학적 요인
3. 유해미생물과 그 생성물질 등 생물적 요인
4. 단순반복작업 또는 인체에 과도한 부담을 주는 작업특성
5. 그 밖에 농림축산식품부장관 또는 해양수산부장관이 정하는 사항

② 국가와 지방자치단체는 법 제14조 제2항에 따라 예산의 범위에서 다음 각 호의 지원사업을 할 수 있다.
1. 농어업 작업환경을 개선할 수 있는 장비의 개발 및 보급
2. 농어업 작업 안전보건기술의 개발 및 보급
3. 농어업인에게 주로 발생하는 질환 및 재해 예방교육의 실시

2. 농어업인의 안전보험 및 안전재해예방에 관한 법률(법·영·규칙)

(1) 농어업작업안전재해의 인정기준(법 제8조)

① 농어업인 및 농어업근로자가 다음 각 호의 구분에 따른 각 목의 어느 하나에 해당하는 사유로 부상, 질병 또는 장해가 발생하거나 사망하면 이를 농어업작업안전재해로 인정한다.
1. 농어업작업 관련 사고
   가. 농어업인 및 농어업근로자가 농어업작업이나 그에 따르는 행위(농어업작업을 준비 또는 마무리하거나 농어업작업을 위하여 이동하는 행위를 포함한다)를 하던 중 발생한 사고
   나. 농어업작업과 관련된 시설물을 이용하던 중 그 시설물 등의 결함이나 관리 소홀로 발생한 사고
   다. 그 밖에 농어업작업과 관련하여 발생한 사고
2. 농어업작업 관련 질병
   가. 농어업작업 수행 과정에서 유해·위험요인을 취급하거나 그에 노출되어 발생한 질병
   나. 농어업작업 관련 사고로 인한 부상이 원인이 되어 발생한 질병
   다. 그 밖에 농어업작업과 관련하여 발생한 질병

② 제1항에도 불구하고 다음 각 호의 어느 하나에 해당하는 경우에는 농어업작업안전재해로 인정하지 아니한다.

1. 농어업작업과 농어업작업안전재해 사이에 상당인과관계(相當因果關係)가 없는 경우
2. 농어업인 및 농어업근로자의 고의, 자해행위나 범죄행위 또는 그것이 원인이 되어 부상, 질병, 장해 또는 사망이 발생한 경우

③ 농어업작업안전재해의 구체적인 인정기준 및 농어업작업 관련 질병의 종류 등은 대통령령으로 정한다.

(2) 농어업작업안전재해의 구체적 인정기준 등(시행령 제4조)

① 법 제8조제3항에 따른 농업작업안전재해의 구체적 인정기준 및 농업작업 관련 질병의 종류는 [별표 1]과 같다.

[별표 1]

1. 농업작업 관련 사고의 구체적 인정기준
    가. 법 제8조제1항제1호가목에 따른 농업작업 중 발생한 사고
    나. 법 제8조제1항제1호가목에 따른 농업작업에 따르는 행위를 하던 중 발생한 사고
        1) 주거와 농업작업장 간의 농기계(트랙터, 관리기, 동력이앙기 등 동력장치가 부착된 기계로 농업기계화 촉진법 제2조제1호에 따른 농업기계를 말한다. 이하 같다)의 이동(다른 사람의 농기계에 피보험자가 편승하여 이동한 경우를 포함한다) 중 발생한 사고
        2) 주거와 농업작업장, 출하처 간의 농산물 운반작업(손수레, 화물차 또는 농기계를 이용한 실제 운반 작업을 말하며, 운반작업 전후의 이동은 제외한다) 중 발생한 사고
        3) 농산물을 출하하기 위한 가공·선별·건조·포장작업 중 발생한 사고
        4) 주거와 농업작업장 간의 농업용 자재(농약, 비료, 사료와 농업용 폴리프로필렌(PP) 포대, 폴리에틸렌(PE) 필름, 쪼갠 대나무, 농업용 파이프를 말한다) 운반작업 중 발생한 사고(운반작업 전후의 이동 중에 발생한 사고는 제외한다)
        5) 피보험자가 소유하거나 관리하는 농기계를 수리하는 작업 중 발생한 사고(수리를 위한 이동 중에 발생한 사고는 제외한다)
    다. 법 제8조제1항제1호나목에 따른 농업작업과 관련된 시설물 등의 결함이나 관리 소홀로 발생한 사고 : 농작물 재배시설, 농작물 보관창고, 축사 및 농기계 보관창고의 결함으로 발생한 사고 또는 해당 시설물 등의 신축·증축·개축 중 발생한 사고
    라. 법 제8조제1항제1호다목에 따른 그 밖에 농업작업과 관련하여 발생한 사고 : 농업작업에 의하여 자신이 직접 생산한 농산물을 주원료로 하여 상용노동자를 사용하지 않고 제조하거나 가공하는 작업 중 발생한 사고(타인이 생산한 물건을 주원재료로 구입하여 제조하거나 가공하는 작업 중 발생한 사고는 제외한다)

2. 농업작업 관련 질병의 종류

　가. 법 제8조제1항제2호가목의 유해·위험요인을 취급하거나 그에 노출되어 발생한 질병 : 농약관리법 제2조제1호에 따른 농약에 노출되어 발생한 피부질환 및 중독 증상

　나. 법 제8조제1항제2호나목에 따른 질병 : 파상풍

　다. 법 제8조제1항제2호다목에 따른 그 밖에 농업작업과 관련하여 발생한 질병 : 과다한 자연열에 노출되어 발생한 질병, 일광 노출에 의한 질병, 근육 장애, 윤활막 및 힘줄 장애, 결합조직의 기타 전신 침범, 기타 연조직 장애, 기타 관절연골 장애, 인대장애, 관절통, 달리 분류되지 않은 관절의 경직, 경추상완증후군, 팔의 단일 신경병증, 콜레라, 장티푸스, 파라티푸스, 상세불명의 시겔라증, 장출혈성 대장균 감염, 급성 A형간염, 디프테리아, 백일해, 급성 회색질척수염, 일본뇌염, 홍역, 볼거리, 탄저병, 브루셀라병, 렙토스피라병, 성홍열, 수막구균수막염, 기타 그람음성균에 의한 패혈증, 재향군인병, 비폐렴성 재향군인병[폰티액열], 발진티푸스, 리케차 티피에 의한 발진티푸스, 리케차 쯔쯔가무시에 의한 발진티푸스, 신장증후군을 동반한 출혈열, 말라리아

② 법 제8조제3항에 따른 어업작업안전재해의 구체적 인정기준 및 어업작업 관련 질병의 종류는 [별표 2]와 같다.

[별표 2]

1. 어업작업 관련 사고의 구체적 인정기준

　가. 법 제8조제1항제1호가목에 따른 어업작업 중 발생한 사고

　나. 법 제8조제1항제1호가목에 따른 어업작업에 따르는 행위를 하던 중 발생한 사고

　　1) 주거와 어업작업장 간의 어업용기계(선박, 트랙터, 화물자동차 등 동력장치가 부착되어 어업에 이용되는 기계를 말한다. 다만, 이륜자동차, 사륜구동 이륜자동차, 자전거는 제외한다)의 이동(다른 사람의 어업용기계에 피보험자가 편승하여 이동한 경우를 포함한다) 중 발생한 사고

　　2) 주거와 어업작업장, 출하처 간의 수산물 운반작업(손수레, 달구지 또는 어업용기계를 이용한 실제 운반작업을 말하며, 운반작업 전후의 이동은 제외한다) 중 발생한 사고

　　3) 수산물을 출하하기 위한 가공·선별·건조·포장작업 중 발생한 사고

　　4) 주거와 어업작업장 간의 어업용자재(어망, 양식용 사료 등 수산동물·식물을 채취, 포획, 양식하거나 소금 생산작업을 하는 데 직접적으로 필요한 자재를 말한다)의 직접 운반작업 중 발생한 사고(운반작업 전후의 이동 중에 발생한 사고는 제외한다)

　　5) 피보험자가 소유하거나 관리하는 어업용기계를 수리하는 작업 중 발생한 사고(수리를 위한 이동 중에 발생한 사고는 제외한다)

다. 법 제8조제1항제1호다목에 따른 그 밖에 어업작업과 관련하여 발생한 사고 : 어업작업에 의하여 자신이 직접 포획, 채취, 양식한 수산물 또는 자신이 직접 생산한 소금을 주원료로 하여 상용노동자를 사용하지 않고 제조하거나 가공하는 작업 중 발생한 사고(타인이 포획, 채취, 양식한 수산물 또는 소금을 주원료로 구입하여 제조하거나 가공하는 작업 중 발생한 사고는 제외한다)

2. 어업작업 관련 질병의 종류

가. 법 제8조제1항제2호나목에 따른 질병 : 파상풍, 연조직염

나. 법 제8조제1항제2호다목에 따른 그 밖에 어업작업과 관련하여 발생한 질병 : 과다한 자연열에 노출되어 발생한 질병, 일광 노출에 의한 질병, 근육 장애, 윤활막 및 힘줄 장애, 결합조직의 기타 전신 침범, 기타 연조직 장애, 기타 관절연골 장애, 인대장애, 관절통, 달리 분류되지 않은 관절의 경직, 경추상완증후군, 팔의 단일 신경병증, 콜레라, 장티푸스, 파라티푸스, 상세불명의 시겔라증, 장출혈성 대장균 감염, 급성 A형간염, 디프테리아, 백일해, 급성 회색질척수염, 일본뇌염, 홍역, 볼거리, 탄저병, 브루셀라병, 렙토스피라병, 성홍열, 수막구균수막염, 기타 그람음성균에 의한 패혈증, 재향군인병, 비폐렴성 재향군인병(폰티액열), 발진티푸스, 리케차 티피에 의한 발진티푸스, 리케차 쯔쯔가무시에 의한 발진티푸스, 신장증후군을 동반한 출혈열, 말라리아

(3) 농어업작업안전재해의 통계자료의 수집·관리 및 실태조사(시행규칙 제4조)

① 법 제15조제1항에 따른 농어업작업안전재해의 예방에 필요한 통계자료의 범위는 다음 각 호와 같다.

1. 법 제8조제1항에 따른 농어업작업안전재해로 인정되는 부상, 질병, 장해 또는 사망에 관한 통계자료

2. 법 제8조제2항에 따라 농어업작업안전재해로 인정되지 아니하는 부상, 질병, 장해 또는 사망에 관한 통계자료

3. 농기계 및 농기구·농약·비료 등 농업용자재의 사용으로 인한 농업작업안전재해 또는 어업용기계 및 어로장비·어구·양식용사료 등 어업용자재의 사용으로 인한 어업작업안전재해에 관한 통계자료

4. 그 밖에 농어업작업안전재해의 원인과 관련된 통계자료

② 법 제15조제2항에 따른 실태조사의 조사 대상은 다음 각 호와 같다.

1. 농어업인 및 농어업근로자의 성별·나이, 건강상태 등 일반적 특성에 관한 사항

2. 농어업작업안전재해의 발생 원인 및 현황에 관한 사항

3. 그 밖에 농어업작업 환경 또는 특성에 따른 농어업작업안전재해에 관한 사항

③ 제2항에 따른 실태조사는 표본조사 및 현지조사를 원칙으로 하며, 통계자료·문헌 등을 통한 간접조사를 병행할 수 있다.

④ 농촌진흥청장 또는 국립수산과학원장은 제2항에 따른 실태조사를 수행하기 전에 조사 대상자의 선정기준, 조사 기간 및 방법 등을 포함한 조사계획을 수립하여야 한다.

(4) 농어업작업안전재해의 연구·조사 등(시행규칙 제5조)

① 법 제16조제2항제2호에 따른 농어업작업안전재해 예방 정책에 필요한 연구의 내용은 다음 각 호와 같다.

1. 다음 각 목의 분류에 따른 농어업작업 유해 요인에 관한 연구

가. 단순 반복작업 또는 인체에 과도한 부담을 주는 작업 등 신체적 유해 요인

나. 농약, 비료 등 화학적 유해 요인

다. 미생물과 그 생성물질 또는 바다생물(양식 수산물을 포함한다)과 그 생성물질 등 생물적 유해 요인

라. 소음, 진동, 온열 환경, 낙상, 추락, 끼임, 절단 또는 감압 등 업종별 물리적 유해 요인

2. 농어업작업 안전보건을 위한 안전지침 개발에 관한 연구

3. 농어업작업 환경개선 및 개인보호장비 개발에 관한 연구

4. 그 밖에 농림축산식품부장관 또는 해양수산부장관이 정하는 농어업작업안전재해의 예방에 관한 연구

② 법 제16조제2항제2호에 따른 농어업작업안전재해 예방 정책에 필요한 조사에 관하여는 제4조 제2항부터 제4항까지의 규정을 준용한다.

③ 법 제16조제2항제2호에 따른 농어업작업안전재해 예방을 위한 보급·지도의 내용은 다음 각 호와 같다.

1. 제1항 각 호에 따른 연구 성과

2. 농어업작업안전재해 예방을 위한 안전보건 기술 및 환경개선 기술

3. 그 밖에 농림축산식품부장관 또는 해양수산부장관이 농어업작업안전재해의 예방을 위하여 필요하다고 인정하는 사항

농작업 유해요인 확인

(1) 유해요인 확인 방법

① 기존 연구의 유해성 평가방법

㉠ 동물 또는 세포 실험 : 쥐, 물고기, 세포 등을 활용하여 주어진 환경에서 다양한 농도의 유해요인에 노출되게 하고 그에 따른 유해성을 평가하는 방식이다.

㉡ 역학 연구 : 동물에 대한 독성 평가 결과를 사람의 몸에 그대로 적용하기는 어려운 측면이 있다. 따라서 이전에 해당 유해요인에 노출되었거나 노출이 되고 있는 사람들을 대상으로 코호트 연구나 환자−대조군 연구를 통하여 유해요인의 독성과 건강영향을 임상적 또는 통계적으로 확인하는 방법(역학 연구)으로 유해성 확인을 한다. 그러나 역학 연구는 동물 실험에 비해 시간과 비용이 상대적으로 많이 들며 사람을 직접 연구대상으로 삼는다는 측면에서 윤리적인 문제가 발생할 수 있다. 농약의 경우 동물실험 등을 통해서 유해성에 대한 연구가 진행되어 왔으나, 사람에게 미치는 장·단기적 건강영향을 예측하는 데는 한계가 있어 아직은 정확한 자료가 축적되어 있지 않다. 따라서 미국 등 선진국에서는 장기 역학연구(코호트 연구 등)를 통해 농약으로 인한 건강영향을 연구하고 있다.

② 농작업 유해요인 확인의 한계점 : 상당수의 농작업 유해요인(농약, 사료, 비료, 인간공학적 위험요인, 내독소, 미생물 등)에 대해서는 아직까지 물질안전보건자료가 없는 실정이다. 인간공학적 위험요인은 물질이 아닌 작업자세나 중량물 작업과 같이 작업방식 자체가 건강상의 장애를 일으키는 경우이며, 내독소, 미생물은 아직까지 발생 및 노출특성, 사람에 대한 건강영향에 대한 정확한 구명(究明)이 이뤄지지 않았기 때문이다.

③ 농작업 유해요인 노출시간 확인하기 : 위험도를 정확하게 확인하기 위한 가장 좋은 방법은 유해요인의 노출평가를 유해요인에 노출되는 작업자에 대해서 전체 작업시간(1년 또는 전체 작업기간) 동안 계속해서 수행하는 것이다. 그러나 현실적으로 비용, 시간, 측정기기의 한계 등으로 인하여 전체 작업시간 동안 노출수준을 평가할 수는 없다. 따라서 현장 측정자는 작업의 특성을 가장 대표할 수 있는 특정 단위시간(예 3시간 또는 오후 작업시간) 동안에만 수행하고 여기에 작업자와의 인터뷰나 기존연구 자료를 통해 확인한 작업시간(예 1년간 60시간, 20년간 100일 등)을 곱하여 전체적인 유해요인 노출량을 추정해야 한다.

(2) 유해요인 노출수준의 측정

① 유해요인 노출수준의 정의 : 사람이 유해요인에 노출된다는 것은 유해요인이 다양한 경로(호흡기, 피부, 소화기 등)를 통해 인체에 영향을 미치거나 인체 내로 흡수되는 것을 의미한다. 노출된 유해요인의 정량적인 '양'을 측정하는 것이 노출수준(농도) 측정의 정의이다.

② 유해요인 노출수준의 절차 : 유해요인에 대한 가장 바람직한 노출수준을 측정하는 방법은 건강에 영향을 미치는 조직이나 기관에서 흡수(결합)된 양을 측정하는 것이다. 그러나 인체 내에서 그러한 조직이나 기관을 찾는 것, 채취하는 것, 분석하는 것 등이 어렵기 때문에 사실상 이 측정은 불가능한 경우가 많으며 측정이 상대적으로 용이한 환경에서 유해요인의 양, 예를 들어 특정환경(예 단위 부피의 공기)에 있는 유해요인의 농도를 알아내는 방법이 많이 사용된다.

③ 유해요인 측정 방식

채취(Sampling)	직독식 측정	동영상 촬영 및 체크리스트 평가
• 공기 흡입 펌프를 이용하여 화학적 유해요인이나 생물학적 유해요인들로 오염된 공기에 여재(필터, 활성탄 등)를 통과시켜 채취된 유해요인의 양(mg 등)을 알아내는 방법이다. • 대부분의 화학적 또는 생물학적 유해요인을 측정하는 경우 이 방법을 통해 작업자의 호흡기 주변에서 노출되는 유해요인을 채취(Sampling)하여 농도를 알아낼 수 있다.	현장에서 직접 농도나 강도를 읽는다는 의미이며 유해요인의 대상, 측정하고자 하는 목적, 활용도에 따라 사용하는 방법과 장비, 기기 등이 다를 수 있다. • 장점 : 직독식 기기를 활용하여 측정하는 경우, 작업자나 환경에서 시간에 따라 유해요인의 농도가 변하는 상황을 확인하여 바로 대응할 수 있으며, 준비와 분석시간이 짧기 때문에 측정자의 시간을 크게 절약할 수 있다. • 단점 : 측정값이 기기의 종류나 측정 방식의 정확도와 신뢰도에 따라 같은 환경에서도 다르게 변할 수가 있으며, 직독식 장비 자체의 무게나 크기 때문에 작업자의 몸에 부착하기가 어렵다. 이로 인해 직독식 장비는 작업자 노출 평가(개인 시료)보다는 환경 노출평가(지역 시료)에 많이 사용된다.	인간공학적 위험요인 등과 같이 작업 방식 자체가 유해요인인 경우에는 동영상 촬영과 인터뷰 등을 통하여 작업 방식을 확인하고, 이를 제조업에서 활용하고 있는 인간공학적 위험요인 체크리스트로 점수를 매겨 노출량을 결정하는 방식을 사용한다.

④ 개인 노출수준 평가(개인 시료)와 지역 노출수준 평가(지역 시료)

　㉠ 농업현장의 유해요인 측정은 주로 개인 시료를 위주로 하고 지역 시료를 보조로 활용한다. 개인 노출수준 평가를 중점적으로 우선 수행하고, 환경의 유해요인 노출수준은 작업자 체류시간과 유해요인 발생원에 따라 부가적으로 수행하는 것이 적절하다.

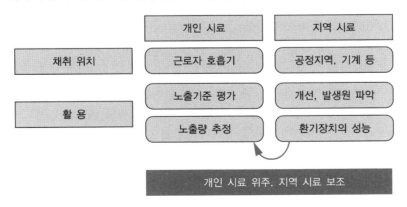

      ⓛ 개인 시료 : 작업자의 노출을 평가하기 위해서는 측정기기 또는 샘플러를 작업자의 몸에 부착해서 작업자의 동선 혹은 노출 부위와 연동하여 측정해야 한다. 예를 들어 공기 중에 있는 화학적, 생물학적 유해요인이 호흡기에 노출되는 경우에는 해당 유해요인을 포집할 수 있는 필터를 호흡기 기준으로 30cm 이내에 설치하여 호흡기를 통해 들이마시는 공기의 특성을 최대한 많이 반영할 수 있도록 해야 한다.

      ⓒ 지역 시료 : 환경의 유해요인 노출수준 평가는 유해요인의 발생원 특성과 발생원과의 거리 및 환경 조건(환기, 온열 등)에 따른 작업장 내 유해요인의 노출 분포를 확인하는 것을 목적으로 한다. 작업장 내에서 환경 중 노출평가를 위한 측정지점을 선정하는 방식은 작업자의 동선, 작업자의 체류시간, 발생원의 거리 등을 고려하여 결정해야 한다. 하지만 농업의 경우 자연환경에 개방된 작업장, 불규칙한 작업방식, 다양한 작업환경으로 인해 측정지점을 선정하는 것이 매우 어렵다.

   ⑤ 노출수준 측정 시 기록해야 할 사항

      ㉠ 공기 중 온습도, 토양 습도 : 분진, 미생물, 내독소 등은 온습도 및 토양 습도에 따라 공기 중 농도가 달라지는 것으로 알려져 있다. 따라서 측정자는 해당 유해요인을 측정할 경우 시간대별로 온습도를 측정하여 기록하는 것이 중요하다.

      ⓛ 작업속도 : 같은 종류의 작업일지라도 작업속도에 따라 유해요인의 발생 및 노출량이 달라질 수 있다.

      ⓒ 풍속, 환기량 : 시설 하우스, 축사 등의 실내 농작업 환경에서는 시간당 환기 횟수, 환기방식, 내부 공기 순환 여부에 따라 분진, 농약 등의 노출량이 달라질 수 있다. 풍량 및 풍향을 시간대별로 측정하거나 가능하다면 환기량을 측정하는 것이 중요하다.

      ⓔ 작업자 수 : 아주심기 작업 시 작업자가 땅을 파면서 분진이 발생하는 것처럼 작업자의 활동이 유해요인의 발생원일 경우가 많다. 따라서 같은 작업시간, 작업공간에서 일하는 작업자의 수를 기록해야 한다.

      ⓜ 작업자의 이동 동선, 방향 : 농약의 경우, 잎과 가지에 묻은 농약으로 인한 2차 노출이 일어나기 때문에 이동하는 방향과 동선에 따라 농약 노출량이 달라진다. 이에 이동방향, 이동방식(전, 후진), 동선 등을 그림이나 표 등을 통해 기록해 놓아야 한다.

      ⓗ 농자재의 유형 및 사용 방식 : 같은 작업을 할지라도 농자재의 유형 및 사용 방식에 따라 유해요인의 노출이 달라진다. 예를 들어 농약살포 작업 시 SS기를 사용할 때와 동력식 분무기를 사용할 경우의 농약 노출량은 매우 다르며, 같은 SS기라고 할지라도 시간당 살포량에 따라 노출량의 차이가 발생하게 된다.

(3) 유해요인 노출기준

   ① 국가별 노출기준

      ㉠ 미국 산업위생전문가협의회(ACGIH)의 노출 기준(TLV ; Threshold Limit Value)

      ⓛ 미국 산업위생학회의 작업장 환경 노출 기준(WEEL ; Workplace Environmental Exposure Level)

ⓒ 독일 최대 허용 농도(MAC ; Maximum Allowable Concentration)

ⓓ 영국 직업안전보건청의 작업장 노출 기준(WEL ; Workplace Exposure Limit)

ⓔ 한국 고용노동부의 허용기준 : 화학물질 및 물리적 인자의 노출기준(고용노동부고시 제 2020-48호)

② 유해요인별 노출기준

　㉠ 화학적 유해요인 노출기준

　　• 화학적 유해요인 노출기준의 종류

　　　- 미국 산업위생전문가협의회(ACGIH)의 노출기준(TLV ; Threshold Limit Value)

　　　- 시간가중평균 노출기준(TLV-TWA) : 1일 8시간 주 40시간 일하는 동안 초과해서는 안 되는 평균농도

　　　- 단시간 노출기준(TLV-STEL) : 15분 동안, 1일 4회 이상 초과해서는 안 되는 농도

　　　- 천장값 노출기준(TLV-C, Ceiling) : 일하는 동안 어느 순간에도 초과해서는 안 되는 농도

　　　- 상한치(Excursion) : 짧은 시간에 어느 정도의 높은 농도에 노출이 가능한지에 대한 기준

　　　　ⓐ 시간가중평균 노출기준의 3배 이상의 농도에서 30분 이상 노출되어서는 안 된다.

　　　　ⓑ 시간가중평균 노출기준의 5배 이상은 어느 경우라도 노출되어서는 안 된다.

　　• 농약 노출기준

　　　- 농약의 공기 중 노출에 대한 고용노동부 노출기준

유해물질의 명칭		시간가중 노출량		15분 단시간 노출량		비고(CAS번호 및 독성확인 신체 부위)
국문표기	영문표기	ppm	mg/m³	ppm	mg/m³	
파라티온	Parathion(Inhalable fraction and vapor)	–	0.05	–	–	[56-38-2] 발암성 2, 피부, 흡입성 및 증기
파라쿼트	Paraquat (Respirable fraction)	–	0.1	–	–	[4685-14-7] 호흡성
다이클로르보스	Dichlorvos (Inhalable fraction and vapor)	–	0.1	–	–	[62-73-7] 발암성 2, 피부, 흡입성 및 증기
메토밀	Methomyl	–	2.5	–	–	[16752-77-5]
포노포스	Fonofos(Inhalable fraction and vapor)	–	0.1	–	–	[944-22-9] 피부, 흡입성 및 증기
데미톤	Demeton	–	0.1	–	–	[8065-48-3] 피부
다이설포톤	Disulfoton (Inhalable fraction and vapor)	–	0.05	–	–	[298-04-4] 피부, 흡입성 및 증기
다이아지논	Diazinon(Inhalable fraction and vapor)	–	0.01	–	–	[333-41-5] 발암성 1B, 피부, 흡입성 및 증기
다이옥사티온	Dioxathion	–	0.2	–	–	[78-34-2] 피부
다이쿼트	Diquat (Inhalable fraction)	–	0.5	–	–	[2764-72-9][85-00-7] [6385-62-2] 피부, 흡입성

유해물질의 명칭		시간가중 노출량		15분 단시간 노출량		비고(CAS번호 및 독성확인 신체 부위)
국문표기	영문표기	ppm	mg/m³	ppm	mg/m³	
다이크로토포스	Dicrotophos	–	0.25	–	–	[141-66-2] 피부
말라티온	Malathion(Inhalable fraction and vapor)	–	1	–	–	[121-75-5] 발암성 1B, 피부, 흡입성 및 증기
메빈포스	Mevinphos	0.01	–	0.03	–	[7786-34-7] 피부
메틸 데메톤	Methyl demeton	–	0.5	–	–	[8022-00-2] 피부
설포텝	Sulfotep	–	0.2	–	–	[3689-24-5] 피부
설프로포스	Sulprofos	–	1	–	–	[35400-43-2] 피부
에티온	Ethion	–	0.4	–	–	[563-12-2] 피부
엔도설판	Endosulfan (Inhalable fraction and vapor)	–	0.1	–	–	[115-29-7] 피부, 흡입성 및 증기
엔드린	Endrin	–	0.1	–	–	[72-20-8] 피부
이피엔	EPN (Inhalable fraction)	–	0.1	–	–	[2104-64-5] 피부, 흡입성
클로르피리포스	Chlorpyrifos (Inhalable fraction and vapor)	–	0.1	–	–	[2921-88-2] 피부, 흡입성 및 증기
티 람	Thiram	–	1	–	–	[137-26-8] 피부
페나미포스	Fenamiphos (Inhalable fraction and vapor)	–	0.1	–	–	[22224-92-6] 피부, 흡입성 및 증기
페노티아진	Phenothiazine	–	5	–	–	[92-84-2] 피부
펜설포티온	Fensulfothion (Inhalable fraction and vapor)	–	0.1	–	–	[115-90-2] 피부, 흡입성 및 증기
포레이트	Phorate(Inhalable fraction and vapor)	–	0.05	–	–	[298-02-2] 피부, 흡입성 및 증기

- 유해가스 노출기준
  - 유해가스의 공기 중 노출에 대한 고용노동부 노출기준

유해물질의 명칭	화학식	시간가중 노출량		15분 단시간 노출량	
		ppm	mg/m³	ppm	mg/m³
황화수소	H_2S	10	14	15	21
암모니아	NH_3	25	18	35	27
이산화탄소	CO_2	5,000	9,000	30,000	54,000
이산화질소	NO_2 / N_2O_4	3	6	5	10
일산화질소	NO	25	30	–	–
일산화탄소	CO	30	34	200	229

- 니코틴 노출기준
  - 8시간 노출기준 : $0.5mg/m^3$

ⓛ 물리적 유해요인 노출기준
- 고온의 노출기준
  - 작업강도 및 작업휴식시간비에 따른 온열 기준(단위 : ℃, WBGT)

작업강도 / 작업휴식시간비	경작업	중등작업	중작업
계속 작업	30.0	26.7	25.0
매시간 75% 작업, 25% 휴식	30.6	28.0	25.9
매시간 50% 작업, 50% 휴식	31.4	29.4	27.9
매시간 25% 작업, 75% 휴식	32.2	31.1	30.0

  - 경작업 : 200kcal까지의 열량이 소요되는 작업을 말하며, 앉거나 서서 기계의 조정을 위해 손 또는 팔을 가볍게 쓰는 일 등을 뜻한다.
  - 중등작업 : 시간당 200~350kcal의 열량이 소요되는 작업을 말하며, 물체를 들거나 밀면서 걸어 다니는 일 등을 말한다.
  - 중작업 : 시간당 350~500kcal의 열량이 소요되는 작업을 말하며, 곡괭이질 또는 삽질하는 일 등을 말한다.
- 소 음
  소음의 노출기준은 두 가지 방법이 있는데 첫째는 일정한 수준의 소음이 장시간 연속해서 발생하는 연속소음(Continuous Noise), 두 번째는 순간적으로 높은 수준의 소음이 폭발적으로 발생하는 충격소음이다.

[소음의 노출기준(충격소음제외)(고용노동부)]

1일 노출시간(h)	소음강도 dB(A)
8	90
4	95
2	100
1	105
1/2(30분)	110
1/4(15분)	115

※ 115dB(A)를 초과하는 소음 수준에 노출되어서는 안 됨

[충격소음의 노출기준(고용노동부)]

1일 노출 횟수	충격 소음의 강도, dB(A)
100	140
1,000	130
10,000	120

※ 최대 음압수준이 140dB(A)를 초과하는 충격소음에 노출되어서는 안 됨
※ 충격소음이라 함은 최대음압수준에 120dB(A) 이상인 소음이 1초 이상의 간격으로 발생하는 것을 말함

- 진 동
  - 국소진동 : 동력 수공구를 잡고 일할 때 손, 팔을 통해 진동이 전달되는 경우로, 수완진동이라고 한다. 미국 산업위생전문가협의회의 경우에는 하루 평균 진동 폭로시간을 기준으로 초과할 수 없는 진동가속도의 수준을 제시하고 있다. 예를 들어 하루 평균 진동공구에 대한 폭로시간이 4시간 이상~8시간 미만일 경우 폭로되는 진동의 크기는 $4m/s^2$을 초과하지 않도록 규정하는 방식이다.
  - 전신진동 : 운송수단과 중장비 등에서 발견되는 형태로서 바닥, 좌석의 좌판, 등받이와 같이 몸을 받치고 있는 지지구조물을 통하여 몸 전체에 진동이 전해지는 것을 말한다.

－ ACGIH의 전신진동 노출기준

진동 노출시간	진동실효치(rms, m/s^2)
24시간	0.2500
8시간	0.4331
4시간	0.6124
2시간	0.8661
1시간	1.2249
30분	1.7322
10분	3.0000

ⓒ 생물학적 유해요인 노출기준
 • 분진의 허용기준
　－ 분진의 고용노동부 허용기준

유해물질의 명칭	시간가중 노출량(mg/m^3)	비 고
기타 분진(일반분진)	10	–
곡물분진	4	–
곡분분진	0.5	흡입성
면분진	0.2	–
목재분진(적삼목)	0.5	흡입성, 발암성 1A
목재분진(적삼목 외 기타 모든 종)	1	흡입성, 발암성 1A

　※ 유럽의 경우 유기분진을 별도로 구분하여 5mg/m^3(TWA)로 노출기준을 제정하고 있음

 • 석면 노출기준
　－ 근로자를 보호하기 위한 기준
　　ⓐ 미국 산업위생전문가협의회(ACGIH) 및 산업안전보건청(OSHA) : 석면의 종류에 관계없이 0.1개/cm^3
　　ⓑ 우리나라 고용노동부 : 석면의 종류에 관계없이 0.1개/cm^3
　－ 일반환경 기준
　　ⓐ 미국 환경보호청(EPA) : 석면에 대한 노출의 안전수준은 없는 것으로 결론을 내리고 기준을 제시하고 있지 않음
　　ⓑ 미국의 일부 주에서는 실내공기청정법에서 0.01개/cm^{3}로 제시
　　ⓒ 우리나라 환경부 : 실내공기질관리법에서 권고기준으로 0.01개/cm^{3}로 제시

농작업 유해요인 평가

(1) 유해요인 위험도 평가 절차

단계	단계별 수행내용	세부 수행내용 및 주의사항	비 고
1	위험도 평가대상 유해요인, 작업 선정	• 평가 목적에 따라 평가 대상 유해요인 및 작업을 선정한다. 선정 시 해당하는 유해요인과 작업에 대한 기존 연구(측정)자료와 기본적인 정보(유해성, 작업방식 등)를 확보한다.	• 1, 2, 3단계는 '예비조사'에 해당하며 상황에 따라 순서를 바꾸거나 동시에 수행할 수 있다. • 예비조사의 가장 중요한 목적은 평가 대상 농가와 작업의 특성을 확인하는 것이다.
2	대상 농장 섭외	• 기존 연구(측정)자료를 토대로 접근성과 대표성을 고려하여 대상 농장을 섭외한다. 섭외 시 작목반 등을 통해 섭외하는 것이 대표성 확보를 위해 유리하다. • 농장이 이미 결정되어 있다면, 1단계와 2단계의 순서를 바꿀 수 있다.	
3	예비 방문 조사	• 섭외된 농장에 전화를 하거나 직접 방문해 예비조사를 수행한다. • 예비 방문 조사 결과에 따라 농가 섭외를 다시 할 수도 있다.	
4	측정방식 결정 및 일정 확정	예비조사 결과를 토대로 측정방식(직독식 기기 사용 여부 등), 측정시료수, 측정자, 일정을 확정한다. 농업 특성상 작업 일정의 가변성이 크다는 것을 고려하여 측정일정을 잡는다.	• 4~8단계는 노출수준을 확인하는 실질적인 단계이다. • 신호등 평가 방식에서 노출수준을 조사하는 단계이다.
5	본조사 준비	• 본조사 이전 측정방식에 따라 필요한 장비 및 측정매체를 준비한다(장비의 충전, 측정 기록지 인쇄, 측정 매체의 구매, 측정자용 개인보호구 준비 등). • 본조사 장비 및 물품은 이동성과 작업방해 가능성을 고려하여 최대한 간소하게 준비하는 것이 유리하다.	
6	본조사 (Walkthrough Survey, 유해요인 측정)	• 본조사에는 측정자가 농업인 인터뷰 및 체크리스트를 가지고 작업현장을 확인하는 작업장 현장조사(Walk-through Survey)를 수행하고, 미리 준비된 측정기기로 노출수준을 측정한다. • 조사 시에는 되도록 캠코더 등으로 조사 당시의 상황을 있는 그대로 기록하며, 측정에 사용된 매체 및 기록지는 일자, 측정자, 식별번호를 반드시 기입하도록 한다.	
7	시료 운반 및 보관	기록된 체크리스트와 유해요인이 포집된 측정매체(시료)를 운반하고 적절한 장소에 보관한다. 조사 결과는 시료의 보관 기한 및 측정자의 기억력을 고려하여 최대한 빨리 분석하는 것이 유리하다.	
8	측정 결과 정리 및 분석	• 조사 시 기록된 내용은 엑셀 등에 변환하기 전에 원본스캔을 통해 원자료를 전산 보관한다. • 직독식 기기에 기록된 유해요인 측정 데이터는 해당 기기에만 보관하는 것이 아니라 반드시 별도의 컴퓨터 및 폴더에 옮겨 저장한다. • 실험실 분석으로 포집된 유해요인의 양을 확인한다.	
9	위험도 평가	8단계까지 조사된 정보를 가지고 신호등 평가법을 이용하여 위험도를 평가한다.	–
10	위험도 평가 결과 공유	평가 결과는 반드시 측정 대상 농장의 농업인과 공유하고 농업인이 충분히 이해할 수 있을 정도로 설명한다.	–

(2) 예비조사

① 주작목에 대한 작업 특성과 작업시기, 작업내용, 농사현황 등 필요한 정보를 파악한다.

② 작목의 작업 단계별로 어떤 유해요인이 문제될 것인지 노출 가능한 유해요인을 예측한다.

③ 측정 대상 농작업장의 농업인 면담을 통해 선정된 작목의 전체 재배주기를 포함한 작업 단계별 주요 정보(작업단계, 작업시기, 작업일수, 주요 유해요인 등)를 파악한 후, 이를 바탕으로 최종적으로 평가해야 할 유해요인 항목과 평가시기를 결정한다.

④ 작업단계를 파악할 때는, 마을 작목반을 대상으로 간담회 형태의 집단 인터뷰방식을 선택하는 것이 좋으며, 이때 다음의 작업 단계 조사표를 이용하여 작업 단계별 개요와 각 단위작업에 대한 정의 및 내용을 알기 쉽게 정리한다.

ㄱ 작업단계 : 시기별로 진행되는 작업명을 기록하되 표준화된 농업 용어를 사용한다.

ㄴ 작업시기 : 최소한 월(초, 중, 말) 단위로 파악해야 하며, 현장 평가의 시기를 예측하는 중요한 정보이다.

ㄷ 노동시간(노동일수) : 최종적인 위험도 평가 시 노출비중(시간)의 중요한 자료로 활용한다.

ㄹ 주요 유해요인 : 작업 단계별로 발생 가능한 유해요인을 기록한다.

ㅁ 평가 예정 항목 : 주요 유해요인의 발생 특성과 노출시간을 고려하여 구체적인 측정 혹은 평가가 필요한 유해요인 항목을 기록한다.

(3) 농작업환경 유해요인과 건강

① 화학적 유해요인 종류 및 건강영향

유해요인	주요 해당 작업	건강영향
농약의 유해성분	농약을 살포하는 모든 작물	농약중독
일산화탄소	시설 내에서의 동력기 사용작업	일산화탄소중독
디젤연소물질	시설 내에서의 동력기 사용작업	폐암, 천식 등
니코틴	담뱃잎 수확작업	니코틴 급성중독

ㄱ 농약의 건강영향

인체에 침투한 대부분의 농약은 신경계나 효소계를 교란시킨다. 농약 성분의 계통에 따라 작용기구가 달라 중독 증상도 다르게 나타나지만, 농약을 살포할 때에는 여러 가지를 혼용하여 살포하기 때문에 어떤 농약에 의한 것인지 구분하기 어렵다.

• 농약중독의 일반적 증상

- 어지럽다. 머리가 아프다. 머리가 무겁다.

- 구토, 복통, 설사가 있다.

- 온몸이 나른하다. 불안하다.

- 손발이 떨린다. 쥐가 난다. 몸이 말을 듣지 않는다.

- 가슴이 답답하다. 숨이 가쁘다.

- 피부가 가렵고 두드러기나 붉은 반점이 생긴다.

- 땀이 많이 난다.
- 침을 많이 흘리고 입안에 궤양이 생긴다.
- 눈이 빨갛고 아프다.
- 의식을 잃는다. 전신 경련을 일으킨다.
- 호흡과 맥박이 빠르다.

- 농약 계통별 급성증상

농약 계통	해당 농약(예)	중독 증상
유기인계	글리포세이트, 페나이트로티온, 포스파미돈	온몸 나른함, 두통, 현기증, 설사, 흉부압박감, 구토증, 복통, 운동실조, 다량의 땀
카바메이트계	카보퓨란, 티오파네이트메틸	유기인계와 증상은 같으나 증상이 빠르게 나타나고 회복도 빠름
피레스로이드계	델타메트린, 람다사이할로트린, 사이퍼메트린, 알파사이퍼메트린	온몸이 나른함, 근육이 굳어짐, 가벼운 운동실조, 수족 떨림
네레이스톡신계	카탑하이드로클로라이드	얼굴, 눈, 귀 등 노출부위 가려움증, 두드러기, 천식 발작
유기염소계 살충제	엔도설판(폐지)	구토, 수족 떨림, 침 흘림, 호흡곤란, 붉은 반점
유기염소계 살균제	클로로탈로닐	온몸이 나른함, 두통, 머리가 무거움, 현기증, 구토
비피리딜리움계	패러쾃다이클로라이드(폐지)	오심, 구토, 복통, 설사, 입안 궤양, 폐손상으로 호흡곤란

ⓒ 일산화탄소의 건강영향
- 일산화탄소를 흡입하면 폐에서 혈액 속의 헤모글로빈과 결합하여 일산화탄소헤모글로빈(COHb)을 형성하는데 혈액의 산소운반능력이 상실되어 질식상태에 빠진다.
- 대부분이 급성중독으로 두통, 현기증, 이명(耳鳴), 구역질, 구토, 사지 마비 등을 일으키다 질식사에 이른다.

ⓒ 디젤연소물질의 건강영향 : 디젤연소물질에는 황산화물과 질산화물 같은 가스나 다핵방향족화합물, 벤젠 등 발암물질이 다수 포함되어 있으며, 천식 등의 호흡기질환을 일으키며 장기간 노출 시 폐암 등의 암을 일으킨다(국제암연구소는 발암물질로 분류).

ⓔ 니코틴의 건강영향
- 담뱃잎을 수확하는 농부들에게 급성 직업성 질환(Green Tobacco Sickness)이 나타난다.
- 특히 담뱃잎 수확 과정 작업 후 많이 나타나며, 작업 후 3~17시간 후에 오심, 구토, 두통, 쇠약 및 현기증의 증상이 나타난다.
- 특이적 증상은 혈압과 맥박의 변동이 일어난다. 대부분 병원에서는 급성 니코틴중독을 농약 중독으로 오인하는 경우가 있다.
- 유병률은 9~41%이며, 증상 경험률 90% 이상으로 나타났다.

ⓜ 밀폐 공간에서 산소 농도에 따른 건강영향

산소농도 18%	안전한 수준이나 연속 환기가 필요
산소농도 16%	호흡, 맥박의 증가, 두통, 메스꺼움, 토할 것 같음
산소농도 12%	어지럼증, 토할 것 같음, 체중지지 불능으로 추락
산소농도 10%	안면 창백, 의식불명, 구토
산소농도 8%	실신 혼절, 7~8분 이내에 사망
산소농도 6%	순간에 혼절, 호흡정지, 경련, 6분 이상이면 사망

② 물리적 유해요인의 종류 및 건강영향

유해요인	주요 해당 작업	건강영향
소 음	각종 농기계 사용작업	소음성 난청
진 동	• 국소진동 : 예초기작업 • 전신진동 : 트랙터, 경운기, 콤바인 등의 운전	수지백색증, 수근관증후군(터널증후군), 작업성 요통 등
자외선	노지작업	피부암
온열환경	노지 및 비닐하우스	열피로, 열사병 등

㉠ 소음의 건강영향(소음성 난청)

일시적 난청	• 강한 소음에 노출되어 생기는 일시적인 난청이다. • 소음에 노출되고 2시간 이후부터 발생이 되며 4,000~6,000Hz에서 많이 발생된다. • 20~30dB의 청력손실이 있고 청신경 세포의 피로현상으로 12~24시간 후 회복이 가능하다. • 영구적인 청력장애의 경고신호라고 할 수 있다.
영구적 난청	• 일시적 청력손실이 충분하게 회복되지 않은 상태에서 계속적으로 소음에 노출되어 생긴다. • 회복과 치료가 불가능하다.
직업성 난청	• 직업으로 인한 소음에 폭로되어 발생한 난청이다. • 소음폭로(노출) 작업장에서 종사하거나 종사 경력 근로자로서 한 귀의 청력손실이 40dB 이상이 되는 감각신경성 난청이며 소음폭로 중단 시 더 이상 진행이 되지 않는다. • 과거에 소음성 난청이 있었더라도 소음노출에 민감하지 않는다면 청력 역치가 증가할수록 청력손실률이 감소된다. • 소음에 폭로되는 초기에는 저음역보다 고음역에서 청력손실이 더 심하게 나타난다. • 단속소음보다 연속소음에 폭로되는 것이 더 큰 장해를 초래한다.
사회성 난청	• 생활 소리노출에 의한 청력 장애이다. • 음향기기, 휴대폰 등의 음악, 생활소음, 교통수단에서의 소음 등이 있다. • 사회성 난청과 직업성 난청이 함께 있다면 소음성 난청을 더욱 악화시킨다.

㉡ 진동의 건강영향

• 전신진동

- 전신진동의 경우 진동수 3Hz 이하이면 신체도 함께 움직이고 동요감을 느끼게 된다. 진동수가 4~12Hz로 증가되면 압박감과 동통감을 받게 되며 심할 경우 공포감과 오한을 느낀다.
- 신체 각 부분이 진동에 반응해 고관절, 견관절 및 복부장기가 공명하여 부하된 진동에 대한 반응이 증폭된다.
- 20~30Hz에서는 두개골이 공명하기 시작하여 시력 및 청력장애를 초래하고, 60~90Hz에서는 안구가 공명하게 된다.
- 일상생활에서 노출되는 전신진동의 경우 어깨 뭉침, 요통, 관절 통증 등의 영향을 미친다.

- 국소진동
  - 레이노 현상(Raynaud's Phenomenon) : 진동공구를 사용하는 근로자의 손가락에 흔히 발생되는 증상으로 손가락에 있는 말초혈관운동의 장애로 인하여 혈액순환이 저해되어 손가락이 창백해지고 동통을 느끼게 된다. 한랭한 환경에서 이러한 증상은 더욱 악화되며 이를 Dead Finger, White Finger라고 부른다.
  - 뼈 및 관절의 장애 : 심한 진동을 받으면 뼈, 관절 및 신경, 근육, 건, 인대, 혈관 등 연부조직에 병변이 나타난다. 심한 경우 관절연골의 괴저, 천공 등 기형성 관절염, 이단성 골연골염, 가성관절염과 점액낭염, 건초염, 건의 비후, 근위축 등이 생기기도 한다.

③ 생물학적 유해요인의 종류 및 건강영향

유해요인		주요 해당 작업	건강영향
석 면		농가 및 축사 지붕 석면슬레이트	폐암, 악성중피종, 석면폐증
분 진		축산농가, 경운정지, 수확작업 등	호흡기질환
독소에 의한 질환	내독소	• 축사 관련 작업(양돈, 양계 등) • 사료 취급작업 • 곡물 취급작업(선별, 포장, 저장, 운송 등) • 하우스 등 밀폐작업	• 해당 작업 대부분이 권고기준을 초과함 • 비염, 부비동염, 천식, 과민성 폐렴 등의 유기분진 독성증후군을 일으킴
	마이코톡신	곡물저장, 퇴비 집적 작업	유기분진 독성증후군, 기형아 출산, 암 등
감염성 질환	쯔쯔가무시	들판에 서식하는 진드기 유충에 물리기 쉬운 야외 작업자	연간 약 6,000여명 보고
	신증후군출혈열	들쥐 혹은 배설물에 접촉되기 쉬운 야외 작업자	연간 약 400여명 보고
	렙토스피라증	균에 오염된 하천이나 동물과 접촉하기 쉬운 작업자	연간 약 100여명 보고

㉠ 석면의 건강영향

악성중피종	• 주요 영향 부위는 폐의 외부(흉막이나 복막)에 생기는 암이다. • 잠복기는 초기 노출 후 15~20년이다. • 진단이 어려우며 보통 진단 후 1년 이내 사망한다. • 석면에 짧은 기간(1주일) 혹은 매우 적은 양에 노출되어도 발생 가능하며 확립된 치료법이 없다.
석면폐	• 진폐증처럼 석면에 의한 폐섬유화 질병이다. • 잠복기는 10~30년이다. • 증상으로는 호흡곤란, 기침, 체중감소, 흉통 등이 있다. • 만성적이나 암은 아니며, 점진적으로 악화된다. • 폐포에 상처를 주고 상처를 입은 세포는 산소와 이산화탄소의 교환기능을 수행하지 못하게 된다.
폐 암	• 주요 영향 부위는 폐의 내부이다. • 잠복기는 초기 노출 후 15~20년이다. • 주요 원인은 흡연으로 알려져 있다. • 흡연 이외의 원인에는 석면, 크롬, 유리규산 등에 직업·환경적 노출, 방사선 치료력 등이 있다.

ⓛ 분진의 건강영향
- 분진의 화학적 성분(광물성 분진, 곡물분진, 면 분진, 나무 분진, 용접, 퓸, 유리섬유 분진)에 따라 건강에 미치는 영향이 다양하다.
- 석면 : 슬레이트 지붕, 각종 건축자재(천정보드 등) 등에서 발생 가능하며, 폐암 중피종 등의 치명적인 질병을 일으킨다.
- 목재분진(참나무 등) : 비암을 일으키는 발암물질이다.
- 분진을 일으키는 농작업으로는 경운정지작업(로터리작업), 콤바인을 이용한 수확작업, 각종 볏짚작업, 작물 수확 및 선별작업(양파, 파, 고구마, 감자 등), 축사작업(건초급여, 청소작업, 분동작업), 작물 잔재물 처리작업 등이 있다.
- 농부폐증 : 곰팡이가 핀 건초 등 식물성 분진을 흡입함으로써 생기는 폐질환으로 1~3월 사이에 많이 발생된다. 급성형, 만성형이 있으며 급성형은 흡인된 지 몇 시간 뒤 기침, 오한, 발열, 심한 호흡곤란 등을 일으킨다.

ⓒ 독소에 의한 질환의 건강영향

내독소 (Endotoxin)	그람음성박테리아의 외벽 구성성분의 하나로서 독소(Toxin)특성을 갖고 있다는 의미이다. 엔도톡신은 Lipopolysaccharides(LPS)라고 하는 분자 구조에 다당류와 지질을 모두 포함하고 있기 때문에 붙여진 화학 구조상의 명칭이다. 노출로 면역기능을 증강시키는 역할도 하지만 과민성 질환의 발생위험을 증가시킨다. • 근로자에게 호흡기계 질환을 초래할 정도로 노출되는 산업은 동물사육, 관리사업과 곡물관리산업 등이 있다. • 급성 건강장해 증상으로는 발열, 오한, 건기침, 흉부 조임(Chest Tightness), 호흡곤란, 관절통, 피로 및 독감증상이 있다. 보통 발병 24시간 후에는 사라지는 Monday Fever, Mill Fever, Humidifier Fever, 혹은 Printer Fever 등은 엔도톡신에 노출되어 발생한 급성 기도염증의 결과로 인한 증상을 나타내는 용어들이라고 볼 수 있다. • 만성적으로 노출되는 경우에는 급성 증상들 이외에도 기도나 폐의 만성 염증으로 인해 만성기관지염, 천식 또는 폐기능 저하 등이 생길 수도 있다. • 엔도톡신에 대한 노출기준은 아직 설정되어 있지 않다. 제안된 노출기준은 1,000~2,000EU/m^{3}는 노력성 호기용량(FEV ; Forced Expiratory Volume)에서 감소, 5,000~20,000EU/m^{3}는 열(Fevor) 발생, 90~1,800EU/m^{3}는 영향이 없는 범위로 제시되고 있다.
마이코톡신 (Mycotoxin)	• 곰팡이독을 의미하는 마이코톡신은 myco-(균 : Fungus)가 생산한 Toxin(독소)을 합친 단어로 '곰팡이독'을 뜻한다. 동물의 생체에 기생하여 발병하는 의진균증(Mycosis)과 달리 곰팡이가 성장과정에서 생산하는 2차 대사산물(독소)로 소화기계, 호흡기계, 피부접촉 등을 통해서 여러 가지의 건강상의 영향을 나타낸다. • 건강상의 영향은 점막자극, 피부발진, 어지러움, 졸림, 면역억제, 기형출산 그리고 암 등이다. Mycotoxin과 관련된 거의 모든 문헌은 소화기계흡수로 인한 장해를 언급하고 있다.

(출처 : 박주형, 환경 중의 엔도톡신 노출 및 건강에 미치는 영향, 한국환경보건학회지, 40(4), pp.265-278, 2014; 김종규, 강의자료_곰팡이독소 - 그 위해와 중요성, 2008)

ⓔ 감염성 질환의 건강영향

쯔쯔가무시증	• 쯔쯔가무시균(Orientia Tsutsugamushi)에 감염되어 발생하는 질환으로 쯔쯔가무시균은 주로 풀숲이나 들쥐에 기생하던 털진드기 유충이 사람을 무는 과정에서 우리 몸에 들어온다. • 호발 시기 : 9~11월 • 발열, 오한, 피부발진, 구토, 복통, 기침, 심한 두통 등 • 가피(Eschar)형성 : 털진드기 유충에 물린 부위에 발생 • 우리나라의 경우 겨드랑이(24.3%) → 사타구니(9.3%) → 가슴(8.3%) → 배 등의 순서로 많이 발생한다. • 피부발진 : 발병 5일 이후 발진이 몸통에 나타나 사지로 퍼지는 형태. 일부 혹은 온몸의 림프절 종대
신증후군출혈열	• 급성으로 발열, 요통과 출혈, 신부전을 초래하는 사람과 동물 모두에게 감염되는 바이러스감염증이다. • 한탄바이러스와 서울바이러스에 감염된 설치류의 분변, 오줌, 타액 등으로 배출되어 공기 중에 건조된 바이러스가 호흡기를 통해 전파되어 감염된다. • 호발 시기 : 연중 산발적으로 발생할 수 있으나, 주로 건조한 10~12월, 5~7월에 많이 발생 • 특징 : 혈관기능의 장애 • 급성 : 발열, 출혈경향, 요통, 신부전이 발생된다. • 오한, 두통, 결막충혈, 발적, 저혈압, 소변감소, 복통, 폐부종, 호흡곤란 • 임상경과 5단계 　– 1단계 : 발열기(3~5일) – 발열, 두통, 복통, 요통, 피부 홍조/결막충혈 　– 2단계 : 저혈압기(1~3일) – 중증인 경우 정신 착란, 섬망, 혼수 등 쇼크 증상 발생 　– 3단계 : 핍뇨기(3~5일) – 소변량이 줄면서 신부전 증상 발생, 객혈, 혈변, 혈뇨, 고혈압, 폐부종, 뇌부종으로 인한 경련 　– 4단계 : 이뇨기(7~14일) – 소변량이 크게 늘면서(하루 3~6L) 심한 탈수/전해질 장애, 쇼크 등으로 사망할 수 있음 　– 5단계 : 회복기(3~6주) – 소변량이 서서히 줄면서 증상 회복, 전신 쇠약감이나 근력 감소 등을 호소
렙토스피라증	• 북극과 남극 외의 어느 지역에서나 발생할 수 있는 감염증이다. 농림업, 어업, 축산업, 광업 종사자 및 수의사 등 관련 업종 종사자의 직업병이며, 업무상 밖에서 활동하는 사람들에게서 흔히 발생한다. • 렙토스피라에 감염된 설치류(쥐류), 야생동물, 가축 등의 배설물에 오염된 물, 음식을 섭취 또는 호흡기로 감염되는 경우가 있다(주로 태풍, 홍수 이후 발생 위험 증가). • 동물의 조직을 다루거나 동물에게 물리는 경우, 미세한 피부 열상이나 굵힌 상처로 침투되는 경우에도 감염된다. • 주요 증상 : 주로 혈관의 염증, 고열, 두통, 오한, 눈의 충혈, 각혈, 근육통, 복통 등 폐출혈, 뇌수막염, 황달, 신부전 등 심각한 합병증이 동반되기도 한다.

농작업 유해요인 대책방안

(1) 농약 노출 관리 방안

① **피부노출의 최소화** : 농약은 피부를 통한 흡수량이 많아 방수성 의복으로 신체의 노출 부위를 감싸준다. 반드시 분진마스크, 농약 방제복, 고무장갑, 고무장화를 착용한다. 살포된 농약이 묻은 잎이나 가지에 접촉함으로써 농약에 노출될 수도 있기 때문에, 앞으로 걸으면서 살포하는 것보다 뒤로 걸으면서 앞을 보고 농약을 살포한다.

② **알맞은 속옷 착용** : 속옷은 면으로 된 망사셔츠, 망사바지를 입으면 땀을 흡수하고 통기성을 좋게 해서 불쾌감을 없애줄 뿐만 아니라 모세관 현상으로 인한 농약의 침투를 방지해 준다.

③ **대상작물에 따라 보호 부위 노출 최소화** : 작물의 높이에 따라 농약이 많이 닿는 부위를 중점적으로 가려주는데 과수와 같이 높은 곳을 향해 살포를 할 때는 살포된 농약액이 나뭇잎을 타고 흐르다가 머리 위로 떨어져 옷 안으로 스며들기 쉬우므로 머리에서 목 부위, 어깨를 집중적으로 보호한다. 논밭과 같이 아래로 살포할 때는 반드시 방수 가공 처리한 바지를 입고 하반신을 보호해 준다.

④ **입과 코 노출 최소화(마스크 착용)** : 농약은 기체로 쉽게 날아가지 않기 때문에 호흡기보다는 피부노출이 더 문제가 될 수 있다. 하지만 같은 양의 농약이 피부나 입 그리고 코에 흡수된다고 가정했을 때, 피부를 통해 체내로 흡수되는 양이 1이라면 입을 통해서는 10배, 코를 통해 폐로 흡수된 경우에는 30배 더 흡수율이 높기 때문에 입과 코 노출을 최소화해야 한다.

⑤ **상황에 따라 적절한 마스크 착용** : 마스크를 효과적으로 사용하려면 마스크와 피부 사이에 틈이 생기지 않도록 얼굴에 밀착해야 한다. 이용할 수 있는 호흡 보호구는 방진마스크와 방독마스크가 있으며, 가능하면 방독마스크를 착용해야 한다. 그러나 방독마스크가 여건상 어려울 경우에는 활성탄이 들어간 방진마스크를 착용하도록 한다. 보통 농작업 현장에서 면마스크만을 착용하는 경우가 많은데, 면마스크는 보호기능이 거의 없기 때문에 사용하지 않는다.

⑥ **보호안경 착용** : 농약을 희석하거나 살포할 때 눈을 보호하기 위해서는 보호안경을 착용하는 것이 좋다. 특히 과수 방제 시와 같이 위로 농약을 살포할 경우 반드시 착용한다.

⑦ **농약 희석작업 시 주의사항** : 농약 원액이나 원제가루가 피부에 닿으면 위험하기 때문에 희석작업부터 반드시 고무장갑과 마스크를 착용해야 한다. 수화제 원제를 섞을 때는 반드시 가위를 이용하여 포장을 뜯고 조심스럽게 작업통에서 1차로 농약을 희석하고 난 후 500L통에 2차 희석을 한다. 그냥 손으로 뜯을 경우 고농도의 농약분진에 노출될 수 있으므로 장갑을 끼고 작업한다.

⑧ **뜨거운 한낮에는 농약살포 금지** : 부득이하게 한낮에 작업을 해야 할 경우 복장을 제대로 갖추지 않아 농약이 땀과 함께 눈에 들어가거나 피부에 흡수될 수 있다. 따라서 되도록 아침이나 저녁과 같이 서늘한 시간대에 살포하도록 한다.

⑨ **수건의 구분 사용** : 수건을 목에 두르거나 허리에 차고 다니다가 농약이 묻은 것을 모르고 땀을 닦으면 급성결막염을 일으킬 수 있다. 땀을 닦을 수건은 비닐주머니에 따로 넣어서 허리에 차고 다니는 것이 좋다. 또는 아이스박스에 차갑게 얼린 수건을 몇 개 준비해서 땀을 닦아 준다.

⑩ **살포 후 세안** : 살포가 끝나면 비누로 손과 얼굴을 닦고, 눈도 깨끗이 씻어낸다. 연구 결과에 따르면 손은 전체 피부에 묻는 농약의 약 70% 이상을 차지하며, 얼굴도 맨살이 노출되는 곳이기 때문에 농약이 많이 묻을 수 있다고 보고되었다.

(2) 입자상물질과 유해가스 노출위험 개선

① 입자상물질 노출 관리 방안

㉠ 먼지가 많은 노지나 건물에서 일하는 사람, 화학비료나 농약을 다루는 사람, 곰팡이가 핀 밀핀을 다루는 사람, 곡식저장소에서 일하는 사람, 사료를 먹이거나 사료 관련 작업을 하는 사람, 가금류나 가축의 털에 노출되는 사람 등은 호흡기 보호가 필요하다.

㉡ 물뿌림이나 환기를 자주하여 분진 농도를 낮춘다.

㉢ 분쇄기 기계에는 덮개를 씌우거나 국소 배기장치를 한다.

㉣ 호흡보호구를 착용한다.

• 공기정화식 호흡 보호구 : 공기중의 오염물질을 걸러 준다.

• 먼지마스크, 활성탄소 마스크, 가스 마스크 호흡기 등

• 산소공급식 호흡 보호구 : 산소가 부족한 환경에서 공기탱크로부터 산소를 공급한다.

② 유해가스물질 노출 관리 방안

㉠ 출입금지 표지판 설치 및 안전 장비 구비

• 안전 구비 장비

– 위험농도를 소리와 빛으로 알려 주는 측정장비(황화수소, 산소, 암모니아)를 휴대하고 작업을 수행한다.

– 환기팬 : 유독가스 배출을 위한 환기팬을 구비한다.

– 공기호흡기 : 송기마스크, 공기호흡기(SCBA)를 활용한다.

– 무전기를 사용하여 밀폐 공간 내외부 간 의사소통을 한다.

– 출입구에 '출입금지' 표지판을 설치한다.

㉡ 가스농도 측정

• 측정가스 종류 및 적정 농도

– 산소 : 정상 농도 범위인 18% 이상 23.5% 미만을 유지한다(18% 미만일 경우 맥박 증가와 두통이 일어나고, 12% 미만에서 어지러움, 구토증세가 발생하며, 8% 미만일 경우 8분 내 사망).

- 황화수소 : 10ppm 이하를 유지한다(달걀 썩는 냄새가 나지만 100ppm을 초과할 때부터 후각이 마비되며, 700ppm 농도수준에서는 의식장해가 일어나 사망).
- 가연성가스(메탄 등) : 공기 중 농도가 10% 미만이 되도록 유지한다.
- 탄산가스 : 정상농도인 1.5% 미만으로 유지한다.
- 일산화탄소 : 30ppm 미만으로 유지한다.

ⓒ 환기실시
- 작업 전, 작업 중 계속 환기를 수행해야 한다.
- 적절한 환기방법
  - 기적의 5배 이상 외부공기로 환기한다.
  - 급기(공기를 불어넣음) 시 : 토출구를 근로자 머리 위에 위치시킨다.
  - 배기(공기를 빼냄) 시 : 유입구를 작업 공간 깊숙이 위치시킨다.

ⓔ 확인자 배치, 작업자와의 연락체제 구축, 출입인원 점검 등
- 밀폐 공간의 작업상황을 볼 수 있는 확인자를 배치한다.
- 무전기 등을 활용하여 밀폐 공간 작업자와 확인자 간의 연락을 유지한다.
- 밀폐 공간의 출입인원(성명, 인원수) 및 출입시간을 확인한다.

ⓜ 재해자 발생 시 구조요령
- 아무리 급한 경우라도 재해자 구조를 위해 안전장비의 착용 없이 밀폐 공간 내로 들어가지 않도록 해야 한다.
  - 주변 동료 작업자 또는 119로 연락한다.
  - 재해자를 구조(호흡 보호구–공기통 등 착용)한다.
  - 심폐 소생술을 실시한다.

(3) 물리적 유해요인 노출위험 개선

① 소음 노출 관리 방안

ⓐ 흡음을 통한 소음의 차단 : 작업장 내의 소음 전파는 발생되는 소음의 흡음 정도와 방향성에 의해 영향을 받는다. 주로 소음이 발생되는 공간의 바닥, 벽, 천장 등에 흡음제를 설치하여 소음을 줄이게 된다. 녹음실 등에서 볼 수 있는 흡음벽이 대표적인 소음 저감 개선 방법으로 볼 수 있다.

ⓑ 소음원의 격리와 밀폐 : 소음원을 벽으로 밀폐시키거나 차단하는 방법으로 벽으로 밀폐할 경우 차음효과는 사용하는 물질에 따라 차이가 많으며, 보통 저주파음에서는 최소한 2~5dB, 고주파음에서는 최소한 10~15dB의 차음효과를 얻을 수 있다. 차음효과를 높이려면 밀도가 높은 물질을 사용하고, 2중, 3중의 벽을 사용하면 효과가 높으며 부분 밀폐보다는 완전 밀폐 방식이 차음효과가 높다.

ⓒ 소음에 대한 노출시간 단축 : 공학적 개선이 불가능할 때 사용할 수 있는 행정적 관리방법이다. 소음의 노출기준은 노출시간에 따른 음압수준으로 제시되어 있기 때문에 이를 참고하여 실제적인 소음의 누적 노출수준을 줄이는 방법이다. 보통 소음 노출이 많은 작업자와 소음 노출이 낮은 작업자를 규칙적으로 순환 근무시키는 방법이 있다.

ㄹ 개인보호구 착용 : 소음 관리에서 선택할 수 있는 최후적 방법이다. 주로 귀마개와 귀덮개를 사용하며, 이를 동시에 착용하면 차음효과가 훨씬 커지게 된다. 보호구의 차음효과를 나타내는 일반적인 값으로 소음 저감 비율(Noise Reduction Rating)을 사용하고 있으며, 미국 산업안전보건청에서는 소음 측정치의 정확성을 고려하여 소음저감비율값에서 7dB을 빼고, 다시 안전계수 50%를 적용하여 작업 현장의 차음효과를 예측한다.

② 진동 노출 관리 방안

ㄱ 국소진동 : 국소진동의 효과적인 관리 방법은 일차적으로 진동의 강도(Acceleration)를 감소시키고, 노출 기간을 줄이는 것이다. 진동의 강도를 줄이는 것은 농기계를 만들 때 공학적으로 개선되어야 할 부분이기 때문에 농업인이 개입하기가 어렵다. 다만, 발생되는 진동의 흡수를 최소화하기 위해 손잡이를 고무로 감는다거나 방진 장갑을 착용하면 전달되는 진동강도를 줄일 수 있다. 기타 진동장해를 최소화하기 위해서는 다음과 같은 방법들이 복합적으로 이루어져야 한다.

• 방진장치 설치 등 공학적 제어
• 진동을 줄이고 추위 노출을 피하기 위한 보호구와 보호복 지급
• 노출시간을 최소화하기 위한 작업방법 변경
• 수지 진동증후군 조기 증상자 선별을 위한 의학적 관리

ㄴ 전신진동 : 전신진동(Whole Body Vibration)이란 주로 운송수단과 트랙터, 중장비 등에서 발견되는 형태로서 바닥, 좌석의 좌판, 등받이와 같이 몸을 받치고 있는 지지구조물을 통하여 몸 전체에 진동이 전해지는 것을 말한다. 농작업에서 가장 대표적인 전신진동 작업은 각종 승용농기계(트랙터, 경운기, SS기 등)의 운전이며, 이들 작업은 상당수가 비포장도로에서 이루어진다. 농기계 자체의 진동을 직접 줄여주는 것은 불가능하므로, 농업인은 최대한 농기계 정비를 주기적으로 수행하고, 딱딱한 의자에 앉지 않고 쿠션이 좋은 방석을 사용하도록 한다.

③ 온열질환 노출 관리 방안

ㄱ 챙이 넓은 모자, 선글라스, 수건, 긴팔 의복을 입는다.
ㄴ 햇빛 가리개, 천막 등으로 햇빛을 가리고, 선풍기·환기 시스템을 이용한다.
ㄷ 작업 시 물을 많이 마신다.
ㄹ 작업 중 음주는 탈수현상을 가중시키므로 음주를 삼간다.
ㅁ 그늘이나 통풍이 잘되는 곳에서 자주 짧은 휴식을 취한다.

④ 한랭질환 노출 관리 방안

ㄱ 두꺼운 옷 한 겹보다는 얇은 옷을 여러 겹 겹쳐 입는다.
• 제일 안쪽 의복 : 공기가 잘 통하고 땀을 잘 흡수하는 내복을 입는다.
• 중간 의복 : 땀을 흡수하는 동시에 젖었을 때에도 단열 효과를 유지하는 옷을 입는다(양모, 오리털, 합성 솜 등).
• 가장 바깥쪽 의복 : 짜임새가 치밀하여 바람을 막아주고 약간의 환기 기능이 있는 외투를 입는다(고어텍스나 나일론 등).

ⓛ 손, 발, 머리, 얼굴을 보호하며, 반드시 모자를 쓴다(머리 노출 시 체열이 발산됨).
ⓒ 양말을 겹쳐 신었을 때 양말이나 신발이 너무 죄지 않도록 주의한다(혈액순환이 억제되어 동상의 원인이 됨).
ⓔ 공복상태를 피하며, 단백질과 지방질을 충분히 섭취하고 따뜻한 물과 음식을 섭취한다.
ⓜ 고혈압, 류머티즘, 신경통이 있는 사람은 한랭작업에 맞지 않으므로 피하도록 한다.

(4) 생물학적 유해요인 노출위험 개선

① **개인보호구 착용** : 오염된 배설물이나 찢기거나, 긁히거나, 물리는 등 신체 상해를 예방하기 위해 개인보호장비를 착용한다. 농작업자는 동물사체 취급에 특히 주의해야 한다. 보통은 불편하고, 비싸고, 잘 맞지 않는다는 이유로 개인보호장비 착용을 무시하지만, 항상 착용하는 습관을 들여야 한다. 고글이나 안경은 결막을 보호하며, 장갑, 앞치마, 장화는 감염된 동물이나 그 부산물을 취급할 때 상처를 통한 세균 침입을 막을 수 있다. 호흡보호구는 탄저 포자, 분진이 많은 작업장에서 Q열 감염을 방지한다. 노출된 피부에는 곤충퇴치제[다이에틸톨루아미드(Diethyltoluamide)의 효과가 가장 크다]가 효과가 있다.

② **예방조치** : 농작업자의 직업적 감염예방과 관리에 효과적인 조치는 예방접종과 감염되기 전 피부검사가 있다.

③ **교 육**
ⓐ 상처관리 : 시기적절한 상처관리는 가장 효과적인 방법임을 주지시킨다.
ⓑ 음식저장과 섭취 : 소화기계질환을 예방하기 위해 뜨거운 음식은 뜨겁게, 찬 음식은 차게 보관하며, 음식을 먹기 전과 배변 후에는 손을 잘 씻어야 한다.
ⓒ 감염된 동물사체와 그 찌꺼기는 적절하게 처리해야 하며 전염을 막기 위해 감염된 동물은 격리시킨다.
ⓓ 가족의 감염을 막기 위해 작업장에서 오염된 옷은 매일 세탁한다.

④ **작업장 관리** : 적절한 환기장치 설치와 습식작업은 분진의 발생을 감소시킨다. 헛간 청소작업 시 울타리 위생을 강화한다. 털, 피부, 발굽 등을 소독한다. 작업장 안팎에 응급조치용 구급약을 비치한다.

⑤ **동물관리 조치** : 보통 예방에서 무시되는 부분이지만, 동물 백신 노출이나, 감염된 동물이나 사체의 격리 또는 매장, 음용수 공급원에서의 배설 등에 대해 수의사의 도움을 받아 조치를 취한다.

PART 04

적중예상문제

01 농작업 작업환경 유해요인의 위험확인 및 평가가 중요한 이유 6가지를 서술하시오.

해설

① 유해요인에 얼마나 노출되었는지에 대한 조사 결과는 향후 농업인 업무상 재해 보상을 위한 작업관련성 판정의 주요한 근거가 된다.

② 농작업 환경과 관련된 질환 및 안전사고의 원인을 구명하고 이를 개선하기 위한 연구 자료로 활용한다.

③ 위험요인의 노출 허용·권고 기준 제정의 근거 및 안전보건 관리수준 평가의 역할을 한다.

④ 농작업 유해요인의 노출 특성에 대한 정보를 제공(농업인의 알권리 충족)한다.

⑤ 농작업 시설개선, 개인보호구 개발을 위한 기초자료 제공 및 시범사업수행을 위한 작목·작업 선정 시 우선순위 결정의 근거가 된다.

⑥ 향후 치명적인 재해 발생의 가능성이 높은 작업에 대한 선제적 예방관리의 근거로 쓰인다.

02 위험도 평가에 대한 용어를 정의하시오.

해설

① 위험도 평가 : 유해요인이 농작업 과정에서 얼마나 발생하는지를 예측하고, 분석하여 최종적으로 농업인에게 미칠 수 있는 건강의 위험을 평가하는 일련의 과정을 말한다.

② 유해성 : 화학물질의 독성 등 사람의 건강이나 환경에 좋지 않은 영향을 미치는 유해요인 고유의 성질(예 암을 일으키는 성질, 난청을 일으키는 특성, 천식을 유발하는 성질 등)을 말한다.

③ 노출량 : 유해요인에 농업인이 노출되는 양을 말한다.

03 위험도 평가 공식, 노출량에 대한 평가 공식을 서술하시오.

해설

① 위험도(Risk) = 유해성(Hazard) × 노출량(Dose)

② 노출량(Dose) = 노출시간(T) × 노출수준(C)

04 농작업 유해요인 측정방법 3가지를 쓰시오.

> 해설
> ① 채취(Sampling)
> ② 직독식 측정
> ③ 동영상 촬영 및 체크리스트 평가

05 다음의 설명에 알맞은 측정방식을 쓰시오.

> 작업자나 환경에서 시간에 따라 유해요인의 농도가 변하는 상황을 확인하여 바로 대응할 수 있으며, 준비와 분석시간이 짧기 때문에 측정자의 시간을 크게 절약할 수 있는 장점이 있지만, 측정값이 기기의 종류나 측정방식의 정확도와 신뢰도에 따라 같은 환경에서도 다르게 변할 수가 있으며, 장비 자체의 무게나 크기 때문에 작업자의 몸에 부착하기 어려운 단점을 가지고 있다.

> 해설
> 직독식 측정

06 다음 ( ) 안에 알맞은 말을 쓰시오.

> 농업현장의 유해요인 측정은 주로 (　　①　　)를 중점적으로 우선 수행하고, (　　②　　)은 작업자 체류시간과 유해요인 발생원에 따라 부가적으로 수행하는 것이 적절하다.

> 해설
> ① 개인 노출수준 평가 혹은 개인 시료
> ② 환경(지역)의 유해요인 노출수준 혹은 지역 시료

07 노출수준 측정 시 측정값의 대표성 확보를 위해 기록해야 하는 사항 6가지를 쓰시오.

> 해설
> ① 공기 중 온습도　　　　　　② 토양습도
> ③ 풍 속　　　　　　　　　　④ 환기량
> ⑤ 작업속도　　　　　　　　⑥ 작업자 수
> ⑦ 작업자의 동선　　　　　　⑧ 방 향
> ⑨ 농자재의 유형 및 사용 방식

08 미국 산업위생전문가협의회(ACGIH)의 노출 기준(TLV ; Threshold Limit Value) 중 일하는 동안 어느 순간에도 초과해서는 안 되는 농도는?

> 해설
>
> 천장값 노출기준(TLV-C, Ceiling)

09 유해요인 위험도 평가 절차 단계를 쓰시오.

> 해설
>
> ① 1단계 : 위험도 평가대상 유해요인, 작업을 선정한다.
> ② 2단계 : 대상 농장을 섭외한다.
> ③ 3단계 : 예비 방문 조사를 실시한다.
> ④ 4단계 : 측정방식을 결정하고 일정을 확정한다.
> ⑤ 5단계 : 본조사를 준비한다.
> ⑥ 6단계 : 본조사를 실행한다.
> ⑦ 7단계 : 시료를 운반 및 보관한다.
> ⑧ 8단계 : 측정 결과를 정리하고 분석한다.
> ⑨ 9단계 : 위험도를 평가한다.
> ⑩ 10단계 : 위험도 평가 결과를 공유한다.

10 농작업환경 화학적 유해요인과 관련된 농작업을 쓰시오.

> 해설
>
> ① 농약의 유해요인 : 농약을 살포하는 모든 작물재배 시
> ② 일산화탄소, 디젤연소물질 : 시설 내에서의 동력기 사용작업
> ③ 니코틴 : 담뱃잎 수확 작업

11 농작업환경 물리적 유해요인과 관련된 농작업을 쓰시오.

> 해설
>
> ① 소음 : 각종 농기계 사용작업
> ② 진동 : 국소진동 : 예초기작업
> ③ 전신진동 : 트랙터, 경운기, 콤바인 등의 운전
> ④ 자외선 : 노지작업
> ⑤ 온열질환 : 노지 및 비닐하우스작업

12 진동공구를 사용하는 근로자의 손가락에 흔히 발생되는 증상으로 손가락에 있는 말초혈관운동의 장애로 인하여 혈액순환이 저해되어 손가락이 창백해지고 동통을 느끼게 되며 한랭한 환경에서 이러한 증상은 더욱 악화되며 이를 Dead Finger, White Finger라고 부르는 질환은?

해설

레이노 현상(Raynaud's Phenomenon)

13 농약 노출관리 방안 10가지를 쓰시오.

해설

① 피부노출을 최소화한다.
② 알맞은 속옷을 착용한다.
③ 대상작물에 따라 보호 부위 노출을 최소화한다.
④ 입과 코 노출을 최소화(마스크 착용)한다.
⑤ 상황에 따라 적절한 마스크를 착용한다.
⑥ 보호안경을 착용한다.
⑦ 농약 희석작업 시 주의사항을 지킨다.
⑧ 뜨거운 한낮에는 농약살포를 금지한다.
⑨ 수건을 구분하여 사용한다.
⑩ 살포 후 세안한다.

14 유해가스물질 노출 관리 방안을 쓰시오.

해설

① 출입금지 표지판 설치 및 안전 장비를 구비한다.
② 측정가스 종류를 파악하고 적정 농도를 측정한다.
③ 작업 전, 작업 중 계속 환기를 수행해야 한다.
④ 확인자 배치, 작업자와의 연락체제 구축, 출입인원 점검을 한다.
⑤ 재해자 발생 시 적절한 응급구조를 시행한다.

15 소음 노출 관리 방안 4가지를 쓰시오.

해설

① 흡음을 통한 소음의 차단
② 소음원의 격리와 밀폐
③ 소음에 대한 노출시간 단축
④ 개인보호구 착용

16 전신 진동 노출 관리 방안을 쓰시오.

해설
① 방진장치 설치 등 공학적으로 제어한다.
② 진동을 줄이고 추위에 노출을 피하기 위한 보호구와 보호복을 지급한다.
③ 노출시간을 최소화하기 위한 작업방법을 변경한다.
④ 수지 진동증후군 조기 증상자 선별을 위한 의학적 관리를 시행한다.

17 분진을 일으키는 농작업을 쓰시오.

해설
① 경운정지작업(로터리작업)
② 콤바인을 이용한 수확작업
③ 각종 볏짚작업
④ 작물 수확 및 선별작업(양파, 파, 고구마, 감자 등)
⑤ 축사작업(건초급여, 청소작업, 분동작업)
⑥ 작물 잔재물 처리작업

18 온열질환 노출 관리 방안을 서술하시오.

해설
① 챙이 넓은 모자, 선글라스, 수건, 긴팔 의복을 입는다.
② 햇빛 가리개, 천막 등으로 햇빛을 가리고, 선풍기·환기 시스템을 이용한다.
③ 작업 시 물을 많이 마신다.
④ 작업 중 음주는 탈수현상을 가중시키므로 음주를 삼간다.
⑤ 그늘이나 통풍이 잘되는 곳에서 자주 짧은 휴식을 취한다.

19 감염성 질환 노출위험 개선 시 교육 내용을 서술하시오.

해설
① 상처관리 : 시기적절한 상처관리는 가장 효과적인 방법임을 주지시킨다.
② 음식저장과 섭취 : 소화기계질환을 예방하기 위해 뜨거운 음식은 뜨겁게, 찬 음식은 차게 보관하며, 음식을 먹기 전과 배변 후에는 손을 잘 씻어야 한다.
③ 감염된 동물사체와 그 찌꺼기는 적절하게 처리해야 하며 전염을 막기 위해 감염된 동물은 격리시킨다.
④ 가족의 감염을 막기 위해 작업장에서 오염된 옷은 매일 세탁한다.

20 농어업인 삶의 질 향상 및 농어촌지역 개발촉진에 관한 특별법상 농어업 작업자의 건강위해 요소의 측정 요인은?

해설

농어업 작업자 건강위해 요소의 측정 등(농어업인의 삶의 질 향상 및 농어촌지역 개발촉진에 관한 특별법 시행령 제9조의2)
① 소음, 진동, 온열 환경 등 물리적 요인
② 농약, 독성가스 등 화학적 요인
③ 유해미생물과 그 생성물질 등 생물적 요인
④ 단순반복작업 또는 인체에 과도한 부담을 주는 작업특성
⑤ 그 밖에 농림축산식품부장관 또는 해양수산부장관이 정하는 사항

21 농어업인의 안전보험 및 안전재해예방에 관한 법률상 농업작업 관련 질병의 종류를 5가지 이상 쓰시오.

해설

농업작업안전재해의 구체적 인정기준 등(농어업인의 안전보험 및 안전재해예방에 관한 법률 시행령 별표 1)
① 농약에 노출되어 발생한 피부질환 및 중독 증상
② 파상풍
③ 그 밖에 농업작업과 관련하여 발생한 질병 : 과다한 자연열에 노출되어 발생한 질병, 일광 노출에 의한 질병, 근육 장애, 윤활막 및 힘줄 장애, 결합조직의 기타 전신 침범, 기타 연조직 장애, 기타 관절연골 장애, 인대장애, 관절통, 달리 분류되지 않은 관절의 경직, 경추상완증후군, 팔의 단일 신경병증, 콜레라, 장티푸스, 파라티푸스, 상세불명의 시겔라증, 장출혈성 대장균 감염, 급성 A형간염, 디프테리아, 백일해, 급성 회색질척수염, 일본뇌염, 홍역, 볼거리, 탄저병, 브루셀라병, 렙토스피라병, 성홍열, 수막구균수막염, 기타 그람음성균에 의한 패혈증, 재향군인병, 비폐렴성 재향군인병[폰티액열], 발진티푸스, 리케차 티피에 의한 발진티푸스, 리케차 쯔쯔가무시에 의한 발진티푸스, 신장증후군을 동반한 출혈열, 말라리아

22 농어업인의 안전보험 및 안전재해예방에 관한 법률상 농어업작업안전재해 예방 정책에 필요한 연구의 내용은?

해설

농어업작업안전재해의 연구ㆍ조사 등(농어업인의 안전보험 및 안전재해예방에 관한 법률 시행규칙 제5조)
① 농어업작업 유해 요인에 관한 연구
　ㄱ 단순 반복작업 또는 인체에 과도한 부담을 주는 작업 등 신체적 유해 요인
　ㄴ 농약, 비료 등 화학적 유해 요인
　ㄷ 미생물과 그 생성물질 또는 바다생물(양식 수산물을 포함한다)과 그 생성물질 등 생물적 유해 요인
　ㄹ 소음, 진동, 온열 환경, 낙상, 추락, 끼임, 절단 또는 감압 등 업종별 물리적 유해 요인
② 농어업작업 안전보건을 위한 안전지침 개발에 관한 연구
③ 농어업작업 환경개선 및 개인보호장비 개발에 관한 연구
④ 그 밖에 농림축산식품부장관 또는 해양수산부장관이 정하는 농어업작업안전재해의 예방에 관한 연구

PART 05

농작업 근골격계 질환관리

CHAPTER 01 농작업 근골격계 부담작업 사전조사

CHAPTER 02 농작업 근골격계 질환 유해요인 확인

CHAPTER 03 인간공학적 평가하기

CHAPTER 04 농작업 근골격계 부담작업 개선대책 제시하기

농작업 근골격계 부담작업 사전조사

(1) 근골격계 질환의 이해

① 근골격계 질환의 정의 : 장시간에 걸친 반복 동작에 의하여 근육이나 관절, 혈관, 신경 등에 미세한 손상이 발생하고, 이것이 누적되어 목, 어깨, 팔, 손목 및 손가락 등에 만성적인 동통과 감각 이상으로 발전되는 직업성 질환으로 알려져 있으며, 작업과 관련하여 주로 상지와 허리 부위에서 발생하는 만성적인 통증을 작업관련성 근골격계 질환(Work-related Musculoskeletal Disorders ; WMSDs)이라고 한다. 우리나라에서는 산업재해보상보험법 제37조제2항 및 시행령 제34조제3항 별표 3에 업무상 질병에 대한 구체적인 인정기준의 '근골격계 질병'으로서 업무상 질병으로 규정되어 있다. 유사용어로는 누적외상성 질환(Cumulative Trauma Disorders) 또는 반복성 긴장장애(Repetitive Strain Injuries) 등이 있다.

② 근골격계 질환의 특징

㉠ 특정된 하나의 신체 부위에 발생할 수도 있고 동시에 여러 부위에서 다발적으로 발생할 수 있다.

㉡ 하나의 조직뿐만 아니라 다른 주변 조직의 변화를 동시에 가져온다.

㉢ 질환의 임상 양상 및 검사 소견 등이 사고성과 비사고성으로 명확하게 구분되지 않는다.

㉣ 방사선학적 검사 소견 등의 소위 객관적인 검사 결과와 임상 증상이 일치하지 않는 경우가 많다.

㉤ 직업적인 원인 외에도 개인 요인과 일상생활 등의 비직업적인 원인(연령 증가, 일상생활, 취미 활동 등)에 의해서도 발생할 수 있다.

㉥ 증상의 정도가 가볍고 주기적인 것부터 심각하고 만성적인 것까지 다양하게 나타난다는 점 등이 있다.

③ 근골격계 질환의 발생 단계

㉠ 1단계(질환의 초기 단계)

작업 시간 중에 통증이나 피로감을 호소한다. 그러나 밤새 휴식을 취하게 되면 회복된다. 평상시에 작업 능력의 저하가 발생하지는 않는다. 이러한 상황은 몇 주 또는 몇 달 지속될 수 있으며, 다시 회복될 수 있다.

㉡ 2단계(질환 의심 단계)

작업 시간 초기부터 발생하여 하룻밤이 지나도 통증이 계속된다. 통증 때문에 수면이 방해받으며, 반복된 작업을 수행하는 능력이 저하된다. 이러한 상황이 몇 달 동안 계속된다. 이때부터 적극적인 관리가 필요하다.

ⓒ 3단계(질환 발생)

　　휴식을 취할 때에도 계속 통증을 느끼게 되고, 반복되는 움직임이 아닌 경우에도 통증이 발생하게 된다. 잠을 잘 수 없을 정도로 고통이 계속되며 낮에도 작업을 수행할 수 없게 되고, 일상 중 다른 일에도 어려움을 겪게 된다. 즉각적으로 의학적인 치료가 필요한 단계이다.

④ 근골격계 질환의 발생 요인

　　근골격계 질환을 유발하는 요인은 매우 다양하다. 작업과 관련된 물리적 요인으로는 특정 신체 부위를 반복적으로 사용하는 작업, 불편하고 부자연스러운 작업 자세, 강한 노동 강도, 과도한 힘, 날카로운 면과의 접촉으로 인한 신체 압박, 추운 작업 환경, 진동 등이 있다.

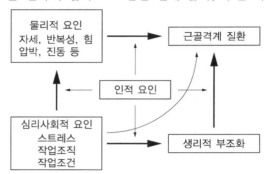

(출처 : 농촌진흥청, 농작업안전보건관리, 2018)

또한 다양한 심리사회적 요인에 의한 스트레스도 부정적인 역할을 한다고 알려져 있으며, 연령, 성별, 가사 노동 및 취미 생활 등 개인적인 요인도 영향을 미칠 수 있다. 주지할 점은 근골격계 질환은 장기간에 걸쳐 발생하며, 유발하는 요인이 다양하고 상호 관련성이 높고 서로 분리될 수 없는 경우가 많으므로, 요인의 파악, 관리와 질환 예방이 다른 직업병보다 무척 어렵다는 것이다. 그리고 위험 요인의 특성상, 위험 요인의 근원을 완전히 제거하기가 힘들기 때문에 종합적이고 체계적이며 지속적인 접근이 필요하다. 근골격계 질환의 발생에 기여하는 요인은 그 분류 방식, 관점 등에 따라 다른 형태로 분류, 정의될 수 있으나 기본적으로는 다음과 같이 분류하는 것이 일반적이다.

㉠ 작업 관련 요인(작업 자세, 힘, 반복성 등의 물리적 스트레스)

㉡ 사회심리적인 요인

㉢ 인적 요인 : 국제인간공학회기술위원회(IEA TC ; International Ergonomics Association Technical Committee)에서는 상지에 대한 반복 작업의 위험 요인을 다음과 같이 정의하고 그에 대한 예방 대책을 세울 수 있도록 제안하고 있다.

　　• 조직 체계

　　• 반복 정도

　　• 힘의 정도

　　• 자세 및 동작의 형태

　　• 휴식 시간과 그 주기

　　• 기타 : 진동 공구의 사용, 극도의 정밀을 요하는 작업, 해부학적으로 국소의 물리적 접촉을 요하는 자세, 낮은 온도, 맞지 않는 장갑의 사용 등

(2) 농작업 특성에 따른 근골격계 질환

농업인이 가장 흔하게 경험하는 근골격계 질환은 허리, 목, 어깨, 팔다리의 근육, 관절 등에 손상이 생겨 통증이나 감각이상 등의 증상을 유발하는 질병이다. 젊은 사람보다 연령이 많을수록 신체적 노화와 근력 저하 등으로 질환의 유발 정도가 심하다. 근골격계 질환 발생은 불편하고 부자연스러운 자세, 반복작업, 과도한 힘, 불충분한 휴식, 진동노출, 익숙하지 않은 작업 등이 원인이다. 고령농업인에게 근골격계 질환은 중요한 건강문제 중의 하나이다. 이것은 인간공학적 작업환경 개선과 운동으로 예방하고 관리할 수 있다.

① 농업인 근골격계 질환 증가 요인
　　㉠ 농작업 특성
　　　　• 노동 집약적인 작업 특성을 가지고 있다.
　　　　• 표준화되어 있지 않고, 비연속적인 작업이다.
　　　　• 특정 기간 동안에 집중된 작업(농번기, 농한기)이다.
　　㉡ 농작업 환경의 변화
　　　　• 전체적인 작업 시간이 증가되었다.
　　　　• 농기계 및 작업공구의 사용시간 및 빈도가 증가되었다.
　　　　• 인구의 고령화 및 여성 농업인이 증가되었다.
　　　　• 제한된 인력에 따른 작업량이 증가되었다.
　　㉢ 건강관리에 대한 조건 및 인식
　　　　• 의료혜택이 제한되어 있다.
　　　　• 건강에 대한 인식이 결핍 혹은 잘못되어 있다.

② 농업인에게 발생하는 근골격계 질환

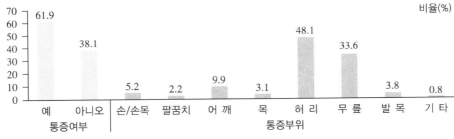

(출처 : 2018 농업인의 업무상 질병 및 손상조사)

2017년 한 해 동안 농업인의 신체부위별 근골격계 증상 경험을 살펴보면, '근골격계 부위의 통증 경험'이 있는 경우가 61.9%였으며, 이중 허리(48.1%)가 가장 많았으며 다음으로 무릎(33.6%), 어깨(9.9%), 손/손목(5.2%), 발목(3.8%), 목(3.1%), 팔꿈치(2.2%) 순으로 조사되었다.

　　㉠ 요통 : 허리 근처 부위의 통증이나 다리의 통증, 감각이 떨어지는 느낌이 드는 다리의 저림, 힘이 빠지는 것 같은 증상 또는 엉덩이부터 발끝까지 다양한 부위에 통증이 느껴진다. 허리는 아프지 않고, 무릎과 발목 부위의 통증으로 인한 관절 관련 통증과 혼동되기도 한다.

- 허리 디스크 : 디스크는 척추와 척추 뼈마디 사이를 이어주는 동그란 원판 모양의 부위로서 말랑말랑하여 체중과 충격을 흡수하면서 척추가 유연하게 움직일 수 있도록 하는 중요한 관절 구조물이다. 디스크가 심하게 손상되거나 파열되어 내용물이 흘러나오게 되면 당장 허리에 심한 통증을 발생시키고 엉덩이나 허벅지, 종아리까지도 따라 내려가는 통증이나 이상감각 등의 증상이 생기며 상당히 오래 지속되기도 한다.
- 좌골신경통 : 디스크탈출이나 척추 협착증에서 터진 디스크나 좁아진 신경 통로에 눌려, 디스크 속의 내용물이 흘러나와 염증을 일으키면 신경뿌리에도 문제가 생기는데, 흔히 이것을 좌골신경통이라고 한다. 엉덩이나 다리 쪽으로 뻗치는 듯한 통증은 요추 4번이나 5번, 천추 1번 등의 신경뿌리에 이러한 문제가 있을 때 나타나며, 특히 밤에 누웠을 때 아파서 잠을 못 자는 등 가장 오랫동안 괴롭고 사라지지 않는 증상이다.
- 척추 협착증 : 척추의 디스크 여러 개가 차차 파괴되고, 이로 인해 척추에서 퇴행성 변화가 쌓이면 관절과 뼈는 비후되는 등 근본적인 척추 모양새의 변화가 생기며 심한 경우 척추 신경이 지나가는 길목이 좁아져 여러 가지 증상이 나타나는데 이것이 척추 협착증이라고 한다. 척추 협착증은 노인들에게 흔하게 나타나며, 오래 걸어 다리가 땡기고 조이는 듯한 통증이 발생하거나, 잠시 쪼그리고 앉으면 나아지는 것이 전형적인 특징이다. 심한 경우 다리의 힘이 줄어들고 균형 감각도 떨어지는 경우가 있다.

ⓒ 무릎 부위 손상(반월상 연골판 손상, 인대손상, 연골손상, 무릎 관절 주위의 골절)
- 무릎관절은 우리 몸에서 가장 큰 관절로서, 골 구조는 대퇴골, 경골, 슬개골에 의해 이루어지고, 이러한 골 구조를 내외측 측부 인대, 전후방 십자 인대 등의 각종 인대들과 내외측 반월상 연골판, 기타 근육들과 힘줄 등의 연부 조직이 둘러싸고 있다.
- 무릎 관절은 다른 관절에 비해 불안정한 골 구조로 이루어져 손상받기 쉬운 위치에 있으므로, 외부로부터의 충격에 약하다. 그러므로 관절 내외의 각종 연부 조직들이 관절의 안정성 및 보호에 중요한 역할을 한다.
- 통증, 부종 등의 증상이 나타났을 때, 무릎 주변의 골절과 같은 골 손상의 여부를 확인하는 것이 우선 중요하지만 반월상 연골판, 십자 인대, 측부 인대, 연골, 주변의 근육 및 힘줄 손상 등을 확인하는 것 또한 중요하다.
- 무릎관절염의 증상 : 무릎이 아프거나, 붓거나, 뻣뻣한 증상이 점진적으로 악화되며 쪼그려 앉거나 무릎을 굽힐 때 통증이 있다. 계단을 올라가거나 내려갈 때, 무거운 물건 들기와 같이 무릎관절에 압력이 증가되는 상태에서 더 큰 통증이 생긴다. 걷는 것과 같은 일상적인 활동이 어려워질 수도 있다. 이러한 증상은 무릎관절 이외의 다른 질병에 의해서도 발생할 수 있으므로 의사를 만나 정확한 진단을 받는 것이 중요하다.
- 무릎관절염의 진단 : 엑스선촬영과 진찰을 통해 다른 무릎질환이 없으며, 무릎관절염에 부합하는 엑스선소견과 증상이 있었을 때 무릎관절염을 추정 진단한다. 엑스선촬영에서 무릎관절 사이 공간이 좁아져 있는 소견이 진단에 중요한 의미를 가지지만, 엑스선 사진에서 관절이 좁아져 있다 하더라도 반드시 관절통증이 있는 것은 아니다. 즉, 정상적인 노화과정으로 좁아져 있는 것일 뿐 증상을 유발하지 않는 상태이다. 반면 엑스선

사진상에서 관절간격이 좁아져 보이지 않더라도 실제로는 무릎연골이 손상되어 있는 경우도 있다. 따라서 의사의 진찰이 중요하며 무릎관절염의 최종적인 확정진단은 무릎 자기공명영상 촬영이나 관절경 검사를 통해 이루어진다.

ⓒ 어깨 부위 손상
- 회전근개 파열 : 어깨 관절을 감싸면서 관절을 잘 움직일 수 있게 해 주는 힘줄들을 회전근개라고 한다. 이 힘줄들이 과도한 작업 등으로 손상되면서 팔을 들어올리기 힘들 거나 통증이 생기는 질환이다. 회전근개가 파열되면 초기에는 팔을 위로 들 수 없을 만큼 통증이 심하다가 점차 완화된다. 이는 극심한 통증을 느끼는 경우가 많은데 주로 전방부나 외측부에서 통증이 발생하고, 팔 중간 부위까지 통증이 퍼지기도 하는데 회전 근개의 질환은 관절막, 특히 후방 관절막의 구축도 함께 발생하기 때문에 운동 제한이 생기며 특히 팔을 등 뒤로 올리기 힘들다. 팔을 올릴 때 통증을 호소하다가 팔을 완전히 올리면 통증이 사라지기도 하며, 어깨에서 마찰음이 들리기도 한다.
- 근막동통(통증)증후군 : 근막동통증후군은 두피의 통증보다는 어깨나 목의 통증을 주로 유발하며, 환자들은 이러한 증상을 '어깨에 담이 걸렸다', '근육이 뭉쳤다', '목이 뻐근하 면서 뒤통수가 당긴다'고 표현하는 경우가 많다. 근막동통증후군은 경부(목) 통증을 유발하는 가장 흔한 원인이며, 활동성 유발점(Trigger Point)에 의해 통증이나 자율신 경 증상이 나타난다. 하지만 근막동통증후군은 증상을 유발한 원인에 대한 명확한 규명 없이 하나의 질환으로 오인되는 경우가 있어 논란이 있는 병명이기도 하다. 이는 디스크 손상에 따른 디스크성 통증의 증상 발현으로도 나타날 수 있다.

ⓓ 상지 질환
- 내·외상과염 : 무거운 물건을 들어 올리거나 가지치기 작업, 망치질 등 손목을 젖히거나 굽히는 동작들을 많이 하면서 팔꿈치 안팎으로 튀어나온 부위에 통증이 발생하는 질환이다.
- 수근관증후군(손목터널증후군) : 수근관증후군이란 엄지 손가락과 둘째, 셋째, 넷째 손 가락의 엄지쪽 반의 감각과 엄지 손가락의 운동 기능의 일부를 담당하는 정중신경이 손목 부위에서 압박되어, 손과 손가락의 감각이상, 통증, 부종, 힘의 약화 등이 나타나는 말초 신경압박증후군이다. 일반적으로 손이 저리면 혈액 순환 장애로 생각하는 경우가 많은데, 실제로 손이 저린 경우 말초 신경의 장애로서 특히 수근관증후군이 원인 질환인 경우가 있다. 1,000명당 1~2명에서 발병하는 비교적 흔한 질병으로 주로 30세 이상의 성인 연령층에서 나타나며 남성보다는 여성, 특히 중년기 여성에서 자주 발생된다. 작업 과 관련되어 진동을 많이 느끼는 일을 하는 노동자들이나 손목을 세게 구부리는 동작이 반복되는 직업을 가진 사람, 손목이 고정된 자세로 컴퓨터 작업을 많이 하는 사무직에 종사하는 사람, 손을 빠른 속도로 반복해서 사용하는 사람에서도 흔히 발생된다.
- 손 골관절염 : 손의 과도한 사용으로 부드럽게 움직여야 할 손가락 관절들이 뻣뻣하거나 통증이 발생하고 손가락 마디가 튀어나오기도 하는 질환이다.

- 진동성 백색수지증 : 진동 공구를 사용하는 작업에서 많이 발생한다. 손가락 끝이 창백해지고 손, 팔, 어깨 등이 저리고 감각이 무뎌지며, 근육 경련이 일어나거나 악력이 저하되는 현상이 생긴다.
- 건초염 : 인대가 움직일 때 윤활작용을 하는 활액막이 염증으로 인한 자극으로 인하여 통증을 유발시킨다. 물건을 쥐거나 잡을 때, 손목을 돌릴 때, 주먹을 쥘 때에 통증을 느끼며, 때로는 엄지손가락을 구부릴 때 결리는 듯한 느낌을 받는다.

㉤ 염좌 : 인대 또는 근육을 삐어서 해당 부분이 늘어나거나 부분적으로 찢어지는 경우를 말한다. 대부분 무거운 물건을 갑자기 들어 올리거나 밀거나, 또는 좋지 않은 자세에서 갑자기 허리에 힘을 주거나 허리를 비틀었을 때 발생한다. 통증이 심하며, 내부적으로 염증 반응과 부종이 동반되기도 한다. 염좌가 일어난 주위의 근육은 딱딱하게 굳어 있는 경우가 많다. 통증이 심한데도 불구하고 X-레이 검사에서는 이상이 없는 것이 특징이다. 최초 발생 후 2~3일에 통증이 가장 심하며, 1~2주간 통증이 지속되다가 저절로 완화되는 경우도 있다. 하지만 치료가 제대로 되지 않았거나 나쁜 자세를 계속 취하는 경우, 중량물을 계속 드는 경우에 장기간으로 경과되어 만성 염좌로 진행된다.

(3) 농작업 특성에 따라 근골격계 부담작업을 유발하는 작업

① 부적합한 작업자세

등을 구부리거나 비틀면서 물체를 다루거나 내리게 되면 등을 곧바로 폈을 때와 비교하여 척추 디스크에 더 많은 부담이 가해지게 된다. 어깨나 엉덩이, 무릎, 팔을 계속해서 반복적으로 구부리거나 비틀림을 요구하는 작업도 이러한 관절에 부담을 가중시키게 된다. 또한 빈번하게 또는 계속해서 어깨 위로 팔을 들어 올리는 작업 등이 특히 문제가 된다.

[손목이 지나치게 숙여지거나 젖혀지는 작업]　　　[장시간 동안 쪼그려 앉는 작업]

[허리를 옆으로 비트는 작업자세] [목과 허리를 뒤로 젖히거나 팔을 머리 위로 들어 올리는 작업자세]

[허리를 지나치게 숙이는 작업자세]   [팔을 들어 올리는 작업자세]

(출처 : 안전보건공단, 농작업편이장비를 활용한 근골격계 질환 예방)

② 많은 힘을 요구하는 작업(무거운 것 들기, 밀기, 당기기)

강한 힘을 요구하는 일은 근육, 건, 인대, 관절에 더 큰 부담을 주게 된다. 따라서 다음과 같은 경우에는 작업 시에 요구되는 힘의 크기가 증가하여 근골격계 질환이 생길 수 있다.

㉠ 다루거나 들어 올리는 짐의 무게가 무거운 경우

㉡ 다루거나 들어 올리는 짐의 부피가 큰 경우

㉢ 부적합한 자세로 작업하는 경우

㉣ 다루는 물체가 미끄러운 경우(쥐는 힘이 더 요구됨)

㉤ 진동 공구를 사용하는 경우(쥐는 힘이 증가됨)

[무거운 물건을 드는 경우]

(출처 : 안전보건공단, 농작업편이장비를 활용한 근골격계 질환 예방)

③ 반복되는 동작 : 유사한 동작이 장시간 동안 빈번하게 반복된다면(예 : 몇 초마다 매번) 근육과 건에 피로가 축적되게 된다. 또한 충분한 휴식시간이 없거나 이러한 반복적인 동작에 부적합한 자세와 힘이 같이 작용하는 경우 문제는 더 심각해지게 된다.

    ㉠ 고추나 과일 등을 수확할 때 손목, 손가락 등을 반복적으로 사용하는 작업

    ㉡ 농약을 살포할 때 반복적으로 분무질을 하거나 팔을 좌우로 흔드는 경우

    ㉢ 반복적으로 망치질을 하는 경우

[손목, 손가락 등을 반복적으로 사용하는 작업] [반복적으로 분무질을 하거나 팔을 좌우로 흔드는 경우]

[반복적으로 망치질을 하는 경우]

(출처 : 안전보건공단, 농작업편이장비를 활용한 근골격계 질환 예방)

④ 날카로운 면과의 신체 접촉

    둥글지 않은 책상 모서리, 보호대가 없는 좁은 연장 손잡이 등 단단하거나 날카로운 물체와 지속적인 접촉은 신체의 한 부분에 압력을 가하여 혈류나 신경의 기능을 억제할 수 있다.

⑤ 진 동

    예취기, 제초기 등의 진동기계 사용 시 기계에 접하는 신체의 특정 부위에 국소진동으로 인한 말초혈관 장애 등이 발생할 수 있다. 또한 트랙터, 콤바인, 경운기 등의 동력 기계에 앉아 있거나 서 있을 때 전신진동으로 인해 요통이 발생할 수 있다.

⑥ 기타 요인들

    근골격계 질환에 대한 위험인자들에 영향을 줄 수 있는 작업 환경에는 다음과 같은 것이 있다.

    ㉠ 저온 창고에서 장시간 일하는 경우

    ㉡ 불충분한 휴식

    ㉢ 익숙하지 않은 작업

    ㉣ 스트레스를 많이 받는 작업

(출처 : 안전보건공단, 농작업편이장비를 활용한 근골격계 질환 예방)

농작업 근골격계 질환 유해요인 확인

(1) 농작업 근골격계 질환 부담 작업 자세

① 부적절한 작업 자세

부적절한(혹은 불편한) 작업 자세란 작업이 수행되는 동안 각각의 신체 부위에서의 중립적인 위치(Neutral Position)를 벗어나는 자세를 말한다. 예를 들면, 등을 곧게 폈을 때와 비교하여 등을 구부리거나 뒤로 젖히거나, 비틀면서 물체를 다루거나 내리거나 올리거나 할 때에는 척추 디스크에 더 많은 부담이 가해지게 된다. 어깨나 엉덩이, 무릎, 팔, 손목, 팔꿈치 등을 계속해서 반복적으로 구부리거나 비틀림을 요구하는 작업 또한 이러한 관절에 부담을 가중시키게 된다. 특히 빈번하게 또는 계속해서 어깨 위로 들어 올리는 작업은 매우 부담이 큰 것으로 알려져 있다.

부 위	부적절한 작업 자세 사례	농작업 종류
손가락, 손, 손목	• 손목을 손바닥 방향으로 숙이는(20° 이상) 동작을 반복하거나 지속하는 작업 • 손목을 손등 방향으로 젖히는(30° 이상) 동작을 반복하거나 지속하는 작업 • 손목이 옆으로 틀어지는 동작을 반복하거나 지속하는 작업 • 조그마한 물건을 집는 과정에서 손가락 집기 동작이 반복되거나 지속되는 작업 • 공구를 감싸는 등 쥐는 힘이 지속되는 작업	전지가위를 이용한 각종 가지치기, 수확, 선별 포장 작업
팔꿈치, 전완	• 나사를 조이는 작업과 같이 아래팔을 반복적으로 비틀거나 비튼 상태를 지속하는 작업 • 손바닥 혹은 손등이 위를 향한 상태에서 작업을 지속하는 작업 • 망치 작업과 같이 팔꿈치를 굽혔다 펴는 동작을 반복하는 작업 • 팔꿈치를 쭉 편 상태에서 작업을 지속하는 작업 • 아래팔을 가슴 쪽으로 당긴 상태에서 작업을 지속하는 작업	예초기 및 낫을 이용한 제초 작업, 사과, 배 등 과수 수확 작업
어깨, 상완	• 상완(위팔)을 45° 이상 정면 혹은 측면으로 반복적으로 들거나 혹은 들린 상태를 지속하는 작업 • 팔을 몸 뒤쪽으로 반복적으로 뻗거나 뻗은 상태를 지속하는 작업 • 작업대가 높아 어깨가 들리는 자세를 지속하는 작업 • 정밀작업 혹은 관찰 작업과 같이 어깨를 움츠리는 자세를 지속하는 작업	• 과수작목에서 문제되는 팔을 머리 위로 들어 올리는 위보기 작업 • 하우스 저상 작목에서 팔을 쭉 뻗어 작업하는 자세
목	• 목을 20° 이상 숙이는 자세를 반복하거나 지속하는 작업 • 목을 20° 이상 측면으로 숙이거나 비트는 자세를 반복하거나 지속하는 작업 • 목을 5° 이상 뒤로 젖히는 자세를 반복하거나 지속하는 작업 • 지나치게 목을 뻣뻣하게 유지해야 하는 작업	• 목을 뒤로 젖히는 작업 • 저상 작목에서 작업 위치가 낮아 목을 숙이는 작업

부 위	부적절한 작업 자세 사례	농작업 종류
허 리	• 허리를 20° 이상 숙이는 자세를 반복하거나 지속하는 작업 • 허리를 20° 이상 측면으로 숙이거나 비트는 자세를 반복하거나 지속하는 작업 • 허리를 10° 이상 뒤로 젖히는 자세를 반복하거나 지속하는 작업 • 지나치게 허리를 뻣뻣하게 유지해야 하는 작업	• 중량물을 반복적으로 들어 올리는 작업 • 작업 위치가 낮아 허리를 지속적으로 숙여야 하는 노지 및 하우스 작목
다 리	• 계단 혹은 사다리를 반복적으로 오르내리는 작업 • 발목을 이용하여 페달을 반복적으로 밟는 작업 • 쪼그려 앉는 작업 자세를 반복하거나 지속하는 작업 • 무릎을 꿇는 자세를 반복하거나 지속하는 작업 • 한쪽 발에 몸의 체중이 지속적으로 쏠리는 작업 • 딱딱한 바닥에서 장시간 동안 서 있는 상태를 지속하는 작업	키가 작은 저상 작목을 재배하는 대부분의 노지 작목과 하우스 작목

② 중량물 작업

중량물 작업이란 일정한 중량(보통 4~5kg) 이상의 물체를 한 장소에서 지지하거나(혹은 잡고 있거나) 다른 장소로 옮기기 위해 행해지는 일련의 동작을 말하며, 들기, 내리기, 운반, 밀기, 당기기 작업 등으로 구분되고 있다. 중량물 취급 작업은 요추부 질환의 발생과 관련성이 매우 높다.

특정 들기 작업에 대한 객관적인 측정방법을 이용하여 평가할 때, 평가 결과가 나쁠수록, 요추부 질환 발생의 위험은 증가하게 된다. 중량물의 안전한 기준은 국가와 성별, 작업 조건에 따라 매우 다양하다.

미국 산업안전보건연구원(NIOSH)에서는 90%의 성인 남녀가 수용할 수 있는 최대중량을 23kg으로 제시하고 있으며, 국제표준기구(ISO 11228-1)에서는 95%의 성인 남성과 70%의 성인 여성이 들어 올릴 수 있는 최대중량을 25kg으로 제시하고 있다. 농작업에서 문제되는 중량물 작업은 대부분이 수확 작업과 관련되어 있다. 예를 들어 수박 수확 작업은 8~12kg 정도의 반복적인 중량물 들기 작업이 이루어진다. 또한 참외나 사과의 경우도 수확 박스가 대부분 20kg 내외로 중량물 권고 기준을 최고 4배 이상 초과하는 것으로 나타나 요추부 부담이 매우 큰 작업이다.

구 분	최대중량	비 고
ISO 11228-1(2003)	25kg	95%의 성인 남성과 70%의 성인 여성이 수용할 수 있는 최대중량
NIOSH(1994)	23kg	90%의 성인남녀가 수용할 수 있는 최대중량

(출처 : 농촌진흥청 농작업 안전보건관리 기본서)

③ 반복적인 동작

유사한 동작이 작업 기간 동안 빈번하게 반복된다면(예 매 몇 초마다), 피로와 근육-건에 대한 부하가 축적될 수 있다. 충분한 휴식 시간이 이러한 작업 중간 중간에 주어진다면 건과 근육은 피로로부터 회복될 수 있다. 같은 작업을 수행하는 데 반복적인 동작의 효과는 부적합한 자세와 힘이 많이 들어가는 경우를 포함할 때 증가한다. 반복성에 대한 고위험 기준 횟수는 다음과 같이 정의하고, 만약 힘, 작업속도, 정적 혹은 극단적 자세, 속도 의존, 노출 시간 등이 많아지면 위험성은 더 커져 매우 위험한 작업으로 분류하고 있다.

㉠ 손가락 : 분당 200회 이상

㉡ 손목/전완 : 분당 10회 이상

      ⓒ 상완/팔꿈치 : 분당 10회 이상

      ⓡ 어깨 : 분당 2.5회 이상

④ 진 동

    ㉠ 국소진동(Local Vibration)

주로 동력 수공구를 잡고 일할 때 손, 팔, 어깨에 진동이 전해지는 것처럼 몸의 일부에 진동이 전달되는 경우로, 수완진동(Hand-Arm Vibration ; HAV)이라고도 한다. 농작업에서는 제초 작업에 사용하는 예초기가 가장 대표적인 국소진동이 문제되는 공구이다. 오랜 기간 동안 국소진동에 노출되면 수지백색증(White Fingers Syndrome)과 같은 장애가 올 수 있다. 주요 증상은 손과 손가락의 혈관이 수축하며 혈행(血行)이 감소하여 손이나 손가락이 창백해지고 바늘로 찌르듯이 저리며 통증이 심하다. 그 외 손목, 팔꿈치, 어깨, 다리 등에 나타나는 진동증 후군의 증상으로는 차가워짐, 굳어짐, 무력감, 감각저하, 떨림, 손톱의 변형, 운동범위 제한 등이 있다.

    ㉡ 전신진동(Whole Body Vibration)

주로 운송 수단과 중장비 등에서 발견되는 형태로서 승용 장비의 바닥, 좌석의 좌판, 등받이와 같이 몸을 받치고 있는 지지구조물을 통하여 몸 전체에 진동이 전해지는 것을 말한다. 전신진동은 주로 요통과 소화기관, 생식기관의 장애, 신경계통의 변화 등을 유발 하게 된다. 또한 전신진동에 의해 발생되는 피해는 열거된 질병 외에도 불편함과 활동의 간섭에 큰 영향을 주고 있다. 농작업에서 문제되는 전신진동은 대부분이 트랙터, 경운기 와 같은 농업용 기계를 운전할 때 문제되고 있다.

(2) 농작업 근골격계 유해요인 노출기준

근골격계 유해요인은 작업자세, 반복 작업, 중량물 부담 등으로 분류된다. 근골격계 유해요인은 초기 노출 시 관절과 근육 등에 간헐적인 통증과 불편함을 일으키다가, 관절염, 추간판 탈출증(허 리디스크)과 같은 작업관련성 근골격계 질환을 유발한다. 근골격계 유해요인은 체크리스트 등을 이용한 점수를 기준으로 위험 수준을 평가한다.

[인간공학적 요인의 평가도구에 따른 노출수준 분류기준]

평가도구	조치수준(위험도)		
	하	중	상
OWAS	수준 1, 2	수준 3	수준 4
REBA	7점 이하	8~10점	11점 이상
JSI	5점 미만	5~7점	7점 이상
NLE	LI 1 미만	LI 1 이상~2 미만	LI 2 이상

(출처 : 농촌진흥청 농작업 유해요인의 노출평가와 개선 2016)

(3) 농작업 근골격계 질환 부위별 질환 사례

① 고추 재배 작업 사례

고추 작업의 경우 바닥에 쪼그린 상태에서 상완을 들고 허리를 숙이는 작업자세가 가장 문제되고 있다. 따라서 이동성이 가능하고 좌식 작업이 가능한 작업보조도구를 고려하는 것이 개선방향의 핵심이라고 할 수 있다. 한 연구에 의하면 하루에 30분 이상 쪼그린 자세를 유지하는 경우 무릎 퇴행성관절염의 유병률이 높은 것으로 알려져 있다.

② 과수 작업 사례

과수 작업의 경우는 고추작업과는 반대로 작업위치가 너무 높아 항상 팔을 머리 위로 90° 이상 들어 올리고 목과 허리를 뒤로 젖히는 작업자세가 가장 문제되고 있다. 따라서 과수목이 너무 커 생기는 이러한 문제를 근본적으로 해결하는 데는 많은 한계성이 있을 수 있으나 문제를 최소화시키기 위해 현재 사용하는 사다리를 수평적 개념과 수직적 개념이 고려된 안정된 사다리의 설계를 고려해 볼 수 있을 것이다.

구 분	고추작업	과수작업
위험요인 발생원인	• 대부분이 고랑 위에 쪼그린 상태에서 작업 위치가 높아 상완을 들고 허리를 숙이는 정적인 작업자세가 가장 문제됨 • 고추따기 작업의 경우 수확물을 계속 이동하면서 작업을 하는 관계로 중량물 작업에 의한 힘이 문제됨	• 대부분의 작업위치가 머리 위에 위치하기 때문에 항상 상완을 90° 이상 머리 위로 들어올리고 동시에 목과 허리를 뒤로 젖힌 상태에서 작업하는 정적인 작업자세가 문제됨 • 사다리에 올라 작업하는 과정에서 몸의 무게 중심을 잡기 위해 힘이 많이 필요함
작업개선 방향	• 너무 높지 않은 적정한 높이(약 30cm 내외)에서 좌식 작업이 가능한 보조도구 개발(수확물 운반용 도구와 결합된 보조도구의 개발을 고려) • 이랑 사이로 이동이 가능한 운반용 도구 개발	• 과수목 자체의 키를 낮추는 방법이 가장 근본적인 방법일 수 있으나 종자개량 혹은 가지의 높이를 물리적으로 낮추도록 성장과정에서 조정하는 등의 방법을 장기적으로 고려해 볼 수 있음 • 현재 사용하고 있는 사다리의 발받침대 폭을 넓히고 수직적 개념으로 설계된 것을 수직적 개념과 수평적 개념이 결합된 사다리를 설계하는 것의 고려

인간공학적 평가하기

(1) 농작업에 대한 인간공학적 위험성 평가를 위한 평가도구

근골격계 부담작업을 평가한다는 것은 통상적으로 수행되는 특정한 작업 자세에 대해 근골격계 질환 위험성이 얼마나 되는지를 표준화된 방법을 이용하여 분석하는 것이다. 이와 같은 위험 요인 평가는 체크리스트 분석과 비디오 분석을 병행하여 실시하며, 사용하는 평가 방법은 작목별 작업 특성을 고려하여 기존에 타당도 및 신뢰도가 검증된 평가 도구를 선택적으로 사용해야 한다.

① 평가도구 선택 시 주의사항

㉠ 평가하고자 하는 신체 부위를 고려한다.

• 평가하고자 하는 작업에서 주로 문제되는 신체 부위가 어디인지를 고려해야 한다.

• 평가 방법에 따라 적절한 평가 부위가 정해져 있다.

㉡ 작업 특성을 고려하여 선택한다.

• 어떤 평가 도구는 중량물만 평가한다든지, 어떤 것은 작업 자세만 평가한다든지 각각의 특성이 있다.

• 또한 매번 동일한 동작이 반복 수행되거나 비특이적인 자세가 상황에 따라 바뀌는 작업 등 다양한 특성을 고려하여 평가 도구를 선택해야 한다.

㉢ 평가자의 훈련 정도를 고려하여 선택한다.

• 대부분의 평가를 위해서는 근골격계 질환과 관련된 전문 교육이 필요하다.

• 교육 수준에 따라 다소 쉬운 평가와 좀 더 복잡한 평가 도구를 사용할 수 있다.

(2) 농작업에 주로 사용할 수 있는 체크리스트

평가방법	적합한 평가 부위	평가에 적합한 작업
OWAS	허리, 어깨, 다리 부위	쪼그리거나 허리를 많이 숙이거나, 팔을 머리 위로 들어 올리는 작업
REBA	손, 아래팔, 목, 어깨, 허리, 다리 부위 등 전신	허리, 어깨, 다리, 팔, 손목 등의 부적절한 자세와 반복성, 중량물 작업 등이 복합적으로 문제되는 작업
RULA	손목, 팔, 목, 어깨, 허리 등 상지 중심	허리, 어깨, 팔, 손목 등의 부적절한 자세와 반복성, 중량물 작업 등이 복합적으로 문제되는 작업
JSI	손목, 손가락 부위	수확물 선별 포장, 혹은 반복적인 전지가위 사용 등 손목, 손가락 등을 반복적으로 사용하거나 힘을 필요로 하는 작업
NLE	허리 부위	중량물을 반복적으로 드는 작업
AWBA	팔, 어깨, 허리, 다리 부위 등 전신	바닥 또는 의자에 앉거나 무릎을 꿇는 작업, 허리 또는 팔을 머리 위로 들어 올리는 작업

(출처 : 농촌진흥청 농작업 안전보건관리 기본서)

① OWAS(Ovako Working-posture Analysis System)

OWAS 체크리스트는 핀란드의 철강회사인 오바코(Ovako)사 작업자들의 작업자세를 평가하기 위해 개발한 작업자세 평가기법으로서, 신체 부위별로 정의된 자세기준을 코드화하여 분석한 것이다. 평가절차가 간단하여 배우기 쉽고 현장에 적용하기 쉬워서 많이 이용되고 있다. 하지만 여러 작업 중에서 개선이 필요한 작업을 우선적으로 선정하는 것에는 무리가 없으나, 작업자세를 너무 단순화했기 때문에 세부적인 정확도가 떨어지는 단점이 있다. 즉, 자세분류의 크기가 크기 때문에 같은 자세코드에 여러 자세가 포함될 수 있으며, 몸 일부의 움직임이 적으면서도 반복하여 사용하는 작업 등에서는 차이를 파악하기가 어렵다. 그리고 작업지속 시간을 검토할 수 없으며, 보관·유지 자세를 평가하기가 곤란하다. 따라서 1차적인 분석도구로 사용하는 것이 바람직하며, 문제점이 발견된 작업에 대해서는 추가적인 분석이 필요하다.

㉠ 1단계 - 작업자세(코드) 체크

- 작업자의 자세를 허리, 팔, 다리 세 신체 부위로 나누어 확인하고 작업물의 하중 및 요구되는 힘도 함께 고려하여 관찰하는 등 작업자세를 분류하는 과정이다.
- 허리, 팔, 다리의 세 신체 부위의 자세 코드를 차례대로 확인한 후 마지막으로 그 작업에서 필요한 하중을 체크한다.
- 대개의 경우 작업은 여러 자세가 취해지므로 작업자의 자세를 비디오로 촬영하고 일정 간격으로 관찰해서 각 자세에 대하여 허리, 팔, 다리, 하중/힘에 해당하는 코드를 기록한다.
- 작업자세의 측정 간격은 작업자세가 자주 바뀌는 작업의 경우에는 10초 이내의 짧은 측정 간격을, 작업자세가 자주 바뀌지 않는 경우에는 상대적으로 긴 간격을 설정한다. 특히 작업주기가 짧은 경우에는 측정 횟수를 늘리는 것이 좋다.

평가번호		작업명	

OWAS 자세코드 : _____   위험도 수준 : _____

• 신체부위별 작업자세에 따른 코드 체계

신체 부위	작업자세(괄호 안은 자세코드)			
허 리	(1) 바로 섬	(2) 굽힘	(3) 비틈	(4) 굽히고 비틈
팔	(1) 양팔 어깨 아래	(2) 한팔 어깨 아래		(3) 양팔 어깨 위
다 리	(1) 앉음	(2) 두 다리로 섬	(3) 한 다리로 섬	(4) 두 다리 구부림
	(5) 한 다리 구부림	(6) 무릎 꿇음	(7) 걷기	
하 중	(1) 10kg 이하	(2) 10~20kg		(3) 20kg 이상

• OWAS 자세코드에 따른 조차수준(위험도) 판정표

허 리	하 중	다 리																				
		1			2			3			4			5			6			7		
	팔	1	2	3	1	2	3	1	2	3	1	2	3	1	2	3	1	2	3	1	2	3
1	1	1	1	1	1	1	1	1	1	1	2	2	2	2	2	2	1	1	1	1	1	1
	2	1	1	1	1	1	1	1	1	1	2	2	2	2	2	2	1	1	1	1	1	1
	3	1	1	1	1	1	1	1	1	1	2	2	2	2	2	3	1	1	1	1	1	2
2	1	2	2	3	2	2	3	2	2	3	3	3	3	3	3	3	2	2	2	2	3	3
	2	2	2	3	2	2	3	2	3	3	3	4	4	3	4	4	3	3	4	2	3	4
	3	3	3	4	2	2	3	3	3	3	3	4	4	4	4	4	4	4	4	2	3	4
3	1	1	1	1	1	1	1	1	1	2	3	3	3	4	4	4	1	1	1	1	1	1
	2	2	2	3	1	1	1	1	1	2	4	4	4	4	4	4	3	3	3	1	1	1
	3	2	2	3	1	1	1	2	3	3	4	4	4	4	4	4	4	4	4	1	1	1
4	1	2	3	3	2	2	3	2	2	3	4	4	4	4	4	4	4	4	4	2	3	4
	2	3	3	4	2	3	4	3	3	4	4	4	4	4	4	4	4	4	4	2	3	4
	3	4	4	4	2	3	4	3	3	4	4	4	4	4	4	4	4	4	4	2	3	4

• 조차수준(위험도) 점수에 따른 인간공학적 건강영향 및 개선 시급성

조차수준 점수	평가 내용
수준 1	• 근골격계에 특별한 해를 끼치지 않음 • 작업자세에 아무런 조치가 필요하지 않음
수준 2	• 근골격계에 약간의 해를 끼침 • 가까운 시일 내에 작업자세의 교정이 필요함
수준 3	• 근골격계에 직접적인 해를 끼침 • 가능한 한 빨리 작업자세를 교정해야 함
수준 4	• 근골격계에 매우 심각한 해를 끼침 • 즉각적인 작업자세의 교정이 필요함

(출처 : 농촌진흥청 농작업 안전보건관리 기본서)

[OWAS 작업자세(코드) 분류 체계]

신체 부위	작업자세(괄호 안은 자세코드)			
허 리	(1) 바로 섬	(2) 굽힘	(3) 비틈	(4) 굽히고 비틈
팔	(1) 양팔 어깨 아래		(2) 한팔 어깨 아래	(3) 양팔 어깨 위
다 리	(1) 앉음	(2) 두 다리로 섬	(3) 한 다리로 섬	(4) 두 다리 구부림
	(5) 한 다리 구부림	(6) 무릎 꿇음	(7) 걷기	
하 중	(1) 10kg 이하	(2) 10~20kg		(3) 20kg 이상

(출처 : 농촌진흥청 농작업 안전관리자 육성 교육교재 작업자세 분석도구)

[OWAS 작업자세(코드) 설명]

신체 부위	코 드	자세 설명
허 리	1	곧바로 편 자세(서 있음)
	2	상체를 앞으로 굽힌 자세
	3	바로 서서 허리를 옆으로 비튼 자세
	4	상체를 앞으로 굽힌 채 옆으로 비튼 자세
팔	1	양손을 어깨 아래로 내린 자세
	2	한 손만 어깨 위로 올린 자세
	3	양손 모두 어깨 위로 올린 자세
다 리	1	의자에 앉은 자세
	2	두 다리를 펴고 선 자세
	3	한 다리로 선 자세
	4	두 다리를 구부린 자세
	5	한 다리로 서서 구부린 자세
	6	무릎 꿇는 자세
	7	걷 기
하중/힘	1	10kg 이하
	2	10~20kg
	3	20kg 이상

(출처 : 농촌진흥청 농작업 안전보건관리 기본서)

작업자세 분류 체계표를 이용하여 세 가지 작업자세(① 허리 → ② 팔 → ③ 다리)와 하중을 순서대로 체크한 후 해당되는 작업의 고유한 작업자세 코드(4자리 수)를 분류하는 과정이다. 예를 들어, ① 허리를 비틀고, ② 한 팔을 어깨 위로 하고, ③ 무릎을 꿇은 자세로 ④ 10kg 이하의 하중을 받는 경우에 자세 코드는 '3261'이 된다. '3261'에 해당되는 작업자세 코드의 조치 수준(AC)은 '3'이다.

허리	하중\팔	다리																					
		1			2			3			4			5			6			7		
		1	2	3	1	2	3	1	2	3	1	2	3	1	2	3	1	2	3	1	2	3
1	1	1	1	1	1	1	1	1	1	1	2	2	2	2	2	2	1	1	1	1	1	1
	2	1	1	1	1	1	1	1	1	1	2	2	2	2	2	2	1	1	1	1	1	1
	3	1	1	1	1	1	1	1	1	1	2	2	3	2	2	3	1	1	1	1	1	2
2	1	2	2	3	2	2	3	2	2	3	3	3	3	3	3	3	2	2	2	2	3	3
	2	2	2	3	2	2	3	2	3	3	3	4	4	3	4	4	3	3	4	2	3	4
	3	3	3	4	2	2	3	3	3	3	3	4	4	4	4	4	4	4	4	2	3	4
3	1	1	1	1	1	1	1	1	1	2	3	3	3	3	3	4	1	1	1	1	1	1
	2	2	2	3	1	1	1	1	1	2	4	4	4	4	4	4	3	3	1	1	1	1
	3	2	2	3	1	1	1	2	3	3	4	4	4	4	4	4	4	4	1	1	1	1
4	1	2	3	2	2	3	3	2	2	3	4	4	4	4	4	4	4	4	4	2	3	4
	2	3	3	4	2	3	4	3	3	4	4	4	4	4	4	4	4	4	4	2	3	4
	3	4	4	4	2	3	4	3	3	4	4	4	4	4	4	4	4	4	4	2	3	4

(출처 : 농촌진흥청 농작업 안전보건관리 기본서)

ⓛ 2단계 : 조치 수준 결정 및 결과 해석

최종적으로 관찰하고자 하는 작업의 자세 코드와 이에 해당하는 조치 수준을 확인하는 단계이다. 자세 코드에 따른 조치 수준은 근골격계 영향에 따라 크게 네 수준으로 분류된다. 이들 네 가지 조치 수준 중, 수준 '3'과 '4'는 근골격계에 나쁜 영향을 미치는 자세로 시급한 조정이 필요한 것이다. 따라서 조치 수준 '3'과 '4'의 비중이 많은 작업에 대해서는 적절한 개선책이 요구된다.

수 준	평가내용
1	• 근골격계에 특별한 해를 끼치지 않음 • 작업자세에 아무런 조치도 필요치 않음
2	• 근골격계에 약간의 해를 끼침 • 가까운 시일 내에 작업자세의 교정이 필요함
3	• 근골격계에 직접적인 해를 끼침 • 가능한 빨리 작업자세를 교정해야 함
4	• 근골격계에 매우 심각한 해를 끼침 • 즉각적인 작업자세의 교정이 필요함

(출처 : 농촌진흥청 농작업 안전보건관리 기본서)

② REBA(Rapid Entire Body Assessment)

근골격계 질환과 관련한 위해인자에 대한 개인 작업자의 노출 정도를 평가하기 위한 목적으로 개발되었으며, 특히 상지작업을 중심으로 한 RULA와 비교하여 간호사 등과 같이 예측하기 힘든 다양한 자세에서 이루어지는 서비스업에서의 전체적인 신체에 대한 부담 정도와 위해인자에의 노출 정도를 분석하는 데 적합하다. REBA는 크게 신체 부위별 작업자세를 나타내는 4개의 배점표로 구성되어 있다. 평가대상이 되는 주요 작업요소로는 반복성, 정적 작업, 힘, 작업자세, 연속작업 시간 등이 고려된다. 평가방법은 크게 신체 부위별로 A와 B 그룹으로 나누어지고 A, B의 각 그룹별로 작업 자세, 그리고 근육과 힘에 대한 평가로 이루어진다. 평가결과는 1에서 15점 사이의 총점으로 나타내어지며 점수에 따라 5개의 조치단계(Action Level)로 분류된다. 조치단계 0은 특별한 조치가 필요 없음, 조치단계 1은 조치가 필요할지도 모름, 조치단계 2는 조치가 필요함, 조치단계 3은 조치가 곧 필요함, 조치단계 4는 즉시 조치가 필요함을 의미한다.

REBA 평가표

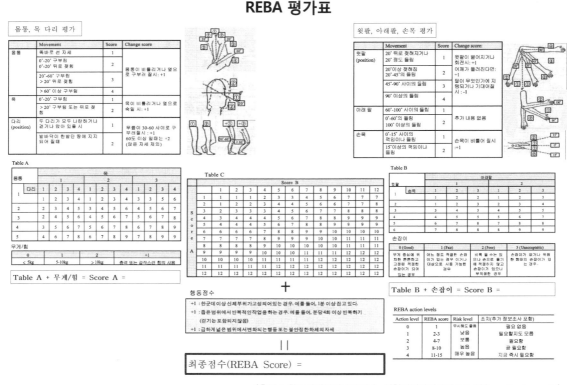

(출처 : 한국산업안전보건공단, 위험성평가시스템 http://kras.kosha.or.kr)

③ RULA(Rapid Upper Limb Assessment)

어깨, 팔목, 손목, 목 등 상지에 초점을 맞추어 작업 자세로 인한 작업부하를 쉽고 빠르게 평가하기 위해 개발하였다.

기법의 목적은 첫째, 나쁜 작업 자세로 인한 상지의 장애(Disorders)를 안고 있는 작업자의 비율이 어느 정도인지를 쉽고 빠르게 파악하는 방법을 제시하기 위해 만들어졌고, 둘째, 근육의 피로에 영향을 주는 인자들인 작업 자세나 정적인 또는 반복적인 작업 여부, 작업을 수행하는 데 필요한 힘의 크기 등 작업으로 인한 근육 부하를 평가하기 위해 만들어졌다. 평가 방법은 팔(상완 및 전완), 손목, 목, 몸통(허리), 다리 부위에 대해 각각의 기준에서 정한 값을 표에서 찾고 그런 다음, 근육의 사용 정도와 사용 빈도를 정해진 표에서 찾아 점수를 더하여 최종적인 값을 산출하도록 되어 있다. 이 방법은 주로 작업 자세의 위험성을 정량적으로 평가하여 최종 평가점수가 1~2점은 적절한 작업, 3~4점은 추적 관찰 필요, 5~6점은 작업 전환 고려, 7점은 즉시 작업 전환 필요 등으로 구분하여 사후 관리 기준을 제시하고 있다.

근골격계질환 위험요인 평가표(RULA Worksheet)

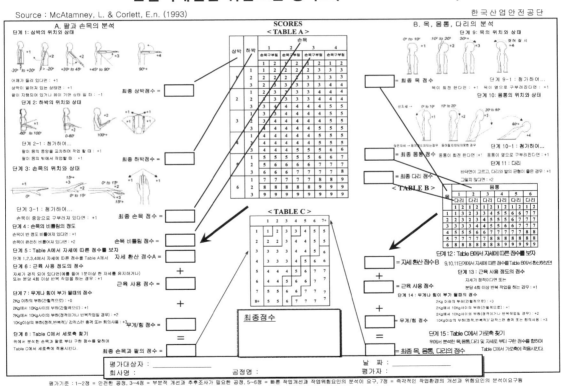

(출처 : 한국산업안전보건공단, 위험성평가시스템 http://kras.kosha.or.kr)

④ 작업부하 지수(Job Strain Index)

상지 질환에 대한 정량적 평가방법으로 인간공학적 작업 분석의 도구로서 생리학 및 인체역학 (Biomechanics)의 과학적 근거를 바탕으로 개발되었으며, 검증 과정을 통해서 의학적인 진단 결과와도 매우 유의한 타당성이 인정되었다는 장점이 있다. 그러나 이 평가 방법은 손목의 특이적인 위험성만이 강조되었고, 진동에 대한 위험 요인이 배제되었으며, 신뢰도가 검증되지 않았다는 한계점들이 지적되고 있다.

6개의 위험요소를 곱한 값이 부하지수이며, 각 요소는 근육사용 힘, 근육사용 기간, 빈도, 자세, 작업속도, 하루 작업시간으로 구성되어 있다. 이러한 요소들 중 힘든 정도가 가장 심각한 위험요소로 평가되고 있다. 작업부하 지수가 3 이하이면 안전하며, 5를 초과하면 상지질환으로 초래될 가능성이 있고, 7 이상은 매우 위험한 것으로 간주된다.

⑤ NLE

NLE(NIOSH Lifting Equation)는 미국 산업안전보건연구원(NIOSH)에서 중량물을 취급하는 작업에 대한 요통 예방을 목적으로 작업 평가와 작업 설계를 지원하기 위해서 개발되었다. 중량물 취급과 취급 횟수뿐만 아니라 중량물 취급 위치·인양거리·신체의 비틀기·중량물 들기 쉬움 정도 등 여러 요인을 고려하고 있으며, 보다 정밀한 작업평가·작업설계에 이용할 수 있게 되어 있다. 그러나 이 기법은 들기작업에만 적절하게 쓰일 수 있기 때문에, 반복적인 작업자세, 밀기, 당기기 등과 같은 작업들에 대한 평가에는 어려움이 있다. 들기지수(Lifting Index)가 1보다 크게 되면 요통 발생 위험이 높은 것으로 간주하여 들기지수가 1 이하가 되도록 작업을 설계·개선할 필요가 있음을 의미한다.

NLE 중량물 취급 기준 적용 불가 작업

㉠ 한 손으로 물건을 취급하는 경우

㉡ 8시간 이상 물건을 취급하는 작업을 계속하는 경우

㉢ 앉거나 무릎을 굽힌 자세로 작업을 하는 경우

㉣ 작업 공간이 제약된 경우

㉤ 밸런스가 맞지 않는 물건을 취급하는 경우

㉥ 운반이나 밀거나 끌거나 하는 것 같은 작업에서의 중량물 취급

㉦ 손수레나 운반카를 사용하는 작업에 따르는 중량물 취급

㉧ 빠른 속도로 중량물을 취급하는 경우(약 75cm/초를 넘어가는 것)

㉨ 바닥면이 좋지 않은 경우(지면과의 마찰계수가 0.4 미만의 경우)

㉩ 온도/습도 환경이 나쁜 경우(온도 19~26℃, 습도 35~50%의 범위에 속하지 않는 경우)

⑥ AWBA

RULA, REBA 그리고 OWAS와 같은 기존의 자세 평가도구들은 주로 산업현장에서 발생하는 작업자세들의 작업 부하를 평가하기에 적합하도록 개발된 평가도구로, 비정형적인 작업 및 쪼그려 앉는 자세가 빈번히 발생되는 다양한 농작업 자세들을 평가하기에는 한계가 있다. 따라서 이러한 한계점을 극복하기 위해서 한국의 농작업 특성을 반영할 수 있는 상지 평가도구인 AULA(Agricultural Upper Limb Assessment)와 하지 평가도구인 ALLA(Agricultural Lower Limb Assessment)를 개발하였으며, 이를 통합하여 전신 평가도구인 AWBA(Agricultural Whole-Body Assessment)가 개발되었다.

평가는 크게 1단계인 상지 작업자세 분석(AULA)으로 14개 상지 자세에 대한 자세 점수를 산출하고, 2단계인 하지 작업자세 분석(ALLA)으로 우리나라 농작업에서 발생하는 다양한 하지 작업자세를 반영한 13개 하지 자세에 대한 자세 점수를 산출한다. 이때 AULA 평가와 ALLA 평가에서 각 작업자세에 따라 4단계의 위험수준으로 구분된다. 평가된 위험수준(Risk Level) 점수를 적용하여 최종적으로 평가 자세에 대한 진선 자세의 위험수준을 평가한다.

AWBA 평가표

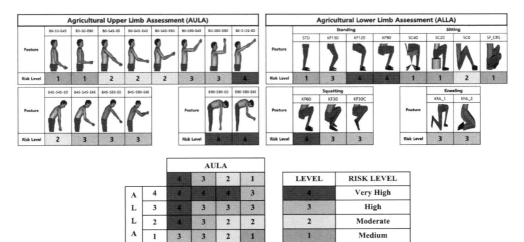

(출처 : 공용구 외, 농작업 자세 평가도구의 개발과 타당성 검증 연구, Journal of the Ergonomics Society of Korea, 37(5), pp.591-608, 2018.)

농작업 근골격계 부담작업 개선대책 제시하기

(1) 농작업 근골격계 유해요인 인간공학적 개선

① 쪼그리는 작업자세에 대한 개선

쪼그려 앉는 작업자세는 거의 모든 농사일에 공통적으로 문제가 되는 가장 비중 있고 중요한 위험요인이다. 농업인에게 무릎 부위 근골격계 질환 유병률이 높은 것은 쪼그려 앉는 작업 특성과 관련되어 있다. 문제 해결 방안은 의자에 앉아서 작업하거나, 작업 위치를 높여, 서서 일하게 하는 방법으로 개선해야 한다. 특히, 시설 하우스에서 주로 이루어지는 상추 등 채소류 작목의 경우 대부분 장시간 동안 쪼그려 앉거나 혹은 허리를 45° 이상 숙인 상태의 불편한 자세에서 작업이 이루어진다. 따라서 만약 의자에 앉아서 작업을 하게 되면 이러한 문제를 해결할 수 있다.

㉠ 작업 위치 상향조절

딸기 작목의 경우 일부 시설에서 계단식 농법을 도입한 사례가 있다. 이는 쪼그려 앉는 자세를 서서 하는 작업자세로 개선하여 문제의 원인을 해결한 사례이다. 초기 시설투자 비용이 문제가 되기는 하지만 중장기적으로는 작물의 두둑 높이를 상향 조정하는 등의 검토가 이루어져야 한다.

㉡ 보조 의자의 사용

쪼그려 앉는 작업에서는 엉덩이에 부착하는 스티로폼 형태의 의자나 바퀴달린 이동식 의자를 사용하여 부분적인 개선을 하고 있다. 이러한 개선안은 대부분 생육 초기 단계에서 어느 정도 작업 공간이 확보되었을 때는 사용이 가능하지만 작물이 자라면서 작업자가 앉을 수 있는 공간이 부족해지면 이용하는 데 한계가 있다. 또한 주된 작업자의 이동 통로인 고랑이 평탄하지 않고 물기가 있으면 사용이 제한적이다. 만약 이러한 고랑의 이동성만 확보된다면 바퀴달린 보조 의자(등받이가 있어야 함)를 사용할 수 있으며, 중량물을 쉽게 이동할 수 있고, 쪼그려 앉는 불편한 작업자세의 근본적인 문제를 해결할 수 있다.

② 과수 및 기타 고상 작목에서의 위보기 작업개선

위보기 작업의 근본 원인은 작물의 높이다. 따라서 장기적인 관점에서는 작물의 키를 낮추는 방법(종자 개량 등)을 고려해야 한다. 그러나 단기간에 작물의 키를 낮추기는 어렵기 때문에 다음과 같은 위험요인 개선 방안들이 있다.

㉠ 작업발판 사용

사다리의 전 단계로 가볍고 안정성이 있는 이동식 작업발판(약 3단 높이 정도)을 만들어 사용할 수 있을 것이다. 특히 포도 작목과 같이 높이가 일정한 작목에서는 아주 활용도가 높다. 이동식 작업발판은 무게를 최소화하여 휴대가 가능해야 하고 작업 특성상 안정감이 생명이므로 넘어지지 않도록 매우 안정적이어야 한다.

ⓛ 적절한 사다리 이용
  • 현재 사용하고 있는 사다리의 한계점
    현재 과수작업 등에서 위보기 작업 개선에 가장 많이 사용되는 도구가 사다리이다.
    그러나 대부분의 사다리 발판의 폭이 7.5cm로 너무 좁아 작업 중 무게 중심을 잡기가
    어렵다. 또한 사다리의 기능이 수직적 이동만 가능하도록 되어 있어 작업 중 이동에
    대한 불편함이 많다. 이러한 문제를 해결할 수 있는 기능성 사다리가 개발되어야 한다.
  • 적절한 사다리의 조건
    – 발판의 폭이 조정되어야 한다.
    – 현재의 사다리는 수직 이동만 가능한데 보조적으로 수평 이동을 겸할 수 있어야
      한다.
    – 사다리는 이동성과 안정성이 생명이므로 가볍고 넘어지지 않도록 안정적이어야 한다.
    – 장기적으로 테이블리프트(Table Lift)와 같이 자유롭게 높낮이 조절과 이동이 가능
      한 동력형 도구가 개발되어야 한다.
③ 수확물 이동을 위한 동력식 운반 도구 개선
  수확물 이동 시 문제되는 중량물 작업은 크게 2가지 형태이다.
  ㉠ 작물을 수확한 후 집이나 선별장으로 이동하는 문제
  ㉡ 선별 포장 시 수확물 박스를 이동하는 문제
  전자의 경우는 운반 보조도구를 사용하면 해결될 수 있으나 이 역시 고랑의 이동성에 한계가
  있어 외발 운반도구 등의 제한적인 보조도구만을 사용하고 있다. 따라서 이 문제 역시 고랑의
  이동성 확보가 전제되어야만 문제가 해결될 수 있다. 중량이 많이 나가지 않는 화훼, 딸기
  등의 작목에서는 시설 하우스 상부에 레일을 부착하여 천장수레를 이용하는 방법이 있으며,
  비용 부담에 대한 한계는 있으나 상당한 개선 효과가 있는 것으로 평가되고 있다. 후자의
  경우는 선별장 내에서 이동을 쉽게 할 수 있는 바퀴가 달린 보조 작업대와 컨베이어 시스템을
  이용한 개선 방법이 가능하다.
④ 각종 포장 및 선별 작업대 작업 높이 개선
  농작물의 선별 및 포장 작업은 작업장 바닥에서 이루어지는 경우가 많다. 따라서 쪼그리거나
  허리를 45° 이상 숙이는 자세가 문제되는데, 만약 적정 높이의 작업대를 설계해서 의자에
  앉아 작업하게 되면 이런 문제를 해결할 수 있다. 이때 작업대 높이는 수확용 박스와 포장용
  박스, 저울 높이 등을 고려하여 서로 다른 높이로 설계되어야 한다.
⑤ 고정대를 이용한 운반도구 설치
  비닐하우스나 버섯 재배시설과 같이 고정형 시설의 경우는 천장 및 기타 시설을 이용하여
  운반수레나 농약 약줄 등을 설치할 수 있다. 이러한 고정 설비를 통해 수확물 이동 시 문제되는
  중량물 작업을 개선할 수 있다. 농약 살포 작업 시 하우스 상부에 약줄을 설치하면 인력을
  1인으로 줄일 수 있고, 방제 시간을 상당 부분 절약할 수 있다. 또한 매일 이루어지는 물관리
  작업에도 사용할 수 있다.

(2) 중량물 작업 기본 원칙

요통을 예방하기 위해서는 중량물 작업 자체를 기계화하는 환경개선이 무엇보다도 우선되어야 한다. 그러나 농작업의 특성은 표준화된 시설 내에서 이루어지는 게 아니고 다양한 현장에서 비표준화된 작업을 하는 경우가 대부분이기 때문에 위험성을 최소화하기 위한 적절한 작업방법의 원칙을 실천하는 게 중요하다. 다음과 같은 작업자세의 원칙을 지켜야 동일한 중량을 취급한다 하더라도 허리에 가해지는 부하 정도를 줄일 수 있다.

① 물체의 중심과 작업자와의 간격(발까지의 거리)을 최소화한다.

이를 위해서는 몸의 중심을 들어올리는 물체에 최대한 가까이 해야 하고 가벼운 물건이라 하더라도 그 부피를 최소화해야 한다. 보통 물체의 중심과 작업자와의 거리가 20cm 이하일 때 척추에 가중되는 힘이 가장 작아지며, 만약 80cm 이상 떨어져 있을 때는 척추에 가해지는 힘이 5배 이상 커지게 된다.

② 바닥에 놓여 있는 물체의 중심이 가능하면 작업자의 허리높이와 동일해야 한다.

바닥에 있는 물체를 들어올릴 때는 물체의 무게중심이 허리 아래에 있기 때문에 허리에 가해지는 하중이 커지게 되므로 보조 받침대를 이용하여 물체의 중심 높이가 작업자의 허리 높이(약 75cm 정도)에 위치하도록 인위적으로 조절할 필요가 있다.

③ 물체의 운반거리 및 횟수(혹은 들어 올리는 횟수)를 최소화시킨다.

물체의 중량이 크지 않더라도 들어 올리는 횟수가 빈번해지면 척추에 무리가 갈 수 있다. 따라서 가능하면 운반거리와 횟수 등을 최소화해야 한다.

④ 만약 바닥에 있는 물체를 들어 올릴 때는 허리를 곧게 편 상태에서 무릎을 굽혀 몸의 중심을 낮추도록 한다. 무릎을 편 상태에서 물체를 들어 올리면 물체의 하중이 곧바로 척추에 전달되기 때문에 반드시 무릎을 굽힌 상태에서 들어 올려야 한다.

⑤ 물체를 어깨 위로 들어 올리는 일은 절대로 금한다.

무거운 물건을 어깨 위로 들어 올리게 되면 척추에 가해지는 압력이 최대로 높아지게 된다.

⑥ 두 사람 이상이 물체를 들어 올릴 때는 양쪽에 힘이 균등하게 배분되도록 행동을 동시에 취한다.

⑦ 무거운 물체 혹은 부피가 큰 것은 물체의 한쪽에서부터 살짝 들어 올려야 한다.

⑧ 들어 올리는 물체에는 손잡이가 있어야 하고 만약 손잡이가 여의치 않을 때는 코팅장갑을 착용하여 힘을 지지할 수 있도록 해야 한다.

⑨ 물체를 들어 올릴 때는 힘을 지지하는 발끝을 서로 나란하게 하지 말고 가능하면 대각선 방향이 되도록 해서 힘을 분산시키도록 한다.

⑩ 바닥을 이용하여 물체를 이동시킬 때는 앞에서 끌어당기지 말고 뒤에서 물체를 밀도록 한다.

⑪ 같은 무게의 물체라 하더라도 가능하면 부피를 최소화한다.

(3) 농작업 근골격계 유해 요인 기타 개선 방안

농업인에 있어 근골격계 질환 유해 요인을 원칙적으로 없애는 것은 어려운 일이지만, 질환 발생을 막을 수는 없어도 질환 발생을 최소화시킬 수는 있다. 이를 위해서 작업개선과 관리적인 방법을 통해 질환을 예방 혹은 감소시키려는 노력과 함께 질환이 심각해지기 전에 초기 단계에서 적절한 관리를 하는 것이 중요하다.

① 조기발견 조기치료

근골격계 질환의 예방 대책은 증상이 있는 사람을 조기 진단하여 조기 치료받게 하는 것이다. 즉, 근골격계 질환의 징후와 증상을 조기에 찾아내고 조기에 관리를 시작하는 것은 질환의 발달을 늦추거나 중단시키는 데 도움이 되지만 농업인 대부분이 일하다가 몸이 아픈 것은 당연하다고 인식하고 있어 적절한 치료 시기를 놓치게 되어 결국 수술을 해야 한다거나 치료를 장기간 해야 하는 상황에 이르는 경우가 많다. 본인이 가지고 있는 증상이 바로 근골격계 질환임을 자각하고 빨리 치료를 받으면 어느 정도 심각성을 줄일 수 있다는 인식을 가져야 한다.

② 건강관리

㉠ 근골격계 질환 예방 교육

본인의 문제를 인식하고 적절한 치료를 받기 위한 근골격계 질환과 관련된 교육자료 등 책자를 배포하며 농업인 대상 관련 교육에도 참가하도록 한다.

㉡ 시설 활용

전국에 있는 보건소, 보건지소 등에 근골격계 질환 환자를 돌볼 수 있는 최소한의 장비와 시설을 갖추도록 하며 이러한 시설을 적극적으로 이용하도록 권고한다.

㉢ 보조도구 활용

농작업 부담을 줄이기 위해 각종 농작업 보조도구를 개발 및 보급하여 작업부담을 덜고 위험자세를 개선하도록 한다.

㉣ 운동 및 휴식

적절한 예방체조 및 휴식을 통해 근골격계 질환을 예방한다.

적중예상문제

01 근골격계 질환의 특성 6가지를 쓰시오.

해설

① 특정된 하나의 신체 부위에 발생할 수도 있고 동시에 여러 부위에서 다발적으로 발생할 수 있다.
② 하나의 조직뿐만 아니라 다른 주변 조직의 변화를 동시에 가져온다.
③ 질환의 임상 양상 및 검사 소견 등이 사고성과 비사고성으로 명확하게 구분되지 않는다.
④ 방사선학적 검사 소견 등의 객관적인 검사 결과와 임상 증상이 일치하지 않는 경우가 많다.
⑤ 직업적인 원인 외에도 개인 요인과 일상생활 등의 비직업적인 원인(연령 증가, 일상생활, 취미 활동 등)에 의해서도 발생할 수 있다.
⑥ 증상의 정도가 가볍고 주기적인 것부터 심각하고 만성적인 것까지 다양하게 나타난다는 점 등이 있다.

02 근골격계 질환 발생 3단계를 서술하시오.

해설

① 1단계(질환의 초기 단계)
  작업 시간 중에 통증이나 피로감을 호소한다. 그러나 밤새 휴식을 취하게 되면 회복된다. 평상시에 작업 능력의 저하가 발생하지는 않는다. 이러한 상황은 몇 주 또는 몇 달 지속될 수 있으며, 다시 회복될 수 있다.
② 2단계(질환 의심 단계)
  작업 시간 초기부터 발생하여 하룻밤이 지나도 통증이 계속된다. 통증 때문에 수면이 방해받으며, 반복된 작업을 수행하는 능력이 저하된다. 이러한 상황이 몇 달 동안 계속된다. 이때부터 적극적인 관리가 필요하다.
③ 3단계(질환 발생)
  휴식을 취할 때에도 계속 통증을 느끼게 되고, 반복되는 움직임이 아닌 경우에도 통증이 발생하게 된다. 잠을 잘 수 없을 정도로 고통이 계속되며 낮에도 작업을 수행할 수 없게 되고, 일상 중 다른 일에도 어려움을 겪게 된다. 즉각적인 의학적인 치료가 필요한 단계이다.

03 농업인 근골격계 질환 증가요인을 농작업 환경의 특성에 맞게 서술하시오.

해설

① 농작업 특성상 노동 집약적인 작업 특성을 가지고 있다.
② 농작업은 표준화되어 있지 않고, 비연속적인 작업이며 특정 기간 동안에 집중된 작업(농번기, 농한기)이다.
③ 농작업은 전체적인 작업 시간이 증가되었다.
④ 농기계 및 작업공구의 사용시간 및 빈도가 증가되었다.
⑤ 인구의 고령화 및 여성 농업인이 증가되었다.
⑥ 제한된 인력에 따른 작업량이 증가되었다.
⑦ 의료혜택이 제한되어 있다.
⑧ 건강에 대한 인식이 결핍 혹은 잘못되어 있다.

04 근골격계 질환의 발생 요인 3가지를 서술하시오.

> 해설
> ① 작업관련 요인(작업 자세, 힘, 반복성 등의 물리적 스트레스)
> ② 사회심리적인 요인
> ③ 인적 요인

05 국제인간공학회기술위원회(International Ergonomics Association Technical Committee ; IEA TC)에서 정의한 상지에 대한 반복 작업의 위험 요인을 쓰시오.

> 해설
> ① 조직 체계
> ② 반복 정도
> ③ 힘의 정도
> ④ 자세 및 동작의 형태
> ⑤ 휴식 시간과 그 주기
> ⑥ 기타 : 진동 공구의 사용, 극도의 정밀을 요하는 작업, 해부학적으로 국소의 물리적 접촉을 요하는 자세, 낮은 온도, 맞지 않는 장갑의 사용 등

06 진동을 많이 느끼는 일을 하는 노동자들이나 손목을 세게 구부리는 동작이 반복되는 직업을 가진 사람, 손목이 고정된 자세로 컴퓨터 작업을 많이 하는 사무직에 종사하는 사람, 손을 빠른 속도로 반복해서 사용하는 사람에서도 흔히 발생하며 엄지손가락과 둘째, 셋째, 넷째 손가락의 엄지 쪽 반의 감각과 엄지손가락의 운동 기능의 일부를 담당하는 정중신경이 손목 부위에서 압박되어, 손과 손가락의 감각이상, 통증, 부종, 힘의 약화 등이 나타나는 말초신경압박증후군은?

> 해설
> 수근관증후군(손목터널증후군)

07 농작업 특성에 따라 근골격계 부담작업을 유발하는 작업은?

> 해설
> ① 부적합한 작업자세가 요구되는 작업
> ② 많은 힘을 요구하는 작업(무거운 것 들기, 밀기, 당기기)
> ③ 유사한 동작이 장시간 동안 빈번하게 반복되는 작업
> ④ 날카로운 면과의 지속적인 신체 접촉이 있는 작업
> ⑤ 진동 작업
> ⑥ 기타 : 저온 창고에서 장시간 동안 일하는 경우, 불충분한 휴식, 익숙하지 않은 작업, 스트레스를 많이 받는 작업

08 다음의 농작업은 어느 부위의 손상을 가져올 것인가?

> 과수작목에서 문제되는 팔을 머리 위로 들어 올리는 위보기 작업, 하우스 저상 작목에서 팔을 쭉 뻗어 작업하는 자세

해설

어깨/상완

09 다음 (   ) 안에 알맞은 중량을 쓰시오.

> 미국 산업안전보건연구원(NIOSH)에서는 90%의 성인 남녀가 수용할 수 있는 최대중량을 23kg으로 제시하고 있으며, 국제표준기구(ISO 11228-1)에서는 95%의 성인 남성과 70%의 성인 여성이 들어 올릴 수 있는 최대중량을 (   )으로 제시하고 있다.

해설

25kg

10 반복성에 대한 고위험 기준 중 손가락은 분당 몇 회 이상 동작해야 하는가?

해설

분당 200회 이상

11 농작업에 대한 인간공학적 위험성 평가를 위한 평가도구를 선택할 때 고려사항 3가지를 쓰시오.

해설

① 평가하고자 하는 신체 부위를 고려하여 선택한다.
② 작업 특성을 고려하여 선택한다.
③ 평가자의 훈련 정도를 고려하여 선택한다.

12 농작업에 주로 사용할 수 있는 평가방법 4가지를 쓰시오.

> 해설
> ① OWAS　　　　　　　　　② REBA
> ③ JSI　　　　　　　　　　④ NLE

13 주로 중량물을 반복적으로 드는 작업과 허리 부위의 평가 시 사용되는 체크리스트는 무엇인지 쓰시오.

> 해설
> NLE

14 OWAS(Ovako Working-posture Analysis System) 체크리스트의 작업자세 분석 순서를 쓰시오.

> 해설
> 허리 → 팔 → 다리 → 중량물

15 OWAS(Ovako Working-posture Analysis System) 체크리스트의 조치 수준 중 근골격계에 직접적인 해를 끼치고 가능한 빨리 작업자세를 교정해야 하는 수준은?

> 해설
> 조치수준 3

16 REBA(Rapid Entire Body Assessment)는 크게 신체 부위별 작업자세를 나타내는 4개의 배점 표로 구성되어 있는데 평가대상이 되는 주요 작업요소로 고려되는 것을 쓰시오.

> 해설
> ① 반복성
> ② 정적작업
> ③ 힘
> ④ 작업자세
> ⑤ 연속작업시간

17 RULA(Rapid Upper Limb Assessment) 평가 방법에 대해 기술하시오.

> **해설**
>
> 팔(상완 및 전완), 손목, 목, 몸통(허리), 다리 부위에 대해 각각의 기준에서 정한 값을 표에서 찾은 다음, 근육의 사용 정도와 사용 빈도를 정해진 표에서 찾아 점수를 더하여 최종적인 값을 산출한다.

18 농작업 근골격계 부담작업 개선대책 중 쪼그리는 작업 자세에 대한 개선방안 두 가지를 쓰시오.

> **해설**
>
> ① 작업 위치 상향조절
> ② 보조 의자의 사용

19 요통을 예방하기 위해서는 중량물 작업 기본원칙 11가지를 쓰시오.

> **해설**
>
> ① 물체의 중심과 작업자와의 간격(발까지의 거리)을 최소화한다.
> ② 바닥에 놓여 있는 물체의 중심이 가능하면 작업자의 허리높이와 동일해야 한다.
> ③ 물체의 운반거리 및 횟수(혹은 들어올리는 횟수)를 최소화시킨다.
> ④ 만약 바닥에 있는 물체를 들어올릴 때는 허리를 곧게 편 상태에서 무릎을 굽혀 몸의 중심을 낮추도록 한다.
> ⑤ 물체를 어깨 위로 들어 올리는 일은 절대로 금한다.
> ⑥ 두 사람 이상이 물체를 들어 올릴 때는 양쪽에 힘이 균등하게 배분되도록 행동을 동시에 취한다.
> ⑦ 무거운 물체 혹은 부피가 큰 것은 물체의 한쪽에서부터 살짝 들어 올려야 한다.
> ⑧ 들어 올리는 물체에는 손잡이가 있어야 하고 만약 손잡이가 여의치 않을 때는 코팅장갑을 착용하여 힘을 지지할 수 있도록 해야 한다.
> ⑨ 물체를 들어 올릴 때는 힘을 지지하는 발끝을 서로 나란하게 하지 말고 가능하면 대각선 방향이 되도록 해서 힘을 분산시키도록 한다.
> ⑩ 바닥을 이용하여 물체를 이동시킬 때는 앞에서 끌어당기지 말고 뒤에서 물체를 밀도록 한다.
> ⑪ 같은 무게의 물체라 하더라도 가능하면 부피를 최소화한다.

PART 06

농업인
질환관리

CHAPTER 01   농약중독 관리

CHAPTER 02   스트레스 관리하기

CHAPTER 03   감염성 질환 관리하기

CHAPTER 04   호흡기계 질환 관리하기

CHAPTER 05   기타 건강장해 관리하기

농약중독 관리

(1) 농업인의 농약중독 개요

① 농약의 인체 노출 경로

대부분의 농약은 인체에 침투하였을 때 나쁜 영향을 끼치게 되며, 독성이 강한 농약은 조금만 인체에 침투되어도 매우 위험하다. 농약의 주요 침투경로로는 호흡기 흡입(코), 피부(피부 흡수), 소화기(섭취)를 들 수 있다. 이러한 중독은 대부분 농약이 인체에 침투되지 못하도록 함으로써 예방할 수 있다.

㉠ 호흡기 흡입

농약은 가스나 미세 분무액, 더스트(Dust), 퓸(Fume), 연무상태로 존재할 때 쉽게 호흡기를 통해 폐로 침투한다. 가스 상태는 공기와 쉽게 혼합되고 다른 형태의 것들은 분무 등에 의해 방출된 후 일정시간 동안 공기 중에 부유하기 쉽다. 이런 입자들은 너무 작거나 잘 분산되어 있어 육안으로는 식별할 수 없을 때가 있다. 적절한 예방대책 없이 농약을 살포하는 것은 독성물질을 흡입할 수 있는 원인이 될 수 있음에 유의하여야 한다. 퓸이나 가스 상태의 농약을 취급하는 사람들은 농약을 흡입할 위험성이 특히 높다.

㉡ 피부 흡수

피부 흡수는 가장 흔히 볼 수 있는 독성물질의 침투경로이다. 농약은 잡초의 표피나 해충의 체벽을 쉽게 침투하여 잡초와 해충을 죽게 만든다. 그러므로 이들 물질은 조심하여 다루지 않으면 사람의 피부도 쉽게 침투할 수 있다. 계면활성제나 용제가 함께 들어 있는 농약은 작업자가 인식하지 못하는 사이에 작업복을 통과할 수 있기 때문에 특히 위험하다. 고온 작업조건에서는 피부의 땀구멍들이 개방되기 때문에 위험도가 높아지며, 고온 상태에서는 베인 곳, 피부병이나 찰과상에 의해 손상된 피부를 통한 농약의 흡수가 빨라진다.

㉢ 경구 복용

농약을 우발적으로 섭취하거나 농약으로 입 주위가 오염되는 것은 부적절한 습관 때문인 경우가 많다. 작업 중에 담배를 피우거나, 막힌 스프레이 노즐을 입으로 불거나, 음식을 먹기 전에 손이나 얼굴 등을 씻지 않는 행위 등을 사례로 들 수 있다. 그리고 농약을 다른 용기에 보관하였다가 농약을 음료수로 잘못 알고 마시는 일이 발생하기도 하는데 이런 행위는 절대 해서는 안 될 것이다. 독성이 미미한 농약이라 하더라도 이런 부적절한 습관에 의해 섭취하면 중독의 원인이 될 수 있다.

② 농약 노출의 형태

㉠ 직업적 농약 노출 사례

구 분	직업적 농약 노출
원제 제조단계	밀폐 또는 반 밀폐된 공간에서 원제 물질 누출 때문에 또는 공정처리 과정과 포장단계
제품화 단계	유기용제와 기타 보조제를 원제와 섞어서 제형화하고, 시판상품으로 제조하는 단계
방제작업	농작업
희석과 따르기	물에 농약을 희석하고 이를 탱크 등에 따르는 작업
살 포	액상살포는 피부 노출 가능

㉡ 환경적 농약 노출 사례

구 분	환경적 농약 노출
농업활동	농경지 인근 지역으로 바람에 날리는 농약, 농약살포 지역의 지하수 및 토양오염
가정활동	모기약, 바퀴벌레 쫓는 약 등의 살충제, 애완동물의 벼룩 및 이 제거용 샴푸, 정원용 및 원예용 살충, 살균제
식 품	채소류 및 과일류의 잔류농약
임 업	산림해충 방제용 살충제 살포
레 저	골프장 잔디용 농약 살포, 가로수 및 조경수에 농약살포, 항공기 등 여행 과정
방 역	가축전염병 및 주택가 해충 방역, 학교 및 사무실 등의 해충 방역

③ 농약 노출의 특성

농약 노출은 주로 직업적 노출이기는 하지만 노출 양상이 다른 직업적 유해인자와는 차이점이 있다. 하루 8시간 노출이 아니거나 하루 8시간, 주 40시간의 노출이 아닌 경우가 많으며 주로 환경성 노출의 가능성이 크다고 할 수 있다. 특히, 농작업과 관련한 농약 노출은 살포기기, 작업장의 밀폐 여부, 바람 방향 등 환경조건과 증기압과 같은 농약의 물리화학적 특성에 따라서 노출 경로와 농도가 달라질 수 있다.

㉠ 농작업 시 농약 노출은 노출 형태가 매우 다양하여 농약뿐만 아니라 다양한 유해 환경 요인(비료, 분진, 바이러스, 소음, 진동 등)에 동시에 노출되는 경우가 많다. 각 환경 요인이 상호작용을 통해 다양한 건강 영향을 줄 수 있으므로 농약 노출과 건강과의 관련성을 파악할 때에는 다양한 직업 및 생활상의 환경 요인 차이도 함께 파악하는 것이 중요하다.

㉡ 농작업 형태에 따라 개별 농업인 간에 노출이 상당히 다르게 나타난다. 농업인의 경우 같은 작목을 재배한다고 하더라도 개인별로 서로 다른 농약들을 사용할 수 있고 작업 형태도 서로 다르며 착용하는 보호구의 종류나 개수에서도 차이를 보여 노출의 형태가 달라질 수 있다. 이러한 노출의 이질성은 결과적으로 농업인 내에서 같은 농약에 노출되더라도 서로 간에 일치하지 않는 건강 영향 결과가 초래될 수 있다.

㉢ 농업인의 농약 노출 작업은 연간 일정하게 계속되는 것이 아니라 며칠 또는 몇 달에 걸쳐 집중적으로 이루어진다. 우리나라 농작업에서 연간 평균 농약 살포 일수는 작목에 따라 다르긴 하지만 평균적으로는 3~12일(때에 따라 30회를 넘기기도 함) 정도로 나타난다. 단기간 고노출 형태는 일정하게 장기간 노출되는 경우와 질병 위험도에서 차이를 보일 수 있다.

ⓔ 농업인과 그 가족은 농촌 지역에 거주하는 경우가 많으므로 직업적 노출 외에도 환경적 노출이 발생할 가능성이 크다. 즉, 작업 시 오염된 농약이 가정에 유입되어 가족 구성원에게 추가 노출될 수 있으며, 주변 작업 시 살포되는 농약에 노출될 수도 있다. 따라서 농업인의 농약과 건강 평가에서는 일반 사업장 근로자와 같이 직업적 노출에만 국한하지 말고, 환경 노출을 함께 고려하여 종합적으로 평가할 필요가 있다.

④ 농약 중독의 원인

　ⓖ 농약 살포 중 원인
　　• 부적절한 보호구 : 마스크를 착용하지 않거나 또는 불충분할 때, 의복이 방수가 되지 않거나 피부노출이 많은 경우
　　• 저조한 건강상태 : 과로, 임신, 생리, 알레르기 체질, 만성질환을 앓고 있을 때
　　• 본인의 부주의 : 농약을 뿌릴 때 사용한 수건으로 얼굴을 닦거나, 손을 씻지 않고 담배를 피우는 경우
　　• 부적절한 농약 사용방법 : 너무 장시간 살포를 계속하거나 강풍 또는 바람이 불 때 살포하는 등 살포방식상의 문제

　ⓗ 농약 살포 외의 원인 : 직접 농약을 뿌리지 않더라도 살포 직후 과수원이나 밭, 논에 무방비 상태로 들어가서 작업하다가 중독(장해)을 일으키는 경우가 있다. 또한 다른 장소에서 살포한 농약을 들이마셨을 때도 중독을 일으킬 수 있다.

(2) 농약 중독의 증상

농업인은 작업환경에서 농약사용이 불가피한 경우가 많기 때문에 급성은 물론 만성적으로 농약에 노출될 수밖에 없다. 그러나 농약중독에 관한 명확하고 표준화된 정의는 현재 마련되어 있지 않은데, 농약중독의 진단 자체가 어렵고 농약과 해당 건강이상 증상 사이의 인과관계를 파악하는 것이 쉽지 않기 때문이다.

농약중독의 개념은 가벼운 증상에서부터 입원 및 사망에 이르는 경우까지 매우 넓은 범위를 포함한다. 그러므로 중증도에 큰 차이를 보이는 이질적인 농약중독을 하나의 큰 범주로 묶어서 다루면 효율적으로 질병관리를 하기 어렵다. 따라서 농약중독의 중증도에 따른 분류가 중요하며 임상증상, 치료형태, 작업손실 등에 따라 분류한다.

분류 방법	중증도	내 용
임상증상	경미한 증상	메스꺼움, 목이 따가움, 콧물이 남, 두통, 어지러움, 불안감, 과도한 땀분비, 피부나 눈이 가렵거나 따가움, 눈물 많아짐, 또는 피로감이 있었던 경우
	중간 증상	구토, 설사, 호흡곤란, 시야 흐려짐, 손발 저림, 말 어눌해 짐, 또는 가슴이 답답해지는 증상이 있었던 경우
	심각한 증상	마비 또는 실신의 증상이 있었던 경우
치료형태	미치료	농약중독 증상을 치료하지 않은 경우
	자가치료	자가 치료하거나 약국 방문하여 약물 복용한 경우
	외 래	병의원 방문 후 통원 치료를 받은 경우
	입 원	병의원 방문 후 입원하여 치료를 받은 경우

분류 방법	중증도	내용
작업손실	1일 미만	농약중독 증상으로 일을 못한 기간이 24시간 미만인 경우
	1~3일 미만	일을 못한 기간이 24시간 이상, 72시간 미만인 경우
	3~7일 미만	일을 못한 기간이 72시간 이상, 168시간 미만인 경우
	7일 이상	농약중독 증상으로 인해 일주일 이상 일을 못한 경우

(출처 : http://pesticides.kr 농약과 건강)

① 급성 중독

급성 중독은 특히 살충제 사용 시 많이 나타나는데 많이 쓰이는 유기인계, 카바메이트계, 황산니코틴이 함유된 농약을 사용하는 경우 주의를 필요로 한다. 또한, 유기인계, 황산계, 유기염소계 농약이 피부를 통한 급성중독을 많이 일으키는 것으로 알려져 있다.

[WHO 분류기준]

분 류	경 증	중등증	중 증
증 상	• 메스꺼움 • 목이 따가움 • 콧 물 • 두 통 • 어지러움 • 불안감(안절부절못함) • 과도한 땀 분비 • 근육에 힘이 빠짐 • 피부나 눈이 가렵거나 따갑다. • 눈이 충혈되고 눈물이 많아진다. • 피로감을 느낀다.	• 구 토 • 복 통 • 설 사 • 발 열 • 손발이 저리다. • 걸음이 휘청거린다. • 머리가 멍하고, 가슴이 답답하다. • 땀과 침이 많이 난다. • 피부에 수포가 생기거나 아프다. • 눈이 빨갛고 아프다.	• 의식을 잃는다. • 전신이 경련을 일으킨다. • 입에서 거품이 난다. • 호흡과 맥박이 빠르다. • 대소변을 지린다.

㉠ 콜린에스테라제의 저하

유기인계농약, 카바메이트계 농약에 중독되면 아세틸콜린에스테라제라는 아세틸콜린 분해 효소의 분비가 억제되며, 대부분의 급성 증상들은 이러한 과정에서 나타나는 현상이다. 두 종류의 농약은 우리 몸의 신경계에 있는 아세틸콜린 분해효소를 억제하는데 이 효소는 원래 신경계에서 신경을 전달하는 데 중요한 기능을 수행하는 물질이다. 아세틸콜린의 분비가 억제되면 신경이 제대로 전달되지 않고 과잉자극을 일으키게 된다. 그에 따라 분비물의 증가, 근육강직, 심혈관계 영향, 동공축소 등과 같은 전형적인 급성 중독증상을 유발하게 된다. 농약에 많이 노출되면 기관지 협착, 기관계 분비물 증가, 횡경막 수축, 뇌의 호흡조절 중추 억제 등으로 호흡곤란으로 사망 가능성이 있다. 과거에 파라티온과 같은 맹독성의 유기인계 농약이 사용될 때는 PAM이나 아트로핀 등과 같이 급성중독 시 이용하는 응급조치 주사제를 구비해 두는 경우도 있으나 현재는 응급후송 여건이 많이 좋아졌기 때문에 가능한 병원으로 옮겨서 응급조치를 받도록 한다.

㉡ 피부장해

농약 중에는 특히 피부에 강하게 작용하는 약제가 있고 여러 유형으로 나타난다.
• 피부에 직접 자극을 주어서 가려움증과 물집을 일으키는 것
• 처음에는 괜찮다가 반복되면서 알레르기성 피부염을 일으키는 것
• 햇빛에 닿으면 악화하는 것 등이 있다.

ⓒ 눈 장해

농약이 눈에 들어가면 결막염 및 각막염을 일으켜 심하면 각막이 벗겨지거나 각막에 궤양이 생겨서 심각한 시력손상을 가져오기도 한다.

② 만성 중독

수년에서 수십 년 동안 농약을 사용한 사람에게 장기적으로 나타나는 중독으로, 피부나 호흡기를 통해 인체에 농약이 흡수되어 나타나는 경우가 많다. 즉, 농약의 만성독성영향은 오래도록 사용한 경우를 살펴보아야 알 수 있다. 직업적으로 농약을 상용하는 농업인은 농약의 만성적 노출로 인한 좋지 않은 건강영향이 나타날 수 있다. 만성적 농약노출과 인과관계가 보고된 건강영향으로는 악성종양(암)을 비롯하여, 호흡기 질환(천식, 만성 기관지염 등), 신경계 질환(우울증, 파킨슨병 및 말초신경염 등), 안과적 질환, 당뇨병, 면역질환, 생식기 질환 등이 있다. 그러나 아직 명확한 결론을 내리기에 충분한 근거가 축적되어 있지 않고, 대부분 해외의 연구에서 발표된 결과이며 우리나라 농업인에 관한 연구 결과는 미비하다. 만성 농약중독에 의한 건강영향은 오랜 시간에 걸쳐 진행되면서 결과는 치명적이므로 평상시 농약 노출을 최소화하는 것이 가장 중요하다.

(3) 농약 중독의 예방

① 살포 전 주의사항

ⓐ 적절한 보호구 착용 : 농약 살포 시 보호복은 빠짐없이 모두 갖춰 입어야 하며, 대상작물에 따라 중점적으로 착용해야 하는 보호구가 있다.
- 과수 : 높은 곳을 향해 농약을 살포하므로 농약액이 나뭇잎을 타고 흐르거나 떨어질 수 있으므로 머리, 목, 어깨 부위를 충분히 덮을 수 있는 방제복(상의)과 고글을 착용한다.
- 논밭 : 아래로 농약을 살포하므로 반드시 방수가 되는 방제복 하의와 장화를 착용한다.

ⓑ 건강상태 확인
- 몸이 피로해 있을 때 : 잠을 잘 못잤을 때, 전날 과음하여 술이 덜 깼을 때, 병에서 회복된 직후, 간 기능이 약한 사람 등은 해독 작용이 떨어지므로 쉽게 농약 중독을 일으킬 수 있다.
- 임신 중 또는 생리 중일 때 : 임신 중일 때는 태아에게 나쁜 영향을 줄 수 있으므로 절대 농약살포를 하지 말아야 한다.
- 손발에 상처가 있을 때 : 상처를 통해 농약이 흡수될 수 있으므로 상처가 있을 때는 살포하지 않는다.

ⓒ 설명서 및 기구 확인
- 농약의 사용 설명서를 꼼꼼히 읽는다.
- 농약 살포에 사용하는 기구는 고장이 나거나 호스 접속 부분이 헐거워지지 않았는지 사용하기 전 미리 점검한다.
- 농약을 운반할 때는 쏟아지지 않게 포장을 잘하여 운반한다.
- 어린이와 가축은 멀리 떨어져 있도록 한다.

② 살포 시 주의사항

　　㉠ 살포액 조제

- 살포액의 조제는 경험자가 반드시 복장을 갖추고 노출 부분을 적게 한 후 조제한다.
- 약액을 물에 쏟을 때 손이나 약병 표면에 약액이 묻지 않도록 주의하고 약액을 닦은 걸레는 소각한다.
- 유제는 먼저 소량의 물에 희석한 후 소정량의 물을 서서히 부어 골고루 혼합하고 수화제는 소량의 물에 죽과 같은 상태로 농약을 풀어 소정량의 물을 부으면서 완전히 녹도록 한다.
- 약액을 도로 또는 논둑에 쏟았을 때는 즉시 오염된 부분의 흙을 긁어모아 땅속 깊이 묻어 오염이 되지 않도록 한다.
- 농약의 포장을 손으로 뜯지 말고 반드시 가위를 이용하여 포장을 뜯고, 조심스럽게 작업통에 부어 희석한다.
- 농약 사용설명서를 참고하여 희석배수를 준수하여 희석액을 만든다. 즉, 농약을 혼용할 때에는 표준 희석배수를 반드시 준수하고 고농도로 희석하지 않도록 한다. 가능하면 다종 혼용을 피하고 2종 혼용을 하도록 한다.
- 농약을 혼용하여 살포액을 조제할 때에는 동시에 2가지 이상의 약제를 섞지 말고 한 약제를 먼저 물에 완전히 섞은 후에 차례대로 한 약제씩 추가하여 희석한다.
- 유제와 수화제의 혼용은 가급적 하지 말고 부득이한 경우에 액제, 수용제, 수화제＝액상수화제, 유제의 순서로 물에 희석한다.
- 농약을 혼용하여 조제한 살포액은 오래 두지 말고 당일에 살포하도록 한다.
- 혼용하였을 때 침전물(沈澱物)이 생긴 농약은 사용하지 말아야 한다.
- 다종 혼용 시에는 농약을 표준 살포량 이상으로 과량 살포하지 말아야 한다.
- 혼용가부표에 없는 혼용조합의 경우에는 전문기관과 상담하거나 좁은 면적에 시험 살포하여 약효, 약해의 이상 유무를 확인한 후 사용토록 한다.
- 혼용이 가능한 농약이라도 다시 한번 농약 포장지의 사용설명서를 읽고 확인하여 반드시 적용 대상 작물에만 사용해야 한다.

　　㉡ 보호구 착용

- 약제가 피부에 묻지 않도록 보호장비를 반드시 착용하고 살포 작업을 한다(마스크, 장갑, 방제복 등).

　　㉢ 살포 작업은 한낮 뜨거운 때를 피해 아침저녁으로 서늘하고 바람이 적은 때를 택해야 하며 농약을 살포할 때는 바람을 등지고 살포한다.

　　㉣ 휴식 시 또는 살포 후에 담배를 피우거나 식사를 하고자 할 때는 반드시 손과 얼굴 등 노출 부분을 비눗물로 씻어낸다.

　　㉤ 살포 작업은 한 사람이 계속하여 2시간 이상 작업하는 것을 피해야 하며 두통, 현기증 등 기분이 좋지 않을 때는 작업을 중단하고 휴식을 취하거나 다른 사람과 교대로 살포한다.

　　㉥ 살포액은 가능한 한 그날 중으로 다 사용할 수 있도록 사용할 만큼의 양만 조절해서 조제한다.

[살포 시 복장]

	피부노출을 피한다. 농약은 어떤 다른 부위보다 피부를 통해서 흡수가 잘되기 때문에 방수성 의복으로 몸의 노출 부위를 감싸 주어야 한다. 반드시 고무장갑, 마스크, 모자, 긴소매의 웃옷과 긴 바지, 고무장화를 착용해야 한다. 보호의로는 우리가 흔히 땀복이라 부르는 비교적 가볍고 시원하게 입을 수 있는 제품을 이용한다.
	속옷으로 면으로 된 망사셔츠, 망사바지를 입으면 땀을 흡수하고 통기성을 좋게 해서 불쾌감을 없애줄 뿐만 아니라 모세관현상으로 인한 농약의 침투를 방지한다. 머리에 수건을 두르면 이마에서 흘러내리는 땀을 흡수해 준다.
	작물의 높이에 따라 농약이 많이 닿는 부위를 중점적으로 가려 준다. 즉, 과수와 같이 높은 곳을 향해 살포를 할 때는 두건처럼 머리에서 목 부위, 어깨까지 덮어 주는 것을 사용하며, 논밭과 같이 아래로 살포할 때는 반드시 방수 가공 처리한 바지를 입고 하반신을 가려 준다.
	인체가 농약을 흡수하는 것을 보면, 피부를 1로 했을 때 입으로 흡수되는 비율은 10배, 코로 들이마셔서 폐로 흡수되면 30배나 흡수가 잘되므로 우선 입과 코를 잘 감싸 주어야 한다. 간이마스크라도 상당한 효과가 있으므로 어떤 것이든 반드시 착용한다. 마스크를 효과적으로 사용하려면 마스크와 피부 사이에 틈이 생기지 않도록 얼굴에 밀착시킨다(샘(Leak)방지). 귀에만 거는 형보다 2줄의 고무밴드로 머리에 걸 수 있는 마스크가 밀착성이 훨씬 우수하다.
	보호 안경을 끼고 있으면 잘못해서 농약이 얼굴에 닿았을 때 눈을 보호할 수 있다. 특히 '브라에스'와 같이 안질환을 일으키는 농약에는 반드시 보호 안경을 착용한다.

(그림 출처 : 농촌진흥청, 농약독성과 안전사용방법)

③ 살포 후 주의사항

㉠ 농약 작업이 끝나면 바로 비누로 손과 얼굴 그리고 눈을 깨끗이 씻는다.

농약은 피부로 가장 많이 흡수되므로 살포 작업 후에는 반드시 비누로 씻어낸다. 그러므로 농약살포 작업 후 바로 샤워와 목욕을 하는 것이 좋다. 한참 뒤에 하면 이미 체내로 침투하게 되므로 가급적 빨리 목욕을 하도록 한다.

ⓛ 농약 작업이 끝나면 반드시 양치를 한다.

마스크를 착용하여도 미량의 농약이 마스크를 통해 입안으로 들어 올 수 있기 때문이다.

ⓒ 목욕 또는 샤워 후에 깨끗한 속옷과 겉옷으로 갈아입는다.

살포작업 시 입었던 속옷에 농약이 침투했을 수 있으므로 깨끗한 속옷과 겉옷으로 갈아입는다.

ⓔ 다음 작업을 위해 방제복은 깨끗이 세탁한다.

세척하지 않은 방제복을 다시 착용하게 되면 농약이 침투될 수 있다. 방제복을 세탁할 때는 다른 빨래와 섞이지 않도록 분리하고 주의하여 세탁한다.

ⓜ 사용하고 남은 농약은 반드시 전용 보관함에 보관한다.

사용하고 남은 약제는 뚜껑을 꼭 닫아야 하고 사용량과 병의 개수 등을 확인하여 반드시 전용 보관함에 보관한다. 또한 자물쇠가 달린 전용보관함에 보관하는 것이 좋으며, 어린이의 손이 닿지 않도록 해야 한다.

ⓗ 농약을 다른 병에 절대로 옮겨 담지 않는다.

희석한 농약 또는 사용 후 남은 농약 등을 다른 병에 옮겨 담는 것은 오음용 사건이 일어날 수 있으므로 절대 옮겨 담지 않는다.

ⓢ 빈 병을 함부로 버리지 않는다.

빈 병이라고 하더라도 고독성, 유제 농약은 중독을 일으키기에 충분한 양이 남아 있을 수 있으므로 물로 씻어내고 말린 후 버리거나 농약통 수거함에 버린다.

(4) 농약 중독의 응급처치

① 오염원(농약) 제거

ⓐ 오염된 장소에서 이동한다.

농약을 엎지른 장소 또는 다른 오염원에서 사람을 피하게 한다. 피부 노출과 가스 또는 먼지를 흡입하지 않도록 환자를 다른 장소로 옮긴다.

ⓑ 오염된 옷과 신발을 벗긴다.

오염된 옷과 신발은 벗기고 옷은 분리된 통에 모아 세탁하고, 오염된 가죽신발은 버린다. 피부, 머리 그리고 눈에서 농약을 제거한다. 많은 양의 물을 사용해서, 특히 눈을 씻는 것에 주의를 기울인다. 눈꺼풀을 따로 잡고 최소한 10분 동안 철저히 씻어낸다. 만약에 가능하다면 수영장에 환자를 들어가 몸을 담그도록 한다. 또는 최소 10~15분 동안 물로 몸 전체를 완벽히 씻어낸다. 만약에 이용 가능한 물이 없다면 나중에 폐기할 수 있는 옷이나 종이로 피부를 가볍게 두드리거나 조심해서 닦는다. 피부를 거칠게 밀거나 세게 미는 것을 피해야 한다.

② 중독 시 응급처치법

㉠ 안정 및 호흡유지

환자를 지속적으로 진정시킨다. 환자는 극도로 흥분되어 있기 때문에 안심시키는 것이 필요하다. 유기인계 및 카바메이트계 살충제 중독은 움직일 경우 상태가 더 나빠질 수 있으므로 환자는 안정된 상태를 유지해야 한다. 호흡과 의식 상태를 가까이에서 관찰한다. 중독된 환자는 의식이 없을 수 있으며 구토를 하거나 갑자기 호흡이 멈출 가능성이 있다.

㉡ 환자 체위

몸의 다른 부분보다 머리를 낮게 한 채로 환자를 옆으로 돌려 놓는다. 만약에 환자가 의식이 없다면 턱을 앞으로 당기고 머리를 뒤로 하여 호흡이 가능하도록 확실히 한 채 그 상태를 유지해야 한다.

㉢ 체온 유지

의식이 없는 환자들은 몸의 온도 조절을 위해 특별한 치료를 해야만 한다. 만약에 환자가 극도로 열이 높거나 과도하게 침을 흘린다면 차가운 물을 묻힌 수건을 사용해 몸을 차갑게 해 준다. 만약에 환자가 춥다고 느낀다면 보통 체온을 유지하기 위해 이불이나 담요를 덮어 주어야 한다.

㉣ 구토 유발

만일 삼킨 농약이 치명적인 고독성이 아니라면 응급처치로 구토를 유발하는 것은 권고하지 않는다. 구토를 유발해야만 하거나 농약이 고독성이라면, 지침을 알아보기 위해 농약의 라벨을 살펴본다. 구토를 유도하는 것은 의식이 있는 환자에게만 사용할 수 있다. 고독성 농약을 삼킨 경우에만 구토를 유도시키고, 의식이 없는 환자의 입에는 어떤 것도 넣지 않는다.

㉤ 호흡 관찰

호흡을 계속적으로 관찰한다. 만약에 호흡이 멈췄다면 혀가 목 뒤쪽으로 넘어가는 것을 피하기 위해 앞쪽으로 턱을 당긴다. 기도를 연 후에도 호흡을 하지 않는다면 앞으로 민 턱을 유지하고 머리를 뒤로 한다. 인공호흡 전에 환자의 입에 깨끗한 옷으로 감싼 손가락을 넣어 구토물이나 농약의 찌꺼기를 닦아낸다. 이것은 특히 유기인계나 카바메이트계 살충제를 삼켰을 때 중요하다. 환자의 코를 집고 일반적인 호흡속도에 따라 환자의 입에 바람을 불어넣거나 또는 대신에 입을 덮고 환자의 코에 바람을 불어넣은 후 가슴이 움직이는지 확인한다.

㉥ 경 련

만약에 발작이 일어난다면 치아 사이에 헝겊 등 패드를 대어 환자가 스스로 상해를 입히는 것을 피한다. 강압적으로 제지하면 안 된다.

㉦ 흡연이나 술 마시는 것을 금지해야 한다. 우유는 농약에 따라 위에 흡수되는 것을 빠르게 하기 때문에 환자에게 먹이지 않는다.

③ 응급 이송

만약에 중독이 의심된다면 특히 증상이 지속된다면 의료적 도움을 구하거나 가장 가까운 의료 시설로 환자를 옮긴다. 가능하다면 농약제품 라벨과 용기를 포함해서, 환자의 상황, 본인이 관찰한 상황 그리고 응급처치 과정을 의사에게 전해 준다. 간단한 응급처치 후에 중독이 완치되어 환자가 일을 하고자 할 경우 사전에 의사의 조언을 구한다.

④ 재발방지

중독이 발생했을 때 사건의 원인을 파악한다. 그리고 재발되는 것을 예방하기 위한 행동을 취한다. 재발방지를 위하여 중독사고 사례를 기록한다.

⑤ 기 타

㉠ 피부에 묻었을 경우

- 비누로 씻어낸다. 알칼리와 만나면 분해되는 농약도 많기 때문에 우리가 보통으로 쓰는 비누를 사용하여도 되나 적어도 10분간 꼼꼼히 닦아낸다.
- 옷에 묻었을 때는 즉시 옷을 벗고 갈아입는다. 방수가 안 되는 옷에 농약이 묻었을 때는 즉시 속옷까지 전부 벗어서 피부를 비누로 씻은 다음 다른 옷으로 갈아 입는다.
- 피부에 물집 또는 수포가 잡히거나 부어 오르는 경우 즉시 병원을 방문하여 치료를 받는다.

㉡ 피부에 묻었을 경우

- 깨끗한 물로 닦아낸다.
- 손으로 눈을 비비지 않고 거즈를 가볍게 눈에 댄 후 전문의를 찾아간다.

스트레스 관리하기

(1) 농업인과 스트레스

① 스트레스의 개요

농업은 편안한 생활로 묘사되는 경우가 많다. 그러나 궂은 날씨, 오르내리는 농산물 가격, 가축 및 작물의 병충해, 정부 프로그램과 규정, 대부이자, 작물 경작 등은 농작업자와 그 가족에게 막대한 스트레스를 유발한다. NIOSH 연구 결과 농작업자는 직업 관련 스트레스가 가장 높은 부류에 속한다고 한다. 농작업자들은 감당하기 어려운 압박감에 시달리는 경우가 많다. 경제적 문제, 날씨 문제, 너무 일이 많아서 생기는 문제 등 다양한 문제에 맞서야 한다. 이러한 압박감을 벗어버리지는 못해도 그에 따른 스트레스에 대처하는 방법이 있다. 너무 심한 스트레스는 가정생활을 망치고 건강을 해치므로 스트레스에 대처하는 것은 매우 중요하다. 조절 능력을 잃게 되면 하루하루의 생활이 곤란하게 되므로 문제가 심각하게 된다.

② 스트레스의 정의

스트레스는 도전이나 위협으로 간주되는 어떤 것에 대한 인간의 반응이다. 그것은 자신이나 다른 사람에 의해 정신적, 육체적으로 발생하는 정서적인 부담 및 압박이다. 스트레스가 생기면 우리 몸은 거기에 대처하기 위해 준비를 시작한다. 이것은 사람을 더 강하고, 더 긴장하게 하지만 많은 에너지를 소모시킨다.

③ 스트레스가 미치는 영향

㉠ 건 강

스트레스를 받아 긴장하게 되면 몸의 어떤 기능은 증진되고 어떤 기능은 감퇴된다. 혈액 순환은 증진되고 소화기능은 감퇴되거나 완전히 정지된다. 그 결과 심장 질환이나 위궤양과 같은 건강상의 문제가 발생되기도 한다. 이외에도 불면증, 두통, 소화불량에 시달리는 경우도 있다.

㉡ 대인관계

스트레스를 받으면 자신의 문제에만 신경이 곤두서 있기 때문에 주변 사람을 배려하지 못하게 된다. 이와 동시에 가족이나 친구에게 화풀이를 한다. 그러면 스트레스로 인해 자기 자신뿐만 아니라 온 가족원이 문제에 시달리게 된다.

㉢ 일의 능률

단기간 동안은 스트레스에 의해 일의 능률이 증진될 수 있다. 그러나 시간이 지날수록 지치게 되어 몸이 약해지고 쉽게 피로하게 된다. 집중이 잘되지 않아 잘못된 결정을 내릴 수도 있다. 이러한 상태는 기계를 조작할 때 매우 위험하다.

ⓔ 더 큰 스트레스

스트레스는 눈덩이처럼 불어나는 속성이 있다. 스트레스로 인해 건강, 가족, 일에 새로운 문제가 발생된다. 조절 능력이 없는 경우에는 스트레스는 끝없이 지속된다.

(2) 농업인의 스트레스 요인

① 자본과 노동(경영)의 일원화

오늘날의 직장 근로자들의 경우 고용주와 고용인의 관계에 의해 자본과 노동(경영)의 이원적 구조를 갖지만, 우리나라 농업인의 경우 '자본과 노동(력)을 동시에 책임져야 하는 구조적 상황'에 있다는 점에서 업무 수행 과정에서의 이중적 부담(Dual Burden)을 진다. 이러한 상황은 다시 농업인 가계의 경제적 부담을 야기시켜 스트레스를 유발하게 된다.

② 사적 영역(업무 외 일상 영역)과 공적 영역(업무 영역) 간의 혼재

도시 근로자들의 경우, 일상 영역과 업무 영역이 엄격히 구분되어 있지만 농업인의 경우 이러한 구분이 모호하여 오히려 '24시간 업무'에 대한 부담이 증가되며, 일과 생활 영역이 구분되지 못하는 혼재성으로 인해 '일(직장)로부터의 탈피'라는 개념이 존재하지 않게 됨에 따라 스트레스가 내재되어 있을 수밖에 없다.

③ 가계 수입의 불안정성

일반 근로자들의 경우 월 급여라는 예상 가능한 안정적인 가계 수입에 따라 살림의 규모를 정하고 저축, 소비, 재투자 등을 고려할 수 있다. 그러나 농업인의 경우 작물의 출하시기(가을)에 비로소 소득이 창출되고 영농정책의 비연속성, 기후나 재해, 그리고 출하량에 따라 수입이 영향을 받기 때문에 가계 수입이 안정되지 못하고, 따라서 저축이나 소비생활에 많은 제약을 받게 되므로 이는 스트레스로 작용하게 된다.

④ 육체적 노동과 정신적 노동의 수행

일반 근로자들은 품질개발, 생산, 관리, 그리고 영업(판매)의 업무 영역이 철저하게 분리되어 있지만, 농업인들의 경우 품종개량, 경작, 재배, 출하, 판매 등을 농업인 스스로가 책임져야 하는 상황에 직면하게 된다. 이러한 생산과 관리의 전체적인 과정을 책임져야 하는 상황에서 정신적·육체적 고통이 수반되고 스트레스가 증폭되며, 농업인들은 분업화 사회에서의 근로자가 아닌 '만능 근로자(Multiple Player)'가 되어야 하는 부담이 가중되고 있다.

⑤ 기후나 재해 등에 대한 민감성

다른 업종에 비해 농작업의 경우 기후나 재해에 의해 심각한 영향을 받는다. 경우에 따라서는 가정 붕괴 및 파탄까지 갈 수 있는 상황을 야기할 수 있다.

⑥ 신체적 건강이 곧 생산성과 직결

신체적인 건강이 허락하지 않을 경우 다른 대체 인력의 공급이 불가능하여 농작업 수행 및 생산성을 기대할 수 없고 신체적 건강의 악화가 바로 생계에 직접적인 타격을 주게 된다.

⑦ 직업에 대한 낮은 사회적 평가 및 고립, 소외

오늘날의 노동은 분업에 의한 협업 생산체계로 구축되어 있으나, 농작업을 수행하는 우리나라 농업인의 경우 지리적으로 고립되어 있을 뿐만 아니라, 농업의 영세성으로 인하여 대부분 혼자서 일을 해야 하기 때문에 사회적 고립감을 느낄 가능성이 높다. 이에 더하여 농업인에 대한 사회적 평가가 점점 낮게 추락하거나 부정적으로 변화되는 것에 대해 심리적인 상처를 받게 됨에 따라서 우울 증대, 알코올 음용 증가 등으로 고통을 받게 된다.

⑧ 농가 부채 및 경제적 악순환

과거 정부의 농촌 융자금 지원 정책이 오히려 농가부채를 과중시키는 악재로 작용하게 되었고, 이러한 경제적 압박감이 농업인들의 건강악화 및 음주, 흡연, 불규칙한 식습관 등과 같은 부정적인 건강 행위에 영향을 주어 자살과 같은 극단적인 행동변화를 유발시킨다.

⑨ 위험한 물리환경 등에 노출

농사 그 자체가 갖는 신체적 부담 외에도 농기구 사용으로 인한 소음 및 사고, 일사병, 농약 중독, 화상, 병충 등의 치명적인 물리환경에 노출된다.

⑩ 조직이 없는 개미 군단

일반 근로자들의 경우 노조나 조직 등과 같이 이념과 이해를 같이하는 단체의 일원으로 개별적 차원이 아닌 집단적인 지지나 목소리를 낼 수 있지만 농업인의 경우 이에 상응하는 압력단체가 없다. 우리나라의 경우 농협이 이를 위해 조직되어 있지만 농업인 후원을 위한 신용기관이 아닌 농업인의 부채를 양산하는 금융기관으로 전락하고 있는 실정이다.

(3) 스트레스 조절 단계

① 스트레스의 원인이 되는 것들을 목록으로 만든다.

각 문제의 원인을 모두 따져본다. 삶이 자신을 외면한다는 느낌을 받고 있으면 사물을 보는 방식이 모두 변하게 된다. 목록을 작성할 때는 전화로 일 처리하기, 맞는 크기의 나사 찾기 등 모든 사소한 문제도 빠뜨리지 않도록 한다. 목록을 완성한 다음에는 무심코 빠뜨린 것은 없는지 잘 생각해 보고 목록의 마지막에 첨가한다.

② 스트레스의 정도가 얼마나 심각한지 생각해 본다.

스트레스가 계속 지속되는지 아니면 스트레스를 받다가 때로는 받지 않는지 판단한다. 이런 경우에 하루에도 몇 번씩 생각나는 것인지 가끔씩 생각나는 것인지도 생각해 본다. 또한 스트레스의 영향에 대해서도 생각해 본다. 스트레스로 인해 건강이나 일에 변화가 생겼는지, 다른 사람을 대하는 태도에 변화가 생겼는지 잘 생각해 본다.

③ 스트레스 수준이 작년 혹은 재작년에 비해 더 심한지 생각해 본다.

만일 그렇다면 스트레스의 원인이 증가했는지 스트레스에 대한 감수성이 증가했는지도 생각해 본다.

(4) 스트레스 조절 방법

스트레스에 의한 영향을 인식한 다음에는 이를 조절할 수 있게 된다. 이 과정은 이전의 나쁜 습관을 버리고 좋은 습관을 들이는 것이기 때문에 대부분 천천히 진행된다.

① 자신의 문제에 관해 얘기를 나누는 것은 스트레스를 완화할 수 있는 좋은 방법이다. 마음을 열고 솔직한 대화를 나눌 수 있는 사람에게 자신의 문제를 얘기한다. 주변에 그런 사람이 없는 경우에는 종교 관계자나 주치의와 상의한다.

② 스트레스를 받게 될 때 어떤 반응이 나타나는지 알아차리도록 한다. 모든 사람에게는 각자 다르기는 해도 특정 신체 반응이 있다. 목이나 어깨 근육이 뻣뻣해지거나 어지럽고 메스껍거나 인상을 찌푸리게 된다. 스트레스에 대한 자신의 반응을 알게 되면, 긴장을 풀고 이에 대처할 수 있도록 자신을 조절할 수 있다.

③ 다른 것에 주의를 돌린다. 스트레스의 원인이 되는 문제를 찾아내어 문제의 실질적인 심각성을 판단한다. 그리고 자신이 통제할 수 없는 문제(가격이나 날씨 등)는 제외시킨다. 그래도 여전히 스트레스를 받는다면 그 원인을 생각해 본다. 별로 대수롭지 않은 것인지, 아니면 내 힘으로는 해결할 수 없는 것인지 생각해 본다. 그렇다면 문제 자체보다 심각한 정도의 스트레스를 받고 있는 것은 아닌가?

④ 큰 문제를 다룰 때에는 작은 부분으로 나누어서 해결하는 것이 좋다. 예를 들어, 크게 수리해야 하는 창고가 있다면 한 부분씩 떼어내어 이를 해결할 수 있는 방안을 모색한다. 그 일을 해결한 후에 또 다른 일을 해결하도록 한다. 이런 식으로 하면 점차 문제 전체를 해결하기 쉽게 된다.

⑤ 현실에 맞도록 일정을 짠다. 실제 완수할 수 있는 것보다 더 많은 일을 계획하지 말아야 한다. 또 예상치 못한 일이 발생할 수 있으므로 여유를 두고 계획을 짠다. 갑자기 누가 찾아오는 등 일을 방해할 수 있는 상황이 발생하기 마련이다.

⑥ 휴식 시간을 자주 갖는다. 휴식을 취하지 않고 계속 일하는 사람은 일을 열심히 할 수 없다. 이에 비해 잠깐 동안씩 휴식을 취하면 일의 능률이 오르게 된다.

⑦ 긴장을 푸는 방법을 익힌다. 이를 위한 한 가지 방법은 어떤 일을 천천히 하는 것이다(천천히 식사하거나 걸어가는 것). 또 다른 방법은 의자에 편히 기대앉아 근육을 이완시키는 것이다. 이러한 행동이 여의치 않은 경우에는 변화에 익숙해지기까지 긴장을 풀도록 한다.

⑧ 잠시 동안 문제를 잊을 수 있는 다른 관심거리를 개발한다. 스포츠, 독서, 운동, 사람들과 어울리기 등을 시도해 보는 것이 좋다.

⑨ 상담이나 치료 모임과 같은 외부의 도움을 고려해 본다. 이런 방법이 좀 더 공적인 접근이기는 하지만 다른 사람의 도움을 받는 것이 효과가 큰 경우가 많다. 종종 자신이 발견할 수 없었던 문제를 다른 사람이 지적해 주기도 한다.

(5) 농업인의 스트레스 관리

① 체력관리

　㉠ 운동의 효과 : 심폐기능의 향상, 심장 관상동맥 질환의 위험 감소, 불안과 우울감 해소, 안정감・일의 능률 증진

　㉡ 적절한 운동 강도와 횟수 : '약간 힘들다'라고 느끼는 강도로 1회 20~30분 정도 일주일에 3~4일 이상 규칙적으로 실시

　㉢ 운동 순서

- 준비운동 : 5~10분간 실시(환절기에는 적어도 10분)
- 본 운동 : 심폐강화 운동 20~30분 실시(자전거타기, 러닝머신, 계단밟기 등). 근력강화 운동 15~20분 실시(아령・운동기구 등 이용, 윗몸일으키기 등)
- 정리운동 : 본 운동 후 10분간 실시

　㉣ 운동 전 주의사항

- 몸의 상태 파악 : 심장이 두근거리거나 어지럽거나 구토증상, 고열상태, 숙취가 있을 때는 쉰다.
- 관절염, 고혈압, 간염, 당뇨병 등의 질환이 있는 경우 의사의 지시에 따라 운동 여부를 결정하고, 운동 시 관계되는 상비약을 준비한다.
- 식후 1시간 정도 경과 후에 운동한다.
- 초가을 등의 환절기에는 땀을 흘린 후에 걸칠 수 있는 가벼운 점퍼 등을 사전에 준비하여 감기, 천식을 예방한다.

　㉤ 운동 시 주의사항

　　호흡곤란, 가슴통증, 구역질, 현기증, 심한 피로감, 근육과 관절의 통증, 다리가 엇갈릴 때에는 운동을 중단한다.

　㉥ 운동 후 주의사항

- 심한 운동 후 갑자기 중지하면 현기증 등이 있을 수 있으므로, 3~4분 정도 가벼운 달리기나 걷기, 체조 등으로 정리운동을 한다.
- 미지근한 물로 샤워, 목욕을 하여 피부를 청결히 하고 혈액순환을 촉진한다(너무 뜨거운 물은 삼가).
- 운동 직후에는 소화력이 떨어지므로, 식사는 최소 10~20분 정도 휴식을 취한 후 한다.
- 운동한 날에 수면이 부족하면 피로가 회복되지 못하므로, 충분한 수면을 취해 준다.

② 여성농업인과 운동

농촌 주부의 대부분이 과중한 노동에 시달리나 자신의 건강을 돌보지 않는 경향이 있고, 바쁘지만 단조로운 생활을 보내기 쉽다. 이에 규칙적인 운동은 노동으로 인해 불균일하고 무리하게 사용된 근육을 균형적으로 회복시켜 주고, 활동적인 움직임을 통해 정신적인 피로를 풀어 준다.

③ 스트레스 대처 행동

    ⊙ 솔직한 대화를 나눌 수 있는 사람을 찾아 얘기한다. 신뢰할 수 있는 카운셀러를 가지는 것이 정신 건강에 좋다.

    ⓛ 스트레스 유발 요인의 목록을 보고 미약한 것이거나 개인이 통제할 능력이 없는 것은 아닌가 살펴본다.

    ⓒ 조그만 문제들로 나누어 해결하며 현실에 맞게 일정을 짠다.

    ⓡ 스스로의 욕구를 살펴 충족시킬 수 있도록 한다.

    ⓜ 의자에 기대앉는 등 긴장을 푸는 방법을 터득한다.

    ⓗ 잠시라도 문제를 잊을 수 있도록 다른 곳에 관심을 둔다.

    ⓢ 상담원이나 집단 치료와 같은 외부의 도움을 고려해 본다.

    ⓞ 운동을 하고 충분한 수면, 휴식, 음식섭취로 몸과 마음을 재충전한다.

    ⓩ 일과 여가 생활에 균형을 찾는다.

    ⓒ 자신이 바꿀 수 없는 일은 받아들일 준비를 한다.

④ 생활환경 관리

    ⊙ 정기적인 휴일 갖기 : 한 달에 하루만이라도 적당한 날을 택해서 '휴식의 날'로 정하여 하루를 마음 놓고 쉬면서 가족의 건강도를 살펴보는 기회를 가지며 여성농업인들도 여가 시간에 취미를 가짐으로써 생활을 풍요롭게 하고, 고된 농작업에서 벗어나 몸과 마음을 건강하게 가꾼다.

    ⓛ 농번기 관리 : 농번기에는 한계치를 넘는 노동이 장시간 계속되므로 과로하게 되어 건강 장해를 일으키거나 잠재했던 병이 발병 혹은 악화된다. 또한 여성농업인은 농업노동과 가사노동 및 육아 등의 노동에 집중하게 되므로 피로가 쌓이고 건강을 해치기 쉬우므로, 마을의 공동취사, 농번기 탁아소, 마을공동 목욕탕 운영 등의 농번기 대책을 세운다.

    ⓒ 작업분담 : 농업노동은 가족노동이 기본으로 되어 있기 때문에 가사를 포함한 역할분담을 적절히 한다.

감염성 질환 관리하기

(1) 재배농업인 감염성 질환

① 쯔쯔가무시증(Scrub Typhus)

㉠ 정의 및 감염경로

- 쯔쯔가무시균(Orientia Tsutsugamushi)에 감염되어 발생하는 질환으로 쯔쯔가무시균은 주로 풀숲이나 들쥐에 기생하던 털진드기 유충이 사람을 무는 과정에서 우리 몸에 들어온다.
- 호발 시기 : 10~12월이다.

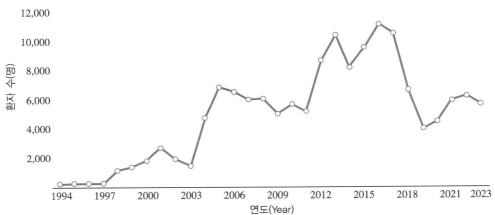

[**쯔쯔가무시증 연도별 발생현황(1994~2023년)**]

(출처 : 진드기·설치류 매개 감염병 관리지침, 질병관리청, 2024)

㉡ 증상

- 발열, 오한, 피부발진, 구토, 복통, 기침, 심한 두통 등이 있다.
- 가피(Eschar)형성 : 털진드기 유충에 물린 부위에 발생한다.
  - 겨드랑이(24.3%) → 사타구니(9.3%) → 가슴(8.3%) → 배 등의 순서로 많이 발생한다.

(출처 : 농업안전보건센터 http://www.koreanfarmer.org)

- 피부발진 : 발병 5일 이후 발진이 몸통에 나타나 사지로 퍼지는 형태이다.
- 일부 혹은 온몸의 림프절 종대가 나타난다.
- 1~3주의 잠복기를 가지며, 적절한 치료를 하지 않은 경우 0~30% 사망률을 보여 신속히 의료기관을 방문하는 것이 중요하다.

ⓒ 예 방
- 작업 전 주의사항
  - 긴 옷에 토시를 착용하고 장화를 신는다.
  - 야외활동 및 작업 시 기피제를 사용한다.
- 작업 중 주의사항
  - 풀밭에서 옷을 벗어 놓고 직접 눕거나 앉지 않고 돗자리를 깔고 앉는다.
  - 풀숲에 앉아서 용변을 보지 않는다.
  - 개울가 주변 풀밭은 피하며, 작업지 근처 풀을 벤다.
- 작업 후 주의사항
  - 야외 활동 후 즉시 옷을 털고, 뜨거운 물로 옷을 세탁한다.
  - 집에 돌아온 후 바로 목욕을 한다.
  - 주변 식물과의 접촉을 최소화하기 위해 길 중앙으로 걷도록 한다.

② 렙토스피라증(Leptospirosis)

㉠ 정의 및 발생현황
- 북극과 남극 외의 어느 지역에서나 발생할 수 있는 감염증. 농림업, 어업, 축산업, 광업 종사자 및 수의사 등 관련 업종 종사자의 직업병이며, 업무상 밖에서 활동하는 사람들에게서 흔히 발생한다.
- 렙토스피라에 감염된 설치류(쥐류), 야생동물, 가축 등의 배설물에 오염된 물, 음식을 섭취 또는 호흡기로 감염되는 경우이며 주로 태풍, 홍수 이후 발생 위험이 증가한다. 들쥐는 10% 정도 감염되어 있다.
- 동물의 조직을 다루거나 동물에게 물리는 경우 미세한 피부 열상이나 긁힌 상처로 침투되어 감염된다.
- 호발 시기 : 렙토스피라증은 추수 전 시기에 태풍, 홍수, 장마 등과 관련이 있어 9~11월에 집중되어 발생하는 계절적 특성이 있다.

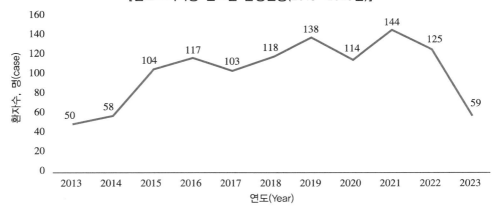

[렙토스피라증 연도별 발생현황(2013~2023년)]

(출처 : 진드기·설치류 매개 감염병 관리지침, 질병관리청, 2024)

ⓛ 증 상

주로 혈관의 염증을 유발하고 발열, 오한, 두통, 근육통, 결막부종, 관절통 등이 있다. 폐출혈, 뇌수막염, 황달, 신부전 등 심각한 합병증이 동반되기도 한다.

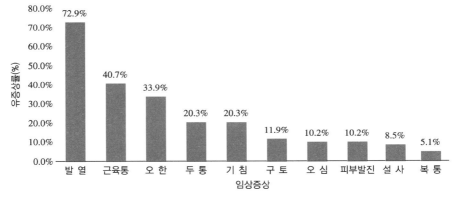

(출처 : 진드기·설치류 매개 감염병 관리지침, 질병관리청, 2024)

ⓒ 예 방

- 홍수 물에서 작업하는 경우 피부에 상처가 있는 사람은 모두 방수 드레싱을 한다.
- 홍수 물이 손이나 음식, 의복 등에 의하여 입에 닿지 않도록 주의한다.
- 모든 식품과 음용수는 오염되지 않도록 주의한다.
- 모든 음용수는 절대적으로 안전한 경우를 제외하고는 끓여서 먹는다.
- 렙토스피라증의 증상 발생 시 반드시 의료진을 방문한다.
- 논이나 고인 물에 들어갈 때는 고무장갑과 장화를 반드시 착용한다.
- 태풍, 홍수 뒤 벼 세우기 작업 시에는 고무장갑과 장화를 착용한다.

③ 신증후군출혈열(HFRS ; Hemorrhagic Fever with Renal Syndrome)

ⓐ 정의 및 발생현황

- 급성으로 발열, 요통과 출혈, 신부전을 초래하며, 사람과 동물 모두에게 감염되는 바이러스감염증이다.

- 한탄바이러스(Hantaan Orthohantavirus)나 서울바이러스(Seoul Orthohantavirus)에 감염된 등줄쥐(한탄바이러스), 집쥐(서울바이러스) 같은 설치류의 분변, 오줌, 타액 등으로 배출되어 공기 중에 건조된 바이러스가 호흡기를 통해 전파되어 감염된다.
- 호발 시기 : 연중 산발적으로 발생할 수 있으나, 주로 건조한 10~12월, 5~7월에 많이 발생한다.
- 잠복기 : 평균 2~4주, 며칠에서 최대 2달까지 잠복한다.

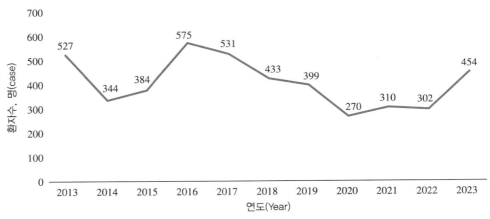

[신증후군출혈열 연도별 발생현황(2013~2023년)]

(출처 : 진드기·설치류 매개 감염병 관리지침, 질병관리청, 2024)

ⓒ 증 상
- 혈관기능의 장애를 초래한다.
- 급성으로 발현 시 발열, 출혈경향, 요통, 신부전이 발생한다.
- 오한, 두통, 결막충혈, 발적, 저혈압, 소변감소, 복통, 폐부종, 호흡곤란이 있다.
- 임상경과 5단계
  - 1단계[발열기(3~5일)] : 발열, 두통, 복통, 요통, 피부 홍조/결막충혈
  - 2단계[저혈압기(1~3일)] : 중증인 경우 정신 착란, 섬망, 혼수 등 쇼크 증상 발생
  - 3단계[핍뇨기(3~5일)] : 소변량이 줄면서 신부전 증상 발생, 객혈, 혈변, 혈뇨, 고혈압, 폐부종, 뇌부종으로 인한 경련
  - 4단계[이뇨기(7~14일)] : 소변량이 크게 늘면서(하루 3~6L) 심한 탈수/전해질 장애, 쇼크 등으로 사망할 수 있음
  - 5단계[회복기(3~6주)] : 소변량이 서서히 줄면서 증상 회복, 전신 쇠약감이나 근력 감소 등을 호소

ⓒ 예 방
- 유행 지역의 산이나 풀밭에 가는 것을 피하며, 특히 늦가을(10~11월)과 늦봄(5~6월) 건조기에는 절대 잔디 위에 눕거나 잠을 자지 않는다.
- 들쥐의 배설물과 접촉을 피한다.
- 잔디 위에 침구나 옷을 말리지 않는다.

- 야외활동 후 귀가 시에는 옷에 묻은 먼지를 털고 목욕을 한다.
- 가능한 한 피부의 노출을 적게 한다.
- 전염위험이 높은 사람(군인, 농부 등)은 반드시 예방접종을 받는다.
- 신증후군출혈열 의심 시 조기에 치료를 받는다.

④ 중증열성혈소판감소증후군(SFTS ; Severe Fever with Thrombocytopenia Syndrome)

  ㉠ 정의 및 발생현황
  - 고열과 함께 혈소판이 감소하는 특징이 있는 질환이다. Bunyavirus의 일종인 SFTS바이러스에 감염되어 발생하며, 중국에서 처음 발견되었다.
  - 호발 시기 : 4~11월
  - 잠복기 : 감염원에 노출 후 1~2주 이내 증상 발생

[중증열성혈소판감소증후군 연도별 발생현황 및 치명률(2015~2023년)]

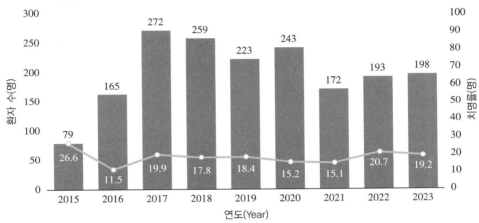

* 2023년 통계는 잠정 통계임

(출처 : 진드기·설치류 매개 감염병 관리지침, 질병관리청, 2024)

  ㉡ 감염경로 : 주로 산과 들판의 풀숲에 살고 있는 작은소참진드기에 물려서 감염되는 것으로 추정되며, 감염된 환자의 혈액 및 체액에 의한 감염도 보고되었다.
  ㉢ 증 상
  - 감기증상과 유사(오한, 기침, 열), 발열, 소화기증상(오심, 구토, 설사, 식욕부진 등), 두통, 전신 근육통증, 림프절 종창, 출혈증상, 신경계증상, 다발성장기부전 등
  ㉣ 예 방
  - 진드기에 물리지 않도록 하는 것이 주된 예방법이며, 특히 작은소피참진드기의 활동 시기인 5~8월에 산이나 들판에서 진드기에 물리지 않도록 주의한다.
  - 풀숲에 들어갈 때에는 긴 소매, 긴 바지 등을 착용하여 피부 노출을 최소화한다.
  - 야외에서 집에 돌아오면 옷을 세탁 후 바로 목욕을 한다.

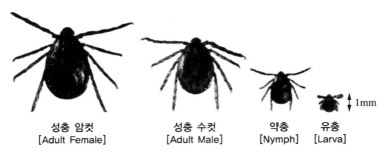

[작은소피참진드기]

성충 암컷 [Adult Female] 성충 수컷 [Adult Male] 약충 [Nymph] 유충 [Larva]

1mm

(출처 : 보건복지부 질병관리청, 설치류 매개감염병 관리지침 중증열성혈소판감소증후군)

⑤ 라임병(Lyme Disease)

  ㉠ 정의 및 발생현황

  - 라임병은 곤충인 진드기가 사람을 무는 과정에서 나선형의 보렐리아(Borrelia)균이 신체에 침범하여 여러 기관에 병을 일으키는 감염질환이다.
  - 잠복기 : 진드기에 물린 이후 평균 7~10일, 최소 3일에서 최장 32일까지 잠복한다.

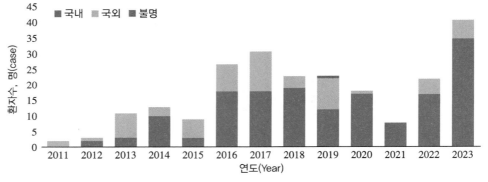

[라임병 연도별 발생현황(2011~2023년)]

(출처 : 진드기 · 설치류 매개 감염병 관리지침, 질병관리청, 2024)

  - 국내 환자 발생은 드물어 법정 감염병으로 지정된 2010년 이후 국내 자체적으로 발생된 것으로 추정된 사례는 2023년까지 160건이다.

  ㉡ 감염경로 : 야생 동물(흰꼬리사슴, 쥐)이나 가축 또는 풀숲에 존재하는 진드기에 물려 감염된다.

  ㉢ 증 상

  - 주로 유주성 홍반(Erythema Migrans)이 대부분(70~80%) 환자에서 관찰되며, 최소 5cm 이상으로 하나 이상이 생길 수 있다.
  - 시간이 지나면서 중심 부위는 호전되고 주변부로 퍼져나가 마치 과녁 모양을 나타내고, 만성감염 시 수주~수년 후 치료받지 않은 환자의 약 60%에서 주로 무릎 부위에 만성 관절염이 발생한다.
  - 피로감, 발열, 두통, 경부강직, 근육통, 관절통, 림프절종창, 안면마비 등을 동반 할 수 있다.

ⓒ 예 방
- 소매가 긴 옷, 장화 등의 보호 장비를 착용한다.
- 진드기 기피제를 사용하며, 산림과 접촉 후 목욕하고 필요시 진드기의 확인이 필요하다.

(2) 축산농업인 감염성 질환
① 브루셀라증
㉠ 정의 및 발생현황
- 브루셀라균에 감염된 동물로부터 사람이 감염되어 발생하는 인수공통감염증이다.
- 잠복기 : 잠복기는 5일~5개월로 다양하지만, 보통은 1~2개월이다.
- 브루셀라증은 2000년 법정감염병으로 지정되었고, 2006년 215명 발생으로 정점을 기록하였으며, 이후 연간 30명 이내로 발생하였다.
㉡ 감염경로
- 감염된 가축의 소변, 양수, 태반 등에 접촉되었을 때 피부상처를 통해 감염된다.
- 소 분만 작업 시 오염된 공기의 흡입 또는 사람의 결막을 통하여 감염된다.
- 살균처리되지 않은 오염된 우유나 유제품 섭취 시 감염된다.
㉢ 증 상
- 임상 증상은 매우 다양하고 비특이적이다. 초기 증상으로 발열, 야간 발한, 피로, 식욕부진, 두통, 요통 등이 있다.
- 병원체는 림프절, 간, 비장, 골수 등에 존재하며, 침범된 장기에 따라 증상이 나타난다.
  - 위장관계 증상 : 식욕부진, 복통, 구역, 구토, 설사, 변비 등
  - 간담도계 질환 : 간·비장 종대, 간·비장 농양, 황달, 간 효소수치 상승
  - 골격계 질환 : 천장골염, 체중을 많이 받는 큰 관절 염증, 건활막염 등
  - 신경계 질환 : 뇌수막염, 다발성 뇌농양, 척수염, Gullain-Barre 증후군, 뇌신경마비, 편마비 등
  - 순환기 질환 : 심내막염(2%), 심근염, 심낭염, 진균성 동맥류 등
  - 호흡기 질환 : 기관지염, 폐렴, 폐결절, 폐농양, 속립성 폐병변 등
  - 요로-생식계 질환 : 간질성 신염, 신우신염, 사구체신염, 고환염, 난소염 등
  - 혈액 질환 : 빈혈, 호중구·혈소판 감소증, 혈액응고장애, 골수 내 육아종
  - 피부 질환 : 발진, 구진, 궤양, 결절성 홍반, 점상 출혈, 출혈반, 혈관염 등
㉣ 예 방

일반적인 예방
- 육류는 반드시 익혀서 섭취한다.
- 출산 중인 동물 접촉 시 적합한 보호구를 착용한다.
- 인간에게 이용할 수 있는 백신은 없다.
식품 위생 관리
- 우유 등 유제품 : 모든 유제품은 섭취하기 전 또는 가공 전(치즈, 버터, 아이스크림, 요구르트 등으로 가공하기 전)에 반드시 살균 처리를 하여야 한다.
- 고기 등 육류 : 내장(간, 비장, 콩팥) 및 생식기(유방, 태반, 고환)는 고농도의 병원체를 보유하는 부위이므로 생으로 섭취하거나 덜 익혀 먹을 경우 감염의 위험이 높아 완전히 조리하여 섭취해야 하며, 식육 및 내장은 위생적인 방법으로 취급하여 조리과정에서 다른 음식이 오염되지 않도록 한다.

개인 위생 관리

- 작업 시 위생
  - 작업장 내에 손 씻기 설비를 구비하고 손소독제 또는 비누를 사용하여 수시로 손을 씻어 손의 청결을 유지하며, 작업을 마친 후 작업장 내 샤워시설을 이용하여 몸을 씻도록 한다.
  - 베이거나 긁힌 상처는 소독제로 소독하고, 붕대로 덮거나 접착성 밴드를 붙여 감염성 물질이 들어가지 않도록 하여야 한다.
  - 감염성 물질이 점막(눈, 코, 입 등)에 들어갈 경우 즉시 흐르는 물로 충분히 세척한다.
  - 작업장(축사, 도축장, 살처분장 등) 내에서는 흡연이나 껌 씹기 및 취식을 금한다.
  - 작업복은 매일 교환하고, 열처리(삶음 또는 스팀)하거나 폼알데하이드 훈증 또는 염소계소독제 등을 이용하여 소독하여 재사용한다.
  - 고위험작업자는 채용 시 기초검사를 실시하고, 정기적으로 검진하여 임상증상 발현 시 신속하게 치료를 받도록 하며, 18세 이하 및 임산부는 고위험작업에 참여하지 않도록 해야 한다.
- 보호장구 착용
  - 브루셀라병에 감염되었거나 감염이 의심되는 동물과 접촉하는 고위험 작업을 수행하는 모든 사람들은 환축뿐만 아니라 유산으로 배출된 태아, 태반, 생식기 분비물에 의해서도 감염될 수 있으므로 반드시 적합한 보호장구(보호복, 안면보호구 및 고글, 보호장갑, N95마스크에 준하는 방진마스크 1급(고용노동부), KF94(식품의약품안전처), 장화 등)를 착용하여야 한다.
  - 마스크는 필터가 부착된 것으로 착용하고, 가축 출산 참여 등의 고위험 작업 시 반드시 착용해야 하며 규칙적으로 교환하여야 한다.
  - 장화는 작업장(축사, 도축장, 살처분장, 식품제조작업장 등) 내에서만 착용하고 작업장 외부에서는 착용하지 않아야 하며 세탁이 용이하도록 고무 재질을 사용한다.
  - 가축의 마른 배설물, 유산이나 분만, 도살, 전기톱을 이용한 정형외과적 뼈 절단수술, 지육 절단 작업은 작업과정에서 분무 발생이 가능하므로, 분무 흡입을 예방하기 위해 N95마스크에 준하는 마스크를 착용해야 한다.
  - 보호복을 벗을 때에는 보호복의 바깥부분(오염된 부분)이 자신의 옷이나 맨살에 닿지 않도록 하며, 마스크는 30cm 이상 앞으로 당겨 머리 위로 올린 뒤 뒤로 젖혀서 제거하여, 오염된 보호구 표면을 통한 감염을 예방한다.
  - 보호장구는 일회용의 경우 반드시 소독 후 폐기하도록 하고, 재활용품의 경우에는 철저히 세척·소독하여 멸균 상태로 보관하여야 한다.

작업장 위생 관리

- 사육 농장 및 목장
  - 농장종사자 및 고위험작업참여자는 감염되었거나 감염이 의심되는 동물의 분만참여 및 환경 접촉 시 적합한 보호구를 착용해야 한다.
  - 유산 및 출산이 이루어진 장소는 적합한 소독제(염소계, 포비돈 아이오딘, 페놀 등)를 이용하여 세척 및 소독해 준다.
  - 병원체에 오염된 물질을 처리한 농기구는 적합한 소독제에 침적 소독한 후 재사용한다.
  - 출산, 유산은 전파가 가장 잘되는 작업이므로 주의하도록 하며, 유산 장소, 유산 태아·태반, 부산물은 방수 가능한 용기에 담아 소독한 후 소각 및 매몰 처리한다.
  - 감염된 동물의 배설물은 매일 치운다.
  - 거름을 만들 경우 균이 비활성화되는 시간이 적어도 1년이 소요되므로 주의한다.
  - 감염된 동물이 있었던 작업장은 청소와 소독이 시행되는 동안(최소 4주) 다른 동물의 반입을 금지한다.
  - 개, 고양이, 집쥐, 야생 동물이 축사에 들어가지 않도록 축사 출입을 차단한다.
  - 축사에 출입하는 모든 차량들은 소독제가 담긴 얕은 구덩이를 지나도록 하여 소독한다.
- 도축장 및 육류 가공 시설
  - 도축 작업 참여자는 방수용 보호구(앞치마, 장화, 마스크, 고글 또는 안면보호구 등)를 착용한다.
  - 사용한 모든 기구 및 배수로, 바닥은 '가축전염병예방법'에서 정하는 소독 방법(소독제 및 83℃ 이상의 고온수로 세척)으로 소독한다.
  - 도축장 종사자에 대하여 브루셀라증 발생 여부를 감시한다.
  - 브루셀라증 증상 발생 시 즉각적인 항생제 치료를 한다.
  - 면역저하자(임산부, 면역억제제를 복용 중인 자, 악성종양 등으로 항암치료를 받고 있는 자) 및 가임기 여성에게 감염 가능성을 알리고, 증상 발생 시 의료기관에 방문하여 적절한 처치를 받게 한다.
  - 신규 직원을 대상으로 개인위생 및 안전 수칙에 대하여 교육한다.
  - 도축장 출입은 가능한 종사자로 제한하고, 18세 이하 및 임신한 여성은 출입을 금지한다.

② 큐 열
　㉠ 정의 및 감염경로
　　• 리케차 일종인 Coxiella Burnetii에 의한 열성 질환으로 인수 공통전염병이다.
　　• 감염 경로 : 감염된 소의 배출물 흡입 시 감염, 감염된 동물과의 직접적인 접촉, 오염된 우유나 유제품 섭취, 보균 진드기에 물려서 감염된다.
　　• 잠복기 : 평균 2~4주로, 3일에서 1개월 정도 잠복한다.
　㉡ 증 상
　　큐열의 임상증상은 매우 다양하고 비특이적이며 갑작스런 고열, 심한 두통, 전신 불쾌감, 근육통, 혼미, 인후통, 오한, 발한, 가래 없는 기침, 오심, 구토, 설사, 복통, 흉통 등이 있다. 발열은 1~2주 정도 지속되며, 체중 감소가 오랜 기간 지속된다. 환자의 30~50%는 폐렴으로 진행되며 상당수의 환자에게서 간염이 발생한다. 대부분의 감염자는 증상 없이 항체만 양전되고 일부에서만 현증감염을 일으킨다. 큐열에 감염된 환자의 50~60%는 불현성 감염으로 현증감염의 경우에도 증세가 경미한 경우가 많아 2% 정도만 입원치료를 필요로 한다. 또한 큐열은 급성큐열과 만성큐열로 구분되는데, 급성 감염의 1~11%가 만성큐열로 진행되며 만성큐열의 발생 여부는 균종의 특성보다는 숙주의 면역 반응에 의해 결정된다.

급성큐열	만성큐열
• 대부분의 경우에는 치료를 받지 않은 사람도 수개월 내 회복되지만, 치료를 받지 않은 급성감염의 1~2%는 사망한다. • 급성큐열의 경우 최초 감염 1년에서 20년까지 만성큐열에 이환될 가능성이 있다. • 임신 1기에 감염된 경우 대개 자연유산되며 임신 1기 이후에 감염된 경우 사망 또는 조산하기도 하고 정상 출산을 하기도 한다. • 임신 중 감염된 환자 30~50%에서 만성 자궁감염이 이루어지며 여러 차례 자연유산을 경험할 수 있다.	• 큐열이 6개월 이상 지속되는 경우를 말하며 흔하지는 않으나 보다 중증의 임상양상을 보인다. • 장기이식환자, 암환자, 만성신장질환자는 고위험군에 속한다. • 심내막염은 주로 기존 심장판막질환자나 혈관이식술을 받은 환자에게서 합병증으로 발생할 수 있다. • 치료하지 않을 경우 치명적일 수 있으며, 이 경우 65% 정도가 사망하나 적절히 치료하면 10년 이내 19% 정도만 사망한다.

　㉢ 예 방
　　• 소 분만 작업 시 방진 마스크 사용
　　• 작업 시 개인보호구 착용(보호안경, 보호장갑, 보호복, 보호앞치마, 보호장화 등)
　　• 양, 염소 등의 태반 등 출산 적출물을 적절하게 처리한다.
　　• 유제품은 살균 소독 후 섭취한다.
　㉣ 노출 시 관리
　　• 예방적 항생제의 경우 증상 발생 전 권고되지 않는다.
　　• 치료제 투여
　　　– 증상 발생 후 24시간 이내 투여 시 질병 지속기간 및 합병증 예방에 효과적이다.

- 무증상 감염
  - 치료가 불필요하나 만성큐열 고위험군(면역저하자, 심장판막 및 심혈관이식 환자, 간질환자, 임산부 등)에서는 만성으로 진행되는 것을 예방하기 위한 치료제 투여를 고려할 수 있다.
  - 4~6주 후 재검사하여 감염상태에 대해 평가한다.
- 추적 조사
  - 위험 노출 후 최소 3주 동안 매일 체온을 측정한다.
  - 위험 노출 3주 이내(드물게 6주까지도 가능) 감기 유사증상, 두통, 근육통, 관절통 등 감염 관련 증상 발생 시 즉시 의료기관에서 진료를 받는다.

③ 결 핵

㉠ 정의 및 감염경로
- 주로 폐결핵 환자로부터 나온 미세한 침방울 혹은 혈액에 의해 직접 감염된다.
- 접촉 시 모두 결핵에 걸리는 것은 아니며 대개 접촉자의 30% 정도가 감염되고, 감염된 사람의 10% 정도가 결핵환자가 되며, 나머지 90%의 감염자는 평생 건강하게 지낸다.
- 발병하는 사람들의 50%는 감염 후 1~2년 안에 발병하고, 나머지 50%는 그 후 일생 중 특정 시기에, 즉 면역력이 감소하는 때 발병하게 된다.
- 감염경로 : 전염성 결핵환자의 기침, 재채기 또는 대화 등을 통해 결핵균이 공기를 통해 다른 사람의 폐로 들어가 결핵균에 감염된다.

㉡ 증 상
- 잦은 기침 : 가래가 없는 마른기침을 하고 시간이 지나면서 가래가 섞인 기침이 나오게 되며 감기에 걸렸을 때 기침을 많이 하지만 2주 이상 기침을 한다면 반드시 병원에 가서 결핵 여부를 확인해야 한다.
- 객혈 : 객혈은 객담에서 피가 나는 것으로 실제로 결핵환자는 가래에 소량의 피가 섞여 나오는 경우가 많다.
- 식욕부진, 무기력함, 발열, 체중 감소 : 입맛이 없고 기운이 없어지며 체중이 감소하는 현상과 함께 쉽게 피로를 느끼고 잠을 자면서도 식은땀을 흘린다.

㉢ 예 방
- 감염 예방 : 결핵 환자의 조기발견, 결핵환자의 철저한 치료 및 관리
- 발병 예방 : BCG 예방접종
  접종대상은 생후 1개월 이내 모든 신생아·소아이며, 중증결핵(좁쌀결핵 및 결핵성 뇌수막염)의 발병을 예방한다.
- 면역력강화 : 각종 피로와 무기력함, 면역력 저하가 올 수 있으므로 충분히 영양보충을 하고 건강한 생활을 유지한다.

(3) 기타 인수공통감염성 질환

① 동물인플루엔자 인체감염증

　　㉠ 정 의

　　　닭, 오리 등 가금류 및 야생조류에서 조류인플루엔자 바이러스에 의해 발생하는 조류의 급성전염병으로, 조류에서의 병원성에 따라 고병원성과 약병원성, 비병원성으로 구분하며, 종(種)에 특이하기 때문에 조류와 다른 유전자 구조를 가진 사람에게는 일반적으로 감염되지 않는 것으로 알려져 있다. 하지만 해외에서 종(種) 간의 경계를 뛰어 넘어 고병원성 조류인플루엔자가 사람에게 병을 일으키는 경우가 종종 발생하였으며 이전까지 알려진 바이러스 형태는 주로 H5N1형이다.

　　㉡ 감염경로

　　　대부분의 인체감염 사례는 조류인플루엔자 바이러스에 감염된 가금류(닭, 오리, 칠면조 등)와의 직접적인 접촉 또는 감염된 조류의 배설·분비물에 오염된 사물과의 직접적인 접촉을 통해 발생한다. 환자 증상 발현 1주일 전에 병이 들었거나 죽은 조류를 처리하는 과정에서 감염되는 것이 가장 흔한 경로이다. 조류인플루엔자(H5N1)에 감염된 닭이나 오리를 도축하거나, 깃털 뽑기, 조리 준비, 이러한 닭, 오리를 갖고 노는 경우 그리고 완전히 익히지 않고 이러한 닭, 오리를 먹는 경우에 조류인플루엔자(H5N1) 인체감염증에 걸릴 위험이 있다. 매우 드물게 사람 간의 전파가 의심되는 사례가 보고되었으나, 향후에는 바이러스의 변이 등을 통해 사람 간의 전파가 보다 쉽게 이루어질 경우에 대비하고 있다.

　　㉢ 증 상

　　　평균 약 7일(3~10일) 정도의 잠복기를 가지며, 임상증상은 전형적인 인플루엔자 유사증상(38℃ 이상의 발열을 동반하면서 기침, 인후통)부터 폐렴, 급성호흡기부전 등 중증 호흡기 질환까지 다양하다. 거의 대부분의 환자에서 발열(38℃ 이상)을 보이며, 기침, 호흡곤란 등의 호흡기 증상이 주를 이루는데, 동시에 드물게는 메스꺼움, 설사, 어지러움 등의 비특이적 증상을 보이기도 한다. 2005년 이후 어린이들에서 폐렴을 동반하지 않으면서 발열을 동반한 상기도 감염의 빈도가 증가하고 있다. 환자가 사망하는 경우에는 보통 증상 발현 후 9~10일에 사망하게 되는데, 조기에 진단되어 조기에 항바이러스제가 투여되는 경우 환자의 사망률을 낮출 수 있다.

　　㉣ 예 방

　　　• 손을 자주 깨끗이 씻고 기침, 재채기는 휴지로 입과 코를 가리고 한다.

　　　• 닭, 오리고기는 75℃에서 5분 이상 익혀 먹는다.

　　　• 조류인플루엔자 발생지역 방문은 자제해야 하며, AI 발생지역 방문 후 호흡기 증상 발생 시 보건소에 신고한다.

② 발진열
　㉠ 정 의
　　발진열은 동양쥐벼룩을 통해 전염되며 리케차균이 섞인 벼룩의 분변이 벼룩이 물어서 생긴
　　병변을 오염시켜 감염되는 리케차 감염병이다. 잠복기는 1~2주, 보통 12일이다.
　㉡ 감염경로
　　벼룩이 무는 과정에서 균을 전파하거나 벼룩 분변이 호흡기로 들어가서 감염된다.
　㉢ 증 상
　　초기 오심, 구토 이후 두통, 근육통, 관절통 등의 증상 후에 발열, 오한, 발진이 발생한다.
　　반점 모양의 발진이 겨드랑이나 팔의 안쪽에 생긴 후 반구진형으로 되면서 체간에 생긴
　　다. 폐 침범 동반하며 복통과 황달이 나타난다.
　㉣ 예 방
　　리케차균에 감염된 벼룩에 물리지 않도록 주의하며 주위 환경에서 쥐의 서식을 막도록
　　한다.
③ 변종 크로이츠펠트-야콥병(VCJD) 혹은 인간광우병
　㉠ 정 의
　　주로 광우병에 걸린 소의 고기나 그 추출물로 만든 식품을 섭취했을 때 감염되는 것으로
　　추정되며 광우병이 사람에게 전염된 것으로, '인간광우병'으로 불린다. 20~30대 연령층
　　에서도 발병하며 증세가 서서히 진행되는 것이 특징이다.
　　• 분류 발병 정도
　　　- 산발 크로이츠펠트-야콥병(sporadic CJD) : 85%
　　　- 가족 크로이츠펠트-야콥병(familial CJD) : 10~15%
　　　- 의인성 크로이츠펠트-야콥병(iatrogenic CJD) : 1~2%
　　　- 변종 크로이츠펠트-야콥병(variant CJD) : 드물다(전체 크로이츠펠트-야콥병 환자
　　　　의 극히 일부분).
　㉡ 감염경로
　　우해면상뇌증에 감염된 소의 신경조직을 사람이 섭취하였을 때, 변성 프리온의 일부가
　　회장 말단부의 파이어반(Peyer's Patch)을 통하여 인체의 림프 조직으로 흡수되는 것으
　　로 알려져 있다. 변성 프리온은 백혈구에 포식되어 혈액 내에 존재하게 되고, 일부 백혈구
　　가 혈액-뇌장벽(Blood-Brain Barrier)을 넘어 뇌 실질 내부로 유입될 때 변성 프리온이
　　뇌신경 조직으로 침투하는 것으로 추정된다.
　㉢ 증 상
　　초기에 우울증, 불안감, 초조감, 공격적 성향, 무감동증 등과 같은 정신 증상이 지속된다.
　　초기부터 기억장애나 지속적인 감각 장애 등이 나타나는 경우도 있지만, 명확한 신경학적
　　증상은 초기증상 발생 후 평균 6개월 정도 뒤에 나타난다. 가장 빈번히 나타나는 증상은
　　팔, 다리의 감각이상 증상으로 통증을 동반하기도 하고 동반하지 않기도 한다. 빠르게
　　진행하는 운동실조증이 가장 흔하게 나타나는 신경학적 징후이며, 모든 환자들에서 운동

실조증과 근경련(Myoclonus), 무도증(Chorea), 근긴장 이상증(Dystonia) 등의 이상 운동증을 보인다. 말기증상은 크로이츠펠트-야콥병환자의 증상과 유사하여 인지장애가 점차 진행하고, 운동불능, 무언증의 상태가 되며 증상 발현 후 평균 14개월에 사망에 이르게 된다. 전형적인 주기성 뇌파소견을 보이지 않고 환자의 90%가 1년 이내에 사망하게 된다.

ⓔ 예 방

동물성 사료 금지를 통해 광우병 발생 위험을 줄이고 광우병에 걸린 소와 변종 크로이츠펠트-야콥병 감염 가능성이 있는 사람의 혈액 등을 철저히 관리해서 감염 가능성을 차단시킨다.

④ 중증급성호흡기증후군(SARS)

ⓐ 정 의

중증급성호흡기 증후군은 사스-코로나 바이러스(SARS Coronavirus, SARS-CoV)가 인간의 호흡기를 침범하여 발생하는 질병으로 잠복기는 2~10일, 평균 5일이나 더 길게 보고된 경우도 있다.

ⓑ 감염경로

- 감염자와의 밀접한 접촉에 의한 비말을 통해 감염된다.
  - 사스 환자가 기침, 재채기, 말할 때 배출되는 비말이 호흡기로 전파
  - 환자의 호흡기 분비물에 오염된 물건과의 접촉
  - 분변이나 공기 매개 전파는 다소 드물지만 분변에 바이러스가 존재하는 것으로 보아 분변에 의한 전파

ⓒ 증 상

- 주로 발열(38℃ 이상)이 첫 증상이며 오한, 두통, 근육통 등 전신적인 불편감을 동반한다. 2~7일이 지나면 가래가 없는 마른기침이 나타나고 혈중 산소 포화도가 낮아진다.
- 대부분 회복되지만 10~20%의 환자에서는 호흡부전이 나타나고 인공호흡이 필요하다.
- 발병 첫째 주
  - 처음에는 인플루엔자 유사 증상이 발생한다.
  - 주요 증상은 발열, 권태감, 근육통, 두통, 오한 등이며, 특이적인 증상이나 증후는 없다.
  - 발열이 가장 흔한 증상이지만, 초기에 발열이 없을 수도 있다.
- 발병 둘째 주
  - 기침(초기에는 객담 없는 마른기침), 호흡곤란, 설사 등이 나타난다. 이러한 증상들은 첫 주에도 나타날 수 있지만, 발병 2주째에 흔하게 나타난다.
  - 심한 경우에는 증상이 2주 이상 지속되며 호흡 기능이 크게 나빠지고 급성 호흡곤란 증후군 및 다기관 부전증으로 진행한다.

ⓛ 예 방

　　　사스가 유행하는 지역으로의 여행을 자제하고 국내 유행 시 손 씻기 등의 개인위생 강화와 개인보호구 착용을 통하여 예방한다.

⑤ 탄저(병)(Anthrax)

　　ⓗ 정 의

　　　탄저병은 탄저균(Bacillus Anthracis) 감염에 의해 발생하는 급성 전염성 감염질환이다. 잠복기는 1~60일 혹은 1~7일이다.

　　ⓛ 감염경로

　　　• 피부 감염 : 질병으로 죽은 동물과 피부로 접촉 시
　　　• 아포 흡입 : 가죽 및 털 가공 시
　　　• 위장관 접촉 : 오염된 동물을 충분히 익히지 않고 섭취 시

　　ⓔ 증 상

　　　• 피부 탄저병
　　　　- 초기 : 소양감 동반 구진
　　　　- 1~2일 후 : 수포, 농포, 괴사, 가피 형성(탄저 농포)
　　　• 위장관 탄저병
　　　　- 오염된 육류 섭취 1~7일 후 발생한다.
　　　　- 초기 : 비특이적 증상(구역, 구토)
　　　　- 복통, 토혈, 혈변 등의 증상이 있다.
　　　　- 환자 25~60%에서 패혈증이 있다.
　　　• 흡입 탄저병
　　　　- 균이 바로 폐로 들어가기 때문에 가장 치명적이다.
　　　　- 초기 : 미열, 마른기침 등 상기도 감염 증상
　　　　- 후기 : 발열, 호흡곤란, 쇼크 발생, 흉부 방사선상 종격동의 대칭적 확장 및 림프절 종대가 관찰되며, 저혈압과 청색증이 진행하면서 환자의 75%가 패혈성 쇼크에 의해 24시간 이내에 사망한다.

　　ⓛ 예 방

　　　• 탄저균에 오염될 위험이 있는 작업장은 먼지 채집기, 파라폼알데하이드 증기 배출기를 설치한다. 탄저균 노출 위험이 높은 작업장 직원에 대한 교육을 실시하고, 특히 작업복을 입고 외부로 나가지 않도록 하고 피부의 상처 치료에 주의한다.
　　　• 사육동물의 예방접종은 매년 실시한다.
　　　• 사람의 경우 고위험군에게는 필요시 예방접종을 시킨다.

⑥ 공수병(광견병)(Rabies)

　　ⓗ 정 의

　　　광견병은 기본적으로는 동물에게서 발생하는 병이며, 광견병 바이러스(Rabies Virus)를 가지고 있는 동물에게 사람이 물렸을 때 생기는 치명적인 급성 뇌척수염이다. 잠복기는 13일~2년이다.

  ⓛ 감염경로
- 주전파경로는 교상(물리는 것)이다.
- 비교상(물리는 것 이외)
    - 상처, 점막을 통한 감염동물의 타액 또는 뇌조직과 접촉
    - 분무전파
    - 의인성 전파(예방접종)
    - 드물지만 사람에서 사람으로의 전파도 가능

  ⓒ 증 상
- 광견병 바이러스는 수주~수개월 잠복기를 가지는데 물린 곳이 중추신경계(머리와 가까운 부위 또는 상처의 정도가 심한 경우)와 가까울수록 시기가 짧아진다.
    - 발병 초기 : 발열, 두통, 전신쇠약감 등의 비특이 증상을 보이며 이 시기에 물린 부위에 저린 느낌이 들거나 저절로 씰룩거리는 증상이 나타나면 광견병을 의심한다.
    - 발병 후기 : 불면증, 불안, 혼돈, 부분적인 마비, 환청, 흥분, 타액, 땀, 눈물 등 과다분비, 연하곤란 증상이 나타나고 얼굴에 바람이 스치기만 해도 목 부위에 경련이 발생하기도 한다.
- 환자의 80%가 물을 두려워하거나 안절부절 못하는 등의 증상을 나타낸다. 병이 진행되면서 경련, 마비, 혼수상태에 이르게 되고 호흡근마비로 수일(평균 4일) 이내에 사망하게 된다.

  ⓔ 예 방
- 광견병 유행지역을 여행할 때는 개를 비롯한 광견병 위험 동물과의 접촉 주의, 동물과의 접촉이 예상될 때는 미리 백신 접종, 국내에 있는 대부분의 일반병원에는 사람용 백신이 준비되어 있지 않지만, 병원에서 정해진 절차를 거친 후 한국희귀의약품센터를 통해 백신을 구할 수 있다.
- 애완용 고양이와 개에게 광견병 백신을 접종하며, 동물에 물렸을 경우에는 즉시 비누를 이용해 흐르는 물에 상처를 씻는다.
- 해당 동물이 광견병 바이러스에 감염되었을 가능성이 있다면 광견병에 대한 면역글로불린과 예방백신을 접종한다.

⑦ 일본뇌염(Japanese Encephalitis)
  ⓛ 정 의
  일본뇌염은 일본뇌염 바이러스(Japanese Encephalitis Virus)에 감염된 작은 빨간 집모기(Culex Tritaeniorhynchus, 뇌염모기)에 의해 감염되는 급성전염병이다. 잠복기는 5~15일이다.

  ⓒ 감염경로
  바이러스를 가진 모기에게 물려 전염되며 모기활동이 많은 여름철과 초가을에 많이 발생한다. 또한 15세 이하와 고령층에서 주로 발생한다.

ⓒ 증 상

일본뇌염 바이러스에 감염되더라도 95%는 무증상, 사망률은 5~30%, 회복되더라도 후유증이 발생한다. 전구기(2~3일), 급성기(3~4일), 아급성기(7~10일), 회복기(4~7주)로 구분한다. 고열, 두통, 현기증, 구토, 무욕 또는 흥분 상태, 의식장애, 경련, 혼수, 사망할 수도 있다. 회복기에는 언어장애, 판단능력 저하, 사지 운동 저하가 나타난다.

ⓔ 예 방

모기와 되도록 접촉하지 않는 환경을 만든다. 생후 6~12개월까지는 모체로부터 받은 면역의 효과를 기대할 수 있다. 그러나 생후 12개월 이후에는 일본뇌염에 대한 면역이 없어지므로, 12~24개월 사이에는 예방접종을 시작한다. 일본뇌염 백신은 불활성화 백신과 약독화 백신 두 가지가 있으며, 이 중 하나를 선택해서 접종한다.

백신구분	생후 12-23개월	생후 24-35개월	6세	12세
불활성화 백신*	1차~2차(기초)	(추가)1차	(추가)2차	(추가)3차
약독화 생백신**	1차(기초)	2차(기초)	–	–

* 일본뇌염 불활성화 백신은 1차 접종 1개월 후 2차 접종을 실시하고, 추가 접종은 2차 접종으로부터 11개월 후, 6세, 12세에 접종
** 일본뇌염 약독화 생백신은 1차 접종 12개월 후 2차 접종

⑧ 장출혈성대장균(EHEC)

ⓐ 정 의

장출혈성 대장균(Enterohemorrhagic Escherichia Coli) 감염에 의해 출혈성 장염을 일으키는 질병이다. 잠복기는 3~8일이다.

ⓑ 감염경로

- 완전히 익히지 않은 고기를 섭취하거나 가축 배설물로 오염된 물을 마시거나 오염된 물로 조리된 야채류를 섭취할 경우
- 살균처리되지 않은 우유를 섭취하는 경우
- 감염자와의 직접적 접촉에 의한 경우

ⓒ 증 상

- 복통, 오심, 구토, 설사, 빈혈, 신장 감염
- 급성 감염으로 인한 발작 및 뇌졸중이 발생할 수도 있다.
- 용혈성요독증후군(HUS) 합병증을 유발한다.

ⓔ 예 방

- 주방용품 및 요리한 도구를 소독한다.
- 식자재를 충분히 익혀서 섭취한다.
- 날것으로 섭취하는 야채류의 경우 청결히 씻어서 섭취한다.
- 살균된 우유를 섭취한다.
- 손 씻기 등 개인위생을 철저히 한다.

호흡기계 질환 관리하기

농업과 관련된 작업 관련성 질환은 그 원인의 다양성만큼이나 그 결과로써의 질환들도 복잡하고 많은데, 호흡기계 질환은 농업인 농작업재해 현황 통계에서도 근골격계 질환 다음으로 흔하게 발생하는 질병이다.

(1) 농업인의 호흡기계 질환 원인

호흡기계 질환을 유발하는 요인은 분진, 미스트, 바이오에어로졸 등의 입자상 물질이다. 이 중 농작업 과정에서 흔히 볼 수 있는 것은 분진이다. 일반적으로 분진이 호흡기계 건강에 주는 영향은 분진의 화학적 성분에 따라 다양한데, 흙과 같은 광석의 비율이 많은 무기분진과 식물이나 동물 같은 유기체에서 나오는 탄소, 미생물을 포함한 유기분진으로 나눌 수 있다. 무기분진은 이산화규소나 석면 등 몇 종을 제외하고는 건강에 영향이 적은 편이다. 반면 유기분진은 인체에 유입되면 생물반응을 유도하게 되어 건강에 더 해롭다. 축산, 버섯, 화훼 등의 농업인들이 주로 유기분진에 노출되므로 호흡기계 질환이 나타나기 쉽다. 대표적으로 농촌지역에서 많이 볼 수 있는 슬레이트 지붕에서 배출되는 석면은 폐암, 중피종 등의 치명적인 질병을 일으킨다. 또한 목재분진(참나무 등)은 비암을 유발하기도 한다.

① 분진을 일으키는 농작업 종류
  ㉠ 경운정지작업(로터리작업)
  ㉡ 콤바인을 이용한 수확작업
  ㉢ 각종 볏짚작업
  ㉣ 작물 수확 및 선별작업(양파, 파, 고구마, 감자 등)
  ㉤ 축사 작업 : 건초 급여, 청소작업, 분동작업
  ㉥ 작물 잔재물 처리작업

② 분진을 일으키는 농작업 관련 물질
  ㉠ 동물성(동물 비듬, 동물 털, 분뇨)
  ㉡ 식물성(곡물 분진, 식물 입자, 탄닌)
  ㉢ 곤 충
  ㉣ 미생물(박테리아[내독소], 진균류[진균독소])
  ㉤ 감염성 인자(리케차, 탄저균, 조류 및 돼지 인플루엔자 바이러스, 한타바이러스)
  ㉥ 사료 첨가물

ⓢ 가스 및 퓸(암모니아, 산화질소, 황화수소) 등

유기분진	무기분진	자극제	가스와 퓸 및 감염성 인자
곡물, 짚, 건초, 진균류, 박테리아, 진드기, 동물성	규소, 석면	농약, 비료, 페인트	암모니아, 산화질소, 황화수소 등

(2) 농업인의 호흡기계 질환 분류 및 증상

① 병변이 발생 위치, 발생원에 의한 분류

ㄱ 기도질환 : 상기도질환, 천식, 천식양 증후군, 만성기도질환(만성폐쇄성폐질환, 만성기관지염)

ㄴ 간질성폐질환 : 유기물먼지독성증후군, 외인성알레르기폐포염 혹은 과민성폐렴, 간질섬유증 등

• 과민성폐렴은 흡입된 항원 입자로 인하여 인체 면역반응에 의해 야기된 간질성폐질환으로 정의내릴 수 있다. 과민성폐렴에 대한 기술은 18세기 이탈리아 라마찌니(Ramazzini)가 곡물 취급 중에 발생된 분진에 노출된 취급자들에게 기침과 숨가쁨 등의 주요 증상이 나타나는 폐질환을 최초로 보고(이때 농부폐라 명명함)하였고, 최근에는 이 질환의 발생이 건초작업 과정에서 방선균 노출과 체내 면역계가 관련된 질환임을 보고하였다. 농부폐라는 명칭은 정확한 용어가 아니며, 미국흉부학회에서는 농부폐를 농부과민성폐렴으로 정의하였다.

ㄷ 감염병 : 탄저병, 브루셀라증, 렙토스피라병 등

② 무기분진에 의한 호흡기계 질환

ㄱ 결정형 유리규산(석영 포함)

지구상에 널리 존재하며 지구 전체 땅 무게의 약 12%를 차지한다. 석영분진의 흡입은 급성 또는 만성적인 구속성 폐질환의 중요한 위험 요인이며 비-농작업 환경에서 노출된 코호트 연구에서 증명되었다(Peters, 1986). 농작업자들이 수확할 때나 다음 경작을 준비하는 동안 생물성(Biogenic) 유리규산에 노출되는 것은 상당히 특이한 직업적 노출이다.

ㄴ 호흡성 미세분진

논을 태울 때 분진이 발생되거나 수확하는 동안 무정형 유리규산 입자가 존재한다는 것이 산업위생 조사에서 확인되었으며, 유럽과 미국 캘리포니아 포도 과수원 작업자에게는 높은 농도의 호흡성 석영입자가 검출되었다. 호흡성 미세분진은 농작업 중 항상 발생하고, 특히 경작, 추수 관련 작업, 그리고 축사 등에서 발생하여 농업인에게 건강 장애를 유발하고 있다.

ㄷ 무기분진에 의한 대표적 호흡기계질환은 석면에 의한 것과 디젤연소 물질 등이 있다. 엄밀히 말하면 일산화탄소, 농약 등과 같은 물질도 호흡기계 질환을 유발할 수 있지만 중독과 질식의 개념으로 원래의 호흡기계 질환과 구별하여 설명한다.

- 석 면

  뛰어난 인장력, 유연성을 지니고, 열, 화학물질, 전기 등에 저항성이 강한 자연 섬유상 광물질을 총칭하며, 백석면, 갈석면, 청석면, 트레몰라이트, 안토필라이트, 악티놀라이트 등이 있다. 석면은 노출 시 호흡기계의 폐포에 침착하여 폐포에 상처를 주게 되고, 상처를 입은 폐는 산소와 이산화탄소의 교환기능을 수행하지 못하게 되어 숨이 가빠지고, 정상적인 활동에 장애를 유발한다. 석면 노출 시의 건강영향 중 대표적인 것으로 폐암과 악성중피종이 있으며, 모두 노출 후 20년 정도 잠복기를 거쳐 서서히 발생하는 특징이 있다. 특히 악성중피종은 석면에 짧은 기간(1주일) 매우 적은 양에 노출되어도 발생할 수 있다.

- 디젤연소 물질

  하우스 등과 같이 밀폐된 공간에서 동력기기를 사용하는 작업, 로터리 작업, 농약 방제 작업, 각종 트랙터 작업 등 기계를 사용하는 작업에서 모두 노출될 수 있다. 디젤 연소 시 수백 가지의 화학물질이 발생하는데, 통틀어 디젤연소 물질이라 한다. 디젤연소 물질에는 황산화물과 질산화물 같은 가스나 다핵방향족화합물, 벤젠 등의 발암물질이 다수 포함되어 천식 등의 호흡기질환을 일으키고, 장기간 노출 시 폐암 등의 암을 일으킬 수 있다.

③ 유기분진에 의한 호흡기계 질환

　㉠ 비염, 결막염, 천식, 기관지염, 농부폐, 유기먼지 독성증후군 등과 같은 여러 가지 호흡기계 질환을 일으킨다.

　㉡ 유기분진에 알레르기를 일으키는 물질이 포함되어 있기 때문에 호흡기계 질환은 알레르기성일 경우가 많다.

- 알레르기성 물질들은 우리 몸의 면역계를 과잉반응하도록 하여 여러 가지 증상과 질환을 일으킨다.
- 분진에 노출된 후 특히 저녁 또는 밤에 많이 나타나고, 장기간 노출되면 증상이 더 심해진다.
- 발생원 물질에 노출되면 보통 2년 내에 과민반응이 일어난다. 일단 과민반응이 일어난 후에는 아주 작은 양에 노출되어도 같은 증상이 발생한다.

　㉢ 호흡기계 질환은 치료를 위해서는 직업을 바꿔야 할 정도로 치료가 잘되지 않는다.

　㉣ 밀폐된 비닐하우스 내에서 이루어지는 모든 작업, 버섯 수확 및 선별작업, 건초작업, 사료 급여작업, 청소작업, 분동작업 등 축사관련 작업 등에서 유기분진에 노출될 수 있다.

(3) 농업인의 호흡기계 질환 예방

다양한 유기 또는 무기분진 노출로 인한 질환을 예방하기 위해서는 제진장치, 환기장치 설치 등 공학적 대책과 습식작업이 가능한 경우는 분진이 비산되는 것을 억제하기 위해 물, 기름 등을 뿌려 작업한다. 그러나 분진의 비산을 억제하기 위해 사용한 물, 기름 등이 생물학적 위험요인(예 박테리아)의 증가 원인이 되기도 하므로 사용에 주의해야 한다. 작업장을 깨끗하게 유지하여 비산분진을 억제하고 결국 개인 단위에서는 개인보호구로 호흡용 보호구인 방진마스크를 착용하는 것이 가장 쉬운 방법이다. 호흡용 보호구는 직업병 예방을 위해 근로자 체내로 들어가는 유해물질의 양을 적게 또는 완전히 제거할 목적으로 직접 착용하는 보호장구이다. 호흡용 보호구에는 분진의 체내 침입을 방지하는 방진마스크, 가스나 증기가 체내에 들어가는 것을 방지하는 방독마스크, 송기마스크, 자급식 호흡기 등이 있다.

① 축사 작업환경에서의 호흡기 질환 예방
  ㉠ 기계 환기와 자연 환기를 주기적으로 실시하고 일정한 온도와 습도를 유지한다.
     환기가 불량한 축사 환경은 작업자뿐만 아니라 가축에게도 건강상 좋지 않은 영향을 미친다.
  ㉡ 환기장치 설치에 많은 비용이 들고, 설계에 따라 효과의 차이가 있기 때문에 반드시 전문가의 설계와 기준을 준수한다.
  ㉢ 분뇨가 쌓이지 않도록 축사 환경을 청결히 한다.
  ㉣ 축사 내 작업 시 전문기관으로부터 인증받은 방진·방독마스크를 사용한다.
  ㉤ 작업 중간에 짧은 휴식을 취하고, 종료 시에는 작업복을 단독 세탁하며, 몸을 깨끗하게 씻는다.
  ㉥ 외부와의 기온차가 심할 때에는 축사 내 작업을 피하고, 오염물질 발생원의 저감과 격리를 통해 유해요인에 대한 노출을 최소화한다.

② 시설하우스 작업환경에서의 호흡기 질환 예방
  ㉠ 곡물저장 창고 등 먼지가 많이 나는 곳에서는 물을 적절히 뿌리면서 작업한다.
     곡물 분진은 곡물을 수확, 건조, 처리(운반), 저장하는 과정에서 발생하는 먼지로, 개인차에 따라 매우 적은 양으로도 호흡기 질환을 일으킬 수 있다.
  ㉡ 먼지가 많이 노출되는 농작업자는 특히 금연하도록 한다.
     간접흡연을 포함한 모든 흡연은 폐암의 가장 중요한 발병 요인이다. 금연은 만성폐쇄성 폐질환 등 농업인의 호흡기 질환 예방을 위해서도 반드시 지켜야 하는 항목이다.
  ㉢ 환기 장치를 설치한다.
     실내작업자 중 특히 버섯농장 작업자는 퇴비화과정에서 발생하는 공기 중 오염물질에 노출되어 알레르기 호흡기 질환에 취약하다.
  ㉣ 농작업 후 위생관리를 철저히 한다.
     오염된 농작업복을 입은 상태로 그대로 집 안에 들어오면 실내 환경도 오염되어 가족까지 미세먼지 등 유해요인에 노출될 수 있다.
  ㉤ 효율적인 농작업 순서 및 안전 지침을 준수하여 분진 노출을 최소화한다.
  ㉥ 정기적인 건강 검진을 받고 농작업 안전교육을 이수한다.

기타 건강장해 관리하기

(1) 농업인 피부질환

① 농업인 피부질환의 개요

농업인들에서 피부질환을 일으킬 수 있는 인자들로는 식물, 곤충, 농약, 햇빛, 열, 감염성 인자 등이 있다. 농작업 과정에서는 주로 손을 사용하는 일이 흔하므로, 자극제나 항원을 함유하고 있는 물질에 노출될 위험성이 증가하게 된다. 이러한 특성으로 인하여 농업인에서 가장 많은 피부질환은 접촉성 피부염으로 보고되고 있다.

② 농업인 피부질환의 발생요인

㉠ 접촉성 피부염 : 야외식물(옻나무, 은행나무, 국화꽃, 앵초류, 무화과 등), 동물의 털, 분비물, 배설물, 장갑, 장화, 운동화 등의 고무성분, 농기구 등에 포함된 니켈, 크롬 및 농약성분들이 원인으로 작용한다.

㉡ 알레르기성 피부염 : 일부 제초제와 살충제 혹은 항생제를 취급한 후 감작과정을 거쳐 발현될 수 있다.

㉢ 일광화상, 피부노화, 피부암 : 옥외작업으로 인한 자외선 노출

㉣ 기타 : 고온다습한 환경에서 작업하는 농업인에서는 특히 사타구니, 손, 발 등에 곰팡이균이 감염되기 쉬워 백선(무좀) 유병률이 높은 것으로 보고되고 있다.

③ 예방 및 관리

㉠ 접촉성 피부염 : 원인 물질이나 인자에 노출되는 것을 최소화해야 한다. 원인물질을 파악하여 위험장소를 피하거나 농작업 방식을 변경하고 농작업 시간을 줄여야 한다. 또한 원인 물질 노출을 차단할 수 있는 농작업복이나 개인보호구를 착용하여야 한다.

㉡ 자외선 노출에 의한 피부질환 : 자외선 노출을 최소화할 수 있는 농작업복 착용과 자외선 차단제 사용을 고려해야 한다.

㉢ 진균 : 발가락 사이나 사타구니처럼 따뜻하고 습한 환경에서 서식한다. 따라서 평소에 피부를 깨끗하게 씻고 건조하게 유지하면 감염의 위험을 줄일 수 있다. 특히 농업인들은 통풍이 쉽지 않은 장화를 많이 착용하게 되므로 진균 감염에 취약할 수 있다. 그러므로 장화보다는 통풍이 가능한 농작업화를 착용하고, 불가피하게 장화를 착용해야 하는 경우는 양말을 꼭 착용하고 자주 양말을 갈아 신도록 한다.

(2) 농업인 뇌심혈관 질환

① **고혈압** : 만 18세 이상의 성인에서 수축기 혈압이 140mmHg 이상이거나 확장기 혈압이 90mmHg 이상인 경우이다. 전체 고혈압 환자의 약 95%는 원인질환이 없는 본태성 고혈압이며, 약 5% 정도에서만 원인 질환이 밝혀져 있고 이로 인해 고혈압이 발생하는 이차성(속발성) 고혈압인 것으로 알려져 있다.

ㄱ 증상과 진단

대부분의 고혈압 환자는 혈압이 심각한 수준으로 올라갔을 때조차도 증상이 없는 경우가 많다. 높아진 혈압으로 인해 신체 각 부위에 다양한 합병증(동맥경화증, 대동맥류, 심근경색, 심부전, 뇌졸중, 신장 질환 등)이 발생하고, 시간이 흘러 심각한 수준으로 진행될 때까지 알아채지 못하는 경우가 많아, 고혈압을 '침묵의 살인자'라고도 한다. 따라서 평소 혈압이 자주 높게 측정되거나 고혈압을 가진 가족이 있다면 정기적으로 혈압을 체크하는 것이 좋다. 정확한 혈압을 측정하기 위해서는 적어도 30분가량은 가만히 앉아 음주, 흡연, 운동 등을 하지 않은 안정된 상태에서 측정하여야 하며 적어도 2회 이상 반복적으로 수축기 혈압 140mmHg 이상이거나 확장기 혈압이 90mmHg 이상으로 측정되는지 확인한다.

ㄴ 농작업 관련 요인

고혈압의 발생을 농작업에만 국한시키지 않더라도 농업인의 고령화, 흡연, 음주 등의 생활습관 등을 고려하면 농업인의 고혈압 발생 위험률은 매우 높다고 할 수 있다. 또한, 농기계 및 농약, 비닐하우스 농법 등의 발달로 인해 농한기와 농번기의 구분이 모호해져 과거에 비해 연중 총작업시간이 증가하여 이로 인한 고혈압 등의 만성질환의 발생에 큰 영향을 준다. 또한 일부 농약의 사용과 고혈압 발생은 관련성이 있다는 보고가 있어 유의하여 사용해야 한다.

ㄷ 예 방

• 위험요인을 감소하는 생활습관을 지킴으로써 고혈압을 미연에 예방할 수 있다.
  – 비만인 경우 체중을 줄이려고 노력한다.
  – 흡연하는 경우 금연을 시도한다.
  – 적절한 정도의 운동을 꾸준히 한다.
  – 염분섭취량을 줄인다.
  – 스트레스를 관리한다.

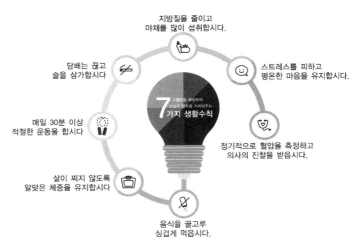

지방질을 줄이고
야채를 많이 섭취합시다.

담배는 끊고
술을 삼가합시다.

스트레스를 피하고
평온한 마음을 유지합시다.

7가지 생활수칙

매일 30분 이상
적절한 운동을 합시다

정기적으로 혈압을 측정하고
의사의 진찰을 받읍시다.

살이 찌지 않도록
알맞은 체중을 유지합시다

음식을 골고루
싱겁게 먹읍시다.

(출처 : 대한고혈압학회 http://www.koreanhypertension.org)

② 당 뇨

㉠ 증상과 진단

- 인체가 사용하는 가장 기본적인 연료인 포도당이 혈액 속에 녹아 있는 정도를 혈당이라고 하는데, 이 혈당은 보통 몸속에서 혈당을 낮추는 호르몬인 인슐린과 혈당을 높이는 호르몬인 글루카곤에 의해 일정하게 조절된다. 이 조절능력에 이상이 생긴 것을 당뇨라고 한다. 일반적으로 고혈당이 많고, 간혹 저혈당을 나타낸다.

- 일반적으로 당뇨는 제1형 당뇨와 제2형 당뇨로 나뉜다. 제1형 당뇨는 이자(췌장)에서 인슐린을 만들어내는 세포 파괴로 인해 발생하고 치료과정 중 인슐린 주사가 필수적이며, 제2형 당뇨는 인체가 인슐린에 대해 저항성을 보이거나, 인슐린을 만들어내는 이자(췌장)의 세포 기능이상으로 인슐린 분비장해가 함께 나타나는 것이 특징이다.

- 소변량이 늘고 소변을 자주 보는 증상, 갈증이 자주 발생하며 음식 섭취를 많이 하는 증상, 물을 많이 마시는 증상, 체중감소 등이 있지만, 당뇨 발생 초기에는 대부분 눈에 띄는 증상이 없으며, 고혈압을 동반하는 경우가 많다.

- 당뇨가 장기화되거나 고혈당이 만성화되면 감염이 쉽게 발생한다거나 심혈관계, 소화기계, 비뇨생식계 합병증으로 인한 증상이 발생할 수 있다.

- 당뇨의 진단은 8~12시간 동안 물 이외에는 금식한 상태에서 검사한 혈당인 공복혈당을 주로 사용하게 되는데, 이 값이 126mg/dL 이상일 경우 당뇨일 가능성이 높다고 본다. 최소 1회 이상 재검을 하여 이상 여부가 확인되었을 때 당뇨 확진을 내릴 수 있다. 위에서 말한 당뇨의 증상을 보임과 동시에 무작위 혈당검사에서 200mg/dL 이상으로 측정되었을 경우에는 바로 당뇨 확진을 내릴 수 있다.

    ⓛ 농작업 관련 요인

       당뇨의 발생을 농작업에만 국한시키지 않더라도 농업인의 고령화, 흡연, 음주 등의 생활습관으로 인해 농업인에서의 당뇨 발생 위험률은 매우 높다고 할 수 있다. 또한, 농기계 및 농약, 비닐하우스 농법 등의 발달로 인해 농한기와 농번기의 구분이 모호해져 연중 총작업시간이 과거에 비해 증가하여 이로 인한 당뇨 등의 만성질환의 발생에 큰 영향을 준다.

    ⓒ 예 방

       당뇨의 위험요인으로는 과체중, 직계가족의 당뇨 가족력, 공복혈당장애나 내당능장애의 병력, 임신성 당뇨병이나 4kg 이상의 거대아 출산력, 고혈압, 고밀도지단백(HDL) 콜레스테롤 35mg/dL 미만 혹은 중성지방(Triglyceride) 350mg/dL 이상, 인슐린 저항성 질환, 혈관질환 등이 있다. 이러한 당뇨 위험이 있지만 증상이 없을 때 선별검사를 통해 빨리 당뇨를 발견함으로써 합병증을 늦추거나 예방하는 것이 중요하다. 특히 제2형 당뇨의 예방을 위해서는 중등도의 신체활동과 식습관 변화 및 체중감량을 권하는데, 중등도의 운동은 하루 30분 정도 빠른 걸음을 걷는 것을 의미하고, 식습관 변화는 지방함량 25% 이하의 저지방 식사를 하도록 한다. 체중감량이 필요하다고 판단될 경우 체중 정도에 따라 1,200~2,000kcal 범위에서 조절하도록 한다.

③ 뇌경색

    ㉠ 증상과 진단

      • 증 상

        – 말이 어눌해진다.

        – 사람을 잘 알아보지 못한다.

        – 한쪽 손과 발이 힘이 빠지거나 마비된다.

        – 어지러움이 생긴다.

      • 진 단

        – 허혈성 뇌졸중 환자는 일단 응급실에서 응급의학과 의사나 신경과 의사의 진료를 통해 뇌졸중 여부를 진단받는다.

        – 뇌 컴퓨터단층촬영(뇌 CT)이나 뇌 자기공명영상촬영(뇌 MRI) 등의 영상 검사를 통해 출혈성 뇌졸중과 감별하고, 뇌졸중의 위치, 크기 및 폐색된 혈관의 위치를 파악하여 확진한다.

    ⓛ 농작업 관련 요인

      • 원인이 명확하지 않으며 한 가지 원인이 아니라 다양한 원인에 의해 발생된다.

        – 자연스러운 노화과정 중의 하나일 수도 있다.

        – 고혈압, 당뇨, 고지혈증으로 인한 동맥경화 및 혈관손상, 운동부족, 식습관에 의해 촉진된다.

        – 스트레스와 우울증은 상황을 전반적으로 악화시킨다.

        – 농촌에서 더욱 심각한 이유를 살펴보면 농촌사회가 고령화되면서 뇌졸중, 치매, 심근경색 등의 뇌심혈관계 질환이 농촌사회의 주요한 건강문제가 되고 있다.

- 도시에 비해 농촌의 경우 고혈압, 당뇨, 비만, 흡연 등 뇌심혈관계 위험요인에 대한 인식이 낮아 적절한 예방조치가 부족하다.

ⓒ 예 방
- 적절한 운동, 식이요법 및 해당 질환에 대한 약물치료를 통해 위험 인자를 적극적으로 줄여나가는 것이 매우 중요하다.
- 1차 예방으로는 고혈압과 당뇨관리가 필요하고 규칙적인 운동과 바람직한 식생활을 하며 스트레스관리를 할 수 있도록 한다.
- 2차 예방으로는 정기적인 건강검진을 받아 질환을 조기 발견할 수 있도록 한다.

④ 협심증과 심근경색
ㄱ 증상과 진단
- 협심증 : 관상동맥이 좁아져 심장으로 피(산소와 영양소)가 잘 통하지 않는 경우이다. 증상으로는 가슴이 죄는 듯한 느낌, 압박감 등으로 2분에서 10분 정도로 짧은 시간 동안에 일어난다. 이 증상은 마음의 안정을 취하거나 약물(나이트로글리세린) 복용 시 가라 앉는다. 이때 하던 일이나 운동을 멈추고 안정을 취하고 의사의 진료를 받도록 한다.
- 심근경색 : 관상동맥 중 어느 혈관이든 완전히 막히게 되어 심장의 일부에 혈액이 공급 되지 못하면 발생한다. 심장근육은 적당한 산소와 영양이 공급되지 않으면 사망에 이르 는데, 이 과정을 심근경색증이라고 한다. 증상으로는 가슴에 통증이 발생하는데, 30분 이상 지속적으로 흉통이 있으며, 즉시 병원에 가야 한다. 이때 심장 발작으로 인한 사망위험률은 2시간 내에 가장 높다.
- 근본적인 검진 및 심전도와 피 검사를 통해서 심근효소 수치를 확인하여 진단한다. 이와 함께 심장초음파 등을 보조적으로 시행하여 진단에 도움을 받을 수 있다. 자세한 확진은 심혈관조영술을 시행해야 한다. 응급으로 심전도와 피 검사를 시행하여 심전도 상 특이적인 변화가 동반되는 경우에는 심근경색증을 강력하게 의심할 수 있고, 특히 심전도에서 ST절이 상승된 심근경색증의 경우는 곧바로 심혈관성형술, 스탠트삽입술, 혈전용해술이 요구되는 응급 질환이다.

ㄴ 농작업 관련 요인
- 원인이 명확하지 않으며 한 가지 원인이 아니라 다양한 원인에 의해 발생된다.
- 농촌에서 더욱 심각한 이유를 살펴보면 농촌사회가 고령화되면서 뇌졸중, 치매, 심 근경색 등의 뇌심혈관계 질환이 농촌사회의 주요한 건강문제가 되고 있다.
- 도시에 비해 농촌의 경우 고혈압, 당뇨, 비만, 흡연 등 뇌심혈관계 위험요인에 대한 인식이 낮아 적절한 예방조치가 부족한 실정이다.

ㄷ 예 방
- 발병 위험인자의 철저한 예방이 필수적이다.
- 매일 30~40분씩 운동하고 금연하는 건강한 생활습관이 예방에 많은 도움이 된다.

- 중요한 식습관으로는 저지방 식이와 함께 신선한 채소와 과일을 섭취하는 것이 매우 좋다.
- 고혈압, 당뇨병, 고지혈증 등 심근경색증의 위험 인자가 발견되면 담당 의사와 상의하여 약물 치료 등을 판단해야 한다.

(3) 온열 관련 질환

① 온열과 관련된 농작업 환경과 건강영향

온열질환은 고온다습한 환경에서 심한 육체노동을 하는 경우 누구에게나 발생할 수 있다. 농업인은 대표적인 온열질환의 고위험군이다. 농업인은 비닐하우스 안이나 무더운 여름철 실외에서의 농작업 수행 등으로 온열질환이 유발할 수 있으므로 주의하여야 한다.

ⓐ 비닐하우스 안은 고온다습하고, 바람이 없어 체온조절이 쉽지 않으므로 비닐하우스에서 농작업 수행은 온열질환 위험 작업에 속하며, 무더운 여름철 가림막 없이 실외 농작업을 수행하는 경우 직사광선에 의해 체온이 상승하게 되므로 온열질환 발생에 취약할 수밖에 없다.

ⓑ 농약 방제복을 착용하고 농작업을 수행하는 경우 발한과 대류에 의한 열손실이 제한받게 되어 고온다습 환경에 노출되는 경우 온열질환에 이환(罹患)될 수 있다.

ⓒ 농업의 특성상 농업인은 작물의 생육 조건에 따라 덥거나 추운 날에도 작업을 해야 하는 경우가 많다. 이로 인하여 심할 경우 농업인은 열사병, 열경련, 열허탈 등과 고열 및 혹한 환경과 관련된 동상 등의 증상이 발생할 수 있다.

- 온실 작업환경의 특성과 관련 건강영향
  - 하우스 내 유해 작업환경 : 고온, 다습, 무풍(환기부족), 급격한 외부와의 온도차, 한밤중이나 새벽의 높은 이산화탄소(CO_2)농도 등의 조건하에서의 출하조정작업
  - 하우스증의 증상 : 요통, 견통, 감기, 현기증, 구토증, 쉽게 피로함 등

② 온열 관련 질환 종류

ⓐ 열사병(Heat Stroke)

열사병은 고온 스트레스를 받았을 때 열을 발산시키는 체온조절 기전에 문제가 생겨 (Thermal Regulatory Failure) 심부체온이 40℃ 이상 증가하는 것을 특징으로 한다. 의식장애, 고열, 비정상적 활력징후, 고온 건조한 피부 등이 나타난다. 치명률은 치료 여부에 따라 다르게 나타나지만 대부분 매우 높게 나타나고 있다.

ⓑ 열탈진(일사병, Heat Exhaustion)

열탈진은 땀을 많이 흘린 후에 염분과 수분을 부적절하게 보충하였을 때 나타난다. 고온 스트레스가 여러 날 계속된 후에 특징적으로 나타날 수 있다. 심한 갈증, 쇠약, 구역, 피로, 두통, 어지러움, 혼돈 상태가 나타나며 체온은 정상이거나 중등도로 상승하는데 38.9℃를 넘는 경우는 드물다.

ⓒ 열경련(Heat Cramps)

열경련은 땀을 많이 흘린 후 수분만을 보충하여 생기는 염분 부족으로 발생한다. 증상으로는 작업 시 가장 많이 사용하는 근육에 1~3분간 지속적이고 반복적인 격렬한 유통성 경련이 오는 것이 특징이다. 피부는 습하고 차가우며 경련이 오는 근육은 단단하고 돌덩이같이 느껴진다. 체온은 정상이거나 약간 상승하며, 혈액의 염분 농도는 낮고, 혈액농축을 보인다.

ⓓ 열실신(Heat Syncope)

열실신은 피부 혈관확장으로 인한 전신과 대뇌 저혈압으로 의식소실이 갑자기 나타난다. 심한 신체적인 작업 후 2시간 이내에 나타날 수 있다. 피부는 차고 습하며 맥박은 약하다. 수축기 혈압은 통상 100mmHg 이하이다.

③ 온열 관련 질환 예방

㉠ 쾌적한 야외 작업환경 : 기온 16~19℃, 기습 40~70%의 약간 기류가 있는 상태

㉡ 더위 예방 지침

- 챙이 넓은 모자, 선글라스, 수건, 긴팔 순면 의복을 입는다.
- 햇빛 가리개, 천막 등으로 햇빛을 가리고, 팬·환기 시스템을 이용한다.
- 작업 시 물을 많이 마시고, 평소보다 조금 더 염분을 섭취한다.
- 음주는 탈수현상을 가중시키므로 삼간다.
- 냉각 젤이나 얼음이 들어 있는 냉각 조끼(Cooling Vest) 등의 냉각도구를 착용한다.
- 힘든 작업은 되도록 시원한 시간대(아침, 저녁)에 한다.
- 그늘이나 통풍이 잘되는 곳에서 자주 짧은 휴식을 취한다.

㉢ 온실작업환경 내 작업환경개선 지침

- 급격한 온도차로 인한 체온조절능력 저하 예방 : 비닐하우스 안과 밖의 온도차를 줄이는 중간휴식 공간을 설치한다.
- 작업시간은 될 수 있으면 하루 5시간 이상 하우스 안에서 일하지 않고, 산소공급을 자주 한다.
- 탈수증을 막기 위해 물 1L에 소금 1/2 작은 스푼을 타서 수분을 섭취한다.
- 하우스에 온도계를 매달아 놓고 자신의 작업 온도를 점검한다.
- 작업복은 방수가 되면서 조금 추울 정도로 착용한다.
- 하우스 밖으로 나올 때는 찬물로 세수를 하거나 찬 물수건으로 얼굴을 닦고 나서, 마스크를 쓰고 수건으로 목과 어깨 등을 보호한다.
- 하우스 밖에 나와서는 손·손목을 마사지하고, 목·어깨운동을 하도록 한다.
- 이외에 통로 바닥의 평면화, 운반기기·보조도구의 사용 등을 통해 노동부담을 경감하도록 한다.

㉣ 비닐하우스 중간휴식실의 설치

- 중간휴식실의 구비조건
  - 환기, 난방조절로 바깥공기와 하우스 내의 중간온도를 유지
  - 휴게실, 간이 운동시설, 세면·샤워시설, 화장실을 설치

- 냉·온수공급 및 간이 취사시설을 설치
- 기타 출하조정 작업대, 문화시설 등을 설치
- 중간휴식실의 효과
  - 작업 중간의 짧은 휴식·식후의 수면·요통방지 기구 등의 피로회복기구의 사용 등으로 빠른 피로회복이 가능하다.
  - 취사 및 휴식을 위한 집과의 왕래시간 및 불편함을 덜고, 쾌적한 상태에서의 휴식 및 취사가 가능하다.
  - 하우스 안팎의 중간 온도인 휴식실의 사용으로, 바로 찬바람을 쐬는 일이 없어 감기에 덜 걸릴 수 있다.
  - 땀 흘린 후에나 농약살포 후에 바로 샤워가 가능하다.
  - 편안한 수확물 선별작업장으로 활용이 가능하다.
  - 포장박스 보관 및 비가 올 때의 수확물 보관에 유용하다.
- ㉣ 온실작업환경에서의 농약살포 시 주의사항
  - 전진 살포보다는 후진 살포를 해야 한다.
    농약 노출은 살포하면서 농약이 묻은 잎 등과 접촉을 할 때 일어나기 때문에 전진할 때와 후진할 때의 노출량 차이도 매우 커진다. 즉, 기존 연구들에 따르면 전진해서 살포할 때가 후진할 때보다 약 9.9배가 더 많이 노출되는 것으로 확인되었다.
  - 살포시 팬(FAN) 작동의 정지
    온실 안에는 공기 순환용 팬이 있고 주기적으로 작동되도록 조정이 되어 있다. 이러한 팬의 작동은 농약을 살포할 때 살포된 농약을 공기 중으로 분산시키기 때문에 농업인이 더 많은 농약에 노출되고 특히 호흡기로의 노출이 심해질 수 있다. 따라서 농약 살포 시 반드시 팬의 작동을 멈추는 것이 필요하다. 간혹 비가 올 때 하우스 창문을 닫고 팬을 작동시키면서 살포하는 경우가 있는데 이 경우에 온습도 환경의 악화와 더불어 농약중독이 더 쉽게 일어날 수 있다.

(4) 농업인 직업성 암

① 피부암

㉠ 피부암의 발병요인

농부들이 태양 밑에서 오랜 시간 일하면서 나타나는 질병이다. 피부암은 매년 미국에서 450,000명의 환자가 발생하는 가장 흔히 발병하는 암이다. 피부가 하얗게 되거나, 눈이 파랗게 질리거나, 머리카락이 붉거나 금발로 변하는 사람들은 피부암의 위험이 높은 사람이다. 모든 피부암의 90%가 옷으로 보호되지 않은 피부에서 발병한다. 가장 많이 발병하는 부분은 목 뒷부분이다. 과도한 노출, 특히 오전 11시~오후 2시까지 노출을 피하고, 자외선 차단제를 사용한다. 긴소매 셔츠, 바지, 넓은 챙이 있는 모자 같은 보호복을 착용하고, 초기 진단을 위해 자가진단을 한다.

ⓛ 피부암의 종류
- 기저 세포암 : 가장 흔한 종류의 피부암이다. 세포에 많이 전염되지는 않지만, 치료하지 않고 내버려두면, 기저 조직에 침투해서 조직을 파괴시킨다. 기저 세포암은 대체로 궤양과 딱딱한 껍질형태의 작고, 반짝거리는 진주 빛깔의 작은 혹에서 시작된다.
- 편평 상피암 : 사망에는 거의 이르지는 않지만 세포침투가 빠르기 때문에 기저세포암보다 더 위험하다. 편평 상피암은 붉고, 비늘이 있으며, 날카로운 윤곽의 작은 혹에서 시작한다.
- 악성 흑색종 : 일반적이진 않지만 사망에 이를 확률이 가장 높다. 악성 흑색종은 작고 사마귀처럼 생긴 혹에서 시작해서 불규칙적으로 커진다. 혹은 색깔이 변하고, 궤양화되고, 작은 상처에도 피가 난다. 악성 흑색종은 초반에는 완전히 치료 가능하지만, 치료하지 않고 내버려두면 임파선을 통해 빠르게 전염된다.

ⓒ 아이오와 대학의 연구에서는 백혈병과 임파종이 일반 사람보다 농부들에게 25%나 더 발병한다고 한다. 농업적 원인은 결정적으로 확인되진 않았지만 질산염, 살충제, 바이러스, 항홍분제, 다양한 기름, 오일, 용제 등을 경계해야 한다.

② 농약과 관련된 암

㉠ 개요 : 농업인에서 악성 종양 문제는 농약의 직업적 노출이 가장 큰 원인이다. 농약이 인체에 미치는 만성 영향 중 암에 대해서는 비교적 많은 연구가 이루어졌으며, 특히 혈액종양, 전립선암, 위암, 폐암, 뇌암, 연부조직육종 발생의 위험요인으로 보고되고 있다. 농촌에서 사용하고 있는 일부 농약들은 이미 국제암연구소(IARC)에 의해 발암물질 또는 발암 추정 물질로서 분류하고 있으며, 일부 개별 농약을 비롯하여 농부들에게 흔한 노출 상황인 '살충제의 직업적 폭로' 또한 발암 추정 물질로 분류하고 있다.

㉡ 농약 종류별 건강영향 : 유기염소계 살충제(DDT, chlordane, lindane, methoxychlor, toxaphene), phenoxyacetic acid herbicides(2,4-D, 2,4,5-T, MCPA), triazineher-bicides(atrazine, simazine, propazine, terbutylazine, cyanzine), 유기인계살충제(crotoxyphos, dichlorvos, famphur)들이 암발생과 밀접한 연관성이 있는 것으로 보고되고 있다. 최근에는 일부 카바메이트 살충제(Carbofuran)는 비호즈킨림프종, 뇌종양, 폐암 발생과 관련이 있고, 일부 아세트아닐라이드 제초제(Alachlor)는 백혈병 발생 증가와 연관된 것으로 보고되고 있다.

㉢ 농약이 암을 일으키는 기전 : DNA나 RNA를 손상시키거나 면역독성, 활성산화작용, 호르몬 작용 등이 보고되고 있다.

㉣ 예방 : 농약 노출에 따른 암 발생을 예방하기 위해서는 농약 살포 시 개인 보호구와 보호복을 착용하여 농약이 인체로 침투하는 것을 방지하거나 노출량을 최소화하도록 해야 한다. 또 농약 살포 후에는 반드시 목욕이나 샤워를 하고 작업복을 갈아입도록 한다.

(5) 농작업 과로(피로)

① **피로의 증상** : 하품이 나고 머리가 무겁거나 온몸이 나른하며 가슴이 결리는 증상 등이며, 피로할 경우 활력과 사고력, 판단력이 떨어져 일의 능률이 떨어지고, 주의력과 반사운동력이 낮아져 사고가 나기 쉽다.

② **농작업에서의 육체적 피로의 종류**
 ㉠ 근육노동에 의한 피로 : 에너지 소모가 크고 자세가 좋지 않을 경우에 피로가 급증한다.
 ㉡ 서 있는 자세로 인한 피로 : 수직자세의 피로로서 순환계의 장애와 건과 인대에 미치는 압력 때문에 일어나는 고통이다.
 ㉢ 정적 작업으로 인한 피로 : 신체의 일부를 고정시키거나 지탱하는 동작 등으로 인해 신체의 일부분이 압박되고 근육이 긴장되거나 혈액순환을 방해되어 아픔과 피로를 느끼며 쪼그리고 앉아서 김을 맨다거나 빨래하기 등의 정적 작업에서 오는 피로가 물건을 들어 올리는 것보다 3~6배 더 심하다고 한다.

③ **농작업 피로의 주된 원인**
 ㉠ 강도가 크고, 장시간인 노동
 ㉡ 정적 작업 증가, 기계운전 등에 의한 정신긴장도가 증가
 ㉢ 생체리듬에 역행되는 이른 아침 및 야간 작업
 ㉣ 적정한 휴식을 취하지 못하고 지속되는 장시간 노동
 ㉤ 고온다습한 환경, 직사일광 아래에서의 노동, 시설물 내의 환기불량 등

④ **농작업 피로의 경감 방법**
 ㉠ 피로가 쉽게 오는 경우
  • 힘든 작업을 같은 자세로 오랫동안 하는 경우
  • 휴식을 취하지 않고 작업을 계속하는 경우
 ㉡ 작업 중의 피로를 경감시키는 방법
  • 가벼운 일이라도 너무 장시간 계속하지 않는다. 중노동의 경우에는 특히 지속시간에 유의한다.
  • 동일 작업을 계속하지 않고, 가능하면 변경하며 일한다.
  • 2~3시간 작업 후 10~15분간 휴식을 취한다(오전, 오후의 중간 휴식).
  • 오랜 작업 후의 긴 휴식시간보다는, 피로를 느끼기 시작할 때의 짧은 휴식이 보다 효율적이다(근육피로의 3/4이 5분의 휴식으로 회복됨).
  • 정적인 작업으로 인한 피로 : 단순한 휴식보다 혈액순환을 돕기 위한 가벼운 운동을 해 주는 것이 더 효과적이다.
  • 무리하게 일하는 것을 삼간다 : 연속으로 3일 이상 무리하게 일하면 기초 신진대사, 호르몬 분비 등이 감소하므로 지나친 노동을 삼간다.

⑤ 피로 회복 방법

피로감을 느끼고 피로의 증상이 나타날 때 적절한 방법으로 피로를 회복시키지 않으면, 과로의 상태로 진전되고 회복하는데 더 많은 시간을 요하거나 회복이 어렵게 된다.

㉠ 일반적 피로회복 방법 : 영양공급, 휴식, 체조 등의 운동. 휴식 중에서는 수면이 가장 효과적이며, 목욕·마사지 등은 근육의 혈액순환을 원활하게 해 준다.

㉡ 수 면
- 충분한 수면은 완전한 피로회복이라고 할 정도로 효과적인 피로회복 방법이다.
  - 불면이나 수면부족은 근육을 약화시키고 작업능률을 크게 저하시킨다. 숙면을 위해서는 빛이나 소리의 자극을 피하고, 온도를 적당하게 하며, 수면 전의 정신적 자극을 피하도록 한다.
- 적정 수면시간
  - 소아의 경우 17시간, 성인은 7~7시간 반

㉢ 바람직한 목욕법
- 목욕의 효과 : 전신의 혈액순환 촉진하고, 근육이 잘 풀리게 해 주며, 피부 청결 및 체내의 노폐물 배출을 촉진시킨다.
  - 횟수 : 2일에 1회 정도
  - 시간 : 20분 전후(장시간의 탕욕은 오히려 피로)
  - 물의 온도 : 열탕은 삼가, 겨울 40~42℃, 여름 38~40℃
  - 냉탕과 온탕을 1분씩 번갈아 들어가는 냉온욕을 하면 감기, 몸살에 걸리지 않게 된다. 냉탕에서 시작해서 냉탕에서 끝내며, 냉탕 6회, 온탕 5회가 이상적이다. 목욕 후에 마른 타월로 전신을 마사지하면 피부가 튼튼해져 감기에 잘 걸리지 않게 된다. 그러나 식후 1시간 이내와 공복 시의 목욕을 삼간다. 또한 술에 취한 상태에서의 목욕은 절대 금지(현기증, 빈혈 및 열탕 시 뇌출혈, 심장마비 우려)이다.

㉣ 피로회복을 위한 농업인 건강체조
- 농민체조의 효과 : 체력의 향상, 근육의 심한 긴장해소, 신체감각의 향상, 관절과 근육의 상해 예방, 근육통 감소, 척추의 질환 및 상해 예방 등이 있다.

[밭작업 체조]

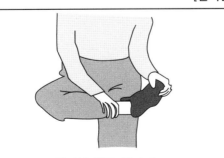

왼손으로 오른쪽 발끝 잡고 앞뒤로 8번씩 돌려 준다. 왼쪽도 같은 방법으로 실시한다.

앉아서 발목 돌리기

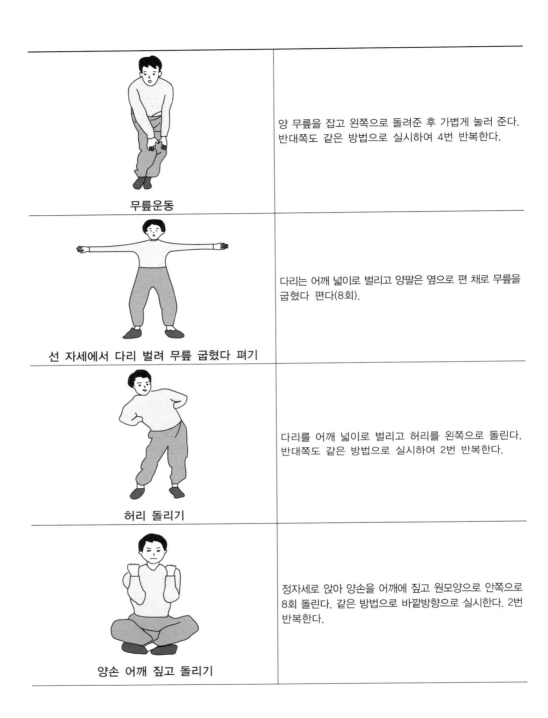

무릎운동	양 무릎을 잡고 왼쪽으로 돌려준 후 가볍게 눌러 준다. 반대쪽도 같은 방법으로 실시하여 4번 반복한다.
선 자세에서 다리 벌려 무릎 굽혔다 펴기	다리는 어깨 넓이로 벌리고 양팔은 옆으로 편 채로 무릎을 굽혔다 편다(8회).
허리 돌리기	다리를 어깨 넓이로 벌리고 허리를 왼쪽으로 돌린다. 반대쪽도 같은 방법으로 실시하여 2번 반복한다.
양손 어깨 짚고 돌리기	정자세로 앉아 양손을 어깨에 짚고 원모양으로 안쪽으로 8회 돌린다. 같은 방법으로 바깥방향으로 실시한다. 2번 반복한다.

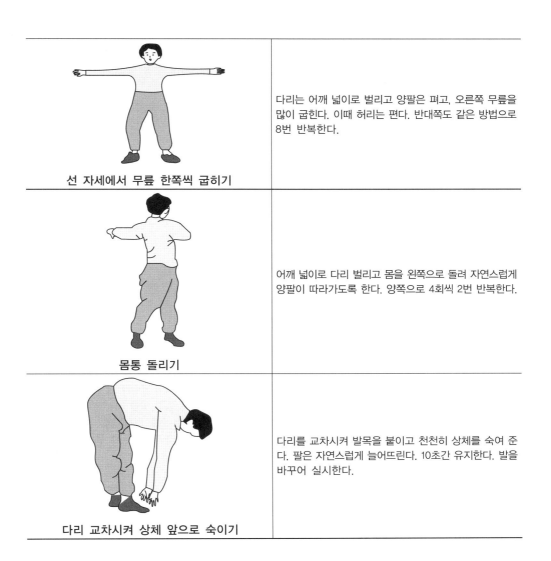

선 자세에서 무릎 한쪽씩 굽히기	다리는 어깨 넓이로 벌리고 양팔은 펴고, 오른쪽 무릎을 많이 굽힌다. 이때 허리는 편다. 반대쪽도 같은 방법으로 8번 반복한다.
몸통 돌리기	어깨 넓이로 다리 벌리고 몸을 왼쪽으로 돌려 자연스럽게 양팔이 따라가도록 한다. 양쪽으로 4회씩 2번 반복한다.
다리 교차시켜 상체 앞으로 숙이기	다리를 교차시켜 발목을 붙이고 천천히 상체를 숙여 준다. 팔은 자연스럽게 늘어뜨린다. 10초간 유지한다. 발을 바꾸어 실시한다.

PART 06 적중예상문제

01 농약의 인체 주요 노출 경로 3가지를 쓰시오.

> 해설
> ① 호흡기 흡입
> ② 피부 흡수
> ③ 경구 복용

02 농약중독의 원인 중 농약 살포 중에 중독되는 경우를 쓰시오.

> 해설
> ① 부적절한 보호구 : 마스크를 착용하지 않거나 또는 불충분할 때, 의복이 방수가 되지 않거나 피부노출이 많은 경우
> ② 저조한 건강상태 : 과로, 임신, 생리, 알레르기 체질, 만성질환을 앓고 있을 때
> ③ 본인의 부주의 : 농약을 뿌릴 때 사용한 수건으로 얼굴을 닦거나, 손을 씻지 않고 담배를 피우는 경우
> ④ 부적절한 농약 사용방법 : 너무 장시간 살포를 계속하거나 강풍 또는 바람 불 때 살포하는 등 살포방식상의 문제

03 농약중독의 임상증상을 중증도에 따라 쓰시오.

> 해설
> ① 경증 : 메스꺼움, 목이 따가움, 콧물, 두통, 어지러움, 불안감, 과도한 땀 분비, 피부나 눈이 가렵거나 따가움, 눈물 많아짐, 또는 피로감이 있었던 경우
> ② 중등증 : 구토, 설사, 호흡곤란, 시야 흐려짐, 손발 저림, 말 어눌해짐, 또는 가슴이 답답해지는 증상이 있었던 경우
> ③ 중증 : 마비 또는 실신의 증상이 있었던 경우

04 농약 살포 전 주의사항을 3가지 쓰시오.

> 해설
> ① 적절한 보호구를 착용한다.
> ② 건강상태가 좋지 않은 경우 농약 살포작업을 하지 않는다.
> ③ 농약 살포작업 전 농약 설명서를 꼼꼼히 읽고 기구는 미리 점검한다.

05 농약 살포 중 주의사항을 6가지 쓰시오.

해설

① 농약을 희석하는 작업에도 보호구를 착용해야 한다.

② 약제가 피부에 묻지 않도록 보호장비를 반드시 착용하고 살포 작업을 한다.

③ 살포 작업은 한낮 뜨거운 때를 피해서 아침, 저녁으로 서늘하고 바람이 적을 때를 택해야 하며, 농약을 살포할 때는 바람을 등지고 살포한다.

④ 휴식 시 또는 살포 후에 담배를 피우거나 식사를 하고자 할 때는 반드시 손과 얼굴 등 노출 부분을 비눗물로 씻어낸다.

⑤ 살포 작업은 한 사람이 계속하여 2시간 이상 작업하는 것을 피해야 하며 두통, 현기증 등 기분이 좋지 않을 때는 작업을 중단하고 휴식을 취하거나 다른 사람과 교대로 살포한다.

⑥ 살포액은 가능한 한 그날 중으로 다 사용할 수 있도록 사용할 만큼의 양만 조절해서 조제한다.

06 농약 살포 후 주의사항을 7가지 쓰시오.

해설

① 농약 작업이 끝나면 바로 비누로 손과 얼굴 그리고 눈을 깨끗이 씻는다.

② 농약 작업이 끝나면 반드시 양치를 한다.

③ 목욕 또는 샤워 후에 깨끗한 속옷과 옷으로 갈아입는다.

④ 세척하지 않은 방제복을 다시 착용하게 되면 농약이 침투될 수 있다.

⑤ 사용하고 남은 농약은 반드시 전용 보관함에 안전하게 보관한다.

⑥ 농약을 다른 병에 절대로 옮겨 담지 않는다.

⑦ 빈 병을 함부로 버리지 않는다.

07 농약 중독의 응급처치법을 쓰시오.

해설

① 피부에 묻었을 때 : 비누로 씻어낸다. 옷에 묻었을 때는 즉시 옷을 벗고 갈아입는다. 피부에 물집 또는 수포가 잡히거나 부어 오르는 경우 즉시 병원을 방문한다.

② 눈에 들어갔을 때 : 깨끗한 물로 닦아낸다. 손으로 눈을 비비지 않고 거즈를 가볍게 눈에 댄 후 전문의를 찾아간다.

08 농업인과 관련된 스트레스 요인 10가지를 쓰시오.

해설

① 자본과 노동(력)을 동시에 책임져야 하는 일원화로 인한 농업인 가계의 경제적 부담
② 사적 영역(업무 외 일상 영역)과 공적 영역(업무 영역)이 구분되지 못하는 혼재성
③ 가계 수입의 불안정성으로 인한 저축이나 소비생활의 많은 제약
④ 생산과 관리의 전체적인 과정을 책임져야 하는 상황에서의 육체적·정신적 노동의 부담
⑤ 기후나 재해 등에 대한 민감성
⑥ 신체적 건강의 악화가 바로 생계에 직접적인 타격
⑦ 직업에 대한 낮은 사회적 평가 및 고립, 소외
⑧ 농가 부채 및 경제적 악순환
⑨ 농기구 사용으로 인한 소음 및 사고, 일사병, 농약 중독, 화상, 병충 등의 치명적인 물리환경에 노출
⑩ 울타리가 되는 조직체계 미비

09 등줄쥐(한탄바이러스), 집쥐(서울바이러스)가 한타바이러스 속 바이러스에 감염되면 설치류의 분변, 오줌, 타액 등으로 배출되어 공기 중에 건조된 바이러스가 호흡기를 통해 전파되어 감염되며 급성으로 발열, 요통과 출혈, 신부전을 초래하는 사람과 동물 모두에게 감염되는 바이러스감염증은?

해설

신증후군출혈열

10 브루셀라증 예방의 작업환경 개선방법을 5가지 이상 쓰시오.

해설

• 농장종사자 및 고위험작업참여자는 감염되었거나 감염이 의심되는 동물의 분만참여 및 환경 접촉 시 적합한 보호구를 착용해야 한다.
• 유산 및 출산이 이루어진 장소는 적합한 소독제(염소계, 포비돈 아이오딘, 페놀 등)를 이용하여 세척 및 소독해 준다.
• 병원체에 오염된 물질을 처리한 농기구는 적합한 소독제에 침적 소독한 후 재사용한다.
• 출산, 유산은 전파가 가장 잘되는 작업이므로 주의하도록 하며, 유산 장소, 유산 태아·태반, 부산물은 소각 및 매몰 처리한다.
• 감염된 동물의 배설물은 매일 치운다.
• 거름을 만들 경우 균이 비활성화되는 시간이 적어도 1년이 소요되므로 주의한다.
• 감염된 동물이 있었던 작업장은 청소와 소독이 시행되는 동안(최소 4주) 다른 동물의 반입을 금지한다.
• 개, 고양이, 집쥐, 야생 동물이 축사에 들어가지 않도록 축사 출입을 차단한다.
• 축사에 출입하는 모든 차량들은 소독제가 담긴 얕은 구덩이를 지나도록 하여 소독한다.
• 도축 작업 참여자는 방수용 보호구(앞치마, 장화, 마스크, 고글 또는 안면보호구 등)를 착용한다.
• 사용한 모든 기구 및 배수로, 바닥은 '가축전염병예방법'에서 정하는 소독 방법(소독제 및 83℃ 이상의 고온수로 세척)으로 소독한다.
• 도축장 종사자에 대하여 브루셀라증 발생 여부를 감시한다.
• 브루셀라증 증상 발생 시 즉각적인 항생제 치료를 한다.
• 면역저하자(임산부, 면역억제제를 복용 중인 자, 악성종양 등으로 항암 치료를 받고 있는 자) 및 가임기 여성에게 감염 가능성을 알리고, 증상 발생 시 의료기관에 방문하여 적절한 처치를 받게 한다.
• 신규 직원을 대상으로 개인위생 및 안전 수칙에 대하여 교육한다.
• 도축장 출입은 가능한 종사자로 제한하고, 18세 이하 및 임신한 여성은 출입을 금지한다.

11 농업과 관련된 작업 관련성 질환은 그 원인의 다양성만큼이나 그 결과로써의 질환들도 복잡하고 많은데 농업인 농작업재해 현황 통계에서도 근골격계 질환 다음으로 흔하게 발생하는 질병은?

해설

호흡기계 질환

12 노출 후 20년 가까이 잠복기를 거치면서 서서히 발생하는 특징이 있다. 특히 악성 중피종은 짧은 기간(1주일), 매우 적은 양에 노출되어도 발생할 수 있다. 노출 시 호흡기계의 폐포에 침착하게 되어, 폐포에 상처를 주게 되고, 폐는 산소와 이산화탄소의 교환기능을 수행하지 못하게 됨으로써 숨이 가빠지고 정상적인 활동에 장애를 초래하며 노출 시 건강영향 중 폐암과 악성 중피종에 걸리게 하는 물질은?

해설

석 면

13 축사 작업환경에서의 호흡기 질환 예방을 6가지 쓰시오.

해설

① 기계 환기와 자연 환기를 주기적으로 실시하고 일정한 온도와 습도를 유지한다.
② 환기장치 설치에 많은 비용이 들고, 설계에 따라 효과에 차이가 있기 때문에 반드시 전문가의 설계와 기준을 준수한다.
③ 분뇨가 쌓이지 않도록 축사 환경을 청결하게 한다.
④ 축사 내 작업 시 전문기관으로부터 인증받은 방진/방독마스크를 사용한다.
⑤ 작업 중간에 짧은 휴식을 취하고, 종료 시에는 작업복을 단독 세탁하며, 몸을 깨끗하게 씻는다.
⑥ 외부와의 기온차가 심할 때에는 축사 내 작업을 피하고, 오염물질 발생원의 저감과 격리를 통해 유해요인에 대한 노출을 최소화한다.

14 농업인들에서 피부질환을 일으킬 수 있는 인자들로는 식물, 곤충, 농약, 햇빛, 열, 감염성 인자 등이 있다. 농작업 과정에서는 주로 손을 사용하는 일이 흔하므로, 자극제나 항원을 함유하고 있는 물질에 노출될 위험성이 증가하게 된다. 이러한 특성으로 인하여 농업인에서 가장 많이 발생하는 피부질환은?

해설

접촉성피부염

15 다음은 고혈압의 정의이다. ( ) 안에 알맞은 숫자는?

> 만 18세 이상의 성인에서 수축기 혈압이 (①)mmHg 이상이거나 확장기 혈압이 (②)mmHg 이상인 경우이다. 전체 고혈압 환자의 약 95%는 원인질환이 없는 본태성 고혈압이며, 약 5% 정도에서만 원인 질환이 밝혀져 있고, 이로 인해 고혈압이 발생하는 이차성(속발성) 고혈압인 것으로 알려져 있다.

해설
① 140
② 90

16 온실작업환경 내 작업환경개선 8가지 지침을 쓰시오.

해설
① 급격한 온도차로 인한 체온조절능력 저하 예방 : 비닐하우스 안과 밖의 온도차를 줄이는 중간휴식 공간을 설치한다.
② 작업시간은 될 수 있으면 하루 5시간 이상 하우스 안에서 일하지 않고, 산소공급을 자주 한다.
③ 탈수증을 막기 위해 물 1L에 소금 1/2 작은 스푼을 타서 수분을 섭취한다.
④ 하우스에 온도계를 매달아 놓고 자신의 작업 온도를 점검한다.
⑤ 작업복은 방수가 되면서 조금 추울 정도로 착용한다.
⑥ 하우스 밖으로 나올 때는 찬물로 세수를 하거나 찬 물수건으로 얼굴을 닦고 나서, 마스크를 쓰고 수건으로 목과 어깨 등을 보호한다.
⑦ 하우스 밖에 나와서는 손·손목을 마사지하고, 목·어깨운동을 하도록 한다.
⑧ 통로 바닥의 평면화, 운반기기·보조도구의 사용 등을 통해 노동부담을 경감하도록 한다.

17 농작업 피로를 경감시키는 방법에 대하여 서술하시오.

해설
① 가벼운 일이라도 너무 장시간 계속하지 않는다. 중노동의 경우에는 특히 지속시간에 유의한다.
② 동일 작업을 계속하지 않고, 가능하면 변경하며 일한다.
③ 2~3시간 작업 후 10~15분간 휴식을 취한다(오전, 오후의 중간 휴식).
④ 오랜 작업 후의 긴 휴식시간보다는, 피로를 느끼기 시작할 때의 짧은 휴식이 보다 효율적이다(근육피로의 3/4이 5분의 휴식으로 회복됨).
⑤ 정적인 작업으로 인한 피로 : 단순한 휴식보다 혈액순환을 돕기 위한 가벼운 운동을 해 주는 것이 더 효과적이다.
⑥ 무리하게 일하는 것을 삼간다 : 연속으로 3일 이상 무리하게 일하면 기초 신진대사, 호르몬 분비 등이 감소하므로 지나친 노동을 삼간다.

PART 07
농촌생활 안전관리

CHAPTER 01   감전·화재 안전생활 지도하기

CHAPTER 02   추위·더위·자외선으로부터 안전생활 지도하기

CHAPTER 03   곤충·동식물 안전생활 지도하기

CHAPTER 04   일반생활 및 환경안전 관리하기

CHAPTER 05   농촌 재난대비 대응하기

감전·화재 안전생활 지도하기

(1) 감전·화재로 인한 위험 예측

① 전기의 분류

　㉠ 직류(DC) : 전류의 흐름이 한 방향으로만 흐르기 때문에 계측기 사용 시에 (+), (−) 방향을 유의하여야 한다.

　㉡ 교류(AC) : 전원의 극성이 주기적으로 변하고, 이에 따라 전류의 진행 방향도 같이 변화한다. 교류전원은 1초에 60번 방향이 바뀌기 때문에 극성이 있다고 말할 수 없다. 교류전원은 (+), (−)가 없다.

　㉢ 정전기 : 절연된 금속체나 절연체에 존재하는 대전된 상태의 전기 에너지이다.

② 전압의 구분

구 분	교류(AC, 60Hz)	직류(DC)
저 압	1kV 이하인 것	1.5kV 이하인 것
고 압	1kV를 넘고 7kV 이하인 것	1.5kV를 넘고 7kV 이하인 것
특별고압	7kV를 넘는 것	

(출처 : 농촌진흥청, 농작업 안전보건관리 기본서)

③ 전기의 위험요인

　㉠ 감전재해 : 감전이란 인체의 일부 또는 전체에 전류가 흐르는 현상으로, 감전에 의해 인체가 받게 되는 충격을 '전격(Electric Shock)'이라고 하는데, 전격은 간단한 충격으로부터 심한 고통을 받는 충격, 근육의 수축, 호흡의 곤란, 때로는 심실세동에 의한 사망까지도 발생한다.

[4가지 전류범위에 있어서의 생리적 반응]

전류범위	생리작용	전류[mA]
Ⅰ	전류를 감지하는 상태에서 자발적으로 이탈이 가능한 상태	약 25 이하
Ⅱ	아직 참을 수 있는 전류로서 혈압상승, 심장맥동의 불규칙, 회복성 심장정지, 50mA 이상에서 실신	25~80
Ⅲ	실신, 심실세동	80~3,000
Ⅳ	혈압상승, 불회복성 심장정지, 부정맥 폐기종	약 3,000 이상

(출처 : 농촌진흥청, 농작업 안전보건관리)

　㉡ 감전의 영향 : 감전의 상태는 체질이나 건강상태 등에 따라서 다르나, 인체 내에 흐르는 전류의 크기에 따른 감전의 영향은 다음과 같다.

　　• 1mA : 전기를 느낄 정도

　　• 5mA : 상당한 고통을 느낌

　　• 10mA : 견디기 어려운 정도의 고통

- 20mA : 근육의 수축이 심해 의사대로 행동 불능
- 50mA : 상당히 위험한 상태
- 100mA : 치명적인 결과 초래

ⓒ 1차 감전요소 : 전류가 인체에 미치는 영향으로, 전격의 위험을 결정하는 주요 인자를 말한다.

- 통전전류의 크기

최소감지전류	인체에 전압을 인가하여 통전전류의 값을 서서히 증가시켜서 어느 일정한 값에 도달하면, 고통을 느끼지 않으면서 짜릿하게 전기가 흐르는 것을 감지하게 된다. 이때의 전류값을 최소감지전류라고 한다.
고통한계전류	통전전류가 최소감지전류보다 커지면 어느 순간부터는 고통을 느끼는데, 이것을 참을 수 있는 한계를 말한다(약 7~8mA 정도).
가수전류와 불수전류	• 통전전류가 최소감지전류보다 더 증가하면 인체는 전격을 받지만 처음에는 고통을 수반하지는 않는다. 그러나 전류가 더욱 증가하면 쇼크와 함께 고통이 따르며, 근육마비로 인하여 자력으로 충전부에서 이탈이 불가능하다. • 인체가 자력으로 이탈할 수 있는 전류를 가수전류라고 하며, 자력으로 이탈할 수 없는 전류를 불수전류라고 한다.
마비한계전류	고통한계전류를 넘으면 신체의 일부가 근육 수축현상을 일으키고 신경이 마비되어 생각대로 자유롭게 움직일 수 없게 되는 한계 전류치를 말한다(10~15mA).
심실세동	전류의 일부가 심장 부분을 흐르게 되어 심장은 정상적인 맥동을 하지 못하고 불규칙적인 세동을 일으켜 심장이 마비되는 현상을 초래하는 전류이다.

- 통전경로별 위험도

통전경로	위험도	통전경로	위험도
왼손 → 가슴	1.5	왼손 → 등	0.7
오른손 → 가슴	1.3	한손 또는 양손 → 앉아 있는 자리	0.7
왼손 → 한손 또는 양발	1.0	왼손 → 오른손	0.4
양손 → 양발	1.0	오른손 → 등	0.3
오른손 → 한 발 또는 양발	0.8	–	–

(출처 : 농촌진흥청, 농작업 안전보건관리 기본서)

- 전원의 종류(교류, 직류별)
  - 직류감전 : 화상의 위험이 있다.
  - 교류감전 : 근육마비현상이 있으며, 직류에 비해 감전위험성이 크다.
- 통전시간과 전격인가위상
- 주파수 및 파형

ⓔ 2차 감전요소 : 2차 요인은 전류의 영향이 아닌 외부적인 요인으로 신체의 상태(젖은, 습기, 마른 등), 감전장소 주위의 여건 등에 의한 감전 요소이다.

- 인체의 조건(저항) : 인체의 전기저항은 사람에 따라 다르다. 피부저항은 약 $2,500\Omega$, 내부조직의 저항은 약 300Ω이다. 젖은 상태에서는 1/25로 저하된다.
- 전압 : 저전압에 비해 고전압이 더 위험하다.
- 계절 : 기온이 건조한 계절보다 습도가 높은 계절은 수분이 많아 더 위험하다.
- 개인차 : 성별, 연령, 건강상태 등이 있다.

④ 화재의 개요 : 화재란 자연 또는 인위적인 원인에 의하여 불이 물체를 연소시켜 인명과 재산의 피해를 주는 현상을 말한다. 화재는 여러 원인으로 인하여 발생되며 다음과 같이 분류할 수 있다.
　　㉠ 건물화재 : 건물 및 그 수용물에서 발생한 화재
　　㉡ 임야화재 : 산림이나 들판에서 발생한 화재
　　㉢ 선박화재 : 소방법의 적용을 받는 선박 및 그 적재물에서 발생한 화재
　　㉣ 차량화재 : 동력으로 움직이는 차량 및 그 적재물에서 발생한 화재
　　㉤ 그 밖의 화재 : 위의 화재 이외에도 전기화재는 전기적 원인(전기에 의한 발열체)이 발화 원인인 화재로 매우 다양하다.
⑤ 화재 발생의 원리(연소의 3요소)
　　㉠ 가연물 : 고체연료, 액체연료, 기체연료 등
　　㉡ 점화원 : 화기, 불티, 마찰열, 산화열, 정전기 등
　　㉢ 산소 : 공기(산소 21%), 산화제, 자기연소성물질 등
⑥ 화재의 종류
　　㉠ 일반화재 A급 : 목재, 종이, 섬유, 플라스틱 등에 의한 화재
　　㉡ 유류화재 B급 : 석유 등 가연성 액체의 유증기가 타는 화재
　　㉢ 전기화재 C급 : 전기가 흐르는 상태에서의 전기기구 화재
　　㉣ 금속화재 D급 : 가연성 금속에 의한 화재
　　㉤ 가스화재 E급 : 가스의 누출, 정전기, 전기스파크 등에 의한 화재

(2) 감전·화재 방지대책
① 감전사고의 형태
　　㉠ 전선 등의 전기통로에 접촉된 인체를 통해 지락전류가 흘러서 감전되는 경우
　　㉡ 누전 상태에 있는 전기기기에 인체 등이 접촉되어 인체를 통해 지락전류가 흘러서 감전되는 경우로서, 절연불량의 전기기기 등에 인체가 접촉되어 발생하는 경우
　　㉢ 전기 통로에 인체 등이 접촉되어 인체가 단락되거나 혹은 단락회로의 일부를 구성하여 감전되는 경우
　　㉣ 고전압의 전선로에 인체 등이 너무 가깝게 접근하여 공기의 절연파괴현상이 일어나면서 발생한 아크로 인해 화상을 입거나 인체에 전류가 흐르게 되는 경우
　　㉤ 초고압의 전선로에 근접하는 경우 인체에 유도 대전된 전하가 접지된 물체로 흘러서 감전되는 경우(이것은 초고압의 전선로 주변에서 흔히 일어나는 현상)
② 감전사고에 대한 대책
　　㉠ 전기설비의 점검 철저
　　㉡ 전기기기 및 설비의 정비
　　㉢ 전기기기 및 설비의 위험부에 위험표시
　　㉣ 설비의 필요한 부분에는 보호접지를 시설

ⓜ 충전부가 노출된 부분에는 절연방호구를 사용
ⓗ 고전압 선로 및 충전부에 근접하여 작업하는 작업자에게는 보호구를 착용
ⓢ 유자격자 이외는 전기기계 및 기구에 전기적인 접촉을 금지
ⓞ 작업감독자는 작업에 대한 안전교육을 실시
ⓩ 사고 발생 시의 처리순서를 미리 작성하여 둘 것

③ 정전작업 시의 조치
　㉠ 전로를 개로한 경우
　　• 전로의 개로에 사용한 개폐기에 잠금장치를 하고 통전(通電) 금지에 관한 표지판을 설치하는 등 필요한 조치를 한다.
　　• 개로된 전로가 전력 케이블·전력 콘덴서 등을 가진 것으로서 잔류전하를 확실히 방전시킨다.
　　• 개로된 전로의 충전 여부를 검전기구에 의하여 확인하고 오(誤)통전, 다른 전로와의 접촉, 다른 전로로부터의 유도 또는 예비동력원의 역송전에 의한 감전의 위험을 방지하기 위하여 단락접지기구를 사용하여 확실하게 단락을 접지한다.
　㉡ 작업 중 또는 작업 종료 후 개로한 전로에 통전하는 경우
　　• 해당 작업에 종사하는 작업자에게 감전의 위험이 발생할 우려가 없도록 미리 통지한 후 단락접지기구를 제거하여야 한다.
　㉢ 정전작업요령의 작성 : 감전을 방지하기 위하여 정전작업요령을 작성하여 교육을 실시한다.

> **더 알아보기　정전작업의 5대 안전수칙**
>
> 국제사회안전협회(ISSA)에서 제시하는 정전작업의 5대 안전수칙은 다음과 같다.
> • 첫째, 작업 전에 전원 차단
> • 둘째, 전원 투입의 방지
> • 셋째, 작업장소의 무전압 여부 확인
> • 넷째, 단락접지
> • 다섯째, 작업장소의 보호

④ 활선작업 시 감전위험 방지
　㉠ 활선작업(Working On) : 노출 충전된 도체나 기기 등을 작업자의 보호구 착용 여부와 관계없이 손이나 발 또는 신체의 기타 부분으로 만지거나 해당 기기로 접촉하는 작업을 말한다.
　㉡ 활선근접작업(Working Near) : 전기적으로 안전한 작업조건에 속하지 않는 노출된 충전도체 또는 기기 등의 접근한계 내에서의 작업을 말한다.
　㉢ 저압활선작업 시 안전대책 : 저압(1,500V 이하 직류 전압이나 1,000V 이하의 교류 전압) 충전전로의 점검 및 수리 등 해당 충전전로를 취급하는 작업에 있어서 해당 작업자에게 감전 위험이 발생할 우려가 있는 때에는 해당 작업자에게 절연용 보호구(작업자의 감전재해를 방지하기 위하여 착용하는 절연장갑, 절연모, 절연의, 절연화 등)를 착용시켜야 한다.

② 저압활선 근접작업 시 안전대책
  - 저압 충전전로에 근접하는 장소에서 전로 또는 그 지지물의 설치·점검·수리 및 도장 등 작업 또는 해당 작업자의 신체 등이 해당 충전전로에 접촉함으로 인하여 감전의 위험이 발생할 우려가 있는 때에는 해당 충전전로에 절연용 방호구를 설치하여야 한다.
  - 다만, 해당 작업자에게 절연용 보호구를 착용시키고 해당 절연용 보호구를 착용하는 신체 외의 부분이 해당 충전전로에 접촉할 우려가 없는 때에는 그렇지 않다.
  - 절연용 방호구의 설치 또는 해체작업 시 해당 작업자는 절연용 보호구를 착용하거나 활선작업용 기구를 사용하도록 하여야 한다.

⑤ 전기기계·기구 등의 충전부 방호
  ㉠ 작업자가 작업 또는 통행 등으로 인하여 전기기계·기구 또는 전로 등의 충전부분(전열기의 발열체의 부분이나 저항접속기의 전극 부분 등) 전기기계·기구의 사용목적에 따라 노출이 불가피한 부분(충전 부분을 제외)에 접촉(충전 부분과 연결된 도전체와의 접촉 포함) 또는 접근함으로써 감전의 위험이 있는 충전부분에 대한 감전을 방지하기 위한 방호방법이다.
  ㉡ 충전부가 노출되지 아니하도록 폐쇄형 외함(外函)이 있는 구조로 한다.
  ㉢ 충전부에 충분한 절연효과가 있는 방호망 또는 절연덮개를 설치한다.
  ㉣ 충전부는 내구성이 있는 절연물로 완전히 덮어 감싼다.
  ㉤ 발전소·변전소 및 개폐소 등 구획되어 있는 장소로서 관계작업자 외의 자의 출입이 금지되는 장소에 충전부를 설치하고 위험표시 등의 방법으로 방호를 강화한다.
  ㉥ 전주 위나 철탑 위 등의 격리되어 있는 장소로서 관계작업자 외의 자가 접근할 우려가 없는 장소에 충전부를 설치한다.

⑥ 꽂음접속기의 설치·사용 시의 준수사항
  ㉠ 서로 다른 전압의 꽂음접속기는 상호 접속되지 아니한 구조의 것을 사용한다.
  ㉡ 습윤한 장소에 사용되는 꽂음접속기는 방수형 등 해당 장소에 적합한 것을 사용한다.
  ㉢ 작업자가 해당 꽂음접속기를 접속시킬 경우 땀 등에 의하여 젖은 손으로 취급하지 아니하도록 한다.
  ㉣ 해당 꽂음접속기에 잠금장치가 있는 때에는 접속 후에 잠그고 사용한다.
  ㉤ 접지가 곤란할 경우 꽂음접속식 누전차단기를 구입하여 사용한다.

⑦ 전기기계·기구의 조작 시의 안전조치
  ㉠ 전기기계·기구를 조작함에 있어서 감전 또는 오조작에 의한 위험을 방지하기 위하여 해당 전기기계·기구의 조작부분은 150lx 이상의 조도가 유지되도록 하여야 한다.
  ㉡ 전기기계·기구의 조작부분에 대한 점검 또는 보수를 하는 때에 작업자가 안전하게 작업할 수 있도록 전기기계·기구로부터 폭 70cm 이상의 작업공간을 확보하여야 한다. 다만, 작업공간을 확보하는 것이 곤란하여 작업자에게 절연용 보호구를 착용하도록 한 경우에는 그러하지 않는다.

ⓒ 전기적 불꽃 또는 아크에 의한 화상의 우려가 높은 1,000V 이상 전압의 충전전로작업에 작업자를 종사시키는 경우에는 방염처리된 작업복 또는 난연(難燃)성능을 가진 작업복을 착용시켜야 한다.

⑧ 차단기 관리
  ㉠ 차단기의 종류

배선용 차단기	전기회로에서 전기기구나 코드가 고장 등으로 합선되거나 과다사용으로 용량을 초과하여 전기가 흐르면 자동으로 전기를 차단하는 장치
누전 차단기	감전이나 화재의 원인이 되는 누전을 신속하게 감지하여 자동으로 전기를 차단하는 장치
커버 나이프스위치	과전류 시 퓨즈가 녹아 전기를 차단하는 방식으로 기능은 배선용 차단기와 동일하나 최근에는 거의 사용되지 않음

  ㉡ 분전반 및 차단기의 올바른 관리
    • 분전반에는 커버를 반드시 설치하여 물기나 먼지의 침투를 예방하여야 한다. 차단기에서의 전기는 반드시 아래쪽의 부하 측에서 인출하며, 커버 나이프스위치는 적절한 용량의 규격퓨즈를 설치하여 사용하여야 한다.
    • 분전반은 신속한 차단기의 개폐가 가능하도록 접근이 용이한 곳에 설치하여야 하며, 전기를 사용하지 않을 때에는 전원을 차단한다.
    • 차단기는 이상음의 유무, 단자의 변색 유무, 먼지부착 여부, 열화 여부, 케이스 등의 파손 여부를 점검하여 이상이 있으면 교환한다.
    • 차단기의 결선상태에 대해서는 역부착 여부, 장력작용 여부, 단단히 체결되었는지를 확인한다.
    • 누전차단기의 점검방법은 누전차단기의 빨간색 버튼을 눌러 '딱' 소리와 함께 스위치가 내려가면 정상이지만 동작하지 않으면 교환해야 한다.
    • 누전차단기의 점검주기는 월 1회 이상이며, 사용 중 누전차단기가 동작하는 경우에는 어느 곳에서 누전이 되고 있는 것이므로 반드시 안전점검 후 사용하여야 한다.
    • 사용전압이 400V 이하, 정격전류 16A를 초과하고, 20A 이하인 옥내 전로에 배선차단기를 시설하고, 에어컨, 전자레인지, 건조기 등 전기용량이 큰 전기기구에는 전용회로를 사용하는 것이 안전하다. 누전차단기는 물과 전기가 접촉할 가능성이 있는 장소의 모든 전기기구에 설치해야 한다.

  ㉢ 누전차단기
    • 비충전 금속부에 전압이 충전되거나 누설전류에 의한 전원의 불평형 전류가 소정의 값을 초과할 경우 설정된 시간 내에 회로의 해당 전원을 차단하여 인명을 보호하는 장치이다.
    • 고장전압 또는 지락전류를 검출하는 부분과 차단기 부분을 조합하여 자동적으로 전로를 차단하는 누전차단장치 일체를 용기에 넣어 제작한 것으로 용기 밖에서 수동으로 전로의 개폐 및 자동차단 후에 복귀가 가능한 것을 말한다.
    • 누전차단기는 전로의 대지절연이 저하될 경우 전로를 신속히 자동적으로 차단하여 누설전류에 의한 감전의 위험을 방지하는 데 사용되는 것으로, 지락차단기의 일종이다.

ⓔ 누전차단기의 분류
- 전기방식 및 극수에 따른 분류 : 단상 2선식 2극, 단상 3선식 3극, 3상 3선식 3극, 3상 4선식 4극
- 보호목적에 따른 분류 : 지락보호 전용, 지락보호 및 과부하보호 겸용, 지락보호와 과부하보호 및 단락보호 겸용
- 감도에 따른 분류
  - 고감도 : 정격감도전류 30mA 이하
  - 중감도 : 정격감도전류 30~1,000mA 이하
  - 저감도 : 정격감도전류 1,000~20,000mA 이하
  ※ 전기용품안전관리법의 적용을 받는 인체 감전보호용 누전차단기는 정격감도전류 30mA 이하, 동작시간 0.03초 이하의 전류 동작형의 것으로 한다.

ⓜ 누전차단기의 종류

구 분		동작시간	정격감도전류[mA]
고감도형	고속형	정격감도전류에서 0.1초 이내	5, 10, 15, 30
	시연형	정격감도전류에서 0.1초를 초과하고 2초 이내	
	반시연형	• 정격감도전류에서 0.2초를 초과하고 1초 이내 • 정격감도전류의 1.4배의 전류에서 0.1초를 초과하고 0.5초 이내 • 정격감도전류 4.4배의 전류에서 0.05초 이내	
중감도형	고속형	정격감도전류에서 0.1초 이내	50, 100, 200, 500, 1,000
	시연형	정격감도전류에서 0.1초를 초과하고 2초 이내	
저감도형	고속형	정격감도전류에서 0.1초 이내	3,000, 5,000, 10,000, 20,000
	시연형	정격감도전류에서 0.1초를 초과하고 2초 이내	

(출처 : 농촌진흥청, 농작업 안전보건관리 기본서)

ⓗ 누전차단기 설치 환경조건
- 주위 온도에 유의(누전차단기는 주위 온도 −10~+40℃ 범위 내에서 성능을 발휘할 수 있도록 구조 및 기능이 설계되어 있음)
- 표고 1,000m 이하의 장소
- 습도가 적으며 비나 이슬에 젖지 않는 장소
- 먼지가 적은 장소
- 이상한 진동 또는 충격을 받지 않는 장소
- 전원전압의 변동에 유의
- 배선상태를 건조하게 유지
- 불꽃 또는 아크에 의한 폭발 위험이 없는 장소

⑨ 화재발생 원인
ⓐ 전기화재
- 단락 : 절연체가 전기회로나 전기기기에 있어서 전기적 또는 기계적 원인으로 파괴 또는 열화되어 합선에 의하여 발화하는 것을 말한다.

- 누 전
  - 전류의 통로로 설계된 이외의 곳으로 전류가 흐르는 현상
  - 누전화재란 전류가 통로로 설계된 부분으로부터 건물 및 부대설비 등에 흐름으로써 발열시켜 발생하는 화재
  - 누전의 3요소 : 어디에서 전류가 누설되어 흐르는 누전점, 접지물에 전기가 흘러들어 오는 접지점, 과열개소인 출화점 등 그 경로의 구성을 분명히 함으로써 출화 원인을 판정함
  - 발화까지 이룰 수 있는 최소의 누전전류 : 300~500mA
- 과열(과전류) : 전기기기나 배선 등이 설계된 정상동작 상태의 온도 이상으로 온도 상승을 일으키는 일이나 피가열체를 위험온도 이상으로 가열하는 일 등을 말한다.
- 전기불꽃(Spark) : 화재원인으로서 전기불꽃은 개폐기나 콘센트를 조작할 때 발생하는 불꽃. 전기설비에서 발생하는 전기불꽃은 모두가 점화원이 될 수 있다.
- 접촉부 발열 : 전선과 전선이나 전선과 단자 및 접속면 등의 도체에 있어서 접촉 상태가 불완전하면 특별한 접촉저항을 나타내어 발열되어 화재가 발생한다.
- 절연연화 : 기기, 재료에 전기나 열이 통하지 않도록 하는 기능이 점차 약해지는 현상이다.
- 절연파괴 : 전기적으로 절연된 물질 상호 간에 전기저항이 감소되어 많은 전류를 흐르게 하는 현상을 절연파괴라고 한다.
- 지락 : 전류가 정상적인 전기회로에서 벗어나서 대지로 통하는 경우를 말한다.
- 낙뢰 : 일종의 정전기로서 구름과 대지 사이의 방전현상(낙뢰가 발생하면 전기회로에 이상전압이 유기되어 절연파괴와 대전류는 화재 원인이 됨)이다.
- 정전기 스파크 : 정전기는 물질의 마찰에 의하여 발생되며 대전된 도체 사이에서 방전이 생길 경우, 주위에 있던 가연성 가스 및 증기에 인화되어 화재가 발생한다.
- 열적 경과 : 전등이나 전열기 등을 가연물 주위에서 사용하거나 열의 발산이 잘 이루어지지 않는 상태에서 사용할 경우, 가연물에 열이 축적되어 발화되는 경우(전등을 담요로 감싸서 방치하면 전구의 열에 의하여 담요에 착화되는 경우 등)에 발생
- ⓛ 발화원에 의한 전기화재
  - 이동 가능한 전열기 : 전기난로, 전기풍로, 전기다리미, 전기담요, 소독기, 살균기, 용접기 등에 의한 화재
  - 고정된 전열기 : 전기항온기, 전기정화기, 오븐, 전기건조기, 전기로 등에 의한 화재
  - 전기기기 및 전기장치 : 배전용 변압기, 전동기, 발전기, 정류기, 충전기, 계기용 변성기, 유입차단기, 단권변압기 등에 의한 화재
  - 전등이나 전화 등의 배선 : 배전선, 인입선, 옥내배선, 옥외선, 코드선, 교통기관 내의 배선, 배전접속부 등에 의한 화재
  - 배선기구 : 스위치, 칼날형개폐기, 자동개폐기, 접속기, 전기측정기 등에 의한 화재

© 유류화재
- 가연성 액체로서 인화점이 상온 이하로, 가연성 증기를 발생시켜 이 증기가 공기와 적당히 혼합된 상태에서 불씨와 접촉하여 화재가 발생하게 된다.
- 유류는 불이 붙으면 급격히 확산되어 소화활동이 매우 어려워지므로 주의하여야 한다.

더 알아보기	유류화재가 발생하는 경우

- 석유난로 등의 과열 상태에서 장시간 자리를 뜨거나 하여 가연물에 착화되는 경우
- 유류의 증기가 공기와 적당히 혼합된 상태에서 점화원과 접촉한 경우
- 주유 중 흘린 기름이나 유류기구에서 샌 기름이 불씨에 닿은 경우
- 기타 가연물기구의 전도, 낙하 등에 의한 화재 등

② 가스화재
- 가스는 공기와 일정비율로 혼합되어 있을 때 착화되면 급격히 연소·폭발하기 때문에 매우 위험하다.
- 가스사고는 사람들의 취급부주의에 의한 것이 대부분이며 그 다음이 제품 및 시설불량 등에 의한 것으로 나타나고 있다.

더 알아보기	가스화재가 발생하는 경우

- 용기밸브 및 조정기를 함부로 만지거나 분해하는 경우
- 용기를 옮길 때 밸브의 손잡이를 잡는 경우
- 빈 용기라고 밸브를 잠가두지 않은 경우
- 용기를 직사광선에 방치하거나 넘어지지 않도록 고정하지 않은 경우
- 가스밸브를 KS 규격품이 아닌 불량품으로 사용하는 경우

⑩ 작업별 화재 예방대책

전기기기 취급 시	• 전기설비 사용 전 점검 • KS마크 제품 사용 • 정격용량의 전선 사용 • 노후된 전선 교체 • 누전차단기 설치 • 문어발식 코드 가용 금지 • 퓨즈는 정격용량의 규격품 사용(철사 등 사용금지) • 플러그 뽑을 시 전선 당기지 않기 • 전선이 문틈으로 통하거나 전기장판을 접지 않기
용접·용단작업 시	• 압조정력조정기와 호스 등 가스누출 점검 • 아세틸렌용기는 세워서 사용(유출방지) • 산소와 아세틸렌 용기는 종류별로 분리 보관 • 불티 비산방지시설 설치 • 사용 중/사용 전 용기 구별 보관 • 작업 종료 후 밸브 잠금 • 작업 전 주변 가연물 제거 및 점검 후 작업 • 작업장 주변 소화기 비치 • 화기감시자 배치

유류취급 시	• 인화성 물질은 작업에 필요한 만큼 반입 • 유류저장소 주변 흡연금지 • 연료 주입 시 불을 끄고, 깔때기 등 사용 • 불을 붙인 채 이동 금지 • 난로 주변 가연물 격리 및 하부 모래판 설치/방호울 설치 • 화기 주변 3.3kg 소화기 2개 이상 비치 • 필요시 상부 자동확산소화기 설치 • 열기구는 (열) 또는 (KS) 등의 표시가 있는 제품을 구입 • 화재위험물질 취급 작업을 하는 장소에서의 동시 화기사용 작업 금지

가스취급 시	• 가스 저장고 및 사용지역의 11m 이내 화기사용 금지
	• 역화방지기 설치
	• 사용 전에 작동상태 확인 및 연결부분은 비누거품 등을 사용하여 누설 여부 점검
	• 가스배관 교체 시 24시간 동안 자기압력계로 누설 여부 시험(Leak Test) 실시
	• 가연성가스의 충전용기는 40℃ 이하 유지
	• 연소기는 구멍이 막히지 않도록 솔로 닦아주고, 가스의 누설 여부를 확인
	• 용기취급 시 주의사항 준수
	• 가스 누설 시 긴급조치 실시
	    – 연소기의 콕과 중간밸브, 용기밸브를 잠근다.
	    – LP가스의 경우 즉시 창문을 열어 환기시키고, 바닥에 퍼져 있는 가스를 비나 부채 등으로 쓸어내듯 밖으로 내보낸다.
	    – 주변의 불씨를 없애고, 전기기구는 절대로 조작하지 않는다.

⑪ 소화기 사용법

㉠ 화재 분류에 따른 적용 소화기

구 분	종 류	표 시	소화방법	적용 소화기	비 고
일반화재	A급	백 색	냉 각	산, 알칼리, 포, 물(주수) 소화기	목재, 섬유, 종이류 화재
유류화재	B급	황 색	질 식	CO_2, 증발성 액체, 분말, 포 소화기	가연성 액체 및 가스 화재
전기화재	C급	청 색	질식, 냉각	CO_2, 증발성 액체	전기통전 중 전기기구 화재
금속화재	D급	–	분리소화	마른모래, 팽창질식	가연성 금속(Mg, Na, K)

(출처 : 농촌진흥청, 농작업 안전보건관리 기본서)

㉡ 소화기의 구조 : 소화기는 본체용기, 안전핀, 손잡이, 노즐, 소화약제로 구성되어 있다.

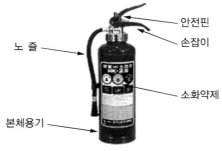

(출처 : 농촌진흥청, 농작업 안전보건관리 기본서)

㉢ 소화기 사용법
- 일반소화기
  - 소화기를 불이 난 장소로 가져간다.
  - 손잡이 부분의 안전핀을 뽑는다.

- 바람을 등지고 서서 노즐(호스)을 불쪽으로 향하게 한다.
- 바람을 등진 상태에서 손잡이를 힘껏 움켜쥐고 빗자루로 쓸듯이 뿌린다.
- 소화기는 잘 보이고 사용하기에 편리한 곳에 두며, 햇빛이나 습기에 노출되지 않도록 한다.
- 투척용 소화기 사용법
  - 종이가 탈 때에는 벽이나 주변에 투척한다.
  - 목재가 탈 때에는 불에 바로 투척한다.
  - 기름은 주변에 투척한다.
  - 투척식 소화기는 보호덮개를 사용하고 1.5m 이하에 설치한다.

커버를 벗긴다   약제를 꺼낸다   불을 향해 던진다

(출처 : 농촌진흥청, 농작업 안전보건관리 기본서)

ⓒ 소화기 사용 시 주의사항
- 적응화재에만 사용하여야 한다.
- 성능에 따라서 불 가까이 접근하여 사용하되, 너무 가까이 접근하여 화상을 입지 않도록 주의해야 한다.
- 바람을 등지고 풍상에서 풍하로 방사한다.
- 이산화탄소 소화기는 지하층, 무창층에는 질식의 우려가 있으므로 설치하지 않아야 하며, 방사 시 노즐부분 취급에 주의하여 기화에 따른 동상을 입지 않도록 한다. 방사된 가스는 호흡하지 않아야 하며 방사 후 즉시 환기하여야 한다.
- 할론소화기는 할론 1301소화기 이외에는 창이 없는 층, 지하층, 사무실 또는 거실로서 바닥면적 20m^2 미만의 장소에서는 사용할 수 없다. 방사된 가스는 호흡하지 않아야 하며 방사 후 즉시 환기하여야 한다.

⑫ 소화전 사용법
ⓐ 화재가 발생하면 화재를 알리기 위해 발신기 스위치를 누르고 소화전 문을 열고 노즐과 호스를 꺼낸다.
ⓑ 두 사람이 한 조가 되어 움직인다. 한 사람은 호스의 접힌 부분을 펴주고 노즐을 가지고 간 사람이 물을 뿌릴 준비가 되면 소화전함 개폐밸브를 돌려 개방한다.
ⓒ 노즐을 잡고 불이 있는 곳으로 물을 뿌린다.

(3) 감전·화재로 인한 응급상황에 맞는 응급조치

① 감전사고 발생 시 응급조치 : 감전재해가 발생하면 우선 전원을 차단하고 피해자를 위험지역에서 대피시켜 2차 재해가 발생하지 않도록 한다.

ㄱ 감전에 의해 넘어진 경우 관찰·확인사항 : 의식상태, 호흡상태, 맥박상태

ㄴ 높은 곳에서 추락한 경우 관찰·확인사항 : 출혈상태, 골절 유무

ㄷ 호흡정지 시 응급조치
- 감전 쇼크로 인한 호흡정지 시에는 혈액 중의 산소함유량이 약 1분 이내에 감소되어 산소결핍이 급격히 시작된다.
- 인체의 장기 중에는 뇌가 가장 산소결핍에 대한 저항력이 약하며, 호흡정지가 3~5분 동안 계속되면 그 기능이 장해를 받으므로 신속한 인공호흡이 필요하다.

② 화재 발생 시 대응·대처방법

ㄱ 불을 발견하면 '불이야' 하고 큰소리로 외쳐서 다른 사람에게 알린다.

ㄴ 화재경보 비상벨을 누른다.

ㄷ 엘리베이터는 절대 이용하지 않도록 하며 계단을 이용한다.

ㄹ 아래층으로 대피할 수 없는 때에는 옥상으로 대피한다.

ㅁ 낮은 자세로 대피한다.

ㅂ 불길 속을 통과할 때에는 물에 적신 담요나 수건 등으로 몸과 얼굴을 감싼다.

ㅅ 방문을 열기 전에 문을 손등으로 대어보거나, 손잡이를 만져 보고 뜨겁지 않으면 문을 조심스럽게 열고 밖으로 나가며 뜨거우면 다른 길을 찾는다.

ㅇ 밖으로 나온 뒤에는 절대로 안으로 들어가지 않는다.

ㅈ 연기가 많을 때의 주의사항
- 연기층 아래에는 맑은 공기층이 있다.
- 연기가 많은 곳에서는 팔과 무릎으로 기어서 이동하되 배를 바닥에 대고 가지 않도록 한다.
- 한 손으로는 코와 입을 젖은 수건 등으로 막아 연기가 폐에 들어가지 않도록 한다.

ㅊ 옷에 불이 붙었을 때에는 두 손으로 눈과 입을 가리고 바닥에서 뒹군다.

(1) 추위 · 더위 · 자외선으로 인한 유해위험

① 폭염 시 유해 · 위험요인

㉠ 폭염주의보는 33℃ 이상의 최고기온이 2일 이상 지속될 때, 폭염경보는 35℃ 이상의
최고기온이 2일 이상 지속될 때를 말한다.

㉡ 폭염 시에는 갈증을 느끼기 이전부터 규칙적으로 수분을 섭취해야 한다.

㉢ 어지러움, 두통, 메스꺼움 등의 초기 증상이 나타나면 즉시 작업을 중단하고 시원한 곳으
로 이동하며 의료기관을 방문해야 한다.

단 계	예보발령기준 기온	단계별 건강위험 및 대응방안
거의 안전	21℃ 미만	일반적으로 열사병 위험은 작지만 적절한 수분 여분의 보급이 필요함
주 의	21℃ 이상 25℃ 미만	심한 운동이나 격렬한 노동 시에 열사병에 의한 사고가 발생할 수 있음
경 계	25℃ 이상 28℃ 미만	열사병의 위험이 증가하므로 심한 운동이나 격렬한 작업은 피할 것
매우 경계	28℃ 이상 31℃ 미만	• 열사병의 위험이 높음 • 심한 운동이나 격렬한 작업을 피할 것
운동 중지	31℃ 이상	• 열사병의 위험이 매우 높음 • 고령자는 휴식상태에서도 열사병이 발생할 위험이 큼 • 외출은 가급적 피하고 서늘한 실내로 이동할 것

(출처 : 농업활동 안전사고예방 가이드라인)

㉣ 폭염에 대한 인체 반응

• 폭염에 노출되면 체내의 열생산 기전은 모두 억제되고 피부 혈관의 확장이나 발한,
호흡촉진 등을 통한 열발산이 증가한다.

• 폭염에 노출되었을 때는 심혈관계 조절, 화학적 조절 및 물리적 조절에 의해서 체온조절
이 이루어진다.

심혈관계 조절	• 폭염에서 피부혈관 확대가 일어나 피부 온도를 높여서, 복사에 의한 체열방출을 크게 한다. • 심장에서는 피부표면의 혈액량을 증가시키기 위해 맥박이 빨라지고 심박출량을 증가시킨다.
화학적 조절	폭염 속에서는 기초대사에 의한 체열발생이 감소하는데 식욕부진이 오고 섭식량이 감소한다.
물리적 조절	폭염 속에서 발한에 의한 증발열을 통해 체열방출을 하는데, 1cc의 땀은 0.58kcal의 증발열을 체외로 방출시킨다.

ⓜ 폭염에 의한 온열질환

열사병 (Heat Stroke)	• 고온다습한 환경에 노출될 때 체온 조절기능의 이상으로 갑자기 발생하는 체온조절장해를 말한다. • 현기증, 두통, 경련 등을 일으키며 땀이 나지 않아 뜨거운 마른 피부가 되어 체온이 41℃ 이상 상승하기도 한다. • 사망률이 매우 높아 치료를 하지 않는 경우에는 100% 사망하고, 치료를 하더라도 심부체온이 43℃ 이상인 경우는 약 80%, 43℃ 이하인 경우는 약 40% 정도의 치명률을 보이게 된다. • 주요 증상은 중추신경장해이며 현기증, 오심, 구토, 발한정지에 의한 피부건조, 무기력, 혼수상태, 헛소리 등의 증상을 보인다.
일사병 (Heat Exhaustion)	• 땀을 많이 흘려 염분과 수분 손실이 많을 때 발생하는 온열질환이다. • 말초혈액순환의 부전으로 혈관 신경의 조절 기능저하, 심박출량 감소, 피부 혈관의 확장, 탈수 등이 주요 원인이다. • 발한량이 증가할 때와 폭염에서 중등도 이상의 작업강도로 일할 때 주로 발생하며 고온에 순화되지 않은 미숙련자에게서 많이 발생한다. • 주요 증상은 심한 갈증, 피로감, 현기증, 식욕감퇴, 두통, 구역, 구토 등이다. • 심부체온은 37~40℃이다.
열실신 (Heat Syncope)	• 폭염 속에서 피부의 혈관확장으로 인해 정맥혈이 말초혈관에 저류되고 저혈압, 뇌의 산소 부족으로 실신하거나 현기증이 나며 피로감을 느끼게 하는 증상을 말한다. • 심한 육체작업 후 2시간 이내에 나타날 수 있다.
열경련 (Heat Cramps)	• 폭염하에서 심한 육체노동을 함으로써 수의근에 통증이 있는 경련을 일으키는 질환을 말한다. • 직업에 자주 사용되는 사지나 복부의 근육에 동통을 수반하는 발작적인 경련을 일으킨다. • 땀을 흘린 후 수분만을 보충하는 경우에 염분이 부족해서 발생한다. • 일반적으로 근육경련이 30초 정도 일어나지만 심한 경우에는 2~3분 동안 지속되기도 한다.

② 한랭환경 유해・위험요인

㉠ 저온환경에서는 환경온도와 대류가 체열을 방출하는 이화학적 조절에 가장 중요한 영향을 미친다.

㉡ 한랭환경에서 생체열용량의 변화는 대사에 의한 체열생산에서 증발, 복사, 대사류에 의한 체열방산을 뺀 것과 같다.

㉢ 한랭에 대한 순화는 고온순화보다 느리며, 혈관의 이상은 저온노출로 유발되며, 악화된다.

㉣ 저체온증

• 저체온증은 겨울철 추운 환경에서의 장시간 작업으로 주변으로부터 열을 빼앗겨 체온이 35℃ 이하일 때를 말한다.

• 몸에서 열을 만들어내는 속도보다 열을 잃는 속도가 더 빠를 때 나타난다. 저체온증 증상에서 가장 먼저 나타나는 증상은 떨림이다.

• 체온별 저체온증 증상

체 온	증 상
34℃ 미만	기억력과 판단력 저하
33~35℃	경증 저체온증
29~32℃	혼수상태, 심장박동 및 호흡이 느려짐
28℃ 이하	중증의 저체온증으로 심정지 및 혈압이 떨어질 위험이 있음

(출처 : 농촌진흥청, 농작업 안전보건관리 기본서)

⑩ 동상 : 겨울철 대표 질환으로 추위에 신체 부위가 얼어서 걸린다. 주로 코, 귀, 뺨, 손가락, 발가락 등 신체 끝 부분에 걸리고, 심한 경우 절단해야 할 수도 있다.

⑪ 동창 : 영하가 아닌 영상의 가벼운 추위에서 혈관이 손상되어 염증이 발생하는 질환이다. 동상처럼 피부가 얼지 않지만, 손상 부위에 세균이 침범하면 궤양이 발생할 위험도 있다.

③ 자외선의 유해 · 위험요인

㉠ 자외선의 종류와 특성 : 자외선은 태양광선 중 가시광선의 자색(보라색)보다 파장이 짧은 광선을 말하며, 파장에 따라 3가지로 분류된다.

구 분	자외선 A(장파장)	자외선 B(중파장)	자외선 C(단파장)
홍반 발생력	약	강	강
색소 생성	중	약	약
피부에 미치는 영향	직접적 피부 그을림, 피부 노화	간접적 피부 그을림, 화상, 피부암 유발	피부에 큰 영향을 미치지 않음

(출처 : 농업활동 안전사고예방 가이드라인)

㉡ 자외선이 생물학적으로 영향을 미치는 주요 부위는 눈과 피부로, 이는 파장에 따른 다르며, 각 파장별로 생물학적 영향을 미치는 정도를 나타내는 것을 작용 스펙트럼이라고 한다.

㉢ 눈에서는 270nm에서 가장 영향이 크고, 피부에서는 295nm에서 가장 민감한 영향을 준다.

㉣ 자외선에 의해 생기는 질병

피부 질환	• 기미, 주근깨, 잡티 같은 색소 침착 • 화상 • 일광 두드러기 • 피부노화, 주름, 검버섯
광선각화증	• 지속적인 햇빛 노출로 발생하는 피부암의 전 단계 질환 • 분홍색 또는 붉은색의 피부, 딱딱한 껍질의 덩어리나 작은 뿔 모양이 나타남 • 피부암으로 진행할 수 있기 때문에 발견 즉시 치료가 필요함
피부암	• 종류 : 기저세포암, 흑색종, 편평세포암 등 • 흑색종과 편평세포암은 치명적인 암으로 조기 치료가 필요함

(출처 : 농업활동 안전사고예방 가이드라인)

(2) 농촌의 추위 · 더위 · 자외선으로 인한 사고 · 건강장해 예방대책

① 폭염 시 온열질환 예방대책

㉠ 폭염 대비 준비사항

• 무더위 기상상황을 매일 확인한다.

• 본인과 가족의 건강상태를 확인한다.

• 실내온도를 적정수준(26℃)으로 유지한다.

• 직사광선을 최대한 차단한다.

• 폭염 시 작업자와 작업장 안전상황을 수시로 확인한다.

    ⓛ 낮 시간대 농작업 중단
- 가장 더운 시간대(낮 12시~오후 2시) 반드시 작업을 중단하여야 한다(하절기 폭염 시 오후 2~5시).
- 고령 농업인은 폭염에 취약하므로 절대로 무리한 작업을 해서는 안 된다.

    ⓒ 농작업을 해야 할 경우
- 아이스팩, 모자, 그늘막 등을 활용하여 작업자를 보호하여야 한다.
- 나홀로 작업은 최대한 피하여야 하고, 함께 일한다.
- 작업자는 휴식시간을 짧게 자주 실시한다(시간당 10~15분).
- 시원한 물을 자주 마셔야 한다.
- 기온이 최고에 달할 때(낮 12시~오후 5시)는 작업을 중지하도록 한다.

    ⓔ 하우스・축사・시설물에서
- 창문을 개발하고 선풍기나 팬을 이용하여 지속적으로 환기시켜야 한다.
- 천장에 물 분무장치를 설치하여 복사열을 방지하도록 한다.
- 비닐하우스에는 차광시설, 수막시설 등을 설치하여 열을 줄인다.

    ⓜ 일상생활에서
- 자동차나 밀폐된 공간에 노약자나 어린이, 애완동물을 홀로 남겨 두지 않도록 한다.
- 고령자, 신체허약자, 환자 등을 남겨 두고 외출할 때에는 이웃 등에 보호를 요청한다.
- 고령자는 시원한 마을회관 등에 모여서 폭염을 피할 수 있도록 한다.
- 커튼 등을 이용해 햇빛을 차단한다.
- 카페인이나 알코올이 들어 있는 음료는 되도록 마시지 않는다.

② 저온상황에서 한랭질환 예방대책

    ㉠ 한랭장해 예방 조치(산업안전보건기준에 관한 규칙 제563조)
- 혈액순환을 원활하게 하기 위한 운동지도를 한다.
- 적절한 지방과 비타민 섭취를 위한 영양지도를 실시한다.
- 체온 유지를 위하여 더운물을 비치하도록 한다.
- 젖은 작업복 등은 즉시 갈아입도록 한다.

    ㉡ 한랭작업장에서 취해야 할 개인위생상 준수사항
- 팔다리 운동으로 혈액순환 촉진
- 약간 큰 장갑과 방한화의 착용
- 건조한 양말의 착용
- 과도한 음주, 흡연 삼가
- 과도한 피로를 피하고 충분한 식사
- 더운 물과 더운 음식 자주 섭취
- 외피는 통기성이 적고 함기성이 큰 것 착용
- 오랫동안 찬물, 눈, 얼음에서 작업하지 말 것

③ 자외선으로부터 발생하는 질환 예방대책
    ㉠ 자외선이 강한 오전 10시부터 오후 3시까지는 야외활동을 피하는 것이 좋다.
    ㉡ 햇빛을 차단할 양산, 모자, 긴 옷, 자외선 차단제, 선글라스 등을 사용한다.
    ㉢ 자외선 차단제는 사계절 내내 사용한다. 특히 여름철은 자외선이 더 강하기 때문에 꼭 자외선 차단제를 바르는 것이 좋다.
    ㉣ 자외선 차단제 사용법
      • 햇볕에 노출되기 30분 전에 미리 바른다.
      • 피부결을 따라 부드럽게 펴 발라 보호막을 형성하게 한다.
      • 땀을 많이 흘리거나 외부활동을 하는 경우에는 SPF 지수와 관계없이 1~2시간마다 덧바르는 것이 좋다.
      • 자외선 차단제로 인해 피부 문제가 발생한 적이 있다면 자극이 약한 성분을 포함한 제품을 선택한다.

(3) 농촌의 추위 · 더위 · 자외선으로 인한 응급상황 대응대책

① 온열질환 응급상황 대응
    ㉠ 온열질환이 발생하면 즉시 환자를 그늘지고 시원한 곳으로 옮기도록 한다.
    ㉡ 옷을 풀고 너무 차갑지 않은 시원한 물수건으로 닦아 체온을 내려 준다.
    ㉢ 환자에게 수분보충은 도움이 되지만 의식이 없는 환자에게 음료수를 억지로 마시도록 하면 안 되며, 신속하게 119에 신고하여 병원으로 이동하여야 한다.
    ㉣ 온열질환의 응급조치

온열질환	응급조치
열발진	• 시원하고 건조한 장소로 옮김 • 수소포 등이 난 부위는 건조하게 유지 • 살포제(Dusting Powder) 사용
열성부종	시원한 장소에서 발을 높인 자세로 휴식
열실신	• 시원한 장소로 옮겨 평평한 곳에 눕힘 • 물, 스포츠 음료나 주스 등을 천천히 마심

열경련	• 서늘한 곳에서 휴식
	• 스포츠 음료나 주스 등을 마심
	  – 0.1% 식염수(물 1L에 소금 1티스푼 정도 섞음) 마심
	• 경련이 일어난 근육을 마사지함
	  – 경련이 멈추었다고 해서 바로 다시 일을 시작하면 안 됨
	• 바로 응급실에 방문을 하여야 하는 경우
	  – 1시간 넘게 경련이 지속된 경우
	  – 기저질환으로 심장질환이 있는 경우
	  – 평상시 저염분 식이요법을 한 경우

열탈진	• 시원한 곳 또는 에어컨 있는 장소에서 휴식 • 증상이 한 시간 이상 지속되거나 회복되지 않을 경우는 의료기관 진료 – 병원에서 수액을 통해 수분과 염분을 보충

온열질환	응급조치

열사병	• 119에 즉시 신고하고 기다리는 동안 시행해야 하는 조치
	   – 환자를 시원한 장소로 옮김
	   – 환자의 옷을 시원한 물로 적시고 몸에 선풍기 등으로 바람을 불어 줌
	   – 환자의 체온이 너무 떨어지지 않도록 주의하고 의식이 없는 환자에게 음료를 마시도록
	   하는 것은 위험하므로 금함

(출처 : 농촌진흥청, 농작업 안전보건관리 기본서)

② 한랭질환 응급상황 대응

한 랭	증 상	응급처치
저체온증	• 말이 어눌해지거나 기억 장애 발생 • 점점 의식이 흐려짐 • 지속적인 피로감을 느낌 • 팔다리의 심한 떨림증상	• 신속히 병원으로 가거나 바로 119로 신고한다. • 젖은 옷은 벗기고 담요나 침낭으로 감싸준다. • 겨드랑이, 배 위에 핫팩이나 더운 물통 등을 둔다. 이런 재료가 없는 경우 사람을 껴안는 것도 효과이다. • 의식이 있는 경우에는 따뜻한 음료가 도움이 될 수 있으나, 의식이 없는 경우 주의한다.
동 상	• 1도 : 찌르는 듯한 통증, 붉어지고 가려움, 부종 • 2도 : 피부가 검붉어지고 물집이 생김 • 3도 : 피부와 피하조직 괴사, 감각 소실 • 4도 : 근육 및 뼈까지 괴사	※ 병원을 방문하여 진료를 받는 것이 우선이다. • 환자를 따뜻한 환경으로 옮긴다. • 동상 부위를 따뜻한 물(38~42℃)에 담근다. – 38~42℃ : 동상을 입지 않는 부위를 담갔을 때 불편하지 않을 정도의 온도 • 얼굴, 귀 : 따뜻한 물수건을 대주고 자주 갈아준다. • 손발 : 손가락, 발가락 사이에 소독된 마른 거즈를 끼운다(습기를 제거하고 서로 달라붙지 않게 함). • 동상 부위를 약간 높게 한다(부종 및 통증을 줄여준다). • 다리, 발 동상 환자는 들것으로 운반한다(다리에 동상이 걸리면 녹고 난 후에도 걸어서는 안 된다).

(출처 : 농촌진흥청, 농작업 안전보건관리 기본서)

③ 자외선 지수별 안전 단계와 대응요령

노출단계	지수범위	대응요령
위 험	11 이상	• 햇볕에 노출 시에 수십 분 이내에도 피부 화상을 입을 수 있어 가장 위험함 • 가능한 실내에 머물러야 함 • 외출 시 긴 소매 옷, 모자, 선글라스 이용 • 자외선 차단제를 정기적으로 발라야 함
매우 높음	8 이상 10 이하	• 햇볕에 노출 시에 수십 분 이내에도 피부 화상을 입을 수 있어 매우 위험함 • 오전 10시부터 오후 3시까지 외출을 피하고 실내나 그늘에 머물러야 함 • 외출 시에 긴 소매 옷, 모자, 선글라스 이용 • 자외선 차단제를 정기적으로 발라야 함
높 음	6 이상 7 이하	• 햇볕에 노출 시에 1~2시간 내에도 피부 화상을 입을 수 있어 위험함 • 한낮에는 그늘에 머물러야 함 • 외출 시에 긴 소매 옷, 모자, 선글라스 이용 • 자외선 차단제를 정기적으로 발라야 함
보 통	3 이상 5 이하	• 2~3시간 내에도 햇볕에 노출 시에 피부 화상을 입을 수 있음 • 모자, 선글라스 이용 • 자외선 차단제를 발라야 함
낮 음	2 이하	• 햇볕 노출에 대한 보호조치가 필요하지 않음 • 햇볕에 민감한 피부를 가진 사람은 자외선 차단제를 발라야 함

(출처 : 기상청)

곤충·동식물 안전생활 지도하기

(1) 농촌생활 관련 곤충·동식물로 인한 유해·위험 예측

① 가축으로 인한 위험요인

㉠ 축산 농작업은 일반 농작업과 달리 상대적으로 주단위로 일정하게 작업하며 대부분의 작업이 표준화되어 있는 특징을 가지고 있다.

㉡ 축산업은 다양한 유해위험요인이 존재하며, 오폐수 처리시설에서의 질식사고뿐만 아니라 사육 특성상 동물들의 돌발적인 상황에 의한 동물과의 접촉으로 인한 타박상, 골절, 미생물, 곰팡이로 인한 호흡기 질환 등 다양한 위험요인이 존재한다.

㉢ 가축으로 인한 유해위험요소

환 경	내 용	유해위험요소
소 사육 환경	• 소와 관련된 농작업은 축사가 비교적 덜 밀폐되어 있어 가축을 밀집시켜 사육하는 방식이 아니므로 작업 중 유해가스 등에 대한 작업자 노출이 상대적으로 적다는 특징이 있다. • 소를 관리하며 소와 접촉사고 시 중대한 상해가 발생하기 쉽다. • 사료 및 볏짚 등을 취급하는 작업에서 미세먼지 및 유기분진으로 인해 농부폐증이 발생할 위험이 있다.	• 미세먼지 • 유기(사료)분진 • 소와의 접촉 • 가축분뇨 • 세균 및 바이러스
양계 농작업	• 양계 농작업은 가축을 밀집시켜 사육하는 방식으로 작업 중 유기성 분진, 유해가스, 악취, 닭과의 접촉 등에 노출될 위험이 있다. • 이로 인하여 호흡계 질환, 피부염 등의 질환이 생길 위험이 있다. • 양계 작업 시 주요 안전사고 요인으로는 고소 작업 시 추락, 기계 협착 및 감김사고, 축사 내 이동 시 장애물 충돌 등이 있다.	• 닭의 노폐물로 인한 호흡기계 질환 • 장애물에 신체 충돌 • 닭의 발에 긁히는 등의 위험 • 기계 협착, 감김사고 • 축사 내 기계로 인한 위험 • 인수공통 감염병
양돈 농작업	• 축산업 중에서도 돼지사육은 규모의 대형화 및 자동화 시설로 현대화가 이루어졌으나 악취, 유해가스, 유기분진, 돼지와의 접촉 등은 농업인의 건강에 악영향을 준다. • 분뇨처리 시설 내에서 질식 사고를 유발하는 황화수소 등 유해가스 중독은 매우 위험하므로 사고예방에 대한 주의가 요구된다.	• 유해가스로 인한 질식 위험 • 출하작업 시 돼지와의 접촉으로 인한 추돌, 협착 위험 • 사료배합 기계에 말림 위험 • 고소작업 중 추락 위험 • 통로 물기로 인한 미끄럼 위험

② 곤충 및 야생동물로 인한 위험요인

㉠ 벌 쏘임으로 인한 사고위험

• 장수말벌에 쏘이면 쏘인 부위가 붓고 벌독이 전신으로 퍼져 전신마비, 혼수 또는 사망 등으로 이를 수 있다.

• 야외활동이 많은 여름 및 가을철(8~9월)에 많이 발생한다.

    ⓛ 뱀에 물림 사고위험
- 대한민국에는 총 10여 종의 뱀이 있으며, 이 중 독이 있는 뱀은 3가지 종류가 있다. 독사의 종류는 살모사, 까치살모사, 불독사가 있다.
- 뱀의 독이 가장 위험한 시기는 9월경이며, 이때는 추수 및 임업 작업이 본격적으로 시작되는 시기이므로 특히 주의해야 한다.
- 뱀은 비온 뒤, 몸을 말리기 위해 자주 출몰하는데 건드리거나 화나게 하지 않으면서 자연스럽게 자리를 피해야 한다.
    ⓒ 그 외의 사고위험
- 들쥐 배설물 등으로 인한 신증후군출혈열
- 진드기에 의한 쯔쯔가무시증/중증열성혈소판감소증후군
- 멧돼지로 인한 사고위험

(2) 농촌생활 곤충 · 동식물로 인한 사고 · 건강장해 예방대책

① 축사관리 및 농자재 안전관리

    ㉠ 작업장 먼지 감소 대책
- 축사 내부에 공기정화장치를 활용하여 먼지 발생량을 최소화시킨다.
- 여름철 안개분무를 이용하여 분진량을 줄인다.
- 축사 내부의 환기량을 늘리기 위해 설계 시 큰 용량의 환기팬을 설치한다.
- 축사 내부 깔짚을 깔기 전, 바닥재를 바닥에 깔고 그 위에 깔짚을 올려 출하 후에 깔짚이 깔린 바닥재를 말아 제거한다.
- 축사 내부에 비포획형 출하 이동 시스템을 구축하여 노동력 절감 및 분진 노출을 최소화한다.

    ㉡ 소독약 등 약품 안전하게 사용하기
- 가스나 증기 또는 물방울 형태로 사용되는지 확인하여야 한다.
- 사용 형태에 따라서 호흡, 피부 또는 입을 통해서 몸으로 흡수될 수 있는지 확인한다.
- 노출되어 건강에 나쁜 영향을 주지 않는 농도가 얼마인지 확인하여야 한다.
- 인체에 어떤 영향을 주는지 확인하여야 한다.
- 적합한 개인 보호구를 선택해 착용한다.

    ㉢ 밀폐 공간에서의 안전작업
- 작업위험 요소 인지, 가스농도 측정 및 환기방법, 재해자 구조 및 응급조치 방법 등이 포함된 밀폐공간 작업자 안전보건교육을 실시한다.
- 가스농도 측정 장비, 환기팬, 공기호흡기, 통신수단(무전기), '위험경고', '출입금지' 표지판 등을 설치한다.
- 작업 전과 작업 중에 가스를 측정하여 측정가스 종류와 적정 농도를 확인한다.
- 작업 전과 작업 중에 계속 환기를 수행하여야 한다.
- 감시인 배치, 작업자와의 연락체계 구축, 출입인원을 점검한다.

② 가축과의 접촉사고
- 보호장갑 착용
- 안전화 착용
- 보호의 착용
- 신체보호대 등 개인용 보호구 착용

⑩ 인수공통감염병 예방 : 인수공통감염병은 사람과 야생동물이나 가축 등 척추동물 간에 이환되는 공통 질환을 말하며, 예방 대책은 다음과 같다.
- 비누와 물로 손을 자주 씻는 등, 개인위생을 철저히 관리하여야 한다.
- 손으로 눈, 코, 입 만지기를 피해야 한다.
- 축사 출입 및 작업 시 작업복 및 마스크를 필히 착용한다.
- 겨울철 계절인플루엔자 예방접종을 한다.
- 농장시설에 자주 환기를 하고, 소독과 세척을 자주 실시한다.
- 열, 기침, 목 아픔 등의 호흡기 증상이 있으면 가까운 보건소 또는 관할지역 방역기관으로 신고한다.

⑭ 곤충 및 야생동물 관련 안전대책
- 벌 쏘임 사고 예방 안전수칙
  - 벌을 자극하는 향수, 화장품, 헤어스프레이 등을 몸에 뿌리지 않고, 밝은 색의 옷과 모자를 착용한다.
  - 달콤한 성분의 음료 음용 시에 마개를 열어놓지 않는다.
  - 예초 및 벌초 등 작업 시 사전에 벌집 위치를 확인한다.
  - 벌이 날아다니거나, 벌집을 건드리는 등 벌이 주위에 있을 때에는 벌을 자극하지 않도록 손이나 손수건 등을 휘두르지 않는다.
  - 벌을 만났을 때는 가능한 낮은 자세를 취하거나 엎드린다.
  - 야외활동 시 소매 긴 옷과 장화, 장갑 등 보호구를 착용한다.
- 뱀 물림 예방 안전수칙
  - 비온 뒤 작업 시에는 주변 환경, 특히 나무 위, 돌무더기 등을 더욱 더 잘 확인하고 이동한다.
  - 뱀이 출몰하였을 때 뱀을 강제로 잡는 행위는 법에 저촉되어 처벌을 받을 수 있으며, 뱀에 물릴 가능성이 매우 높으므로 뱀을 잡는 행위는 절대로 하면 안 된다.
  - 산이나 들로 이동 시에는 두꺼운 안전화, 장갑 등을 가급적 신체 부위를 안전하게 보호하도록 반드시 착용하고, 잡초가 많아 길이 잘 보이지 않을 경우 지팡이나 긴 장대로 미리 헤쳐 안전 유무를 확인한다.
- 쯔쯔가무시증/중증열성혈소판감소증후군 예방수칙
  - 긴팔 옷, 긴 바지를 착용하고 토시와 장화를 착용한다.
  - 피부가 드러나지 않도록 양말에 바지를 넣어 착용한다.
  - 진드기 기피제를 작업복, 토시 등에 뿌린다.

- 풀밭 위에 옷을 벗어 놓고, 풀밭에 앉거나 눕지 않는다.
- 휴식이나 음식물을 먹을 때는 돗자리를 사용한다.
- 작업복은 즉시 세탁하도록 한다.
- 작업이 끝나면 목욕을 하도록 한다.
- 작업 이후 고열, 발진, 두통, 오한 등이 나타나면 즉시 의료기관을 방문해 치료받는다.

일반생활 및 환경안전 관리하기

(1) 의식주 및 주변생활 환경 관련 위험방지 대책

① 올바른 의생활

ㄱ 작업복

- 농기계 사용 시에는 늘어지거나 해진 옷은 옷자락이 농기계에 말려 들어갈 위험이 있다.
- 조끼, 재킷, 앞치마, 전신 작업복을 착용하여 몸통을 보호하고, 부위별로 필요 부위에 패드를 대어 거친 물체나 잦은 마찰로부터 신체를 보호할 수 있도록 한다.

ㄴ 장 갑

- 꽉 끼는 장갑은 손의 민첩성을 떨어뜨리며 헐거운 장갑은 작업을 방해하므로 잘 맞는 것을 사용하여야 한다.
- 거친 물건을 다룰 때에는 손을 보호하기 위한 충분한 강도로 구성된 장갑을 착용하여야 한다.
- 화학약품을 취급할 시에는 내화학성 장갑을 활용한다.

ㄷ 신 발

- 작업 특성과 위험요소에 따라 알맞은 신발을 선택하도록 한다.
- 해지거나 늘어진 신발 끈은 기계에 끌려 들어갈 위험이 있으므로 교체하거나 짧게 묶어야 한다.

② 올바른 식생활

건강을 위한 식이요법 중 가장 기본적인 것은 아침식사를 거르지 않고 규칙적인 식사를 하는 것이다. 식사는 가장 효율적으로 건강을 유지하고 관리할 수 있도록 해 준다.

ㄱ 피해야 할 식습관

- 가공식품의 경우 염분의 함량이 많고 여러 첨가물이 문제가 되므로 많이 섭취하는 것은 바람직하지 않다. 외식 시에는 짜고 기름진 음식을 주의하며 커피 등 카페인 음료는 적당량을 마신다.
- 카페인 음료를 마시게 되면 이뇨작용으로 인하여 몸 안의 수분이 빠져나가게 되므로 여름철에 특히 주의한다.
- 동물성 지방은 혈액 속의 중성지방뿐만 아니라 콜레스테롤을 높여 동맥경화, 협심증, 심근경색증 등의 질병을 유발할 수 있으므로 되도록 자주 먹지 않는 것이 바람직하다.
- 소금을 과다섭취하면 고혈압, 뇌졸중 등의 원인이 될 수 있으므로 적당량의 소금을 섭취할 수 있도록 한다.

ⓛ 건강한 식습관
　　　• 자신에게 산출된 칼로리만큼 섭취한다.
　　　• 세끼 식사와 간식을 규칙적인 시간에 먹는다.
　　　• 동물성 지방과 포화지방산의 섭취를 제한한다.
　　　• 섬유질이 많은 음식을 섭취한다.
　　　• 잡곡밥과 해조류, 채소류 등을 끼니마다 충분히 섭취한다.
　　　• 싱겁게 식사한다.
③ 올바른 주생활
　　㉠ 탈의실 및 세면실
　　　• 세면시설이나 화장실, 라커룸을 잘 관리하여 작업자들의 가장 필수적인 욕구를 충족시
　　　　켜 줄 수 있도록 한다.
　　　• 바닥이나 벽은 청소가 용이해야 하며, 내구성이 강한 재료를 사용하며 위생적으로 문제
　　　　가 되지 않도록 구성한다.
　　㉡ 휴게실
　　　• 휴게실에서는 작업자가 피로를 풀고 건강을 유지할 수 있도록 환경을 조성하여야 한다.
　　　　마시고, 먹고, 휴식을 취할 수 있도록 물통을 설치하고 쉽게 접근이 가능한 장소에
　　　　수도꼭지를 설치한다.
　　　• 휴식 장소는 작업 위치에서 떨어져 있어 소음, 먼지, 화학물질에 안전하여야 한다.
④ 체력관리 : 충분하고 쾌적한 수면을 취해야 다음날 생리기능이 활발해진다. 몸의 건강뿐만
　　아니라 다음날의 작업에 대한 집중력도 증가시킨다. 작업 시 집중력이 떨어진다면 이는 안전사
　　고로 이어질 가능성이 매우 높다.
　　㉠ 정기적인 운동
　　　• 작업 전, 중, 후에 근육과 신경을 이완시키는 운동프로그램을 실시하여 신체에 무리가
　　　　가지 않도록 하여야 한다.
　　　• 적당한 운동은 스트레스 해소와 체력증진에 도움을 주기 때문에 정기적으로 실시하여
　　　　야 한다.
　　㉡ 건강검진
　　　• 정기적으로 건강상태를 점검하여 질병의 조기발견과 이에 따른 대책과 치료가 필요하
　　　　다. 건강 유지를 위해서 이는 필수적이다.

농촌 재난대비 대응하기

(1) 재해·재난대비에 필요한 조치방안 수립

① 농촌지역 재난관리 현황

    ㉠ 기후변화의 영향으로 인한 자연재난의 집중화, 재난규모의 대형화·복잡화 등으로 국가 차원의 체계적인 대응이 필요하다.

    ㉡ 해마다 발생하는 자연재난은 대부분 농촌지역에서 발생하며 인명피해와 재산피해가 발생한다.

② 유해·위험 요인

    ㉠ 호우 및 침수 후 토사유실이나 지반의 약화로 인한 무너짐의 위험이 있다.

    ㉡ 태풍이 지나간 후 무너지거나 결합력이 약해진 물건에 의한 2차 피해, 각종 질병이나 전염병에 의한 건강장해가 발생할 위험이 있다.

③ 재난 안전점검 리스트

    ㉠ 태풍, 집중호우, 폭설 등 기상청의 기상정보에 따라 작업 중지를 이행하여야 한다.

    ㉡ 재난에 대한 매뉴얼을 항상 숙지하고 있어야 한다.

    ㉢ 재난 신고 시 비상연락망은 119로 통합한다.

    ㉣ 재난 시 비상 연락망이 갖추어져 있어야 한다.

    ㉤ 재난 시 위험상황이 발생할 만한 장소를 미리 파악하고 있어야 한다.

    ㉥ 재난 발생 후에 대한 조치사항을 수립하고 있어야 한다.

PART
07 적중예상문제

01 농촌지역 재난 안전점검 리스트 항목 3가지를 기술하시오(기출).

[해설]

① 태풍, 집중호우, 폭설 등 기상청의 기상정보에 따라 작업 중지를 이행하여야 한다.
② 재난에 대한 매뉴얼을 항상 숙지하고 있어야 한다.
③ 재난 신고 시 비상연락망은 119로 통합한다.
④ 재난 시 비상 연락망이 갖추어져 있어야 한다.
⑤ 재난 시 위험상황이 발생할 만한 장소를 미리 파악하고 있어야 한다.
⑥ 재난 발생 후에 대한 조치사항을 수립하고 있어야 한다.

02 인체 감전보호용 누전차단기의 정격감도전류가 30mA 이하일 때 동작시간을 기술하시오(기출).

[해설]

0.03초 이내
인체 감전보호용 누전차단기는 정격감도전류 30mA 이하, 동작시간 0.03초 이하의 전류 동작형의 것으로 한다.

03 80~3,000mA의 전류가 인체로 흘러 감전되었을 때 발생하는 생리작용에 대하여 기술하시오.

[해설]

실신 및 심실세동 발생
※ 참고 : 전류범위에 따른 생리작용

전류범위	생리작용	전류[mA]
I	전류를 감지하는 상태에서 자발적으로 이탈이 가능한 상태	약 25 이하
II	아직 참을 수 있는 전류로서 혈압상승, 심장맥동의 불규칙, 회복성 심장정지, 50mA 이상에서 실신	25~80
III	실신, 심실세동	80~3,000
IV	혈압상승, 불회복성 심장정지, 부정맥 폐기종	약 3,000 이상

04 전류의 크기에 따른 인체 감전의 영향을 기술하시오.

해설

① 1mA : 전기를 느낄 정도
② 5mA : 상당한 고통을 느낌
③ 10mA : 견디기 어려운 정도의 고통
④ 20mA : 근육의 수축이 심해 의사대로 행동 불능
⑤ 50mA : 상당히 위험한 상태
⑥ 100mA : 치명적인 결과 초래

05 최소감지전류에 대하여 설명하시오.

해설

인체에 전압을 인가하여 통전전류의 값을 서서히 증가시켜서 어느 일정한 값에 도달하면, 고통을 느끼지 않으면서 짜릿하게 전기가 흐르는 것을 감지하게 된다. 이때의 전류값을 최소감지전류라고 한다.

06 전기가 인체를 통전할 때, 가장 위험도가 높은 통전경로를 기술하시오.

해설

왼손 → 가슴, 위험도 1.5
※참고 : 통전경로에 따른 위험도

통전경로	위험도	통전경로	위험도
왼손 → 가슴	1.5	왼손 → 등	0.7
오른손 → 가슴	1.3	한손 또는 양손 → 앉아 있는 자리	0.7
왼손 → 한손 또는 양발	1.0	왼손 → 오른손	0.4
양손 → 양발	1.0	오른손 → 등	0.3
오른손 → 한 발 또는 양발	0.8	–	–

07 연소의 3요소를 기재하시오(기출).

해설

① 가연물 : 고체연료, 액체연료, 기체연료 등
② 점화원 : 화기, 불티, 마찰열, 산화열, 정전기 등
③ 산소 : 공기(산소 21%), 산화제, 자기연소성물질 등

08 화재의 종류에 대하여 기술하고 설명하시오.

> 해설

① 일반화재 A급 : 목재, 종이, 섬유, 플라스틱 등에 의한 화재
② 유류화재 B급 : 석유 등 가연성 액체의 유증기가 타는 화재
③ 전기화재 C급 : 전기가 흐르는 상태에서의 전기기구 화재
④ 금속화재 D급 : 가연성 금속에 의한 화재
⑤ 가스화재 E급 : 가스의 누출, 정전기, 전기스파크 등에 의한 화재

09 전기기계, 기구 등의 충전부 방호조치 방법을 3가지 기술하시오.

> 해설

① 충전부가 노출되지 아니하도록 폐쇄형 외함(外函)이 있는 구조로 한다.
② 충전부에 충분한 절연효과가 있는 방호망 또는 절연덮개를 설치한다.
③ 충전부는 내구성이 있는 절연물로 완전히 덮어 감싼다.
④ 발전소・변전소 및 개폐소 등 구획되어 있는 장소로서 관계작업자 외의 자의 출입이 금지되는 장소에 충전부를 설치하고 위험표시 등의 방법으로 방호를 강화한다.
⑤ 전주 위나 철탑 위 등의 격리되어 있는 장소로서 관계작업자 외의 자가 접근할 우려가 없는 장소에 충전부를 설치한다.

10 누전차단기 고감도형의 정격감도전류는 몇 mA인지 기술하시오.

> 해설

30mA 이하
※ 참고 : 누전차단기 종류

구 분		동작시간	정격감도전류[mA]
고감도형	고속형	정격감도전류에서 0.1초 이내	5, 10, 15, 30
	시연형	정격감도전류에서 0.1초를 초과하고 2초 이내	
	반시연형	• 정격감도전류에서 0.2초를 초과하고 1초 이내 • 정격감도전류의 1.4배의 전류에서 0.1초를 초과하고 0.5초 이내 • 정격감도전류 4.4배의 전류에서 0.05초 이내	
중감도형	고속형	정격감도전류에서 0.1초 이내	50, 100, 200, 500, 1,000
	시연형	정격감도전류에서 0.1초를 초과하고 2초 이내	
저감도형	고속형	정격감도전류에서 0.1초 이내	3,000, 5,000, 10,000, 20,000
	시연형	정격감도전류에서 0.1초를 초과하고 2초 이내	

11 유류화재 시 적용할 수 있는 소화기를 기술하시오.

해설

CO_2 소화기, 분말소화기, 포 소화기

※ 참고 : 화재 분류에 따른 적용 소화기

구 분	종 류	표 시	소화방법	적용 소화기	비 고
일반화재	A급	백 색	냉 각	산, 알칼리, 포, 물(주수) 소화기	목재, 섬유, 종이류 화재
유류화재	B급	황 색	질 식	CO_2, 증발성 액체, 분말, 포 소화기	가연성 액체 및 가스 화재
전기화재	C급	청 색	질식, 냉각	CO_2, 증발성 액체	전기통전 중 전기기구 화재
금속화재	D급	–	분리소화	마른 모래, 팽창질석	가연성 금속(Mg, Na, K)

12 감전재해로 인하여 넘어진 재해자에 대한 관찰, 확인사항 3가지를 기술하시오.

해설

① 의식상태
② 호흡상태
③ 맥박상태

13 폭염에 의하여 발생할 위험이 있는 온열질환 종류 2가지를 기술하고 설명하시오.

해설

① 열사병(Heat Stroke) : 고온·다습한 환경에 노출될 때 체온 조절기능의 이상으로 갑자기 발생하는 체온조절장해를 말하며 현기증, 두통, 경련 등을 일으키며 땀이 나지 않아 뜨거운 마른 피부가 되어 체온이 41℃ 이상 상승하기도 한다. 사망률이 매우 높아 치료를 하지 않는 경우에는 100% 사망하고, 치료를 하더라도 심부체온이 43℃ 이상인 경우는 약 80%, 43℃ 이하인 경우는 약 40% 정도의 치명률을 보이게 된다. 주요 증상은 중추신경장해이며 현기증, 오심, 구토, 발한정지에 의한 피부건조, 무기력, 혼수상태, 헛소리 등의 증상을 보이게 된다.

② 일사병(Heat Exhaustion) : 땀을 많이 흘려 염분과 수분 손실이 많을 때 발생하는 온열질환이다. 말초혈액순환의 부전으로 인한 혈관 신경의 조절 기능저하, 심박출량 감소, 피부 혈관의 확장, 탈수 등이 주요 원인이다. 발한량이 증가할 때와 폭염에서 중등도 이상의 작업강도로 일할 때 주로 발생하며, 고온에 순화되지 않은 미숙련자에서 많이 발생한다. 주요 증상은 심한 갈증, 피로감, 현기증, 식욕감퇴, 두통, 구역, 구토 등이다. 심부체온은 37~40℃이다.

③ 열실신(Heat Syncope) : 폭염 속에서 피부의 혈관확장으로 인해 정맥혈이 말초혈관에 저류되고 저혈합, 뇌의 산소 부족으로 실신하거나 현기증이 나며 피로감을 느끼게 하는 증상을 말한다. 심한 육체작업 후 2시간 이내에 나타날 수 있다.

④ 열경련(Heat Cramps) : 폭염 하에서 심한 육체노동을 함으로써 수의근에 통증이 있는 경련을 일으키는 질환을 말한다. 직업에 자주 사용되는 사지나 복부의 근육에 동통을 수반하는 발작적인 경련을 일으킨다. 땀을 흘린 후 수분만을 보충하는 경우에 염분이 부족해서 발생한다. 일반적으로 근육경련이 30초 정도 일어나지만 심한 경우에는 2~3분 동안 지속되기도 한다.

14 소를 사육하는 환경에서의 유해위험요소를 기술하시오.

해설
① 미세먼지
② 유기(사료)분진
③ 소와의 접촉
④ 가축분뇨
⑤ 세균 및 바이러스

15 양돈 농작업 환경에서의 유해위험요소를 기술하시오.

해설
① 유해가스로 인한 질식위험
② 출하작업 시 돼지와의 접촉으로 인한 추돌, 협착 위험
③ 사료배합 기계에 말림 위험
④ 고소 작업 중 추락 위험
⑤ 통로 물기로 인한 미끄럼 위험

16 인수공통감염병 예방 대책 3가지를 기술하시오.

해설
① 비누와 물로 손을 자주 씻는 등, 개인위생을 철저히 관리하여야 한다.
② 손으로 눈, 코, 입 만지기를 피해야 한다.
③ 축사 출입 및 작업 시 작업복 및 마스크를 필히 착용한다.
④ 겨울철 계절인플루엔자 예방접종을 한다.
⑤ 농장시설에 자주 환기를 하고, 소독과 세척을 자주 실시한다.
⑥ 열, 기침, 목 아픔 등의 호흡기 증상이 있으면 가까운 보건소 또는 관할지역 방역기관으로 신고한다.

17 쯔쯔가무시증 예방수칙 3가지를 기술하시오.

해설
① 긴팔 옷, 긴 바지를 착용하고 토시와 장화를 착용한다.
② 피부가 드러나지 않도록 양말에 바지를 넣어 착용한다.
③ 진드기 기피제를 작업복, 토시 등에 뿌린다.
④ 풀밭 위에 옷을 벗어 놓고, 풀밭에 앉거나 눕지 않는다.
⑤ 휴식이나 음식물을 먹을 때는 돗자리를 사용한다.
⑥ 작업복은 즉시 세탁하도록 한다.
⑦ 작업이 끝나면 목욕을 하도록 한다.
⑧ 작업 이후 고열, 발진, 두통, 오한 등이 나타나면 즉시 의료기관을 방문해 치료를 받는다.

18 사다리를 이용한 고소작업 시 안전예방대책 3가지를 기술하시오.

해설
① 작업 전에 사다리의 상태와 사다리가 놓인 바닥의 상태를 점검한다. 특히 안전 상태가 좋지 않은 사다리를 임시로 수리하여 사용하지 않아야 한다.
② 경사면에서 사다리를 이용할 경우에는 삼각 지주대가 경사면의 오르막을 향하도록 한다.
③ 지면에서 2m 이상 높이에서는 안전성이 확보된 고소작업대를 사용한다.
④ 사다리를 이용한 작업 시 안전모 등 개인보호구를 착용한다.
⑤ 사다리 상·하부 전도 방지 조치를 한다.

19 농업기계 교통사고 예방을 위한 안전대책 3가지를 기술하시오.

해설
① 운행 전 타이어, 제동장치 등에 대한 안전점검을 실시한다.
② 안전벨트가 있는 경우에 안전벨트를 필히 착용한다.
③ 교통신호를 지켜 운전하며 교차로에서는 속도를 낮추고 방어 운전을 하도록 한다.
④ 경사지에 주차할 때에는 농업기계가 움직이지 않도록 타이어 밑에 돌이나 고임목 등을 받쳐 놓는다.
⑤ 방향지시등, 후미등, 비상등, 야간반사판 등을 반드시 부착한다.
⑥ 등화장치를 볼 수 있도록 과적하지 않도록 한다.

20 전기기계, 기구의 조작 시 감전 및 오조작에 의한 위험 방지를 위하여 조작 부분의 조도를 몇 lx로 유지하여야 하는가?

해설
150lx

교육이란 사람이 학교에서 배운 것을 잊어버린 후에 남은 것을 말한다.

– 알버트 아인슈타인 –

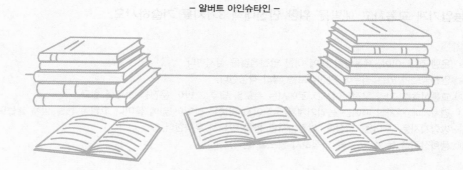

PART **08**

농작업
보호장구류 관리

CHAPTER 01   농작업 보호장구류 선정하기

CHAPTER 02   농작업 보호장구류 사용 지도하기

CHAPTER 03   농작업 보호장구류 유지관리 지도하기

농작업 보호장구류 선정하기

(1) 농작업 보호장구류의 개요

① 정 의

재해나 건강장해를 방지하기 위한 목적으로 작업자가 착용하여 작업을 하는 기구나 장치, 즉 작업자 개인이 사용하는 보호구(Personal Protective Equipment)는 근로자가 신체에 직접 착용하여 각종 물리적·화학적·기계적 위험요소로부터 자신의 몸을 보호하기 위한 보호장치라고 한다.

② 농작업 보호장구류의 이점

㉠ 농작업 안전관리가 어려운 작업장에서 적은 비용으로 안전하게 관리를 할 수 있다.

㉡ 농작업 보호장구류의 사용을 통해서 농작업 관련 사고나 질병을 예방할 수 있다.

㉢ 농작업 보호장구류는 작업자를 보호할 뿐만 아니라 궁극적으로는 작업 생산성을 향상시키는 데 도움이 된다.

③ 농작업 보호장구류 활용 시 주의사항

㉠ 농작업 보호장구류를 착용하여도 농작업 보호장구류에 결함이 있으면 언제나 위험요인에 노출될 수 있으므로 사용하기 전에 반드시 결함 및 파손 여부를 확인한다.

㉡ 농작업 보호장구류를 직접 사용하는 사람은 농작업 보호장구류의 성능과 손질방법, 착용방법 등에 대하여 충분한 지식을 가지고 있어야 한다.

㉢ 위험요인의 노출 수준이 농작업 보호장구류의 성능 범위를 넘을 경우에는 활용하지 않는다.

㉣ 농작업 보호장구류는 유해·위험의 영향이나 재해의 정도를 감소시키기 위한 보조장비로 근본적인 해결책이 아니므로 농작업 보호장구류 사용과 더불어 위험요인을 제거, 저감하는 노력을 함께 기울인다.

㉤ 농작업 보호장구류는 아무리 좋은 것이라 할지라도 유해원인을 완전히 방호하지 못하는 것임을 명심하고 유해요인의 특성에 따라 사용해야 하며, 농작업 보호장구류만 착용하면 모든 신체적 장애를 막을 수 있다고 생각하지 않는다.

④ 농작업 보호장구류가 필요한 농작업

눈 보호장구류가 필요한 농작업	• 공기 중 비산물질이 많은 농약 살포작업 • 유해광선으로부터 노출되는 용접작업 • 추수 및 곡물사료 운반작업 등 • 먼지가 많이 발생하는 작업
호흡용 보호장구류가 필요한 농작업	• 먼지나 분진이 많이 발생하는 사일로 또는 곡물 저장소 내에서의 작업 • 농약 저장소 및 농약 살포작업 등 유해가스가 발생하는 작업 • 산소농도가 18% 미만인 작업환경
안전화 및 보호장화가 필요한 농작업	• 무거운 물건이나 공구를 옮기는 작업 • 발이나 다리에 튈 수 있는 용융물질이 있는 작업환경 • 젖은 표면 등으로 인해 미끄럼 사고가 발생될 수 있는 작업환경
모자 등	과도한 햇빛 노출에 의해 발생할 수 있는 작업환경
안전복, 안전장갑 등	• 소독약이나 자극성 농약을 살포할 경우 • 농약 살포작업 • 작물 수확 시 가시를 제거하는 작업
안전모	• 시설물 관련 작업 • 벌 목 • 기계 정비 • 기타 머리에 부상을 초래할 수 있는 작업
청력 보호장구류	• 곡물건조기 • 구형 트랙터 • 체인 톱 등 소음이 많이 발생하는 작업

⑤ 선택기준(5W1H)

㉠ 누가(Who) 사용할 것인가?

착용할 사람의 작업숙련도(숙련자 혹은 초보자), 긴급작업자 또는 임시작업자 중 누가 사용할 것인가를 결정한다.

㉡ 무엇(What)을 대상으로 사용할 것인가?

가스, 분진, 전기, 화공약품, 추락방지용 등 사용대상을 확실히 한다.

㉢ 어디(Where)에 사용할 것인가?

밀폐장소, 주상(柱上), 갱내, 지상, 지하, 고소 등 사용장소를 명확히 한다.

㉣ 언제(When) 사용할 것인가?

근무시간, 야간, 1년 몇 회, 월 몇 회, 주 몇 회 등 사용시기를 결정한다.

㉤ 왜(Why) 사용하는가?

구급용무, 평상작업, 돌발업무 등 사용용도를 결정한다.

㉥ 어떻게(How) 사용할 것인가?

• 긴급 돌발상황 시 동적인 돌발업무 용구로 사용할 것인지, 또는 아크용접과 같이 정적인 작업에 사용할 것인지를 선택한다.

• 수량과 예산은 얼마나 필요한가?

필요한 수량과 비용을 파악하여 예산을 확보하고, 사용할 작업인원수의 체크 및 특정·특수기계의 조작자 사용 여부 등을 정확하게 구분한다.

⑥ 구비조건
　　㉠ 간편한 착용 : 농작업 보호장구류를 착용하고 벗을 때 수월해야 하고, 착용했을 때 속박감이 적고 고통이 없어야 한다.
　　㉡ 적합한 사용목적 : 농작업 보호장구류는 유해·위험으로부터 근로자를 보호하는 보조장구이므로 해당 작업에 알맞은 농작업 보호장구류를 선정한다.
　　㉢ 검정 합격제품 : 해당 작업에서 예측 가능한 모든 위험요소를 충분히 보호할 수 있는 수준의 성능을 지닌 농작업 보호장구류 검정에 합격한 제품인지를 확인한다. 미검정품, 합격 취소품, 성능 의심제품 등은 사용하지 않는다.
　　㉣ 양호한 품질 : 농작업 보호장구류는 신체에 착용해야 하므로 피부에 접촉할 경우 피부염 등을 일으켜서는 안 되며, 특히 금속재료는 녹을 방지하는 내식성이 높은 조건을 갖춰야 하며, 재료는 가볍고 충분한 강도를 지녀야 한다. 또한 구조와 끝마무리가 양호해야 한다. 농작업 보호장구류는 충분한 강도와 내구성을 갖춰야 하며 표면 등의 끝마무리가 잘되지 않아 이로 인한 상처 등을 유발하지 않도록 해야 한다.
　　㉤ 외양과 외관의 디자인 : 우수한 성능을 갖춘 농작업 보호장구류도 실제 착용하는 근로자가 기피하면 소기의 목적을 달성하기 어려우므로 농작업 보호장구류 착용률을 높이기 위해서는 외양과 외관의 디자인이 우수해야 한다.
　　㉥ 유해요인별 농작업 보호장구류 선택 방법

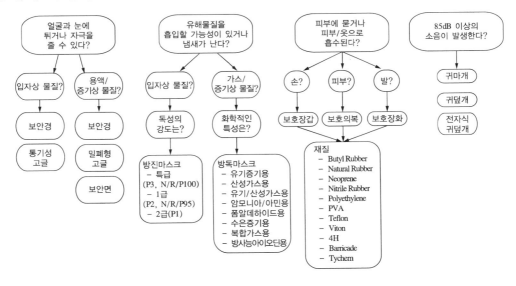

CHAPTER

02 농작업 보호장구류 사용 지도하기

(1) 안면 보호구의 사용

① 안면 보호구의 필요성

㉠ 안면 보호구는 비산하는 조각, 이물질, 큰 목편 및 입자 등과 같은 충격 위험으로부터 얼굴 전체나 해당 부위를 보호하며, 필요시에 눈부심을 방지하기도 한다.

㉡ 일반적으로 충격, 열, 화학물질, 광학적 방사능 등으로부터 보호할 수 있는 도구이다.

② 안면 보호구의 종류 및 용도

보안경 	• 충격 예방 : 보안경은 날리는 조각, 이물질, 큰 목편 및 입자와 같은 충격위험으로부터 착용자의 눈을 보호해 주므로 작업자는 날리는 물질로부터 위험이 있을 때에는 측방 또한 보호할 수 있는 보안경을 사용한다. • 열 예방 : 측면을 보호할 수 있는 보안경은 열 위험으로부터 눈을 보호하는 데 1차적인 보호구로 사용되며 고온 노출에 대한 얼굴과 눈을 적절하게 보호하기 위해서 보안면과 병행하여 보안경을 사용한다.
고글형 보안경 	• 충격 예방 : 비산하는 조각, 이물질, 큰 목편 및 입자 등과 같이 충격 위험으로부터 착용자의 눈을 보호한다. 고글은 눈 주위를 안전하게 밀폐하고 눈 주변에 밀착하여 얼굴에 맞아야 하고, 고글 주위 또는 아래에서 들어오는 이물질을 차단한다. • 열 예방 : 눈을 보호하기 위해 1차적으로 사용되며 눈 주위를 안전하게 밀착되는 형태의 고글은 아래 또는 주위로부터 들어오는 액체 또는 이물질을 차단한다. • 화학물질 예방 : 다양한 화학물질의 위험으로부터 눈, 얼굴을 보호해 주며 눈 주위를 안전하게 밀폐하는 형태의 고글은 아래 또는 주위로부터 들어오는 액체나 이물질을 차단한다. • 분진 예방 : 눈 주위를 안전하게 밀폐하는 형태의 고글은 보안경 주위로부터 유입되는 유해분진을 차단하고 환기를 충분하게 하되, 먼지 유입을 잘 차단해 준다.
보안면 	• 충격 예방 : 안면보호구는 비산하는 조각, 이물질, 큰 목편 및 입자 등과 같은 충격위험으로부터 얼굴 전체나 해당 부위를 보호하며 추가적인 보호를 위해 보안경 또는 고글 등과 같이 병행하여 사용한다. • 열 예방 : 보안면은 열로부터 안면 전체를 보호해 준다. • 화학물질 예방 : 보안면은 다양한 화학물질의 위험으로부터 안면 전체를 보호해 주며 완전한 보호를 위해서는 고글형 보안경을 추가로 사용해야 하며, 2차 보호구로서 사용할 수 있다.
용접용 헬멧	• 광학적 방사능 예방 : 용접헬멧은 광학적 방사능, 열 및 충격으로부터 눈과 얼굴을 보호하는 2차적인 보호구이다. 충분한 보호를 위해 보안경이나 고글과 같이 1차 보호구에 추가적으로 사용한다.

(사진 출처 : 국립농업과학원, 농업인안전365)

③ 안면보호구 선정 시 주의사항

　㉠ 가볍고 시야가 넓어서 편안해야 한다.

　㉡ 보안경은 그 모양에 따라 특정한 위험에 대해서 적절한 보호 기능을 할 수 있어야 한다.

　㉢ 보안경은 안경테의 각도와 길이를 조절할 수 있는 것이 좋고, 착용자가 시력이 나쁜 경우 시력에 맞는 도수렌즈를 지급한다.

　㉣ 안면 보호구만 착용하여 충격으로부터 보호하지 못하는 경우에는 추가적인 보호를 위해 보안경 또는 고글 등과 같이 병행 사용한다.

　㉤ 외부 환경인자에 잘 견딜 수 있는 내구성이 있어야 한다.

　㉥ 견고하게 고정되어 착용자가 움직이더라도 쉽게 벗겨지거나 움직이지 않아야 한다.

　㉦ 보안면은 보안경(고글형)과 같이 1차 보호구와 병행하여 사용할 수 있어야 한다.

(2) 청력 보호구의 사용

(그림 출처 : 농촌진흥청, 농업활동 안전사고예방 가이드라인)

① 청력보호구의 지급요령

　㉠ 소음이 발생되는 사업장에서는 작업장에 청력보호구 착용에 관한 안전보건 표지를 설치하거나 부착한다.

　㉡ 청력보호구는 근로자가 자신의 귀에 가장 밀착이 잘 되는 것을 선택할 수 있도록 다양하게 지급한다.

　㉢ 청력보호구는 근로자 개인 전용의 것을 지급한다.

　㉣ 지급한 청력보호구에 대하여는 상시점검하여 이상이 있는 경우 이를 보수하거나 다른 것으로 교환한다.

② 청력보호구의 착용 시 주의사항

　㉠ 귀마개는 개인의 외이도에 맞는 것을 사용해야 하며 깨끗한 손으로 외이도의 형태에 맞게 형태를 갖추어 착용한다.

　㉡ 귀마개는 가급적이면 일회용을 사용하여 자주 교체하고 항상 청결하게 유지한다.

　㉢ 귀덮개는 귀 전체가 완전히 덮일 수 있도록 높낮이 조절을 적당히 한 후 착용한다.

　㉣ 115dB(A) 이상의 고소음 작업장에서는 귀마개와 귀덮개를 동시 착용하여 차음효과를 높인다.

ⓜ 작업 도중 주위의 경고음이나 신호음을 들어야 하는 곳에서는 사고의 위험성이 있으므로 착용에 주의한다.

ⓗ 귀덮개 수시점검은 작업자 개인이 수시로 할 수 있도록 한다.

ⓢ 항상 서늘하고 건조하고 독립되고 직사광선이 비치지 않는 장소에 보관한다.

③ 청력보호구의 착용방법

ⓐ 오른쪽 귀에 넣을 때는 오른손으로 귀마개를 말아서 가는 원기둥 모양으로 만든다.

(그림 출처 : 농촌진흥청, 농업활동 안전사고예방 가이드라인)

ⓑ 귓구멍을 똑바르게 하고 귀마개를 넣기 위해 왼손을 머리 위로 오른쪽 귀를 올려 후상방으로 당긴다.

ⓒ 오른손으로 말아 놓은 귀마개를 오른쪽 위에 집어 넣는다.

ⓓ 귀마개의 끝이 귓구멍 입구까지 올 때까지 밀어 넣는다.

(그림 출처 : 농촌진흥청, 농업활동 안전사고예방 가이드라인)

ⓔ 귀마개가 귓구멍에 딱 맞을 때까지 약 30초 정도 귀마개의 끝을 눌러 준다.

(그림 출처 : 농촌진흥청, 농업활동 안전사고예방 가이드라인)

ⓕ 왼쪽 귀에 넣을 때는 왼손과 오른손을 반대로 하여 위 내용을 순서대로 한다.

(3) 안전모의 사용

① 안전모의 종류

ⓐ 안전모의 주요 기능 : 물체의 떨어짐이나 날아옴 등으로부터 근로자의 머리를 보호하는 데에 있으며, 외부로부터의 충격을 완화하거나 전기 작업 시 감전 재해도 예방한다.

ⓛ 안전모의 종류(4가지)

　　　안전모에는 다음과 같이 A형과 AB형, AE형과 ABE형으로 나뉘어져 있다.

종류(기호)	사용 구분
A	물체가 떨어지거나 날아오는 물체에 맞을 위험을 방지 또는 경감시키기 위한 것
AB	물체가 떨어지거나 날아오는 물체에 맞거나 추락에 의한 위험을 방지 또는 경감시키기 위한 것
AE	물체가 떨어지거나 날아오는 물체에 맞을 위험을 방지 또는 경감하고, 머리 부위 감전에 의한 위험을 방지하기 위한 것
ABE	물체가 떨어지거나 날아오는 물체에 맞거나 추락에 의한 위험을 방지 또는 경감하고, 머리 부위 감전에 의한 위험을 방지하기 위한 것

② 안전모의 사용방법

　　㉠ 턱끈을 안전하게 착용한다. 안전모가 머리에서 쉽게 이탈하거나, 고소작업 중 추락 시 안전모가 이탈되어 사망까지 이르는 사고가 많이 일어나기 때문에 턱끈을 견고히 착용해야 한다.

　　㉡ 자신의 머리 크기에 맞도록 장착제의 머리 고정대를 조절한다.

　　㉢ 머리 윗부분과 안전모의 간격은 1cm 정도의 간격을 둔다. 이는 물체가 떨어질 때 안전모와 머리 사이에 간격이 없다면 떨어지는 충격이 머리로 고스란히 전해지기 때문이다.

　　㉣ 안전모의 모체, 장착제(내피), 충격 흡수제 및 턱끈의 이상 유무를 확인한다.

(4) 호흡용 보호구의 사용

① 호흡용 보호구의 필요성

　　㉠ 과수·작물 등의 농약살포, 악취가 발생하는 분뇨 처리장, 먼지가 많이 발생하는 경운정지 및 곡물 수확작업 등에서 오염되거나 유해한 외부 공기로부터 신체를 보호해야 한다.

　　㉡ 호흡용 보호구는 직업병 예방을 위해 근로자의 체내로 들어가는 유해물질의 양을 적게 또는 완전히 제거할 목적으로 직접 착용하는 보호장구이다.

　　㉢ 호흡용 보호구에는 분진의 체내 침입을 방지하는 방진마스크, 가스나 증기가 체내에 들어가는 것을 방지하는 방독마스크, 송기마스크, 자급식 호흡기 등이 있으며 분진의 포집효율 및 제독능력은 사용시간, 보관 방법 등에 의해서 달라지므로 주의가 필요한 개인보호구이다.

② 호흡용 보호구의 분류

　　㉠ 호흡용 보호구의 분류

　　　보호 방식과 종류 및 형태에 따라 크게 공기정화식과 공기공급식으로 분류될 수 있다.

　　　• 공기정화식 : 오염공기가 여과재 또는 정화통을 통과한 뒤 호흡기로 흡입되기 전에 오염물질을 제거하는 방식이다.

　　　• 공기공급식 : 공기 공급관, 공기호스 또는 자급식공기원(산소탱크 등)을 가진 호흡용 보호구로부터 유해공기를 분리하여 신선한 공기만을 공급하는 방식이다.

　　㉡ 호흡용 보호구 사용 시 유의점

　　　작업장의 공기와 밀접한 관계가 있으므로 장구 사용 시 주의가 필요하다.

• 공기 정화식 : 가격이 저렴하고 사용이 간편하여 널리 사용되지만 산소농도 18% 미만인 장소나 유해비(노출시간 대비 공기 중 오염물질의 농도)가 높은 경우에는 사용할 수 없다. 또한 단기간(30분) 노출되었을 경우에는 사망 또는 회복불가능 상태를 초래할 수 있는 농도 이상에서는 사용할 수 없다.

• 공기 공급식 : 외부로부터 신선한 공기를 공급받을 수 있게 하므로 가격이 비싸지만 산소 농도 18% 미만인 장소 또는 유해비가 높은 경우 사용을 권장한다.

호흡용 보호구는
공기 정화식과
공기 공급식으로 구분

(그림 출처 : 국립농업과학원, 농업인안전365)

공기 정화식			공기 공급식	
반면형 면체	안면부 여과식		송기마스크 : 반면형/전면형 면체, 후드 혹은 헬멧	
	준 보수형			
	필터/정화통교환식			
전면형 면체			공기통식 호흡장비(SCBA)	
전동식 호흡보호구				

(그림 출처 : 국립농업과학원, 농업인안전365)

③ 방진(분진)마스크

　㉠ 방진마스크 필요 작업 : 양돈, 양계, 버섯 작목 및 경운정지, 수확 후 선별/관리, 파종, 비료살포, 배합, 용접 등과 같이 분진이 발생하는 작업에서 쓰인다.

　㉡ 방진마스크의 종류 : 격리식, 직결식, 안면부여과식(직결식소형)으로 분류

　　• 격리식 : 유해가스를 흡수하는 정화통이 독립되어 있어 연결관을 통해 정화된 공기를 흡입할 수 있기 때문에 비교적 고농도의 작업장에 많이 이용되고 있다.

　　• 직결식 : 정화통이 마스크 면체에 직접 붙어 있는 형태로 격리식에 비해서는 비교적 저농도의 작업장에서 사용한다.

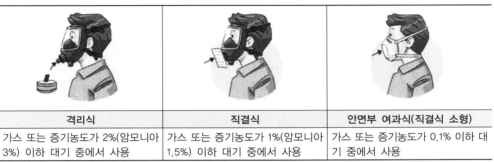

격리식	직결식	안면부 여과식(직결식 소형)
가스 또는 증기농도가 2%(암모니아 3%) 이하 대기 중에서 사용	가스 또는 증기농도가 1%(암모니아 1.5%) 이하 대기 중에서 사용	가스 또는 증기농도가 0.1% 이하 대기 중에서 사용

(그림 출처 : 국립농업과학원, 농업인안전365)

더 알아보기 | **방진마스크의 안면부 사용범위에 따른 분류**

전면형, 반면형, 면체여과식으로 분류한다.
• 전면형 : 작업자의 눈이나 피부 흡수 가능성이 있는 유해물질이 발생될 때 사용한다.
• 반면형 : 폭로되는 유해물질이 작업자의 눈이나 안면 노출 부위에 자극성이 없거나 피부 가능성이 없을 때 사용
• 면체여과식 : 면체여과식은 분진, 미스트 및 퓸이 호흡기를 통해 체내에 유입되는 것을 방지하기 위해 착용한다.

전면형	반면형	면체여과식

(사진 출처 : 국립농업과학원, 농업인안전365)

　㉢ 방진마스크의 선정기준

　　• 분진포집 효율이 높고 흡기・배기 저항은 낮은 것이어야 한다.

　　• 가볍고 시야가 넓으며 안면 밀착성이 좋아 기밀이 잘 유지되는 것이어야 한다.

　　• 마스크 내부 호흡에 의한 습기가 발생하지 않는 것을 선정한다.

　　• 안면 접촉 부위가 땀을 흡수할 수 있는 재질의 사용 등을 고려하여 작업 내용에 적합한 방진마스크를 선정한다.

② 방진마스크 착용 방법

(그림 출처 : 농촌진흥청, 농업활동 안전사고예방 가이드라인)

- 머리끈을 귀에 걸고 위치를 고정한다.
- 양손가락으로 코에 밀착되도록 눌러 준다.
- 공기가 새는지 확인하면서 마스크를 얼굴에 밀착시킨다.

　⑩ 방진마스크의 사용

- 사용 전에 배기밸브, 흡입밸브의 기능과 공기누설 여부 등을 점검한다.
- 안면부에 완전히 밀착하여 사용한다.
- 여과재는 건조한 상태에서 사용한다.
- 접촉 부위에 수건을 대고 사용하는 것을 금지한다.
- 안면부 여과식 끈은 잘라서 사용하는 것을 금지한다.
- 필터는 수시로 분진을 가볍게 털어 제거해 주고 필터가 습하거나 흡입・배기 저항이 클 때 교체한다.
- 여과재 이면이 더러워지면 필터를 교체한다.
- 방진 발생 시 세수 후 붕산수를 겉에 발라 준다.
- 안면부는 중성세제로 씻고 그늘에서 말린다.
- 직사광선을 피하여 보호구 보관함에 보관한다.

　⑭ 방진마스크 금기사항

- 수건 등을 대고 그 위에 방진마스크를 착용하는 경우
- 면체의 접안부에 접안용 헝겊을 사용하는 경우(다만, 방진마스크의 작용으로 피부에 습진 등의 우려가 있는 경우는 제외)

④ 방독마스크

　㉠ 방독마스크 필요 작업 : 분뇨처리사, 퇴비사, 농약살포 등과 같이 공기 중에 있는 유해한 화학물질(가스) 또는 증기 등이 발생하는 작업 중에 사용된다.

ⓛ 방독마스크 유형별 종류

종 류	형상 및 사용범위
격리식 전면형	정화통, 연결관, 흡기밸브, 안면부, 배기밸브 및 머리끈으로 구성되고, 정화통에 의해 가스 또는 증기를 여과한 청정공기를 연결관을 통하여 흡입하고 배기는 배기밸브를 통하여 외기 중으로 배출하는 것으로서 가스 또는 증기의 농도가 2%(암모니아에 있어서는 3%) 이하의 대기 중에서 사용하는 것
직결식 전면형	정화통, 흡기밸브, 안면부, 배기밸브 및 머리끈으로 구성되고, 정화통에 의해 가스 또는 증기를 여과한 청정공기를 흡기밸브를 통하여 흡입하고 배기는 배기밸브를 통하여 외기 중으로 배출하는 것으로서 가스 또는 증기의 농도가 1%(암모니아에 있어서는 1.5%) 이하의 대기 중에서 사용하는 것
직결식 소형반면형	정화통, 흡기밸브, 안면부, 배기밸브 및 머리끈으로 구성되고, 정화통에 의해 가스 또는 증기를 여과한 청정공기를 흡기밸브를 통하여 흡입하고 배기는 배기밸브를 통하여 외기 중으로 배출하는 것으로서 가스 또는 증기의 농도가 0.1% 이하의 대기 중에서 사용하는 것으로 긴급용이 아닌 것

(사진 출처 : 국립농업과학원, 농업인안전365)

ⓒ 정화통 종류별 색상 및 용도

종 류	시험가스	표시 색
유기화합물용 정화통	사이클로헥산, 디메틸에테르, 이소부탄	갈 색
할로겐용 정화통	염소가스 또는 증기	회 색
황화수소용 정화통	황화수소	
사이안화수소용 정화통	사이안화수소	
아황산용 정화통	아황산	노란색
암모니아용 정화통	암모니아	녹 색
복합용 및 겸용의 정화통	• 복합용의 경우 : 해당가스 모두 표시(2층 분리) • 겸용의 경우 : 백색과 해당가스 모두 표시(2층 분리)	

※ 증기밀도가 낮은 유기화합물 정화통의 경우 색상표시 및 화학물질명 또는 화학기호를 표기

② 방독마스크 착용방법

	마스크를 얼굴 위에 대고 머리끈을 뒤통수 위쪽에 걸친 뒤 마스크를 입과 코에 밀착시킨다.
	목끈을 당긴 다음 목 뒤로 돌려 버클을 채운다.
	손바닥으로 배기밸브를 막은 후 가볍게 숨을 내쉰다. 공기가 새는 것이 느껴지지 않도록 양압 밀착검사를 한다.
	손바닥으로 정화통을 막은 후 숨을 들이쉰다. 면체와 얼굴 사이로 공기가 새는 것이 느껴지지 않도록 음압 밀착검사를 실시한다.

(그림 출처 : 농촌진흥청, 농업활동 안전사고예방 가이드라인)

⑩ 방독마스크의 사용
- 안면부에 완전히 밀착하여 공기누설 여부를 점검한다.
- 사용 전 배기밸브, 흡기밸브의 기능상태, 유효기간, 가스의 종류와 농도, 정화통의 적합성을 확인한다.
- 접촉 부위에 수건을 대고 사용하지 않는다.
- 정화통의 파과시간을 준수한다.
- 파과시간은 정화통 내의 정화제가 제독능력을 상실하여 유해가스를 그대로 통과시키기까지의 시간을 말한다. 이 파과시간은 제조사마다 정화통에 표시되어 있으므로 사용 시마다 사용기간 기록카드에 기록하여, 남은 유효시간이 작업시간에 맞게 충분히 남아 있는지 시점을 확인한다.
- 대상물질의 성질에 따른 적합한 형식을 사용한다.

- 정화통의 유효기간을 준수하고 유효시간 불분명 시에는 새로운 정화통으로 교체한다.
- 안면부는 중성세제로 씻고 그늘에서 건조해 주고, 보관 시에는 직사광선을 피하여 보호구 보관함에 보관한다.

ⓑ 방독마스크 주의사항
- 유해가스에 알맞은 공기 정화통을 사용한다.
- 충분한 산소(18% 이상)가 있는 장소에서 사용한다(산소농도 18% 미만인 산소결핍장소에서의 사용을 금지).
- 유해가스(2% 미만) 발생장소에서 사용한다.
- 유해물질의 종류·농도가 불분명한 장소, 작업강도가 매우 큰 작업, 산소결핍이 우려되는 장소에서 작업하는 경우에는 방독마스크가 아닌 송기(산소)마스크를 사용해야 한다.

⑤ 송기(산소)마스크
ⓐ 송기(산소)마스크 필요 작업 : 분뇨처리사, 퇴비사, 농산물 저장고(예 생강굴), 하수구 등의 장소에서 산소 결핍으로 인해 질식사 및 가스 중독사고를 방지하기 위해 사용한다.
- 산소 결핍(18% 미만)이 우려되는 작업
- 고농도의 분진, 유해물질, 가스 등이 발생하는 작업
- 작업강도가 높거나 장시간인 작업
- 유해물질 종류와 농도가 불명확한 작업

ⓑ 송기(산소)마스크 선정기준
- 인근에 오염된 공기가 있는 경우에는 폐력흡인형이나 수동형은 적합하지 않다.
- 위험도가 높은 장소에서는 폐력흡인형이나 수동형은 적합하지 않다.
- 화재폭발이 발생될 우려가 있는 위험지역 내 사용할 경우에는 전기기기는 방폭형을 사용한다.

ⓒ 송기(산소)마스크 착용방법

	압축공기 공급원, 연결호스, 유량조절장치, 안면부 등의 이상 유무를 확인한다.
	압축공기 공급원과 여과장치를 연결한다.
	연결호스를 유압조절장치, 여과장치에 연결하고 연결관을 안면부와 유량조절장치에 연결한다.

	장착대를 몸에 맞게 착용하고, 안면부를 얼굴에 착용하여 머리끈으로 조여 준다.
	호흡이 용이하도록 유량조절장치를 조절한다.
	송기마스크의 착용에 이상이 없는지 확인한다.

(그림 출처 : 농촌진흥청, 농업활동 안전사고예방 가이드라인)

ㄹ 송기(산소)마스크의 사용

- 격리된 장소, 행동 반경이 크거나 공기의 공급 장소가 멀리 떨어진 경우에는 공기 호흡기를 사용한다. 이때 기능을 확실히 체크한다.
- 작업 시에는 신선한 공기가 필요하다. 압축 공기관 내 기름 제거용으로 활성탄을 사용하고 그 밖의 분진, 유독가스를 제거하기 위한 여과장치를 설치하며, 송풍기는 산소농도 이상이고 유해가스나 악취 등이 없는 장소에 설치한다.
- 수동 송풍기형은 장시간 작업 시 2명 이상 교대하면서 작업한다.
- 공급되는 공기의 압력을 1.75kg/cm^3 이하로 조절하며, 여러 사람이 동시에 사용할 경우에는 압력조절에 유의한다.
- 전동송풍기형의 호스 마스크는 정기적으로 여과재를 점검하여 청소 또는 교환한다.
- 동력을 이용하여 공기를 공급하는 경우에는 전원이 차단될 것을 대비하여 비상전원에 연결하고 제3자가 손대지 못하도록 한다.
- 공기호흡기 또는 개방식은 실린더 내 공기잔량을 수시로 점검한다.
- 송출량이 감소한 경우, 가스 또는 기름 냄새가 나는 경우, 기타 이상 감지 시에는 응급상황이므로 즉시 작업을 중단하고 즉시 대피하여야 한다.

⑥ 자가공기호흡기(SCBA ; Self Contained Breathing Apparatus)

ㄱ 자가공기호흡기는 압축공기를 충전시킨 소형 고압 공기용기를 사용하여 고농도 분진, 유독가스, 증기 발생작업 등의 작업에서 공기를 공급함으로써 산소결핍으로 인한 위험 방지용으로 사용한다.

ㄴ 고농도(2% 이상) 유해물질 취급장소, 산소 결핍(18% 미만) 장소 등에 사용된다.

(5) 보호복의 사용

① 보호복 필요 작업

    ㉠ 농약살포 전·중·후 작업 : 농약 노출

    ㉡ 노지 및 시설하우스에서의 일반적인 농작업 : 온열 및 저온에 의한 스트레스(여름, 겨울)

    ㉢ 농기계 관련 작업, 선별 작업 등 : 공구, 기계 및 시설, 자재와의 충돌, 절단 등의 위험 요인

    ㉣ 닭, 돼지 등의 축산과 관련된 작업(접종 등) : 인수공통 감염병 등

② 보호복 선정 시 주의사항

    ㉠ 보호복을 면밀히 검사하여 손상 여부(절단, 파손 등)를 확인한다.

    ㉡ 적절히 착용했는지 확인한다.

    ㉢ 땀 흡수가 잘되는지 확인한다.

    ㉣ 사용할 작업자의 인체치수에 보호복이 맞는지 확인하며 몸에 꽉 끼는 보호복은 사용하지 않는다.

③ 보호복 소재

부직포 섬유	부직포 섬유로 만든 보호복은 1회용으로서 분진이나 튀는 액체로부터 보호한다.
가공 처리된 모 혹은 면	가공 처리된 모 혹은 면으로 만든 방호복은 온도가 변하는 작업장에 잘 맞으며, 내화성이 있고 편안하며 분진 마찰 및 거칠거나 자극적인 표면으로부터 보호해 준다.
두꺼운 즈크(Doek) 면	면밀하게 직조된 면직물(즈크 ; 캔버스, 천막)은 근로자들에게 무겁거나 날카롭거나 거친 자재를 다룰 때 절단이나 타박상으로부터 보호한다.
고무, 고무처리된 직물, 네오프렌 및 플라스틱	이들 재료로 만든 방호복은 특정 산이나 기타 화학물질로부터 보호해 준다.

④ 보호복의 종류

    ㉠ 농약 방제복 : 농약의 살포량에 따라 사용

      • 일반용 방제복 : 밭작물이나 시설재배 작물 등과 같이 농약 살포량이 적은 작물인 경우에 사용(땀 배출능력 우수)

      • 과수용 방제복 : 과수나 시설원예 등과 같이 농약 살포량이 많은 작물인 경우에 사용(농약침투성 우수, 통기성 필름 사용으로 쾌적함)

(그림 출처 : 농촌진흥청, 농업활동 안전사고예방 가이드라인)

    ㉡ 축산 작업복 : 양돈이나 양계 등 축산 작업장 내부에서 발생할 수 있는 유해 요인으로 먼지, 암모니아 가스, 높은 습도와 농축된 유해 물질로부터 신체를 보호하기 위한 작업복 이다.

(그림 출처 : 국립농업과학원, 농업인안전365)

ⓒ 온열 작업복 : 농작업 특성상 농업인은 작물의 생육 조건에 따라 고온 다습한 온실 내환경이나 추운 환경에서 장시간 노출되는 경우가 많으며, 심할 경우 열사병, 열경련, 열허탈 등과 동상 등의 극심한 온도 환경과 관련된 증상이 발생하게 된다. 이러한 증상들은 작업 능률에 영향을 미칠 뿐만 아니라 자신도 모르게 급작스럽게 발생할 수 있으므로 고열과 관련된 증상을 최소화하여야 한다.

(6) 보호장갑의 사용

① 보호장갑의 필요성

㉠ 일반 작업장의 위험 평가에서 근로자들이 손과 팔에 부상위험이 있는 것으로 밝혀지고, 작업실무 통제를 해도 위험이 제거되지 않는 경우 사업주는 근로자들에게 적절한 보호장치를 제공해야 한다.

㉡ 화상, 타박상, 찰과상, 절단, 뚫림, 골절, 화학약품에의 노출되는 작업장에서 방호해야 한다.

㉢ 농약의 혼합 과정 시, 농약 살포 과정 시, 농약 살포 기계의 수리와 관리 시, 농약의 사고와 유출 시에는 반드시 보호 장갑을 착용한다.

㉣ 농약 취급 후에는 장갑에 구멍이 나거나 찢어지지 않았나를 항상 확인하고 맞는 크기의 장갑을 사용한다.

㉤ 사용 후에는 안쪽과 바깥쪽을 모두 물과 비누로 씻고 걸어서 건조시킨다. 씻을 때에는 손가락 사이도 잘 씻어야 하며 장갑이 변색하거나 딱딱해지면 폐기하고 새것을 사용한다.

② 보호장갑의 종류 및 특성

합성물질	
	• 서로 다른 합성 섬유로 장갑을 만들어 고온과 냉기로부터의 보호를 제공하고 있다. • 극심한 온도에 대한 보호 이외에, 다른 합성 물질로 만들어진 장갑은 쉽게 절단되거나 벗겨지지 않고 희석된 산에 대해서도 견딜 수가 있으나 이러한 자재들은 알칼리와 용제에는 견디지 못한다.

가죽장갑 	• 가죽장갑은 스파크, 고온, 강풍, 칩스(Chips) 및 거친 물체로부터 보호한다. • 용접공에게는 견고한 고품질의 가죽장갑이 필요하다.
알루미늄 장갑 	• 용접, 용강로, 주조작업 등에 사용되는데, 고온으로부터 반사 및 절연 보호를 제공하기 때문이다. • 고온과 냉기로부터 보호해 주는 합성물질로 된 삽입물이 필요하다.
합성 폴리아마이드 장갑 	• 고온과 냉기로부터 보호해 주는 합성물질이다. • 장갑이 쉽게 절단되거나 벗겨지지 않고 쉽게 낄 수 있는 특성을 가진다.

(그림 출처 : 국립농업과학원, 농업인안전365)

ⓒ 일반작업용 면장갑 : 절상, 마찰, 화상, 등을 방지
ⓒ 고무장갑 : 주로 약품을 취급할 때 사용
ⓒ 방열장갑 : 쇳물 교체 작업 등에서 고온, 고열 예방
ⓒ 전기용 고무장갑 : 감전으로부터 작업자 보호
ⓒ 금속맺귀 장갑 : 날카로운 공구를 다룰 때 사용
ⓒ 산업위생 보호장갑 : 화학물질이나 유기용제 취급 시

③ 보호장갑의 선정

ⓒ 직물장갑 : 직물장갑은 분진, 섬유 조각 및 찰과상으로부터 손을 보호해 준다. 또한 거칠거나 날카롭거나 무거운 물건을 다룰 때 사용 가능하다. 직물장갑에 플라스틱 코팅을 하면 직물장갑이 강화되며, 다양한 작업에 효과적으로 사용할 수 있다.

ⓒ 코팅 직물장갑 : 코팅 직물장갑 제조업자들은 보통 이 장갑을 한쪽이 보푸라기가 있도록 면플라넬로 제조되었다. 보푸라기가 없는 쪽을 플라스틱으로 코팅하면 직물장갑은 미끄럼 방지의 범용 손보호장갑이다. 이 장갑은 벽돌 작업과 와이어로프 작업부터 실험실에서의 화학약품 용기까지 다양한 작업에 사용된다.

ⓒ 화학약품 및 액체에 견디는 장갑 : 고무(라텍스, 나이트릴 또는 부틸), 플라스틱, 네오프렌과 같은 합성고무류의 장갑은 작업자가 오일, 그리스, 용제 및 기타 화학약품과의 접촉으로 인해 발생하는 화상, 자극 및 피부염으로부터 보호하고, 고무장갑 사용 시 혈액이나 기타 잠재성 감염물질에 대한 노출 위험도가 줄어들게 된다.

• 부틸 고무장갑 : 부틸 고무장갑은 질산, 황산, 불화수소산(아이오딘화수소산), 적색 연무 질산, 로켓 연료 및 과산화물부터 손을 보호하고, 가스, 화학약품 및 수증기에 대해 고도의 불침투성이면서, 산화작용과 오본 부식에도 견딜 수 있다.

- 라텍스 또는 고무장갑 : 보호품질뿐만 아니라 편안한 착용감과 유연성으로 대중적인 다목적 장갑으로 사포질, 연마 및 광택 작업에 의해서 발생하는 내마찰력 이외에 대부분의 산용액, 알칼리 용액, 소금 및 케톤으로 부터 작업자의 손을 보호한다.
- 네오프렌 장갑 : 유연성, 손가락의 민첩성, 고밀도 및 내마멸성을 가지고 있어 수압 액체, 가솔린, 알코올, 유기산 및 알칼리로부터 보호한다.
- 질소 고무장갑 : 이 고무장갑은 3염화에틸렌과 과염화에틸렌과 같은 염화용제로부터 보호하고, 민첩성과 민감성을 요구하는 작업을 위한 것이지만, 다른 장갑이라면 손상되었을 유해물질에 장기적으로 노출된 후에도 내구성이 강하다.

(7) 안전화의 사용

안전화 및 보호장화는 농작업 중에 발과 다리 부위의 부상이 발생할 수 있는 잠재적인 위험으로부터 신체의 발과 다리를 보호하고, 바닥의 작업환경에 의해 미끄러져 넘어지는 등의 물리적 환경으로부터 안전사고를 예방하기 위한 보호장비이다.

① 안전화 필요 작업
  ㉠ 근로자의 발에 물체가 부딪치거나 떨어질 수 있는 있는 공구(낙하물) 등의 무거운 물건을 다룰 경우
  ㉡ 일반 신발의 바닥이나 발등을 찌를 수 있는 못이나 스파이크 같은 날카로운 물체가 존재할 경우
  ㉢ 발이나 다리에 튈 수 있는 용융물질이 있는 환경
  ㉣ 바닥이 뜨거워 화상의 위험이 있거나 젖은 표면 등으로 미끄럼 주의가 요구되는 물리적 환경

② 안전화 종류

종 류	기 능	등 급
가죽제안전화	물체의 낙하충격에 의한 위험방지 및 날카로운 것에 대한 찔림 방지	중작업용, 보통작업용, 경작업용
고무제안전화(보호장화)	기본기능 및 방수, 내화학성 기능의 안전화 또는 보호장화	
정전화	기본기능 및 정전기의 인체대전방지	
절연화 및 절연장화	기본기능 및 감전방지	

  ㉠ 중작업용 : 공구, 기계 및 시설 장비 사용, 목재 등의 원료취급, 건축을 위한 강재취급 및 강재운반, 수확물 등의 중량물 운반작업, 가공 대상물의 중량이 큰 물체를 취급하는 작업장에서 사용
  ㉡ 보통 작업용 : 일반적으로 기계 및 가공품을 손으로 취급하는 작업 및 차량 사업장, 기계 등을 운전 조작하는 일반 작업장에서 사용
  ㉢ 경작업용 : 수확물 선별작업, 포장 및 제품조립, 화학품 선별, 반응 장치운전, 식품 가공업 등 비교적 경량의 물체를 취급하는 작업장에서 사용

③ 안전화 선정 시 주의사항

　　㉠ 작업 내용이나 목적에 적합하며 가벼운 것을 선택한다.

　　㉡ 땀 발산효과가 있는 것으로 선택한다.

　　㉢ 디자인이나 색상이 좋은 것이 좋다.

　　㉣ 바닥이 미끄러운 곳에는 창의 마찰력이 큰 것으로 한다.

　　㉤ 발에 맞는 것을 착용한다.

　　㉥ 목이 긴 안전화는 신고 벗는데 편하도록 된 구조(예 지퍼 등)를 사용한다.

(8) 농약 중독예방을 위한 올바른 보호구 착용

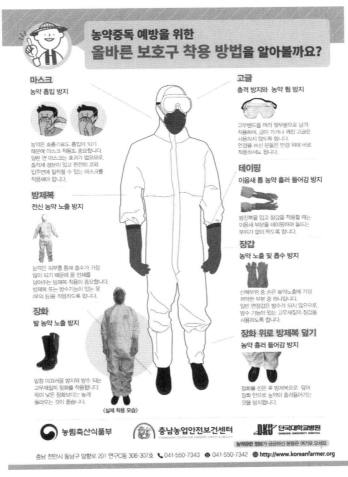

(출처 : 단국대학교 농업안전보건센터)

농작업 보호장구류 유지관리 지도하기

(1) 농작업 보호장구류 종류별 관리방법

① 안면보호구의 관리방안

ⓖ 제품 사용 중 렌즈에 홈, 더러움, 깨짐이 있는지 점검하여 손상되었다면 즉시 폐기처분하고 새것으로 교체한다.

ⓛ 제품이 오염된 경우에는 가정용 세척제를 이용하여 세척한 후 다시 사용한다.

ⓒ 안경 유리는 굴절이 없는 것을 사용하고 사용 후에는 반드시 보관함에 보관한다.

② 청력보호구의 관리방안

ⓖ 오염되지 않도록 보관 및 사용, 특히 귀마개 착용 시 더러운 손으로 만지거나 이물질이 귀에 들어가지 않도록 주의한다.

ⓛ 귀마개는 소모성 재료로, 필요하면 누구나 언제든지 교체 사용할 수 있도록 작업장 내에 비치한다.

ⓒ 사용 후에는 반드시 보관캡에 보관하고 청결한 상태를 유지시킨다.

ⓔ 세척은 미지근한 물에 중성세제를 사용하여 깨끗이 씻어 준다(일회용 귀마개는 세척 금지).

ⓜ 귀마개가 찌그러지거나 원형으로 복귀되지 않고, 너무 딱딱해진 경우에는 교체한다.

③ 안전모의 관리방안

ⓖ 충격을 받거나 손상된 안전모는 기능이 떨어지기 때문에 폐기한다.

ⓛ 모체에 흠집 혹은 균열이 생기면, 충격 흡수기능에 이상이 생기기 때문에 구멍을 내지 않는다.

ⓒ 안전모의 내피는 스티로폼 소재로 되어 있으므로 한번 손상되면 회복이 어려우므로 깔고 앉지 않는다.

ⓔ 합성수지의 안전모는 스팀이나 뜨거운 물을 사용하여 세탁하지 않는다.

ⓜ 플라스틱, 합성수지 재질의 안전모는 자외선에 의해 강도가 저하되므로 균열이 생기거나 탄성이 나빠진 경우 교체한다.

④ 호흡용보호구의 관리방안

ⓖ 방진마스크

• 면체의 손질은 중성세제로 닦아 말리고 고무 부분은 자외선에 약하므로 그늘에서 말려야 하며, 시너 등은 사용하지 않는다.

• 필터의 이면이 더러워지면 필터를 교체하는 것이 가장 이상적이나 여의치 않을 경우 세게 털지 말고 가볍게 두들겨 주어 표면의 정전기력을 보호한다.

• 보관은 전용 보관상자에 넣거나 깨끗한 비닐 등을 이용하여 습기를 막아준다.

ⓛ 방독마스크
- 제품의 파과시간을 확인한다.
- 유해물질 고유의 냄새로 확인한다.
- 냄새가 없는 가스는 제품별 파과곡선을 활용하여 파과시간을 예측한다.
- 습기가 정화통 수명을 결정하므로 사용 후 비닐 등에 봉하여 보관한다.
- 방독마스크 본체, 흡기밸브, 배기밸브 등이 균열 또는 변형된 경우 교환 또는 폐기한다.
- 유해물질이 존재하는 곳에 마스크를 보관하게 되면 정화통의 사용한도시간이 단축되므로 반드시 신선하고 건조한 지정된 장소에서 비닐 속에 넣어 보관한다.
- 마스크 본체를 세척할 필요가 있을 때는 적당한 세척제를 푼 후 따뜻한 물로 또는 세척제 혼합액으로 닦아낸 후 파손상태를 정기적으로 검사한다(정화통은 절대 세척해서는 안 됨).

※ 방독마스크의 점검사항
- 종류 및 수량의 적절 유무
- 비치장소 명시 유무
- 예비수량 적정 유무
- 관리자 유무
- 유효기간이 지난 정화통 유무
- 사용시간 기록 유무

ⓒ 송기(산소)마스크
- 안면부, 연결관 등의 부품이 열화된 경우에는 즉시 새것으로 교환한다.
- 호스에 변형, 파열, 비틀림 등이 있는 경우에는 즉시 새것으로 교환한다.
- 산소통 또는 공기통 사용 시 잔량을 확인하여 사용시간을 기록관리한다.
- 사용 전에 관리 감독자가 점검하고, 1개월에 1회 이상 정기점검 및 정비를 통하여 항상 사용이 가능하도록 유지관리한다.
- 전동식 공기정화형 호흡기보호구는 생명과 건강에 즉각적으로 위험을 줄 수 있는 고농도의 작업장에서는 쓸 수 없으며, 유해물질의 종류에 맞는 정화물질을 잘 선택하여 사용한다.
- 동력장치의 경우 작업 중 동력이 떨어지지 않도록 주기적으로 동력(충전기)을 체크한다.
- 공기공급식 호흡보호구는 외부에서 신선한 공기를 공급해 주기 때문에 만약 공급되는 공기가 오염되어 있으면 오히려 건강을 해치거나 작업자가 두통을 호소하는 등 부작용이 있을 수 있으므로, 주기적으로 공기의 신선도를 체크해 주고 필터 등을 점검하여 자주 교체해 준다.

- 고농도의 아주 위험한 작업을 수행할 때는 외부에서 공급되는 공기가 갑자기 차단되거나 전동장치에 문제가 있을 때 대처할 수 있도록 비상용 공기통을 준비하여 곧바로 사용할 수 있도록 한다.
- 외부에서 공급되는 공기의 압력에 의해 소음이 발생될 수 있으므로 소음을 체크하여 작업에 방해가 될 때는 소음기를 부착한다.

⑤ 보호복, 보호장갑의 관리방안
- 보호복이 필요한 이유, 신체를 위협하는 작업장의 위험성 정도를 인지한다.
- 보호복이 신체를 어떻게 보호하고 있는지를 알고 있어야 한다.
- 보호복은 신체를 보호하지만 특성상 한계가 있음을 알고 있어야 하며 유해요소에 맞게 적합한 보호복을 선택하여 입는다.
- 편안하고 효과적인 착용을 위해 부속품을 조정하는 방법을 숙지한다.
- 찢어짐, 마멸, 질질 끌릴 경우 파손 정도를 확인한다.
- 조이는 부품의 탄성이 상실될 경우를 확인한다.
- 방호복의 세탁과 소독방법에 따라 그 징후를 발견할 수 있다.
- 보호복, 보호장갑은 일반 세탁물과 분리하여 세탁한다.

(그림 출처 : 농촌진흥청, 농업활동 안전사고예방 가이드라인)

⑥ 안전화의 관리방안
- 우레탄(Pu) 소재 안전화는 고무에 비해 열과 기름에 약하므로 기름을 취급하거나 고열 등 화기취급 작업장에서는 사용을 피한다.
- 윗부분이 질질 끌리거나 균열 또는 찢어진 경우 교체한다.
- 발바닥과 윗부분이 분리된 경우 교체한다.
- 바닥이나 뒤꿈치의 구멍이나 균열이 있는 경우 교체한다.
- 전기 위험용 안전화의 경우 발끝 보호장의 바닥이나 뒤꿈치에 금속이 끼인 경우에는 끼인 이물질을 완전히 제거하거나 새것으로 교체한다.

(2) 농작업 보호장구류 교육하기

① **유해물질의 유해성에 대한 교육**

보호구를 왜 착용해야 하는지 그 필요성을 작업자가 알지 못하면 자연적으로 보호구의 착용률은 떨어진다. 따라서 작업자에게 보호구를 지급하기 전에 물질의 유해성, 침입경로 등에 대한 자세한 교육을 실시하여 작업자가 자발적으로 보호구를 착용하도록 해야 한다.

② **착용방법에 대한 교육**

보호구를 잘못 착용함으로써 보호의 효과가 반감되는 경우가 있을 수 있으므로 적절한 순서에 의한 보호구를 착용하는 일상적인 습관을 가질 수 있도록 해야 한다.

③ **착용검사에 대한 교육**

보호구 착용이 완료되었으면 음압 및 양압 착용검사를 통해 보호구의 안면부가 제대로 얼굴에 밀착되었는지, 배기밸브에 손상된 부분은 없는지에 대한 검사를 반드시 실시해야 한다. 최근에는 이러한 보호구의 손상 여부를 점검하는 수준을 넘어 보호구의 밀착성을 테스트(Fitting Test)하는 도구들이 많이 개발되어 시판되고 있다.

ⓐ 음압 착용검사 : 공기를 들이마실 때 호흡에 필요한 공기가 정화통을 통해서 들어오는지 아니면 다른 누설 부위로 공기가 새는 지에 대한 검사 방법으로 다음과 같은 요령으로 실시한다.
- 손바닥으로 정화통의 전면부를 완전히 막는다.
- 약 10초 동안 숨을 들이킨다.
- 공기가 새어 들어오는 부분이 없이 마스크 표면이 얼굴에 달라붙어야 한다.

ⓑ 양압 착용검사 : 공기를 내쉴 때 배기 밸브가 제 기능을 나타내는지에 대한 검사로 다음과 같은 요령으로 실시한다.
- 손바닥으로 배기밸브를 막는다.
- 숨을 내쉰다.
- 공기가 새는 부분이 없이 일정한 압력이 작용되도록 한다.

④ **보호구의 사용한도시간(파과시간)에 대한 교육**

ⓐ 호흡용 보호구의 사용한도시간이란 '포집효율의 저하가 없고, 호흡저항의 현저한 상승이 없으며, 변형 등에 의한 안면과의 밀착성의 저하가 없는 상태에서 보호구의 기능을 손상하는 일 없이 사용 가능한 시간'이며, 파과시간이라고도 한다.

ⓑ 만약 사용한도 시간이 지난 보호구를 계속 사용할 때는 보호효과가 계속해서 떨어져 결국에는 아무런 보호효과 없이 작업자에게 치명적인 건강장해를 일으킬 수 있으므로 작업자 스스로가 작업장 특성에 맞는 사용한도 시간을 결정하여 보호구를 주기적으로 교체해 주도록 한다.

ⓒ 사용한도시간에 영향을 주는 요인
- 작업장의 유해물질 농도가 높을수록 사용한도 시간은 감소한다.
- 보호구 착용자의 호흡률이 클수록 사용한도 시간은 감소한다.

- 보통 작업의 경우 평균 호흡량은 30L/분 정도인데 작업의 경중에 따라 경(輕)작업은 20~25L/분, 중(重)작업은 50~60L/분 정도로 큰 차이를 나타내어 중작업의 경우 경작업에 비해 사용 한도시간이 줄어들 수 있으므로 보호구 교체를 자주해야 한다.
- 공기 중의 상대습도가 높을수록 사용한도시간은 감소한다.
- 가스나 증기상의 물질은 일정한 흡수물질을 이용하여 공기를 정화하기 때문에 만약 작업장 내에 수분이 많을 경우에는 흡수물질의 성능이 떨어지게 된다.
- 유해물질의 휘발성이 높을수록 사용한도시간은 감소한다.

② 보호구의 교체시기 결정방법
- 보호구의 사용한도시간은 유해물질의 농도뿐만 아니라 기타 다른 요인들과 복잡한 상호작용에 의해서 결정되기 때문에 사전에 사용한도시간을 정할 수 있는 정확한 방법은 없다. 그러므로 작업장 특성에 맞는 보호구 착용자 개인의 고유한 교체시기를 결정한다.
- 냄새나 맛을 느낄 수 있는 유해물질의 경우 보호구를 착용한 상태에서 냄새나 맛을 감지할 수 있으면 보호구를 교체해야 한다.
- 보호구를 착용한 상태에서 처음 착용 시보다 많은 호흡저항이 느껴질 때는 보호구를 교체한다. 이때 면체 여과식 보호구는 폐기처리하고 분리식은 필터나 정화통만을 교체해 준다.
- 작업장 내의 상대습도가 높고 온도가 고온일 때 그리고 많은 호흡량을 필요로 하는 작업일 때는 다른 작업에 비해 교체시기를 빨리 해 준다.
- 냄새나 맛을 감지할 수 없는 유해물질의 경우에는 제품에 표시되어 있는 사용한도시간과 작업장 내 유해물질의 농도를 참고로 일정한 교체시기를 정해 놓고 주기적으로 교체해 준다.

⑤ 관리 및 보수에 대한 교육
평소에 보호구 관리와 보수를 어떻게 하느냐에 따라 보호구의 수명과 성능이 달라질 수 있으므로 작업자 개개인에게 다음과 같은 기본적인 보호구의 손질 및 보관방법 등을 교육한다.

㉠ 보호구의 수시점검은 작업자 개인이 수시로 할 수 있도록 하고 정기점검은 해당 부서 및 공정별로 책임자를 선정하여 주기적으로 실시한다.
㉡ 보호구는 항상 서늘하고 건조한 독립된 장소에 보관한다.
㉢ 보호구의 보관장소는 직사광선이 비치지 않도록 한다.
㉣ 보호구는 주위의 유해물질에 의해 더 이상 오염되지 않도록 비닐 등을 이용하여 밀봉된 상태에서 보관되도록 한다.
㉤ 보호구를 부분적으로 세척하고자 할 때는 중성세제 혹은 시판되는 보호구 전용세제를 이용하여 면체가 변형되지 않도록 주의해야 하고 반드시 그늘에서 건조시킨다.

PART

08 적중예상문제

01 보호장구 별 필요한 농작업을 3가지 이상 쓰시오.

해설

① 눈 보호장구류가 필요한 농작업
- 공기 중 비산물질이 많은 농약 살포작업
- 유해광선으로부터 노출되는 용접작업
- 추수 및 곡물사료 운반작업 등
- 먼지가 많이 발생하는 작업
② 호흡용 보호장구류가 필요한 농작업
- 먼지나 분진이 많이 발생하는 사일로 또는 곡물 저장소 내에서의 작업
- 농약 저장소 및 농약 살포작업 등 유해가스가 발생하는 작업
- 산소농도가 18% 미만인 작업환경
③ 안전화 및 보호장화가 필요한 농작업
- 무거운 물건이나 공구를 옮기는 작업
- 발이나 다리에 튈 수 있는 용융물질이 있는 작업환경
- 젖은 표면 등으로 인해 미끄럼 사고가 발생될 수 있는 작업환경
④ 모자 등 필요한 농작업
- 과도한 햇빛 노출에 의해 발생할 수 있는 작업환경
⑤ 안전복, 안전장갑 등 필요한 농작업
- 소독약이나 자극성 농약을 살포할 경우
- 농약 살포작업
- 작물 수확 시 가시를 제거하는 작업
⑥ 안전모류가 필요한 농작업
- 시설물 관련 작업
- 벌 목
- 기계 정비
- 기타 머리에 부상을 초래할 수 있는 작업
⑦ 청력 보호장구류가 필요한 농작업
- 곡물건조기
- 구형 트랙터
- 체인 톱 등 소음이 많이 발생하는 작업

02 농작업 보호장구류의 선택기준(5W1H)을 서술하시오.

> **해설**
> ① 누가(Who) 사용할 것인가?
> ② 무엇(What)을 대상으로 사용할 것인가?
> ③ 어디(Where)에 사용할 것인가?
> ④ 언제(When) 사용할 것인가?
> ⑤ 왜(Why) 사용하는가?
> ⑥ 어떻게(How) 사용할 것인가?

03 농작업 보호장구류의 구비조건

> **해설**
> ① 착용이 수월하고 속박감이 적고 고통이 없어야 한다.
> ② 해당 작업에 알맞은 농작업 보호장구류를 선정한다.
> ③ 농작업 보호장구류 검정에 합격한 제품인지를 확인한다.
> ④ 재료의 품질 그리고 구조와 끝마무리가 양호해야 한다.
> ⑤ 외양과 외관의 디자인이 우수해야 한다.

04 안면보호구의 종류 4가지를 쓰시오.

> **해설**
> 보안경, 고글형 보안경, 보안면, 용접용 헬멧

05 안면보호구를 선정할 때 주의사항 7가지를 쓰시오.

> **해설**
> ① 가볍고 시야가 넓어서 편안해야 한다.
> ② 보안경은 그 모양에 따라 특정한 위험에 대해서 적절한 보호 기능을 할 수 있어야 한다.
> ③ 보안경은 안경테의 각도와 길이를 조절할 수 있는 것이 좋고, 착용자가 시력이 나쁜 경우 시력에 맞는 도수 렌즈를 지급한다.
> ④ 안면 보호구만 착용하여 충격으로부터 보호하지 못하는 경우에는 추가적인 보호를 위해 보안경 또는 고글 등과 같이 병행 사용한다.
> ⑤ 외부 환경인자에 잘 견딜 수 있는 내구성이 있어야 한다.
> ⑥ 견고하게 고정되어 착용자가 움직이더라도 쉽게 벗겨지거나 움직이지 않아야 한다.
> ⑦ 보안면은 보안경(고글형)과 같이 1차 보호구와 병행하여 사용될 수 있어야 한다.

06 방진마스크의 종류 별 사용환경을 서술하시오.

> 해설

① 격리식 : 가스 또는 증기농도가 2%(암모니아 3%) 이하 대기 중에서 사용
② 직결실 : 가스 또는 증기농도가 1%(암모니아 1.5%) 이하 대기 중에서 사용
③ 안면부 여과식(직결식 소형) : 가스 또는 증기농도가 0.1% 이하 대기 중에서 사용

07 방진마스크의 선정기준 4가지를 쓰시오

> 해설

① 분진포집 효율이 높고 흡기·배기 저항은 낮은 것으로 선정한다.
② 가볍고 시야가 넓으며 안면 밀착성이 좋아 기밀이 잘 유지되는 것이어야 한다.
③ 마스크 내부 호흡에 의한 습기가 발생하지 않는 것을 선정한다.
④ 안면 접촉 부위가 땀을 흡수할 수 있는 재질을 사용한 것 등을 고려하여 작업 내용에 적합한 방진마스크를 선정한다.

08 방진마스크의 사용 시 금기사항을 서술하시오.

> 해설

① 접촉 부위에 수건을 대고 사용하는 것을 금지한다.
② 면체의 접안부에 접안용 헝겊을 사용하는 경우 금한다.
③ 안면부 여과식의 끈은 잘라서 사용하는 것을 금지한다.

09 방독마스크를 사용할 때 주의사항 4가지를 쓰시오.

> 해설

① 유해가스에 알맞은 공기 정화통을 사용한다.
② 충분한 산소(18% 이상)가 있는 장소에서 사용한다(산소농도 18% 미만인 산소결핍장소에서의 사용을 금지).
③ 유해가스(2% 미만) 발생장소에서 사용한다.
④ 유해물질의 종류·농도가 불분명한 장소, 작업강도가 매우 큰 작업, 산소결핍이 우려되는 장소에서 작업하는 경우에는 방독마스크가 아닌 송기(산소)마스크를 사용해야 한다.

10 송기(산소)마스크가 사용되는 작업 4가지를 쓰시오.

> 해설

① 산소 결핍(18% 미만)이 우려되는 작업
② 고농도의 분진, 유해물질, 가스 등이 발생하는 작업
③ 작업강도가 높거나 장시간인 작업
④ 유해물질 종류와 농도가 불명확한 작업

11 질산, 황산, 불화(아이오딘화)수소산, 적색 연무 질산, 로켓 연료 및 과산화물로부터 손을 보호하고, 가스, 화학약품 및 수증기에 대해 고도의 불침투성이면서, 산화작용과 오존 부식에도 견딜 수 있는 보호장갑의 종류는?

해설
부틸 고무장갑

12 안전화 선정 시 주의사항 6가지를 쓰시오

해설
① 작업 내용이나 목적에 적합하며 가벼운 것을 선택한다.
② 땀 발산효과가 있는 것으로 선택한다.
③ 디자인이나 색상이 좋은 것이 좋다.
④ 바닥이 미끄러운 곳에는 창의 마찰력이 큰 것으로 한다.
⑤ 발에 맞는 것을 착용한다.
⑥ 목이 긴 안전화는 신고 벗는데 편하도록 된 구조(예 지퍼 등)를 사용한다.

13 암모니아가스 노출 작업 시 사용되는 방독마스크 정화통 색깔은?

해설
녹 색

14 안전모의 주요 기능은 물체의 떨어짐이나 날아옴 등으로부터 근로자의 머리를 보호하는 데에 있으며 외부로부터의 충격을 완화하기도 하고, 전기 작업 시에는 감전 재해도 예방해 주는데 물체의 낙하·비래 및 추락에 의한 위험을 방지 또는 경감하고, 머리 부위 감전에 의한 위험을 방지하는 안전모 등급은?

해설
ABE 등급

15 안전모 착용 시 주의사항을 기술하시오.

해설
① 턱 끈을 견고히 착용해야 한다.
② 자신의 머리 크기에 맞도록 장착제의 머리 고정대를 조절한다.
③ 머리 윗부분과 안전모의 간격은 1cm 정도의 간격을 둔다.
④ 안전모의 모체, 장착제(내피), 충격 흡수제 및 턱 끈의 이상 유무를 확인한다.

16 농작업 특성상 농업인은 작물의 생육 조건에 따라 고온 다습한 온실 내환경이나 추운날 작업으로 장시간 노출되는 경우가 많으며 심할 경우 열사병, 열경련, 열허탈 등과 동상 등의 극심한 온도 환경과 관련된 증상이 발생하게 된다. 이러한 증상들은 작업 능률에 영향을 미칠 뿐만 아니라 자신도 모르게 급작스럽게 발생할 수 있으므로 고열과 관련된 증상을 최소화시켜 주는 작업복의 종류는?

해설
온열 작업복

17 포집효율의 저하가 없고, 호흡저항의 현저한 상승이 없으며, 변형 등에 의한 안면과의 밀착성의 저하가 없는 상태에서 보호구의 기능을 손상하는 일 없이 사용 가능한 시간을 말하는데, 이를 무엇이라고 하는가?

해설
파과시간 또는 호흡용 보호구의 사용한도시간

18 보호구 착용이 완료되었으면 (   )와 같은 착용검사를 통해 보호구의 안면부가 제대로 얼굴에 밀착되었는지, 배기밸브에 손상된 부분은 없는지에 대한 검사를 반드시 실시하는데, 최근에는 이러한 보호구의 손상 여부를 점검하는 수준을 넘어 보호구의 밀착성을 테스트(Fitting Test)하는 검사이다. (   ) 안에 맞는 검사 두 가지를 쓰시오.

해설
음압 착용검사, 양압 착용검사

19 기본적인 보호장구류 손질 및 보관방법 5가지를 쓰시오.

해설
① 보호구의 수시점검은 작업자 개인이 수시로 할 수 있도록 하고 정기점검은 해당 부서 및 공정별로 책임자를 선정하여 주기적으로 실시한다.
② 보호구는 항상 서늘하고 건조한 독립된 장소에 보관한다.
③ 보호구의 보관장소는 직사광선이 비치지 않도록 한다.
④ 보호구는 주위의 유해물질에 의해 더 이상 오염되지 않도록 비닐 등을 이용하여 밀봉된 상태에서 보관되도록 한다.
⑤ 보호구를 부분적으로 세척하고자 할 때는 중성세제 혹은 시판되는 보호구 전용세제를 이용하여 면체가 변형되지 않도록 주의해야 하고 반드시 그늘에서 건조시킨다.

우리 인생의 가장 큰 영광은 결코 넘어지지 않는 데 있는 것이 아니라

넘어질 때마다 일어서는 데 있다.

– 넬슨 만델라 –

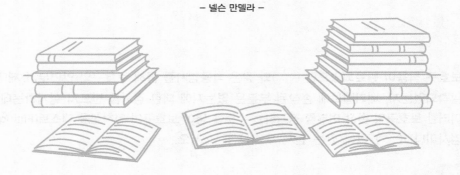

부 록

과년도 + 최근
기출복원문제

2018년	과년도 기출복원문제
2019년	과년도 기출복원문제
2020년	과년도 기출복원문제
2021년	과년도 기출복원문제
2022년	과년도 기출복원문제
2023년	최근 기출복원문제

2018년 과년도 기출복원문제

01 예취기 진동방지 대책에 대해 2가지 쓰시오.

> **해설**
> ① 방진장갑 착용
> ② 손잡이 부분에 방진고무 부착
> ③ 진동수준이 최저인 예취기 사용

02 농촌지역 재난 점검리스트 항목 3가지 작성하시오.

> **해설**
> ① 태풍, 집중호우, 폭설 등 기상청의 기상정보에 따라 작업 중지를 이행하는가?
> ② 재난에 대한 매뉴얼을 항상 숙지하고 있는가?
> ③ 재난 시 비상연락망이 갖추어져 있는가?(재난 신고 시 비상연락망은 119로 통합)
> ④ 재난 시 위협요인이 발생할 만한 장소를 미리 알고 있는가?
> ⑤ 재난 발생 후에 대한 조치사항이 정해져 있는가?

03 쯔쯔가무시증에 대한 설명이다. (   ) 안에 알맞은 말을 쓰시오.

> 쯔쯔가무시증은 가을철 열성 질환으로 우리나라에서 가장 많이 발생하는 진드기매개 질환이다. 병원소는 감염된 (㉠)가 가장 중요한 매개체이다. 진드기 유충에 물린 부위에 나타나는 (㉡)이 특징적으로 위치는 팬티 속, 겨드랑이, 오금 등 피부가 겹치고 습한 부위에 많이 생기며, 배꼽, 귓바퀴 뒤, 항문 주위, 머릿속 등 찾기 어려운 곳에도 생기므로 철저한 신체검사가 필요하다. 다행히 사람 간 (㉢).

> **해설**
> ㉠ 털 진드기, ㉡ 가피 형성, ㉢ 전염은 되지 않는다.

04 누전차단기의 정격감도전류가 30mA일 때 동작시간은?

해설

0.03초 이내

인체의 감전재해 방지용 누전차단기는 정격감도전류 30mA 이하, 작동시간 0.03초 이내인 고감도 고속형 누전차단기를 설치하여야 한다.

05 산업안전보건법에서 명시한 접지 거리 및 대지전압에 대한 설명이다. 다음 ( )를 채우시오.

- 지면이나 접지된 금속체로부터 수직방향 거리 (㉠)m, 수평방향 거리 (㉡)m 이내인 것
- 사용전압이 대지전압 (㉢)V 넘는 것

해설

㉠ 2.4, ㉡ 1.5, ㉢ 150

06 NLE 평가에서 다음 조건을 보고 들기지수와 개선해야 할 요소는?

RWL = 부하상수(23kg) × 수평 × 수직 × 거리 × 비대칭 × 빈도 × 결합계수 = 6.383
작업물의 무게 : 9kg

해설

① 들기지수 계산

$$들기지수(LI) = \frac{작업물의\ 무게}{RWL} = \frac{9kg}{6.383kg} ≒ 1.41$$

② 위 조건에서 개선해야 할 요소는?
작업물 무게(들기지수가 1보다 크게 되면 요통의 발생 위험이 높은 것으로 간주하여 들기지수가 1 이하가 되도록 작업을 설계·개선할 필요가 있다)

07 산업안전보건법 기준 고무제 안전화 성능시험 방법 4가지를 쓰시오.

해설

① 인장강도시험
② 내유성시험
③ 파열강도시험
④ 선심 및 내답판의 내부식성 시험
⑤ 누출방지시험

08 누전차단기 점검방법 3가지를 쓰시오.

> **해설**
> ① 차단기와 그 접속 대상 전동기기의 정격적합 여부
> ② 차단기 단자전로의 접속상태 확인
> ③ 전동기기의 금속제 외함 등 금속부분의 접지 유무
> ④ 통전 중 차단기에서 이상음 발생 여부
> ⑤ 케이스 일부가 파손되지 않고 개폐 가능 여부

09 관절이 충격을 받거나 무리한 관절의 사용으로 인대가 늘어나거나 찢어지는 증상은?

> **해설**
> 염 좌

10 축사 내에서 경작업 시 습구온도지수(WBGT)를 구하고 작업시간 및 휴식시간을 결정하시오.

> 습구온도 32℃, 건구온도 34℃, 흑구온도 35℃

> **해설**
> ① 옥내 또는 옥외(태양광선이 내리쬐지 않는 장소)에서 측정 시 : 습구흑구온도(℃) = 0.7 × 습구온도 + 0.3 × 흑구온도,
> 0.7 × 32 + 0.3 × 35 = 22.4 + 10.5 = 32.9
> ② 작업시간 25%, 휴식 시간 75%
> 작업 강도 및 작업휴식시간비에 따른 온열 기준(단위 : ℃, WBGT)

작업강도　작업휴식시간비	경작업	중등작업	중작업
계속 작업	30.0	26.7	25.0
매시간 75% 작업, 25% 휴식	30.6	28.0	25.9
매시간 50% 작업, 50% 휴식	31.4	29.4	27.9
매시간 25% 작업, 75% 휴식	32.2	31.1	30.0

> • 경작업 : 200kcal까지의 열량이 소요되는 작업을 말하며, 앉거나 서서 기계의 조정을 위해 손 또는 팔을 가볍게 쓰는 일 등을 뜻한다.
> • 중등작업 : 시간당 200~350kcal의 열량이 소요되는 작업을 말하며, 물체를 들거나 밀면서 걸어 다니는 일 등을 말한다.
> • 중작업 : 시간당 350~500kcal의 열량이 소요되는 작업을 말하며, 곡괭이질 또는 삽질하는 일 등을 말한다.

11 톱밥 제조기 안전 작업 방법 3가지를 쓰시오.

① 기계는 평평한 바닥에 수평을 유지하여 설치한다.
② 작업 담당자 외에는 일체 기계 및 동력장치 등을 조작하지 않도록 하고 작업 중 타인의 접근을 금지한다.
③ 드럼 커버 개폐 시에는 반드시 기계의 전원이 꺼져 있는지 그리고 기계가 정지되어 있는지 확인한 후 작업한다.
④ 목재투입구와 토출구에 손이 들어가면 매우 위험하므로 주의한다.
⑤ 가동 중 회전체나 기타 기체의 커버는 절대 열거나 열린 상태에서 작업하지 않는다.

12 화재의 3요소를 쓰시오.

① 가연물
② 산 소
③ 점화원

13 농기계 등화장치 3가지를 쓰시오.

① 전조등
② 후미등
③ 방향지시등

14 다음 (   ) 안을 채우시오.

> (   )은 의료인을 보호하자는 취지의 법이지만, 이 법을 확대하여 응급처치자가 응급처치 중에 일어나는 법적인 문제에 도움을 주고 격려하는 법으로 위급한 상황에 처한 다른 사람을 돕다가 의도치 않은 불의의 상황에 처했을 때 정상참작 또는 면책을 받을 수 있다.

선한 사마리아인의 법(Good Samaritan Law)

15 REBA 평가 과정이다. 다음 ①, ②, ③에 알맞은 말을 채우시오.

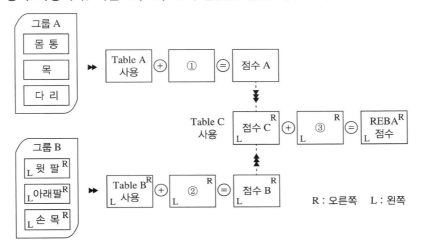

해설
① 무게/힘
② 손잡이
③ 행동점수

16 다음에서 설명하는 감염병은?

> 인수공통감염병의 하나로 소에서 사람으로 전파되는 것이 우리나라에서는 일반적이지만, 병원소는 돼지, 염소, 양, 낙타, 들소, 순록, 사슴, 해양동물 등 다양하다. 전파경로는 다양하여 감염된 동물 혹은 동물의 혈액, 대소변, 태반, 분비물 등과 접촉, 흡입 시 혹은 오염된 유제품 섭취, 사람 간의 전파는 드물지만 성접촉, 수직감염(분만, 출산, 수유 등), 수혈, 장기 이식, 비경구적(주로 정맥 내 주사) 경로 등으로 감염될 수 있다.

해설
브루셀라증

17 다음 방진마스크 폐기에 대한 설명에서 (   ) 안에 알맞은 말을 쓰시오.

> • (㉠)의 뒷면이 변색되거나 호흡 시 이상한 냄새를 느끼는 경우
> • (㉡)이 현저히 상승 또는 (㉢)의 저하가 인정된 경우

해설
㉠ 여과재
㉡ 흡기 저항
㉢ 분진 포집 효율

18 전기화재의 분류 색상은 무엇인가?

해설
청 색

구 분	종 류	분류 색상	소화방법	적용 소화기	비 고
일반화재	A급	백 색	냉 각	산·알칼리, 포, 물(주수) 소화기	목재, 섬유, 종이류 화재
유류화재	B급	황 색	질 식	CO_2, 증발성 액체, 분말, 포 소화기	가연성 액체 및 가스 화재
전기화재	C급	청 색	질식, 냉각	CO_2, 증발성 액체	전기통전 중 전기기구 화재
금속화재	D급	−	분리소화	마른 모래, 팽창 질식	가연성 금속(Mg, Na, K)

2019년 과년도 기출복원문제

01 농약의 안전한 사용방법 3가지를 작성하시오.

> **해설**
> ① 농약의 적용대상 농작물과 적용대상 병해충을 확인한 후 사용하고, 사용방법 및 사용량을 준수하여 사용해야 한다.
> ② 농약의 사용시기, 재배기간 중의 사용가능 횟수를 준수해야 한다.
> ③ 사용대상자 외에는 농약을 함부로 사용하지 않는다.
> ④ 사용지역이 제한되는 농약의 경우 사용제한 지역에서 사용하지 않는다.
> ⑤ 안전사용기준과 다르게 농약을 사용 및 판매할 경우 농약관리법 제40조에 의거 과태료 등의 처벌을 받을 수 있다.

02 축산 · 시설 · 운반용 기계인 그래플의 작업 시, 안전대책 3가지를 작성하시오.

> **해설**
> ① 작업 중 그래플의 작업범위나 선회반경 내에 사람이 접근하지 못하도록 하는 등 안전에 유의한다.
> ② 그래플 아래에는 서 있지 않는다.
> ③ 점검 · 정비할 때에는 그래플을 하강한 상태에서 하며, 어쩔 수 없이 들어 올린 상태에서 점검 · 정비할 때에는 하강하지 않도록 받침대 등으로 받쳐 준다.
> ④ 반드시 탈부착 프레임과 작업기가 완전하게 체결되도록 하고 작업에 임한다.
> ⑤ 작업중량을 초과하여 사용 시 베일이 떨어질 우려가 있으므로 반드시 적정 용량으로 사용한다.
> ⑥ 이동 시 그래플을 높게 들고 다니면 전복의 원인이 되므로 하강한 상태에서 이동한다.
> ⑦ 베일집게에 붙은 이물질을 제거하고 깨끗이 청소한다.

03 집단토론방식의 하나로 한 그룹당 6명씩 소집단으로 구성하고 한 사람이 6분간 자유토론을 하는 방식으로 진행하며, 그 결과를 가지고 전체가 토의하는 방식으로 6-6회의라고 불리는 토론방식은 무엇인가?

> **해설**
> 버즈세션(Buzz Session)

04 근골격계 질환의 발생 단계에 대해 기술하시오.

해설

1단계(질환의 초기 단계) : 작업 시간 중에 통증이나 피로감을 호소한다. 그러나 밤새 휴식을 취하게 되면 회복된다. 평상시에 작업 능력의 저하가 발생하지는 않는다. 이러한 상황은 몇 주 또는 몇 달 지속될 수 있으며, 다시 회복될 수 있다.

2단계(질환 의심 단계, 이때부터 더 적극적인 관리가 필요함) : 작업 시간 초기부터 발생하여 하룻밤이 지나도 통증이 계속된다. 통증 때문에 수면이 방해받으며, 반복된 작업을 수행하는 능력이 저하된다. 이러한 상황이 몇 달 동안 계속된다.

3단계(질환 발생, 즉각적으로 의학적인 치료가 필요한 단계) : 휴식을 취할 때에도 계속 통증을 느끼게 되고, 반복되는 움직임이 아닌 경우에도 통증이 발생하게 된다. 잠을 잘 수 없을 정도로 고통이 계속되며 낮에도 작업을 수행할 수 없게 되고, 일상 중 다른 일에도 어려움을 겪게 된다.

05 안전화의 종류 3가지를 작성하시오.

해설

① 가죽제 안전화 : 물체의 낙하, 충격 또는 날카로운 물체에 의한 찔림, 위험으로부터 발을 보호하기 위한 것
② 고무제 안전화 : 물체의 낙하, 충격 또는 날카로운 물체에 의한 찔림, 위험으로부터 발을 보호하고 내수성을 겸한 것
③ 정전기 안전화 : 물체의 낙하, 충격 또는 날카로운 물체에 의한 찔림, 위험으로부터 발을 보호하고 정전기의 인체대전을 방지하기 위한 것
④ 발등 안전화 : 물체의 낙하, 충격 또는 날카로운 물체에 의한 찔림, 위험으로부터 발 및 발등을 보호하기 위한 것
⑤ 절연화 : 물체의 낙하, 충격 또는 날카로운 물체에 의한 찔림, 위험으로부터 발을 보호하고 저압의 전기에 의한 감전을 방지하기 위한 것
⑥ 절연장화 : 고압에 의한 감전을 방지 및 방수를 겸한 것
⑦ 화학물질용 안전화 : 물체의 낙하, 충격 또는 날카로운 물체에 의한 찔림, 위험으로부터 발을 보호하고 화학물질로부터 유해·위험을 방지하기 위한 것

06 자외선이 눈에 미치는 악영향으로 인하여 발생하는 눈질환 3가지를 작성하시오.

해설

① 광각막염
② 결막염
③ 백내장

07 OWAS를 이용한 작업자세 평가항목을 작성하시오.

해설
① 허 리
② 팔
③ 다 리
④ 하중(중량물 작업)
※ 참 고
　　OWAS 평가기법 : 작업자들의 작업자세를 평가하기 위해 개발된 작업자세 평가기법이다. 이 평가기법은 신체 부위별로 정의된 자세기준을 코드화하여 분석하며, 평가절차가 간단하여 배우기 쉽고 현장에 적용하기 쉬워서 많이 이용되고 있다.

08 전신에 대한 인체측정이 가능한 근골격계 부담작업 평가기법은 무엇인가?

해설
REBA
※ 참 고
　　REBA 평가기법 : 손, 아래팔, 목, 어깨, 허리, 다리 부위 등 전신을 평가하며, 허리, 어깨, 다리, 팔, 손목 등의 부적절한 자세와 반복성, 중량물 작업 등이 복합적으로 문제되는 작업의 평가에 적합하다.

09 밀폐된 공간에서 작업 시 착용해야 하는 보호장구를 작성하시오.

해설
① 송기마스크(에어라인 마스크)
② 자가공기호흡기

10 하인리히 법칙에 의해 경상이 58일 때 무재해는 몇인지 작성하시오.

해설
600
하인리히 법칙은 사고발생 비율을 1(중대재해) : 29(경상) : 300(무재해)으로 나타낸 법칙이다. 문제에서 경상이 58로 29의 2배이므로, 무재해는 300의 2배인 600으로 계산된다.

11 다음 농기계 작업 시 주의사항의 ( ) 안에 알맞은 말을 쓰시오.

> 논둑을 넘을 때에는 차체가 논둑에 대해 (㉠)이 되도록 하고, 높이 차가 큰 경우에는 (㉡)을/를 사용한다. 포장의 출입로는 경사를 (㉢) 하고 충분한 폭을 가지도록 한다.

해설
㉠ 직각
㉡ 디딤판
㉢ 완만하게

12 해당 표지는 어떤 경고표지인지 작성하시오.

해설
넘어짐 주의 경고표지

13 비닐하우스에서 재배작업 시, 화학적 · 생물학적 · 물리적 · 인간공학적 위험요인을 작성하시오.

해설
① 화학적 : 농약중독 발생 위험(각종 급성증후군, 만성신경영향, 면역기능 약화)
② 생물학적 : 알레르기원(피부염, 호흡기질환)
③ 물리적 : 고온다습한 작업환경으로 인한 온열질환 발생 위험
④ 인간공학적 : 근골격계 질환

14 로직트리 분석기법을 설명하시오.

> 해설
>
> 로직트리(Logic Tree) 분석기법은 사고의 원인이 되는 사실을 논리적으로 분해하고 분석하며 나무형태로 그려나가는 기법으로서, 발생된 재해에 대해서 재해를 구성하고 있는 사실들을 거꾸로 추적하여 근본적 원인을 찾아내는 시스템적 분석기법이다.

15 농작업에 따른 산업재해 발생 시, 산업재해로 인정되는 유형 2가지를 작성하시오.

> 해설
>
> ① 농어업작업 관련 사고
> - 농어업인 및 농어업 근로자가 농어업작업이나 그에 따르는 행위(농어업작업을 준비 또는 마무리하거나 농어업작업을 위하여 이동하는 행위를 포함한다)를 하던 중 발생한 사고
> - 농어업작업과 관련된 시설물을 이용하던 중 그 시설물 등의 결함이나 관리 소홀로 발생한 사고
> - 그 밖에 농어업작업과 관련하여 발생한 사고
> ② 농어업작업 관련 질병
> - 농어업작업 수행 과정에서 유해 · 위험요인을 취급하거나 그에 노출되어 발생한 질병
> - 농어업작업 관련 사고로 인한 부상이 원인이 되어 발생한 질병
> - 그 밖에 농어업작업과 관련하여 발생한 질병

16 제초제로 많이 사용되던 파라쿼트 계열의 고독성 농약이 국내 사용금지로 인하여 (   ) 물질로 대체되었다. (   ) 안에 들어갈 대체제의 명칭을 쓰시오.

> 해설
>
> 글리포세이트

2020년 과년도 기출복원문제

01 다음 도표를 보고 알맞은 통계분석방법을 작성하시오.

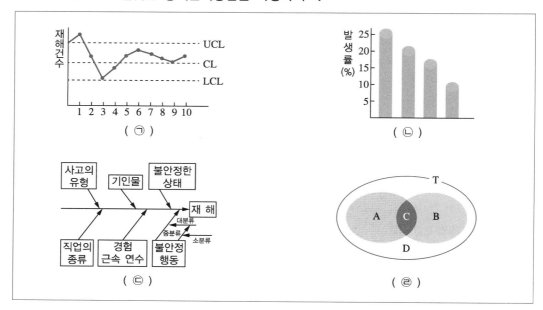

해설

㉠ 관리도 : 재해발생 건수 등의 추이를 파악하여 목표관리를 하는 데에 필요한 월별 발생 수를 그래프화하여 관리선을 설정·관리하는 방법이다.

㉡ 파레토도 : 사고의 유형, 기인물 등 분류항목을 큰 순서대로 도표화한다(문제나 목표의 이해에 편리).

㉢ 특성요인도 : 특성과 요인 관계를 도표로 하여 어(魚)골상으로 세분화한다.

㉣ 클로즈도 : 2개 이상의 문제 관계를 분석하는 데에 사용하는 것으로 데이터를 집계하고 표로 표시하여 요인별로 결과 내역을 교차한 클로즈 그림을 작성하여 분석한다.

02 다음 그림은 사다리 작업을 하고 있는 농업인의 모습이다. 이때 발생할 수 있는 사고원인 및 대책에 관해 설명하시오.

해설
① 사고원인 : 일자형 사다리를 나뭇가지에 걸쳐 작업했기 때문에 충분한 지지가 이루어지지 않아 사다리와 함께 추락
② 대 책
 • 설치 각도는 수평면에 대하여 75°를 유지
 • 사다리 높이의 1/4 길이의 수평거리 유지
 • 상부 발판 3개 미만에서 작업하고 3점 접촉을 유지
 • 상단은 걸쳐놓은 지점으로부터 1m 이상 또는 사다리 발판 3개 이상의 높이로 올라오게 설치
 • 곡면에 사다리를 세우지 않음(전신주 등)

03 농약 살포작업 시 호스를 자동으로 감거나 푸는 장치의 명칭을 쓰시오.

해설
자동호스릴

04 다음 보기의 순서를 재배열하여 자동제세동기 사용 순서를 작성하시오.

 ㉠ 패드 부착   ㉡ 제세동 시행
 ㉢ 심장리듬 분석   ㉣ 심폐소생
 ㉤ 전원 켜기

해설
㉤ 전원 켜기 → ㉠ 패드 부착 → ㉢ 심장리듬 분석 → ㉡ 제세동 시행 → ㉣ 심폐소생

05 뇌심혈관계 질환의 위험요소 4가지를 작성하시오.

> **해설**
> 고혈압, 당뇨병, 고지혈증, 스트레스, 흡연, 비만

06 경운기에 관련된 사항이다. 괄호 안에 알맞은 말을 작성하시오.

> - 도로주행 시 사고의 우려가 있으므로 야간주행 시에는 (㉠)를 점등하고 필요에 맞게 (㉡) 등을 부착하여 상대 차량의 운전자가 멀리서도 확인할 수 있도록 한다.
> - 트레일러를 부착한 경우에 고속주행시 급선회하면 (㉢)이 일어날 우려가 있으므로 될 수 있는 대로 조향클러치를 사용하지 말고 핸들 조작으로 선회하도록 한다.
> - 언덕을 내려올 때에는 브레이크의 제동력이 떨어지므로 (㉣)를 병행하여 사용한다.
> - 경사진 곳에서 조향클러치의 작동은 평지와 반대 방향으로 선회하므로 (㉤)를 사용하지 말고 반드시 핸들로 선회한다.

> **해설**
> ㉠ 등화장치
> ㉡ 야간반사테이프, 반사판
> ㉢ 잭나이프현상
> ㉣ 엔진브레이크
> ㉤ 조향클러치

07 수근관증후군(터널증후군)에 대한 원인, 증상, 발생하는 농작업에 대하여 설명하시오.

> **해설**
> ① 원인 : 반복적인 손목 작업(과도한 손의 사용)
> ② 증상 : 손목 통증을 동반한 손가락 저림, 감각이상, 통증 등
> ③ 발생하는 농작업 : 반복적인 과수농업(반복적으로 사용하는 가위질, 손을 이용한 수동장비 사용)

08 농약의 주요 침투경로 2가지를 순서대로 고르시오.

> 피부, 경구, 호흡기

> **해설**
> 피부, 호흡기

09 여름철 농작업을 하던 농업인이 두통 및 현기증을 호소하고 의식장애, 비정상적 활력 징후, 고온 건조한 피부 증상 등을 나타내었다. 심부 체온측정 결과 41℃로 매우 위급하였는데, 해당 농업인의 온열질환은 무엇인가?

해설

열사병

10 밀폐된 가축분뇨 처리시설에서의 안전작업 절차 4가지를 작성하시오.

해설

① 작업자 안전보건 교육
② 작업자 안전장비 구비
③ 가스농도 측정
④ 환기 실시
⑤ 감시인 배치
⑥ 작업자와 연락체계 구축
⑦ 출입 인원 점검

11 다음 빈칸에 알맞은 말을 쓰시오.

(㉠)이란 인체의 일부 또는 전체에 전류가 흐르는 현상으로, (㉠)에 의해 인체가 받게 되는 충격을 (㉡)이라고 하는데, (㉡)은 간단한 충격으로부터 심한 고통을 받는 충격, 때로는 심실세동에 의한 사망까지도 발생한다.

해설

㉠ 감 전
㉡ 전 격
※ 참고 : 전압의 구분

구 분	교류(AC, 60Hz)	직류(DC)
저 압	1kV 이하인 것	1.5kV 이하인 것
고 압	1kV를 넘고 7kV 이하인 것	1.5kV를 넘고 7kV 이하인 것
특별고압	7kV를 넘는 것	

12 OWAS 4단계 조치 수준을 설명하시오.

해설

작업자세 수준	평가내용
수준 1	• 근골격계에 특별한 해를 끼치지 않음 • 작업자세에 아무런 조치가 필요하지 않음
수준 2	• 근골격계에 약간의 해를 끼침 • 가까운 시일 내에 작업자세의 교정이 필요함
수준 3	• 근골격계에 직접적인 해를 끼침 • 가능한 한 빨리 작업자세를 교정해야 함
수준 4	• 근골격계에 매우 심각한 해를 끼침 • 즉각적인 작업자세의 교정이 필요함

13 농약관리법에 따른 농약의 안전사용 기준 5가지를 쓰시오.

해설

농약 등의 안전사용기준(농약관리법 시행령 제19조)
① 법 제23조 제1항에 따른 농약 등의 안전사용기준은 다음 각 호와 같다.
  1. 적용대상 농작물에만 사용할 것
  2. 적용대상 병해충에만 사용할 것
  3. 적용대상 농작물과 병해충별로 정해진 사용방법·사용량을 지켜 사용할 것
  4. 적용대상 농작물에 대하여 사용시기 및 사용가능 횟수가 정해진 농약 등은 그 사용시기 및 사용가능 횟수를 지켜 사용할 것
  5. 사용대상자가 정해진 농약 등은 사용대상자 외의 사람이 사용하지 말 것
  6. 사용지역이 제한되는 농약 등은 사용제한지역에서 사용하지 말 것
② 농촌진흥청장은 농약 등의 품목별 또는 제품별로 적용대상 농작물 및 병해충, 사용시기, 사용가능 횟수, 사용대상자 또는 사용제한지역 등 제1항에 따른 안전사용기준의 세부기준을 정하여 고시할 수 있다.
③ 농촌진흥청장은 제1항 및 제2항에도 불구하고 적용대상 농작물, 적용대상 병해충 및 사용방법·사용량 등이 정해지지 아니한 농약에 대하여 인체 및 환경에 미치는 영향을 고려한 별도의 안전사용기준을 정하여 고시할 수 있다.

14 충전부 감지 대책에 관한 설명이다. (   ) 안을 채우시오.

> • 충전부가 노출되지 않도록 (㉠)이 있는 구조로 할 것
> • 충전부에는 충분한 절연효과가 있는 (㉡)를 설치할 것
> • 충전부에는 내구성 있는 (㉢)로 완전히 덮어 감쌀 것
> • 발전소, 변전소 및 개폐소 등 구획되어 있는 장소로서 관계작업자 외의 출입이 금지되는 장소에 설치하고 (㉣) 등의 방법으로 방호를 강화할 것

[해설]
㉠ 폐쇄형 외함
㉡ 방호망 또는 절연덮개
㉢ 절연물
㉣ 위험표시

15 교육 요구분석 조사방법 3가지를 쓰시오.

[해설]
① 설문조사
② 관 찰
③ 면 담
④ Focus Group 조사

16 여름날 오후 2시에 노지에서 삽으로 작업을 하고 있다. WBGT 30℃ 이상에서 작업 중일 때 작업기간과 휴게시간을 작성하시오.

[해설]
① 시간당 작업시간 : 15분
② 휴식시간 : 45분
※ 참고 : 작업강도 및 작업휴식시간비에 따른 온열 기준(단위 : ℃, WBGT)

작업강도 작업/휴식시간 비율	경작업	중등작업	중작업
계속 작업	30.0	26.7	25.0
매시간 75% 작업, 25% 휴식	30.6	28.0	25.9
매시간 50% 작업, 50% 휴식	31.4	29.4	27.9
매시간 25% 작업, 75% 휴식	32.2	31.1	30.0

• 경작업 : 200kcal까지의 열량이 소요되는 작업을 말하며, 앉아서 또는 서서 기계의 조정을 하기 위하여 손 또는 팔을 가볍게 쓰는 일 등을 뜻함
• 중등작업 : 시간당 200~350kcal의 열량이 소요되는 작업을 말하며, 물체를 들거나 밀면서 걸어다니는 일 등을 말함
• 중작업 : 시간당 350~500kcal의 열량이 소요되는 작업을 말하며, 곡괭이질 또는 삽질하는 일 등을 뜻함

17 올바른 접지 요령에 관련 내용이다. (   ) 안에 알맞은 말을 쓰시오.

> • 접지선은 지름 1.6mm 이상의 연동선 또는 이와 동등한 세기의 굵기로서 쉽게 부식되지 않는 (㉠)이어야
> 한다.
> • 접지선의 지하 (㉡)cm에서 지표상 (㉢)m까지 합성수지관 또는 이와 동등 이상의 절연효력 및 강도를
> 갖는 몰드로 덮어야 하며, 접지선을 시설한 지지물에 (피뢰침용) 접지선을 사용해서는 안 되며, 접지부는
> 부식되지 않았는지 정기적으로 확인하여야 한다.
> • 접지극과 설치지지대(㉣)와의 땅속에서의 이격거리는 (㉤)m 이상이 되어야 한다.

해설
㉠ 절연전선 또는 케이블
㉡ 75
㉢ 2
㉣ 기둥 등
㉤ 1

18 근골격계 질환 원인 중 작업특성요인 5가지를 적으시오.

해설
① 특정 신체 부위를 반복하는 작업
② 불편하고 부자연스러운 작업 자세
③ 과도한 힘
④ 강한 노동 강도
⑤ 날카로운 면과의 접촉으로 인한 신체 압박
⑥ 추운 작업 환경
⑦ 소음, 진동
⑧ 중량물 등

19 다음 보기를 참고하여 방독마스크 정화통 색상 및 시험가스 표를 작성하시오.

> • 정화통 색상 : 갈색, 회색, 노란색, 녹색
> • 시험가스 : 디메틸에테르, 염소가스, 이소부탄

해설

종 류	시험가스	정화통 색상
유기화합물용 정화통	사이클로헥산, 디메틸에테르, 이소부탄	갈 색
할로겐용 정화통	염소가스 또는 증기	회 색
황화수소용 정화통	황화수소	
사이안화수소용 정화통	사이안화수소	
아황산용 정화통	아황산	노란색
암모니아용 정화통	암모니아	녹 색

20 산업안전 소음 노출로 dB위험도를 제일 위험한 순서대로 나열하시오.

> ㉠ 90dB, 1일 8시간   ㉡ 95dB, 1일 4시간 30분
> ㉢ 85dB, 1일 8시간   ㉣ 100dB, 1일 3시간

해설

㉣ 100dB, 3시간 → 3/2 = 1.5

㉡ 95dB, 4.5시간 → 4.5/4 = 1.25

㉠ 90dB, 8시간 → 1

㉢ 85dB, 12시간 → 무제한

※ 참고 : 소음의 노출기준

소음 강도(dB)	90	95	100	105	110	115
1일 노출시간	8	4	2	1	1/2	1/4

2021년 과년도 기출복원문제

01 버드의 재해구성비율과 그 의미를 작성하시오.

해설

1 : 10 : 30 : 600

- 600회(무상해, 무손실 사고 = 아차사고)
- 30회(무상해, 물적 손실 사고)
- 10회(경상)
- 1회(중상, 폐질)

02 다음 각 괄호 안에 알맞은 기준을 작성하시오.

- 폭염주의보 : (①)℃ 이상의 최고기온이 (②)일 이상 지속되는 경우
- 폭염경보 : (③)℃ 이상의 최고기온이 (④)일 이상 지속되는 경우

해설

① 33
② 2
③ 35
④ 2

- 폭염주의보 : 33℃ 이상의 최고기온이 2일 이상 지속되는 경우
- 폭염경보 : 35℃ 이상의 최고기온이 2일 이상 지속되는 경우

03 산업안전보건기준에 관한 규칙에 의거하여 건조설비를 설치하는 경우의 건조설비 구조에 대하여 3가지 이상 작성하시오(건조물의 종류, 가열건조의 정도, 열원(熱源)의 종류 등에 따라 폭발이나 화재가 발생할 우려가 없는 경우 제외).

> **해설**
>
> 건조설비의 구조 등(산업안전보건기준에 관한 규칙 제281조)
>
> 사업주는 건조설비를 설치하는 경우에 다음 각 호와 같은 구조로 설치하여야 한다. 다만, 건조물의 종류, 가열건조의 정도, 열원(熱源)의 종류 등에 따라 폭발이나 화재가 발생할 우려가 없는 경우에는 그러하지 아니하다.
>
> 1. 건조설비의 바깥 면은 불연성 재료로 만들 것
> 2. 건조설비(유기과산화물을 가열건조하는 것은 제외한다)의 내면과 내부의 선반이나 틀은 불연성 재료로 만들 것
> 3. 위험물 건조설비의 측벽이나 바닥은 견고한 구조로 할 것
> 4. 위험물 건조설비는 그 상부를 가벼운 재료로 만들고 주위상황을 고려하여 폭발구를 설치할 것
> 5. 위험물 건조설비는 건조하는 경우에 발생하는 가스·증기 또는 분진을 안전한 장소로 배출시킬 수 있는 구조로 할 것
> 6. 액체연료 또는 인화성 가스를 열원의 연료로 사용하는 건조설비는 점화하는 경우에는 폭발이나 화재를 예방하기 위하여 연소실이나 그 밖에 점화하는 부분을 환기시킬 수 있는 구조로 할 것
> 7. 건조설비의 내부는 청소하기 쉬운 구조로 할 것
> 8. 건조설비의 감시창·출입구 및 배기구 등과 같은 개구부는 발화 시에 불이 다른 곳으로 번지지 아니하는 위치에 설치하고 필요한 경우에는 즉시 밀폐할 수 있는 구조로 할 것
> 9. 건조설비는 내부의 온도가 부분적으로 상승하지 아니하는 구조로 설치할 것
> 10. 위험물 건조설비의 열원으로서 직화를 사용하지 아니할 것
> 11. 위험물 건조설비가 아닌 건조설비의 열원으로서 직화를 사용하는 경우에는 불꽃 등에 의한 화재를 예방하기 위하여 덮개를 설치하거나 격벽을 설치할 것

04 자외선으로 인한 인체 피해를 예방하기 위한 방법을 작성하시오.

해설

① 선글라스 착용
② 모자 및 적절한 의복 착용
③ 자외선 차단제 사용
④ 자외선 지수 확인
⑤ 가능한 한 그늘을 찾고 정오(오전 10시 ~ 오후 4시)에 햇볕 쬐는 것을 피할 것

※ 참고 : 자외선지수의 범위에 따른 위험도 및 대응요령

노출단계	지수범위	대응요령
위 험	11 이상	• 햇볕에 노출 시에 수십 분 이내에도 피부 화상을 입을 수 있어 가장 위험하다. • 가능한 한 실내에 머물러야 한다. • 외출 시 긴소매 옷, 모자, 선글라스를 이용해야 한다. • 자외선 차단제를 정기적으로 발라야 한다.
매우 높음	8 이상 10 이하	• 햇볕에 노출 시에 수십 분 이내에도 피부 화상을 입을 수 있어 매우 위험하다. • 오전 10시부터 오후 3시까지 외출을 피하고 실내나 그늘에 머물러야 한다. • 외출 시에 긴소매 옷, 모자, 선글라스를 이용해야 한다. • 자외선 차단제를 정기적으로 발라야 한다.
높 음	6 이상 7 이하	• 햇볕에 노출 시에 1~2시간 내에도 피부 화상을 입을 수 있어 위험하다. • 한낮에는 그늘에 머물러야 한다. • 외출 시에 긴소매 옷, 모자, 선글라스를 이용해야 한다. • 자외선 차단제를 정기적으로 발라야 한다.
보 통	3 이상 5 이하	• 2~3시간 내에도 햇볕에 노출 시에 피부 화상을 입을 수 있다. • 모자, 선글라스를 이용해야 한다. • 자외선 차단제를 발라야 한다.
낮 음	2 이하	• 햇볕 노출에 대한 보호조치가 필요하진 않다. • 햇볕에 민감한 피부를 가진 사람은 자외선 차단제를 발라야 한다.

(출처 : 기상청 http://www.weather.go.kr)

05 농약 용도 구분에 따른 용기마개 색을 작성하시오.

해설

① 살균제 : 분홍색
② 살충제 : 녹색
③ 제초제 : 황색
④ 비선택성 제초제 : 적색
⑤ 생장조정제 : 청색
⑥ 기타 : 백색

※ 농약 용도 구분에 따른 용기마개 색

종 류	살균제	살충제	제초제	비선택성 제초제	생장조정제	기 타
마개 색	분홍색	녹 색	황색(노랑)	적 색	청 색	백 색

06 안전장치의 구조를 임의로 개조하거나 변경하여서는 아니 되는 농업기계를 3가지 이상 작성하시오.

[해설]

① 농업용 트랙터
② 콤바인
③ 이앙기

안전관리대상 농업기계 및 안전장치(농업기계화 촉진법 시행규칙 제18조의2 제1항)
법 제12조 제3항에 따라 안전장치의 구조를 임의로 개조하거나 변경하여서는 아니 되는 농업기계는 별표 4의 검정대상 농업기계를 말한다.

검정대상 농업기계(제3조의2 제1항 관련 별표 4)

1. 종합검정
   가. 농업용 트랙터
   나. 농업용 트랙터 보호구조물(ROPS)
   다. 콤바인
   라. 이앙기
   마. 정식기
   바. 농업용 난방기(가스식은 제외)
   사. 농산물건조기
   아. 농산물저온저장고
   자. 가정용 도정기
   차. 농업용 동력운반차(승용형)
   카. 농업용 로더(Loader, 올리개)[자체중량 2톤 미만의 동력전달 차축을 가진 승용자주식 전용형 작업기계(차체굴절식 조향장치가 있는 자체중량 4톤 미만의 타이어식 로더를 포함한다)]
   타. 농업용 굴착기(전용형, 자체중량 1톤 미만)
   파. 관리기(승용형)
   하. 비료살포기(승용자주형)
   거. 농업용 베일러(Baler, 볏짚 묶는 기계)(승용자주형)
   너. 동력수확기[자주형 또는 농업용 트랙터 부착형(농업용 트랙터 부착형 굴취전용 땅속작물수확기는 제외한다)]
   더. 동력파종기(승용자주형, 농업용 트랙터 부착형 또는 전용형 벼직파기를 포함한다)
   러. 경운기
   머. 스피드스프레이어
   버. 주행형 동력분무기(승용자주형)
   서. 원거리용 방제기
   어. 승용자주형 붐스프레이어(긴막대형 살포기)
   저. 그 밖에 농림축산식품부장관이 필요하다고 인정하는 농업기계
2. 안전검정
   가. 농업용 동력운반차(보행형)
   나. 곡물건조기
   다. 농업용 고소작업차(과수용 작업대를 포함한다)
   라. 주행형 동력분무기(보행자주형 및 부착형)
   마. 농업용 파쇄기
   바. 농업용 톱밥제조기
   사. 비료살포기(승용자주형은 제외한다)
   아. 농산물세척기
   자. 예취기
   차. 동력제초기[모어(Mower, 잔디 깎는 기계)를 포함한다]
   카. 농업용 리프트
   타. 트레일러(농업용 트랙터 및 경운기용)
   파. 농업용 베일러(승용자주형은 제외한다)

하. 농업용 절단기
거. 베일피복기
너. 관리기(보행형)
더. 스피드스프레이어(자주형은 제외한다)
러. 사료배합기
머. 사료공급기(사료급이기)
버. 농산물제피기(農産物際皮機)(공기식은 제외한다)
서. 탈곡기(주행형)
어. 동력수확기(농업용 트랙터 부착형 굴취전용 땅속작물수확기로 한정한다)
저. 그 밖에 농림축산식품부장관이 필요하다고 인정하는 농업기계

07 재해 발생 시 조치순서에 대해 작성하시오.

해설

① 재해를 발생시킨 기계 등의 정지
② 재해자의 응급처치
③ 관계자 등에게 사고 사실 전달
④ 2차 재해 유발방지
⑤ 현장 보존

08 ADDIE 모형의 주요한 과정 5가지를 작성하시오.

해설

① 분석(Analysis)
② 설계(Design)
③ 개발(Development)
④ 실행(Implementation)
⑤ 평가(Evaluation)

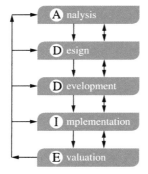

[ADDIE 모형]

09 다음 괄호 안에 알맞은 용어를 작성하시오.

> 예초기 운전 중에 항상 기계의 작업범위 (①) 내에 사람이 접근하지 못하도록 하는 등 안전을 확인하고 예초작업은 (②) 방향으로 한다.

[해설]
① 15m
② 오른쪽에서 왼쪽

10 상완과 관련된 근골격계 질환 3가지를 작성하시오.

[해설]
① 수근관증후군(Carpal Tunnel Syndrome) : 손의 과도한 사용으로 손목의 힘줄들이 두꺼워지면서 손목으로 지나가는 신경을 누르게 되는데, 이 신경이 눌리면서 손의 저림이나 감각이상, 통증 등을 유발하는 질환
② 손 골관절염 : 손의 과도한 사용으로 부드럽게 움직여야 할 손가락 관절들이 뻣뻣해지거나 통증이 발생하고 손가락 마디가 튀어나오기도 하는 질환
③ 건초염(De Quervain's Syndrome) : 활액막의 염증으로 인한 자극

11 농약의 피부노출을 조사하는 방법 3가지를 작성하시오.

[해설]
① 패치법 : 농약을 흡수할 수 있는 소재의 패치를 농약을 사용할 작업자 몸의 각 부위에 부착한 후 패치에 묻은 농약의 양을 분석하여 해당 부위에 묻었을 것으로 예상되는 농약의 양을 예측하는 방법
② 형광물질 조사법 : 눈에 보이지 않는 형광물질을 농약에 첨가하여 농약을 사용한 작업자의 몸이나 옷에 묻은 형광물질의 양을 측정하는 방법
③ 전신노출 조사법 : 농약을 흡수할 수 있는 소재의 옷, 모자, 장갑을 작업자의 몸에 착용시키고 농약을 사용한 후 옷, 모자, 장갑에 묻은 농약을 분석하는 방법
④ 워시(Wash)법 : 농약이 묻은 손 등을 용매에 씻은 후 용액에 녹아 있는 농약을 분석하는 방법

12 다음 괄호 안에 들어갈 알맞은 용어는?

> 농작업 시 생기는 광물질로 ( )은 폐질환을 일으킨다.

해설
유리규산

13 다음 보기 중 면밀하게 직조된 면직물로서 근로자가 무겁고 날카롭거나 거친 자재를 다룰 때 절단이나 타박상으로부터 근로자를 보호해 주는 보호복의 소재로 알맞은 것을 고르시오.

> 부직포 섬유, 석면, 가공처리된 모 혹은 면, 두꺼운 즈크(Doek) 면

해설
두꺼운 즈크 면

14 방독 마스크의 사용기준을 쓰시오.

해설
- 유해가스에 알맞은 공기 정화통을 사용한다.
- 충분한 산소(18% 이상)가 있는 장소에서 사용한다(산소농도 18% 미만인 산소결핍 장소에서의 사용을 금한다).
- 유해가스(2% 미만) 발생 장소에서 사용한다.
- 파과시간 전까지 사용할 수 있다.

15 농어업인의 안전보험 및 안전재해예방에 관한 법률 시행규칙에 의거하여 농어업작업 안전재해 예방을 위한 교육내용 3가지를 쓰시오.

해설

농어업작업안전재해의 예방 교육(농어업인의 안전보험 및 안전재해예방에 관한 법률 시행규칙 제6조)
1. 농어업인의 건강에 영향을 미치는 위험요인의 차단에 관한 교육
2. 비위생적이고 열악한 농어업작업 환경의 개선에 관한 교육
3. 작업자의 안전 확보를 위한 개인보호장비에 관한 교육
4. 농산물 수확 또는 어획물 작업 등 노동 부담 개선을 위한 편의장비에 관한 교육
5. 농어업작업 환경의 특수성을 고려한 건강검진에 관한 교육
6. 농어업인 안전보건 인식 제고를 위한 교육
7. 그 밖에 농림축산식품부장관 또는 해양수산부장관이 필요하다고 인정하는 교육

16 괄호 안에 들어갈 알맞은 답을 작성하시오.

곡물건조기 설치 시 전기공사를 할 경우 전문기술자에게 의뢰하고 접지봉은 땅속 (   ) 아래까지 묻어둔다.

해설

75cm

17 안전장치 부착 여부와 안전장치 구조의 임의 개조 또는 변경 여부를 조사한 후 그 결과를 농림축산 식품부장관에게 보고하여야 하는 농업기계는?

해설

• 농업용 트랙터
• 농업용 동력운반차
• 콤바인
• 스피드 스프레이어
• 트레일러(농업용 트랙터 및 경운기용)
• 비료살포기
• 그 밖에 농림축산식품부장관이 안전관리를 위하여 필요하다고 인정하는 농업기계

18 농약 살포 시 보호구 착용에 대한 설명이다. 각각의 설명에 대한 정오(O/X)를 쓰시오.

> (1) 농약은 피부를 통해 흡수가 가장 많이 되기 때문에 몸 전체를 덮어 주는 방제복 착용이 중요하며, 특히 농약 전용 방제복 또는 방수 기능이 있는 옷을 착용하여야 한다.
> (2) 신체 부위 중 손은 농약 노출에 가장 취약한 부분 중 하나이며 일반 면장갑을 사용하는 것이 중요하다.
> (3) 충격 방지와 농약이 눈으로 튀는 것을 방지하기 위한 고글(보안경)을 착용한다.
> (4) 장화를 신은 후 방제복을 덮어 장화 안으로 농약이 흘러들어가는 것을 방지한다.

해설
(1) O
(2) X
(3) O
(4) O

19 태양광선이 내리쬐지 않는 옥외작업장에서 온도를 측정한 결과, 건구온도는 30℃, 자연습구온도는 30℃, 흑구온도는 34℃이었을 때 습구흑구온도지수(WBGT)는 약 몇 ℃인가?

해설
WBGT(℃) = 0.7 × 자연습구온도 + 0.3 × 흑구온도 = 0.7 × 30 + 0.3 × 34 = 31.2

20 괄호 안에 들어갈 알맞은 답을 쓰시오.

> 농약 허용물질 목록 관리제도(PLS ; Positive List System)에서 잔류허용기준이 설정되지 않은 농약은 일률기준 (   )이 적용된다.

해설
0.01ppm

2022년 과년도 기출복원문제

01 위험예지훈련의 4라운드 진행방식을 작성하시오.

해설

① 제1단계 : 현상파악 – 어떤 위험이 잠재하고 있는가?(사실을 파악한다)
② 제2단계 : 본질추구 – 이것이 위험의 포인트이다(원인을 찾는다).
③ 제3단계 : 대책수립 – 당신이라면 어떻게 할 것인가?(대책을 세운다)
④ 제4단계 : 목표설정 – 우리들은 이렇게 하자(행동계획을 결정한다)

02 하인리히 1 : 29 : 300 법칙에 대해 작성하시오.

해설

① 사망 또는 중상(중대사고) 1회
② 경상(인적·물적 손실 수반) 29회
③ 무상해 사고(아차사고, 고장 포함) 300회

03 하인리히 법칙에 의해 경상이 58회일 때 무재해는 몇인지 작성하시오.

> **해설**
>
> 무재해 : 600
> 하인리히 법칙은 사고발생 비율을 1(중대재해) : 29(경상) : 300(무재해)으로 나타낸 법칙이다. 문제에서 경상이 58로
> 29의 2배이므로, 무재해는 300의 2배인 600이 된다.

04 농업기계 중 파종기 사용 시 주의사항을 작성하시오.

> **해설**
>
> ① 사용하기 전에는 각 부위의 구동 상태, 체결 상태 등을 점검하여 이상 유무를 확인한다.
> ② 체인 및 스프로켓의 안전방호장치 커버를 절대로 제거하지 않는다.
> ③ 이물질이 들어갔다거나 종자가 막혀서 제거할 경우, 파종기에 이상이 발생했을 경우에는 엔진을 정지한 상태에서
>   점검한다.
> ④ 파종작업 시 구절기의 원판에 절대로 손을 대지 않는다.
> ⑤ 파종기에는 절대로 사람이 올라타지 않도록 한다.
> ⑥ 파종기가 올려진 상태에서 정비·점검해야 한다면, 추가의 안전 지지대를 사용하여 파종기가 하강하지 않도록 한다.
> ⑦ 주행 시 파종기를 지면에서 약 30~40cm 정도 올리고 이동하고 구동시키지 않는다.

05 다음 그림문자는 어떤 표시를 나타내는지 작성하시오.

① 고독성 농약 중 액체농약
② 불침투성 방제복 착용
③ 주의·경고마크

[별표 1]

농약 등의 그림문자(농약, 원제 및 농약활용기자재의 표시기준)

1. 행위 금지의 표시		2. 행위 강제의 표시	
고독성 농약	꿀벌독성 농약	마스크 착용	불침투성 방제복 착용
보통독성 농약	누에독성 농약	보안경 착용	농약보관창고(상자)에 잠금장치 보관
고독성 농약 중 액체농약	조류독성 농약	불침투성 장갑 착용	주의·경고마크
어독성 Ⅰ급 농약 및 수도용 어독성 Ⅱ급 농약	분말상태 농약 요리금지		

06 달걀 썩는 냄새가 나는 유독성 가스의 종류를 쓰고, 이 가스의 산업안전보건법상 적정가스의 농도를 작성하시오.

> **해설**
>
> ① 가스명 : 황화수소(H_2S)
> ② 적정가스 농도 : 10ppm 미만
>
> | 적정공기(산업안전보건기준에 관한 규칙 제618조) |
> | :-- |
> | 산소농도의 범위가 18% 이상 23.5% 미만, 탄산가스의 농도가 1.5% 미만, 일산화탄소의 농도가 30ppm 미만, 황화수소의 농도가 10ppm 미만인 수준의 공기를 말한다. |

07 산업안전보건법상 꽂음 접속기를 설치하거나 사용 시 사업주의 준수사항 3가지를 작성하시오.

> **해설**
>
> 꽂음 접속기의 설치 · 사용 시 준수사항(산업안전보건기준에 관한 규칙 제316조)
> ① 서로 다른 전압의 꽂음 접속기는 서로 접속되지 아니한 구조의 것을 사용할 것
> ② 습윤한 장소에 사용되는 꽂음 접속기는 방수형 등 그 장소에 적합한 것을 사용할 것
> ③ 근로자가 해당 꽂음 접속기를 접속시킬 경우에는 땀 등으로 젖은 손으로 취급하지 않도록 할 것
> ④ 해당 꽂음 접속기에 잠금장치가 있는 경우에는 접속 후 잠그고 사용할 것

08 중량물 작업 시 근로자에게 알려야 할 사항을 작성하시오.

> **해설**
>
> ① 적정 중량물 취급 한계 준수
>   • 가능한 작은 수확물 바구니, 소포장 상자를 이용한다.
>   • 같은 종류의 장비라도 가벼운 작업장비를 선택한다.
>   • 과중한 중량물을 감당하게 되는 작업방식을 피한다.
> ② 중량물 취급 시 안전한 자세로 작업하기
>   • 물체와 작업자의 거리를 최소화한다.
>   • 물건 운반 시 수레, 카트 등 바퀴가 달린 기구나 롤러 등을 이용한다.
>   • 바닥에 있는 물체를 들어 올릴 때는 허리를 곧게 편 상태에서 무릎을 굽히고 가능한 한 다리의 힘을 이용하여 들어 올려야 한다.
>   • 잡기 쉽고 튼튼한 손잡이가 있는 상자를 이용한다.
>   • 물건을 어깨 위로 들어 올리지 않는다.
>   • 무거운 것은 몇 개의 가벼운 것으로 나누어 운반한다.

09 방독마스크의 점검사항 6가지를 작성하시오.

해설
① 종류 및 수량의 적절 유무
② 관리자 유무
③ 비치장소 명시 유무
④ 유효기한이 지난 정화통 유무
⑤ 예비 수량 적정 유무
⑥ 사용시간 기록 유무

10 다음 작업장의 사망만인율을 계산하시오.

• 근로자수 : 10,000명
• 사망자수 : 1명
• 총근무시간 : 2,400시간

해설
사망만인율 : 임금근로자수 10,000명당 발생하는 사망자수의 비율을 말한다.

$$사망만인율 = \frac{사망자수}{상시근로자수} \times 10,000 = \frac{1}{10,000} \times 10,000 = 1$$

11 다음 에너지 대사율(RMR ; Relative Metabolic Rate)을 계산하시오.

• 기초대사량 : 2,000kcal
• 작업소비대사량 : 10,000kcal
• 안정대사량 : 5,000kcal

해설

$$에너지대사율(R) = \frac{작업대사량}{기초대사량} = \frac{작업 \ 시 \ 소비에너지 - 안정 \ 시 \ 소비에너지}{기초대사량}$$

$$= \frac{10,000 - 5,000}{2,000} = 2.5$$

12 다음의 질문에 대해 작성하시오.

① 전신진동에 따른 건강장해요인을 작성하시오.

② 경운기, 트랙터로 작업할 경우 전신진동 방지대책을 작성하시오.

> **해설**
>
> ① 직업성 요통
>
> ② 전신진동 방지대책
>   • 농기계 정비를 주기적으로 수행하고, 딱딱한 의자에 앉지 않고 쿠션이 좋은 방석을 사용한다.
>   • 진동이 커지는 주행속도나 회전속도에서의 작업은 가능한 한 피한다.

13 누전차단기를 접속하는 경우의 준수사항에 대한 설명이다. (　) 안을 채우시오.

> • 전기기계·기구에 설치되어 있는 누전차단기는 정격감도전류가 (㉠)mA 이하이고, 작동시간은 (㉡)
>   초 이내일 것
> • 다만, 정격전부하전류가 (㉢)A 이상인 전기기계·기구에 접속되는 누전차단기는 오작동을 방지하기
>   위하여 정격감도전류는 (㉣)mA 이하로, 작동시간은 (㉤)초 이내로 할 수 있음

> **해설**
>
> ㉠ 30
>
> ㉡ 0.03
>
> ㉢ 50
>
> ㉣ 200
>
> ㉤ 0.1

14 감전사고 시의 응급조치에 관한 설명이다. (   ) 안에 알맞은 말을 쓰시오.

> 감전 재해가 발생하면 우선 (㉠)하고, 피해자를 위험지역에서 신속히 대피시켜 (㉡)가 발생하지 않도록
> 조치한다.

해설
㉠ 전원을 차단
㉡ 2차 재해

15 노출량 측정 시 주요 변수 2가지를 작성하시오.

해설
① 노출시간(T)
② 노출수준(C)

16 농작업 작업환경 유해요인과 관련하여 (   ) 안에 알맞은 말을 쓰시오.

> • 소음, 진동, 온열 – (㉠) 위험요인
> • 농약 – (㉡) 위험요인
> • 미생물 – (㉢) 위험요인

해설
㉠ 물리적
㉡ 화학적
㉢ 생물학적

17 신증후군출혈열과 중증열성혈소판감소증후군에 대해 기술하시오.

> 해설
>
> ① 신증후군출혈열 : 병원소는 설치류(등줄쥐, 집쥐)이며, 설치류의 타액, 소변, 분변이 건조되면서 배출된 바이러스가 먼지와 함께 공중에 떠다니다가 호흡기를 통해 사람에게 감염된다.
> ② 중증열성혈소판감소증후군 : 진드기매개 감염병으로 참진드기가 사람을 물어 전파되며, 체액이나 혈액을 통한 사람과 사람 간 전파가 가능하다.

18 농약, 원제 및 농약활용기자재 중 원제의 표시사항 6가지를 작성하시오.

> 해설
>
> 원제의 표시기준(농약, 원제 및 농약활용기자재의 표시기준 제13조)
> ① 원제의 명칭
> ② 물리적 위험성, 건강 유해성 및 환경 유해성에 관한 해당 그림문자
> ③ 유해·위험의 심각성 정도에 따른 신호어 : 위험 또는 경고
> ④ 유해·위험 내용에 관한 문구
> ⑤ 유해·위험에 따른 예방조치 내용에 관한 문구
> ⑥ 원제업자 또는 수입업자 등 공급자 정보

2023년 최근 기출복원문제

01 다음 그림에 알맞은 통계분석방법 명칭을 기술하고 설명하시오.

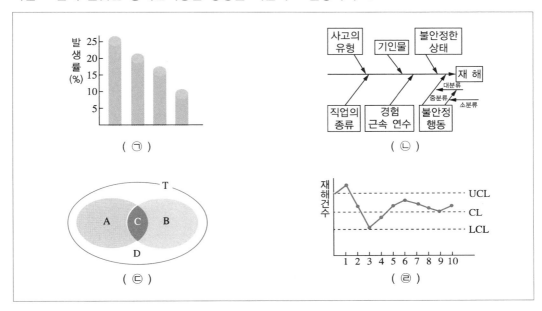

㉠ 파레토도(Pareto Diagram) : 사고의 유형, 기인물 등 분류항목을 큰 순서대로 도표화한다(문제나 목표의 이해에 편리).

㉡ 특성요인도 : 특성과 요인관계를 도표로 하여 어골상(魚骨狀)으로 세분한다.

㉢ 클로즈도 : 2개 이상 문제 관계를 분석하는 데에 사용하는 것으로, 데이터(Data)를 집계하고 표로 표시하여 요인별 결과 내역을 교차한 클로즈(Close) 그림을 작성하여 분석한다.

㉣ 관리도 : 재해발생 건수 등의 추이를 파악하여 목표관리를 하는 데에 필요한 월별 발생 수를 그래프화하여 관리선을 설정 · 관리하는 방법이다.

02 다음에서 설명하고 있는 손목질환의 명칭을 작성하시오.

> - (㉠) : 손가락의 운동 기능의 일부를 담당하는 정중신경이 손목 부위에서 압박되어, 손과 손가락의 감각이상, 통증, 부종, 힘의 약화 등이 나타나는 말초신경압박증후군이다.
> - (㉡) : 진동 공구를 사용하는 작업에서 많이 발생하며, 손가락 끝이 창백해지고 손, 팔, 어깨 등이 저리고 감각이 무뎌지며, 근육 경련이 일어나거나 악력이 저하되는 현상이 생긴다.

[해설]
㉠ 수근관증후군(손목터널증후군)
㉡ 진동성 백색수지

03 자동제세동기 사용방법 단계를 순서대로 작성하시오.

[해설]
전원 켜기 → 2개의 패드 부착 → 심장리듬 분석 → 제세동 시행 → 심폐소생술 재시행

04 RULA 평가에서 사용되는 신체 부위 4가지를 작성하시오.

[해설]
팔, 손목, 목, 몸통, 다리
※ 참고
REBA 평가 시 사용되는 부위 : 몸통, 목, 다리, 윗팔, 아래팔, 손목

05 중량물의 안전기준에 대하여 ( ) 안에 알맞은 내용을 쓰시오.

> 미국산업안전보건연구원(NIOSH)에서는 90%의 성인 남녀가 수용할 수 있는 최대 중량을 (㉠)kg으로
> 제시하고 있으며, 국제표준기구(ISO 11228-1)에서는 95%의 성인 남성과 70%의 성인 여성이 들어 올릴
> 수 있는 최대중량을 (㉡)kg으로 제시하고 있다.

해설
㉠ 23
㉡ 25

06 다음의 농약 용도에 따른 용기마개 색을 작성하시오.

> 살균제, 살충제, 제초제, 비선택성 제초제, 생장조정제

해설
① 살균제 : 분홍색
② 살충제 : 녹색
③ 제초제 : 황색
④ 비선택성 제초제 : 적색
⑤ 생장조정제 : 청색
⑥ 기타 : 백색
※ 농약 용도에 따른 용기마개 색

종 류	살균제	살충제	제초제	비선택성 제초제	생장조정제	기 타
마개 색	분홍색	녹 색	황색(노랑)	적 색	청 색	백 색

07 다음에서 설명하고 있는 살충제 계통을 작성하시오.

> • (㉠) : 대표적인 아세틸콜린 분해효소(AChE ; Acetylcholine Esterase) 억제제로 신경 말단에서 신경화학
> 전달물질인 아세틸콜린을 분해하는 아세틸콜린 분해효소와 결합하여 이 효소를 비가역적으로 저해하여
> 아세틸콜린의 분해를 방해함으로써 아세틸콜린의 축적을 일으킨다.
> • (㉡) : 뉴런 세포막에 바로 작용하여 신경독성을 나타내며, 활동전위의 흥분기 동안에 Na^+ 이온의
> 막 투과를 지속시켜, 감각신경과 운동신경을 반복적으로 흥분시킨다. 독성 작용은 대부분 신경독성으로
> 과민반응, 전율, 운동 장애, 경련 그리고 마비 등을 일으킨다.

해설
㉠ 유기인계
㉡ 피레스로이드계

08 6-6 회의라고도 하며 먼저 사회자와 서기를 선출한 후 나머지 사람은 6명씩 소집단으로 구분하고, 소집단별로 각각 사회자를 선발하여 6분씩 자유토의를 하여 의견을 종합하는 방법이 무엇인지 작성하시오.

[해설]
버즈세션(Buzz Session)

09 말비계를 조립하여 사용하는 경우 준수사항에 대한 설명이다. ( ) 안에 알맞은 내용을 쓰시오.

- 지주부재(支柱部材)의 하단에는 (㉠) 장치를 하고, 근로자가 양측 끝부분에 올라서서 작업하지 않도록 할 것
- 지주부재와 수평면의 기울기를 (㉡)° 이하로 하고, 지주부재와 지주부재 사이를 고정시키는 보조부재를 설치할 것
- 말비계의 높이가 2m를 초과하는 경우에는 작업발판의 폭을 (㉢)cm 이상으로 할 것

[해설]
㉠ 미끄럼 방지
㉡ 75
㉢ 40

10 농약의 안전사용기준 4가지를 작성하시오.

[해설]
농약 등의 안전사용기준(농약관리법 시행령 제19조 제1항)
1. 적용대상 농작물에만 사용할 것
2. 적용대상 병해충에만 사용할 것
3. 적용대상 농작물과 병해충별로 정해진 사용방법, 사용량을 지켜 사용할 것
4. 적용대상 농작물에 대하여 사용시기 및 사용가능횟수를 정해진 농약 등은 사용시기 및 사용가능횟수를 지켜 사용할 것
5. 사용대상자가 정하여진 농약 등은 사용대상자 외에는 사용하지 말 것
6. 사용지역이 제한되는 농약은 사용제한지역에서 사용하지 말 것

11 축산 등 밀폐공간에서의 작업안전수칙 4가지를 작성하시오.

해설
① 작업자 안전보건교육 실시
② 작업장 안전장비 구비
③ 가스농도 측정
④ 환기 실시
⑤ 감시인 배치
⑥ 작업자와의 연락체계 구축
⑦ 출입인원 점검

12 방진마스크의 부품교환 및 폐기 시에 고려하여야 하는 사항으로 (   ) 안에 알맞게 내용을 쓰시오.

• (㉠)의 뒷면이 변색되거나 호흡 시 이상한 냄새를 느끼는 경우
• (㉡)이 현저히 상승 또는 분진 (㉢)의 저하가 인정되는 경우

해설
㉠ 여과재
㉡ 흡기 저항
㉢ 포집 효율

13 방독마스크를 사용할 때의 주의사항으로 (   ) 안에 알맞은 내용을 쓰시오.

• 충분한 산소 (㉠)% 이상인 장소에서 사용한다.
• 유해가스 (㉡)% 미만인 장소에서 사용한다.

해설
㉠ 18
㉡ 2

14 다음에서 설명하고 있는 농업기계를 작성하시오.

> • (㉠) : 못자리나 육묘상자에서 자란 어린 모 또는 증모를 논에 옮겨 심는 기계
> • (㉡) : 엔진, 전처리부, 예취부, 반송부, 탈곡부, 주행부 등으로 구성되어 있으며 주행하면서 미맥을 예취와 동시에 탈곡하여 조제하는 수확기계

해설

㉠ 이앙기
㉡ 콤바인
※ 참고 : 콤바인이라는 명칭은 예취작업과 탈곡작업을 동시에 수행한다는 점에서 '결합'의 의미로 쓰인 것이다.

15 농약 살포작업 시 작은 모터에 리모컨을 눌러주면 자동으로 고압호스가 감겨지는 장비는 무엇인가?

해설

농약호스 자동권취기

16 다음의 용도에 맞는 보호장갑의 명칭을 작성하시오.

> ㉠ 주로 약품을 취급할 때 사용한다.
> ㉡ 쇳물 교체 작업 등에서 고온·고열을 막아준다.
> ㉢ 날카로운 공구를 다룰 때 사용한다.
> ㉣ 화학물질이나 유기용제 취급 시 사용한다.

해설

㉠ 고무장갑
㉡ 방열장갑
㉢ 금속맷귀 장갑
㉣ 산업위생 보호장갑

17 비충전 금속부에 전압이 충전되거나 누설전류에 의한 전원의 불평형 전류가 소정의 값을 초과할 경우 설정된 시간 내에 회로의 해당 전원을 차단하여 인명을 보호하는 장치는 무엇인가?

해설

누전차단기

18 자외선으로 인하여 눈에 생길 수 있는 질병 3가지를 작성하시오.

해설

백내장, 광각막염, 결막염, 안구건조증, 황반변성 등

19 고온 스트레스를 받았을 때 열을 발산시키는 체온조절 기전에 문제가 생겨 심부체온이 40℃ 이상 증가하는 것이 특징인 온열질환은 무엇인가?

해설

열사병

얼마나 많은 사람들이 책 한권을 읽음으로써

인생에 새로운 전기를 맞이했던가.

– 헨리 데이비드 소로 –

실패하는 게 두려운 게 아니라 노력하지 않는 게 두렵다.

- 마이클 조던 -

참 / 고 / 문 / 헌

- 「건강한 농업인 안전한 농작업」 농촌진흥청 국립농업과학원
- 공용구 외, 농작업 자세 평가도구의 개발과 타당성 검증 연구, Journal of the Ergonomics Society of Korea, 37(5), pp.591-608, 2018
- 「그림으로 보는 농작업 안전관리」 농촌진흥청, 2018
- 김종규, 강의자료_ 곰팡이독소 - 그 위해와 중요성, 2008
- 노상철. 농업인의 직업관련성 질병. 농업인 건강. J Korean Med Assoc 2012;55(11):1063-1069.
- 「농업기계 사고 현황」 농촌진흥청 국립농업과학원, 2022
- 「농업인 안전관리 포인트」 농촌진흥청, 2017
- 「농업인을 위한 개인보호구 및 보조장비」 농촌진흥청 국립농업과학원, 2014
- 「농업활동 안전사고예방 가이드라인」 농촌진흥청, 2017
- 「농작업 및 생활환경 관리」 농촌진흥청
- 「농작업 안전보건관리(개정판)」 농촌진흥청, 2021
- 「농작업 유해요인의 노출평가와 개선」 농촌진흥청, 2016
- 「농작업 유해요인의 노출평가와 개선」 농촌진흥청, 2016
- 「농작업 편이장비를 활용한 근골격계 질환 예방」 안전보건공단
- 「농작업안전관리자율성교재」 농촌진흥청
- 박주형, 환경 중의 엔도톡신 노출 및 건강에 미치는 영향, 한국환경보건학회지, 40(4), pp.265-278, 2014
- 「예방의학과 공중보건학」 대한예방의학회, 계축문화사, 2016
- 「온열 및 온실작업환경」 안전보건공단
- 이수진. 농업인의 직업성 질환. HANYANG MEDICAL REVIEWS 2010;30(4):305-312.
- 「직업환경의학」 대한직업환경의학회, 계축문화사, 2014
- 「진드기·설치류 매개 감염병 관리지침」 보건복지부 질병관리청, 2024
- Alavanja M, Hoppin J, Kamel F. Health effects of chronic pesticide exposure : cancer and neurotoxicity. Annual Review of Public Health 2004;25:155.

참 / 고 / 사 / 이 / 트

- 국가법령정보센터(www.law.go.kr)
- 농업안전보건센터(http://www.koreanfarmer.org)
- 농업인안전365(http://farmer.rda.go.kr)
- 농촌진흥청 농약안전정보시스템(http://pis.rda.go.kr)
- 위험성평가 지원시스템(http://kras.kosha.or.kr)
- 질병관리청 국가건강정보포털(http://health.kdca.go.kr)

2025 농작업안전보건기사 실기 한권으로 끝내기

개정5판1쇄 발행	2025년 01월 10일 (인쇄 2024년 06월 25일)
초 판 발 행	2019년 10월 04일 (인쇄 2019년 09월 25일)
발 행 인	박영일
책 임 편 집	이해욱
편 저	김홍관 · 박지영 · 심용섭
편 집 진 행	윤진영 · 김달해
표 지 디 자 인	권은경 · 길전홍선
편 집 디 자 인	정경일 · 이현진
발 행 처	(주)시대고시기획
출 판 등 록	제10-1521호
주 소	서울시 마포구 큰우물로 75 [도화동 538 성지 B/D] 9F
전 화	1600-3600
팩 스	02-701-8823
홈 페 이 지	www.sdedu.co.kr
I S B N	979-11-383-7425-5(13520)
정 가	31,000원